Start-Schwierigkeiten

Dieser Wegweiser soll Ihnen helfen, bei streikendem Motor den Fehler einzukreisen. In Frag kommen fast immer nur zwei Störungsquellen: Zünd- oder Kraftstoffanlage. Der aussichts reichste Weg: Von beiden Gruppen die Anfangsfrage beantworten und falls diese bejaht werde können, mit dem Wegweiser für die Zündanlage beginnen. Entsprechend unserer Tabelle läßt sic

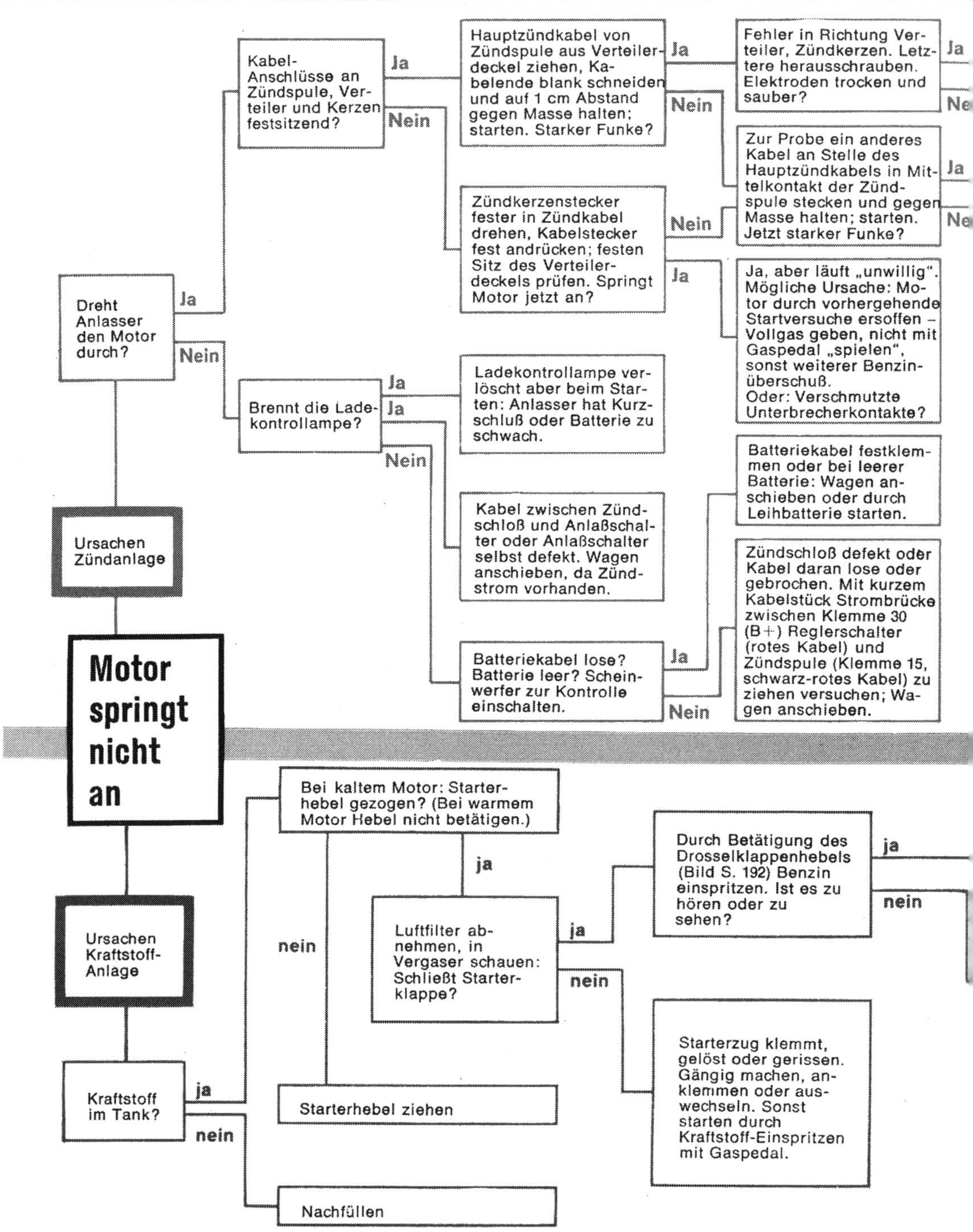

der Motor auch bei Störungen während der Fahrt durchprüfen. Das Schema gilt sinngemäß auch für andere Auto-Fabrikate. Weitere Hinweise zur allgemeinen Pannenhilfe: Siehe Kasten unten rechts und die einzelnen Sachkapitel dieses Buches (Inhaltsverzeichnis Seite 5).

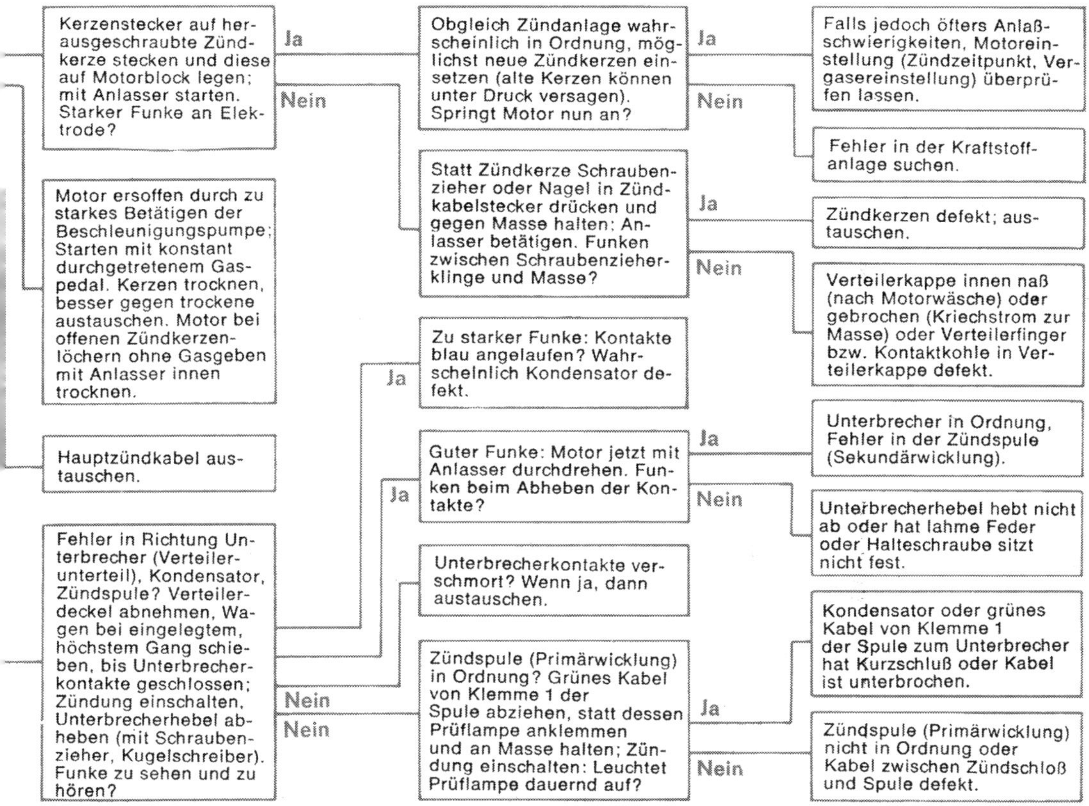

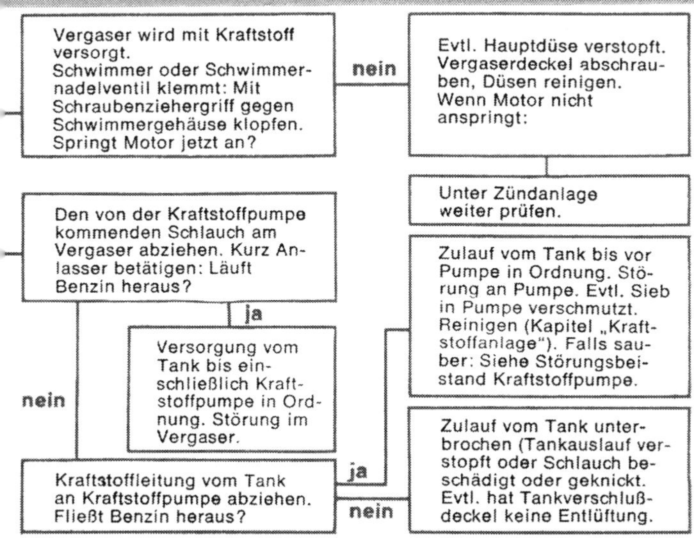

Weitere Störungshilfen finden Sie auf den Seiten

16 Hoher Verbrauch
67 Batterie
67 Lichtmaschine
79 Sicherungen
121 Öldruckanzeige
202 Vergaser
205 Kraftstoffpumpe
211 Kupplung
232 Bremsen

Dieter Korp

NSU 1000/C
NSU 1200/C
NSU Typ 110
NSU TT/TTS

Jetzt helfe ich mir selbst

Unter Mitarbeit von
Albrecht G. Thaer

Motorbuch Verlag Stuttgart

Druck: KN Digital Printforce GmbH, Schockenriedstraße 37, 70565 Stuttgart

Sie finden in diesem Buch

– der Karosserie

DER PRAKTIKER-TEIL

Der Motor

Das Fahrwerk

Dies und jenes

Vorher gesagt

Es ist durchaus nichts Ungewöhnliches, daß irgendwann einmal ein Motor keine Lust zum Anspringen zeigt. Meistens passiert das, wenn man kurz vor einer wichtigen Fahrt steht. Viele Autofahrer möchten sich nun selbst gern helfen und öffnen tatsächlich auch die Motorhaube. Aber angesichts der vielen möglichen Störungsquellen, die sich jetzt zeigen, geben die meisten Leute ihre guten Vorsätze wieder auf. *

Es ist gut, wenn man sich zu diesen und vielen anderen Gelegenheiten selbst helfen kann. Das erspart Ärger, Zeit und oft viel Geld. Aber das ist nur eine Seite der Angelegenheit. Wer ein Auto besitzt, wird freundlich, aber nachdrücklich darauf aufmerksam gemacht, daß er regelmäßig zur Durchsicht erscheinen möge – auch wenn seinem vierrädrigen Freund überhaupt nichts fehlt. Das bedeutet: Man muß oft viele Umstände auf sich nehmen, wenn man seinen Wagen den meist überlasteten Werkstätten anvertrauen soll.

Praktisch alle Werkstätten – gleich welches Markenzeichen sie führen – sind überfordert. Die Automobil-Zulassungen wuchsen schneller, als es selbst echte Optimisten voraussehen konnten. Die Kraftfahrzeugbetriebe konnten daher nicht immer mit ihrer technischen Leistungsfähigkeit oder mit dem Personalbestand mithalten. Außerdem werden moderne Automobile zusehends komplizierter und die Modellvielfalt nimmt zu. Das erschwert Wartung und Kundendienst. Und fast unbemerkt vom Autofahrer steigen langsam und stetig die Arbeits- und Teilepreise an.

Unter diesen Umständen kann eine vernünftig vorgenommene Selbsthilfe Zeit, Geld und Ärger sparen. Dieses Handbuch soll dabei die nötige Unterstützung geben. Es ist kein Reparatur-Leitfaden, sondern eine in Richtung Eigenhilfe und Störungsbeistand ganz erheblich erweiterte Betriebsanleitung (was auch die Werkstätten von manchen Bagatellangelegenheiten befreien kann). Es will aber auch jenem Autofahrer, der nicht unters Blech schauen kann oder möchte, das notwendige Rüstzeug geben, um Werkstätten gegenüber etwas sachkundiger auftreten zu können.

Das vorliegende Handbuch – als Teil einer Serie für eine Reihe bekannter Automobilfabrikate – berücksichtigt die Modelle NSU 1000/C, 1000 TT und TTS, 1200/C / 1200 TT, sowie den Vorgänger Typ 110/S/SC.

Viele freundliche und hilfsbereite Leute halfen bei der Arbeit an diesem Wartungs-, Pannen- und Störungshelfer. Herzlichen Dank dafür!

Dipl.-Ing. Dieter Korp

---

* Legen Sie die Scheu vor dem Innenleben Ihres Wagens ab. Es ist keine Geheimwissenschaft. Ehe man Zeit und Geld für das Abschleppen zur Werkstatt opfert, sollte man die Hauptstörungsbereiche einkreisen. Meistens liegt es an der Zündung. Mittleres Zündkabel aus dem Verteilerdeckel abziehen und von einem freundlichen Helfer Zündung einschalten und Anlasser betätigen lassen. Kabelende in etwa 5–10 mm Abstand gegen Masse halten (z. B. Zündspulenhalterung). Springt Funken über? Wenn ja – es ist ungefährlich –, dann muß der Fehler in Richtung Zündkabel und Kerzen liegen. Wenn nein: Störungsplan in der vorderen Buchklappe ansehen.

Den Tiger im Tank hat noch niemand gesehen, aber diese Katze im Fach ist eine Realität. Sie schlich sich ein, als ein emsig schaffender Eigenpfleger seinen NSU 1200/110 mit weit geöffneten Türen und Deckeln auf den Hof gestellt hatte. Nun blickt sie mit der ganzen Überheblichkeit, die den Raubkatzen so eigen ist, auf die ganze Bescherung: Dosen, Büchsen, Lappen, Werkzeug und anderes mehr. Doch des Eigenpflegers Gewißheit war diese: Es war nicht für die Katz'!

Wer will, der kann

Haben Sie schon die Seiten dieses Buches durchgeblättert? Nein? Dann tun Sie's spätestens, wenn Sie dieses Kapitel zu Ende gelesen haben. Denn dieses Buch will nicht von Seite 1 bis Seite 240 der Reihe nach durchgelesen werden wie ein Roman – Sie wüßten auf Seite 150, wenn Sie dort über Lackpflege lesen, sicher nicht mehr, wie das auf Seite 63 mit der Batterie war. In diesem Buch sollen Sie „naschen" (obgleich man es zur Kategorie der „Sachbücher" rechnen muß), wenn Ihnen dies oder jenes wissenswert erscheint, wenn Sie sich überlegen: „Wie ist das eigentlich an meinem Auto?" Am besten liest sich dieses Buch, so meinen wir, wenn man in oder neben seinem NSU 1000 oder 1200/110 sitzt und mit nicht zu schmutzempfindlichen Bekleidungsstücken umhüllt ist, um jederzeit ohne Zögern unter oder in das Auto kriechen zu können, dabei Buch und eigenes Fahrzeug kritisch miteinander vergleichend.

Erste Pannenhilfe

Dazu ein gewichtiger Tip: Im Bücherschrank nimmt sich dieses Handbuch zweifellos recht schmuck aus. Was nützt es jedoch dort, wenn man sich unterwegs neben dem nicht-mehr-weiter-wollenden NSU die Haare rauft und sich nicht zu helfen weiß? Darum ist des Buches bester Platz im Handschuhkasten, immer griffbereit. Jeden Wagen trifft nämlich einmal unterwegs eine Panne, auch bei sorgfältigster Pflege. Deshalb nehmen in diesem Handbuch die Hinweise zur planmäßigen Störungssuche bei überraschenden Pannen (besonders wichtig: „Entstörungs-Fahrplan" in der vorderen Buchklappe) einen breiten Raum ein. Denn Hilflosigkeit unterwegs kommt meist teuer zu stehen. Ganz abgesehen von den Abschleppkosten, die schnell 30,– bis 50,– DM oder noch mehr betragen und die sich mit einem „Gewußt wie" so oft vermeiden lassen. Mit einiger Sachkenntnis läßt sich fast immer ein Weg finden, bis zur nächsten Werkstatt mit eigener Kraft zu rollen – wenn nicht gerade ein Unfall die weitere Fortbewegung hemmt. Oft liegt es nur an einem lockeren Kabel, an einem verschmutzten Unterbrecherkontakt oder an Schmutz im Kraftstoffsystem, den es zu finden gilt.

Ein Hobby pflegen

Vielen Autofahrern ist ihr „fahrbarer Untersatz" mehr als nur eine Maschine zur Fortbewegung. Sie freuen sich am Anblick ihres Autos, fahren es mit Genuß und möchten es mit viel Sorgfalt pflegen und hegen, kurzum, sie sehen in ihm sozusagen ein vollwertiges Familienmitglied. Aber nicht selten geschieht es, daß ein so liebevoll umhegtes Auto in Wirklichkeit zu Tode gepflegt wird, denn das ist leicht möglich, wenn es an der rechten Sachkenntnis

Solch hochsommerliches Geplätscher ist fürwahr erfrischend – sowohl der Anblick als auch die Tätigkeit. Lediglich der 1200/110 hat keine so gute Meinung davon (was sich keineswegs auf die junge Dame bezieht). Seinem Lack mißfällt der scharfe Wasserstrahl, der die Schmutzteilchen über die Oberfläche reißt und feinste Kratzer hinterläßt. Und die pralle Sonne soll bei der Wagenwäsche auch nicht zusehen, weil sie Wasserflecken in den Lack brennt. Dies ist also ein Beispiel, wie man sein Auto mit viel Eifer und wenig Sachkenntnis zu Tode pflegen kann.

und der richtigen Wahl der Hilfsmittel mangelt. So hält sich dieses Buch auch für den Fall bereit, beim Auto-Pflege-Hobby ein getreulicher Berater zu sein. Diese Selbstpflege braucht sich keinesfalls auf das wochenendliche Autowaschen und die gelegentliche Lackpflege zu beschränken – vor allem hier ist allzuviel schnell ungesund –, denn bald werden Sie feststellen, daß sich viele der regelmäßigen technischen Wartungsarbeiten ohne große Mühe und ohne viel Aufwand selber machen lassen, darüber hinaus der Zuverlässigkeit des Wagens sehr zugute kommen und zum großen Teil jene Umständlichkeiten ersparen, die heutzutage zumeist mit dem Weg zur Werkstatt verbunden sind. Dort muß man sich in der Regel sehr zeitig vorher anmelden, einen Termin erfragen, seinen Wagen frühmorgens hinbringen, tagsüber ohne ihn auskommen und nach mehr oder weniger langer Wartezeit wieder abholen. Das ist ärgerlich, vor allem, wenn man bei zunehmender Erfahrung gelegentlich feststellt, daß der Wagen zur Wartung weggegeben wurde, nur weil ein „runder" Kilometerstand erreicht war, für den sich ein Blatt im Kundendienstheft fand, obwohl dem Wagen eigentlich gar nichts fehlte.

Erleichterungen sind möglich

Welche Pflege- und Wartungsarbeiten jeweils vom Werk für diese „runden" Kilometerabstände vorgeschrieben sind, ist im Kapitel „Wartung, wann und wo" und bezüglich der Jahreszeit-Inspektionen im Kapitel „Winterschutz" zu finden. Dazu muß man aber wissen, daß die von den Kraftfahrzeugherstellern festgelegten Wartungsintervalle nur Mittelwerte sein können, „Sicherheitsabstände" als Kompromiß aus der großen Zahl der unterschiedlichen Beanspruchungen der Wagen „gleichen Namens". Der eine fährt seinen Wagen nur bei gutem Wetter oder am Wochenende, der andere muß immer und auf allen Sorten von Straßen fahren. Stadtfahrten oder Schleichfahrten auf der Autobahn beanspruchen besonders Kupplung, Getriebe und Batterie, während schnelle Fahrten auf „Landstraßen letzter Ordnung" Federn, Fahrwerk und Stoßdämpfer hart hernehmen.

Man kann also, mit sorgfältiger Überlegung, die Wartung des Wagens seinen eigenen Fahrverhältnissen anpassen, ohne an der Verkehrssicherheit seines Fahrzeuges etwas zu versäumen. Man braucht sich nicht ängstlich an die Abstände im Kundendienst-Scheckheft zu halten. Geringfügige Überschreitungen spielen vor allem dann keine Rolle, wenn es sich nicht um besonders strapazierte Teile (als Folge einseitiger ungünstiger Fahrbedingungen) handelt. Und schließlich lassen sich die von NSU besonders empfohlenen Jahreszeit-Inspektionen vor und nach dem Winter sehr gut mit ungefähr zur gleichen Zeit fälligen 7500-km-Inspektionen kombinieren, so daß auch hierbei Zeit und Geld gespart wird.

Gezielte Inspektionsarbeiten

Es gibt nicht wenige gewissenhafte Autobesitzer, die sich zwar während der Garantiezeit genau an die Werksempfehlungen halten (um etwaiger Garantieansprüche nicht verlustig zu gehen), danach aber alles, was sie sich an Wartungsarbeiten zutrauen, in unterhaltsamen Hobbystunden regelmäßig selbst erledigen und nur noch aus zwei Gründen die Werkstatt aufsuchen: Wenn tatsächlich Störungen oder Schäden die Hilfe des Fachmannes erfordern oder wenn wichtige Wartungsarbeiten notwendig erscheinen, die entsprechendes Wissen, Geschick und spezielle Werkstattmittel erfordern, wie die Kontrolle von

- Ventilspiel
- Bremsenzustand
- Radlager
- Zündzeitpunkt
- Unwucht der Räder
- Vorspur

Das sind gewissermaßen jene Wartungsarbeiten, die bei der Selbstpflege-Wartung „übrig" bleiben können, natürlich nicht versäumt werden dürfen und wesentlich schneller und preiswerter als ein kompletter Wartungsdienst von der Werkstatt erledigt werden. Denn solche, nur geringe Zeit in Anspruch nehmende Wartungsarbeiten lassen sich oft zwischen die umfangreichen Inspektions- und Reparaturarbeiten an anderen Wagen einschieben. Das spart Zeit und schont die Finanzen.
In einem groß angelegten Test untersuchte der ADAC einmal kritisch die Arbeiten der Werkstätten. Das Ergebnis war enttäuschend, ließ aber auch die Probleme der Werkstätten erkennen, wie z. B. Personalmangel und Kapazitätsschwierigkeiten. Man ist also nicht schlecht beraten, wenn man sich selbst etwas mehr um sein Auto kümmert.

Verstärkte Eigenkontrolle

Diese Art, dem Werkstattengpaß auszuweichen, bedingt natürlich für den gewissenhaften Fahrer ein bestimmtes Maß an Eigenkontrolle. Dazu wären vor allem jene Kontrollen zu nennen, die sowieso nicht nur bei jedem offiziellen Wartungsdienst, sondern in wesentlich kürzeren Zeitabständen vorgenommen werden müssen:

- Beleuchtung
- Batteriesäurestand
- Bremsflüssigkeitsstand
- Wirkung der Bremsen
- Motorölstand
- Reifenluftdruck und -zustand
- Leerlaufeinstellung

Als Gedächtnisstütze legt man sich am besten ein Kärtchen mit diesen Punkten in den Handschuhkasten oder befestigt es – noch besser – am Armaturenbrett. Wer sich regelmäßig die dafür notwendigen Minuten Zeit nimmt, erreicht eine verstärkte, vorbeugende Wartung, die den Wagen weitgehend vor Störungen und Schäden bewahrt.

Der Spezialist macht's möglich

Bei Störungen und Schäden an seinem Fahrzeug fühlt man sich als NSU-Besitzer natürlich zu den NSU-Werkstätten hingezogen und ist damit im Prinzip auch gar nicht schlecht dran. So werden Sie auch unterwegs in der Regel zuerst das blau-weiße Firmenschild ansteuern. Die nächste NSU-

Werkstatt kann aber auch fern oder stark überlastet sein. Was tun? In vielen Fällen ist dann der Weg zum Spezialisten nützlich. Einer Karosserie- oder Reifenwerkstatt, einer Autolackiererei oder Autopolsterei ist es einerlei, welches Markenzeichen der Wagen trägt. Auf ihrem Spezialgebiet ist sie mit jedem Wagen vertraut. Dort lassen sich auch zumeist leichter spezielle Wünsche erfüllen und erfahrungsgemäß sind diese Spezialwerkstätten nicht so überlastet wie die Werksvertretungen der Automarken. Anschriften dieser Spezialwerkstätten, zu denen natürlich auch Reifendienste und Elektrowerkstätten zählen, finden sich im Telefonbuch (Branchen-Register).

Gewissermaßen beim Spezialisten ist man auch bei den Vertragswerkstätten jener Firmen, die NSU mit ihren Erzeugnissen beliefern. Bei ihnen kommt es manchmal zu jenem aufklärenden und interessanten Fachgespräch, das man auch von einem noch so guten Kraftfahrzeugmeister gar nicht erwarten kann. Hier wären besonders zu nennen:

■ Die Bosch-Vertretungen für alle Fragen der Autoelektrik. Man beschränkt sich dort keineswegs auf Zündkerzen und Scheinwerferlampen, sondern unterhält teil- und vollelektronische Motortestgeräte, die u. a. auch zur Prüfung der Unterdruckverstellung des Zündverteilers, für die richtige Zündeinstellung, Vergasereinstellung und weitere Messungen geeignet sind. Wenn man dort neue Teile kauft, erfolgt der Einbau und die richtige Regulierung in vielen Fällen kostenlos. Von der Firma Robert Bosch GmbH, Kundendienstabteilung, 7016 Gerlingen-Schillerhöhe, Robert-Bosch-Platz 1, erhält man ein Verzeichnis aller Bosch-Dienste im In- und Ausland. Unterwegs zeigt aber auch das Telefonbuch, wo der nächste Bosch-Dienst zu finden ist.

■ Die Solex-Vertretungen sind für alle Probleme des Vergasers und der Kraftstoffpumpe zuständig. Die Adressen der Solex-Dienste sind in erster Linie von der Deutschen Vergaser-Gesellschaft mbH, 404 Neuß am Rhein, Leuschstraße 1, zu haben. Besonders in Frankreich ist Solex gut vertreten.

Auch Tankstellen können helfen

Suchen Sie sich eine gut geführte Stammtankstelle. Besonders an den Tankstellen jener internationalen Marken, die hierzulande keine große Bedeutung gewonnen haben, deren Kraft- und Schmierstoffe jenen der „großen Marken" aber durchaus ebenbürtig sind, findet sich oftmals ungenutzte Pflegekapazität und Zeit für den Kunden. Den geringfügigen Zuspruch der Autofahrer suchen diese Tankstellenhalter durch besonders höfliche, schnelle und gute Bedienung auszugleichen. An solch einer Tankstelle ist man gut aufgehoben, denn ihre technische Ausstattung bietet mehr als nur Benzin für den Tank. Dort finden sich durchweg alle Geräte zum Abschmieren, zum Ölwechsel, zur Reifenpflege und oft auch zur Batteriepflege. Und noch ein Vorteil: Der persönliche Kontakt ist an Tankstellen immer gegeben. Man kann bei seinem Wagen bleiben und zuschauen, was gemacht wird. Das ist sonst nur bei besonders freundlichen Werkstätten möglich.

„Hohe Schule" der Selbsthilfe

Der erfahrene Autopraktiker – es gibt viele auch in anderen Berufen außerhalb des Kraftfahrzeughandwerks – kann sich natürlich noch mehr selbst helfen. Allerdings muß dazu sein Werkzeugschrank schon recht gut ausgestattet sein. Der zweite Teil dieses Buches, der „Praktiker-Teil", ist auf diese „Hohe Schule" der Eigenhilfe abgestimmt, wobei jedoch nicht verschwiegen wird, was Sache der Werkstatt bleiben muß. Wir denken dabei in erster Linie an Bremsanlage und Lenkung, also an Teile, die für die Verkehrssicherheit des Fahrzeuges in erster Linie verantwortlich sind.

Wer nun Freude daran findet, sich aufmerksam mit seinem Wagen zu befassen, oder auch nur wissen will, was der Mann in der Werkstatt mit seinem Fahrzeug macht, wird im zweiten Teil dieses Handbuches die theoretischen und praktischen Kenntnisse der NSU-Intimitäten vertiefen können. Diese Wissenvertiefung sollte nicht unterschätzt werden. Auch wenn zu Anfang der Kraftfahrzeugmeister etwas gequält das Gesicht verzieht, falls Sie Ihr neues Wissen anzubringen versuchen, mit der Zeit werden Sie schon bei der Reparaturanahme Ihre Sorgen und Wünsche präziser vorbringen können. Für Autofahrer, die lieber unter berufener Anleitung selbst Hand anlegen möchten, gibt es auch spezielle Betriebe, so die Fa. G. A. Röpke in Hamburg-Altona, Ruhrstraße, und die Auto-Hobby-Werkstätten in Frankfurt, Juliusstraße 17, und in Mainz-Mombach, Industriestraße 5.

Sparen helfen

„Erst unter dem Strich wird zusammengezählt", sagt man. So auch in diesem Kapitel. Und darum steht an letzter Stelle desselben, jedoch keineswegs an letzter Stelle in der Bedeutung, das Bestreben dieses Handbuches, Ihnen sparen zu helfen. Denn mit dem Autokauf ist das Geldausgeben ja keineswegs beendet. Das gute Stück will auch betrieben werden. Dies kostet nicht nur Benzin, Öl, Steuer, Versicherung und eventuell Garage. Das kostet auch Wartung, Reparaturen und Reifenabnutzung. Ganz abgesehen von der Wertminderung, die Ihr NSU bei jedem Kilometer und an jedem Tag erleidet. Kann man daran etwas sparen? Auf keinen Fall an der Steuer. Auch nicht an der Versicherung; eher legt man bei ihr noch einige Mark hinzu, um höher haftpflichtversichert, kaskoversichert oder auch noch Insassen-versichert zu sein. Also hier ist nichts zu holen, abgesehen von den Schadenfreiheitsrabatten, die man sich bei der Versicherung durch schadenfreies Fahren während mehrerer Jahre erringt.
An Kraftstoff und Öl können Sie aber bereits sparen. Darüber geben verschiedene Kapitel des Buches Auskunft. Und auf die vielen Möglichkeiten, durch richtige Wartung und Pflege zur Werterhaltung des Wagens beizutragen, sowie die Wartungskosten durch Selbsthilfe zu senken, haben wir bereits ausführlich hingewiesen. Da ist es unser ganzer Stolz, daß Sie bei weniger als zwei ersparten Werkstattstunden – mit Hilfe dieses Handbuches durch Selbsthilfe erspart – bereits den Kaufpreis dieses Buches mehr als „herausgewirtschaftet" haben. Fürwahr, so kann man sagen: Guter Rat ist gar nicht teuer.
Darüber hinaus sind viele Kapitel mit Preisangaben gespickt, um Ihnen einen Anhaltspunkt zu geben, was dieses und jenes Werkzeug, dieses und jenes Ersatzteil oder Zubehör, diese oder jene Reparatur kosten kann, damit Sie einen ungefähren Überblick haben, wie hart bei Erfüllung Ihrer Wünsche oder bei unumgänglichen Instandsetzungen Ihr Geldbeutel hergenommen werden wird.
Sollten Sie aber nun noch dies und jenes in unserem Handbuch vermissen, was Ihnen als Heimwerker wissenswert erscheint, dann seien Sie bitte nicht gleich ungehalten. Wollte man alles berücksichtigen, was an einem Auto zu tun ist, müßte dieses Buch viermal so umfangreich werden. Sie wollen aber auch noch andere Dinge im Handschuhkasten Ihres Autos unterbringen und ihn nicht von einem dicken Werkstattwälzer blockieren lassen. Alsdann –

Mit scharfen Augen

In diesem Kapitel behält man noch saubere Hände. Was Sie hier brauchen, ist ein kritischer Blick und gute Ohren.
Betrachten Sie ab und zu eine Fahrt als „Probefahrt". Auf einer bekannten Strecke können Sie durch aufmerksames Beobachten vielleicht zu mancher vorbeugenden Wartungs- oder Pflegemaßnahme kommen, bevor ein Werkstattaufenthalt wegen einer Störung fällig ist. Aber seien Sie auch nicht zu ängstlich: Nicht jedes Geräusch deutet gleich auf einen Schaden hin. Wenn es sich aber wiederholt, dann lohnt eine kritische Inspektion des Wagens. Die Gewöhnung gleicht vieles aus. Deshalb sollte man einmal auf solche Dinge achten, statt seinen Wagen nur routinemäßig zu fahren.

Prüfen im Stand

Bei dieser mildesten Stufe der Eigenpflege brauchen Sie kein Werkzeug, nur einen Bogen Packpapier. Darauf können Sie sich knien oder legen, ohne daß Ihre Kleidung Schaden leidet. Noch besser ist dazu aber ein ausgebrauchtes Kunststoff-Tischtuch, denn es läßt sich immer wieder verwenden. Vor dem Einsteigen gelegentlich um den Wagen gehen. Bei Tage:

- Neue Kratzer im Lack?
- Rostansatz?
- Reifenluftdruck und Profilzustand?
- Beulen?

Bei Dunkelheit verdient die Beleuchtung einen prüfenden Blick:

- Scheinwerfer verschmutzt?
- Standlicht?
- Abblendlicht?
- Fernlicht?
- Blinkleuchten?
- Bremslichter?
- Rückleuchten?

Beim Motor sollte man achten auf:

- Ölstand in Ordnung?
- Ölspuren am Motor?
- Ungleichmäßiger Leerlauf?
- Ventilgeräusche?
- Zündkabel locker?
- Wagenstandplatz ansehen: Keine neuen Ölflecken? Wenn ja, woher? (Jedoch treten Ölverluste in erster Linie beim Fahren auf, weil dann das Öl dünnflüssiger ist.)

Aufschlußreich kann das Betrachten der Wagen-Unterseite sein (wenn der Wagen etwa auf der Hebebühne einer Tankstelle zum Ölwechsel steht):

- Rostansatz am Unterboden?
- Bremsleitungen rostig?
- Stoßdämpfer feucht?
- Schwergängige Räder?
- Ölfeuchtigkeit unten am Motor?
- Geräusch in Radlagern?
- Auspufftopf beschädigt?
- Heizklappenbetätigung einwandfrei?

Prüfen der elektrischen Anlage:

- Batteriepole verschmutzt?
- Säurestand ungenügend?
- Brennen die Kontrolleuchten?
- Tönt die Hupe?

Wenn Sie eines Tages an der Tür-Unterkante Rostpickel feststellen, ist wahrscheinlich Wasser in den Türrahmen eingedrungen und hat das Blech von innen durchgerostet. Eine gründliche Rostbekämpfung von der Tür-Innenseite her (siehe Seite 24 und Seite 170) wird notwendig. Regelmäßiges „Prüfen im Stand“ verhindert, daß aus kleinen Ursachen große Schäden werden.

Prüfen während der Fahrt

Das Kundendienstheft sieht neuerdings keine Probefahrten mehr vor. Bei manchen Werkstätten fällt eine Probefahrt – auch wenn es nach bestimmten Inspektions- oder Reparaturarbeiten nötig wäre — vielfach wegen Personalmangel oder wegen zu großem Zeitverlust im Stadtverkehr aus. Sie soll Auskunft geben, ob alles funktioniert, was durchgesehen wurde — sie kann auch neue Mängel erkennen lassen. Führt man sie zwischendurch in eigener Regie aus, wirkt die Probefahrt vorbeugend und erhöht das Gefühl der Fahrsicherheit. Für diese Kontrolle empfiehlt sich folgende Reihenfolge:
Bremsen — Lenkung — Motor — Kupplung — Getriebe.

■ Bremsen Sie (zunächst vorsichtig, auf unbelebter, ebener Straße) mit losgelassenem Lenkrad: Zieht der Wagen einseitig? Lenkung kurz anreißen und dann loslassen: Kommt das Fahrzeug von selbst in die Geradeausspur zurück? Stellt sich die Lenkung nach Kurven ohne Handbewegung zurück? Läßt sich das Lenkrad leicht drehen? Zu großes Spiel in der Lenkung?

■ Läuft der Motor auch nach schneller Fahrt gleichmäßig im Leerlauf? Saubere Vergaser-Übergänge und ruckfreie Beschleunigung beim Gasgeben? Gaswegnehmen bei höherem Tempo: Unnormale Geräusche von Motor, Getriebe, Auspuff? Weitere Prüfungen: Trennt die Kupplung einwandfrei? Rutscht sie durch oder rupft sie beim Anfahren? Arbeitet die Synchronisation des Getriebes einwandfrei?
Jeder der erwähnten Punkte wird im betreffenden Kapitel erläutert.

Kraftstoffverbrauch messen

Zu hoher Verbrauch deutet auf Abweichungen vom Normalzustand hin, wenn persönliche Fahrweise, Belastung, Verkehrsdichte und Witterung etwa gleichgeblieben sind. Wieviel Liter braucht Ihr Wagen? Das brauchen bei einer gleichmäßigen Autobahn-Langstreckenfahrt nur 7 Liter auf 100 km sein. Bei Stadtfahrten in den Hauptbetriebszeiten oder im Winter können auch 10 Liter Benzin auf 100 km durchfließen, obwohl alles in Ordnung ist. Der Verbrauch wird vor allem vom Fahrer bestimmt. Sehr flottes oder ungleichmäßiges Fahren geht ins Geld. Ein sorgfältig geführtes Bordbuch gibt Aufschluß über den Durchschnittsverbrauch. Die monatliche Zwischenbilanz ist zuverlässiger als eine gefühlsmäßige Schätzung.
Der in den Prospekten angegebene Normverbrauch (7,6 Liter/100 km) ist kein Praxiswert, sondern nur ein genormter Vergleichsfaktor zu anderen Autos. Er wird nach DIN 70 030 bei günstigen Bedingungen ermittelt: mit

halber Nutzlast (ca. 200 kg) und gleichbleibend $^3/_4$ der Höchstgeschwindigkeit auf ebener Straße mit vorgeschriebenem Reifen-Luftdruck. Dazu kommt ein Zuschlag von 10 %. Man kann den Normverbrauch gelegentlich bei sparsamer Fahrt, nicht aber im Jahres-Durchschnitt erreichen.

Der tatsächliche Straßenverbrauch liegt natürlich höher. Entsprechend den Fahrbedingungen sind für alle Vierzylinder-Modelle folgende Werte möglich:

Landstraße, zügige Fahrt	7,0– 9,2 Liter/100 km
Autobahn, ruhig gefahren	6,8– 8,5 Liter/100 km
Autobahn, scharf gefahren	9,7–10,4 Liter/100 km
Kurzstrecke, Stadtverkehr	8,5–10,5 Liter/100 km
Kurzstrecke, Winter	9,5–11,5 Liter/100 km

Eine Faustformel besagt, daß der Verbrauch rund 1 % des Wagengewichtes in Litern beträgt. Ein mit zwei Personen besetzter 1200/110 wiegt rund 860 kg: 1 % von 860 kg ergibt 8,6 Liter auf 100 km.

1. Messen durch Volltanken

Dabei wird der Tank immer gleich voll gefüllt. Wenn man ganz genau sein will: Den Wagen gegen Ende des Tankens vorn etwas schaukeln, das schafft – es ist deutlich zu sehen – die Luftblasen aus dem Tank und bringt etwa noch einen Liter. Der Wagen muß natürlich völlig eben stehen, was nicht an jeder Tankstelle der Fall ist. Km-Stand notieren (am besten auf Tank-Quittung oder im Fahrtenbuch) und nach der Meßstrecke wieder bis zur Markierung auftanken. Diese Menge wird nun durch die zurückgelegte Strecke geteilt.

Beispiel: Km-Stand bei der ersten Tankung 8390, bei der zweiten 8620. Die Meßstrecke betrug also 230 km. Nachgefüllt wurden bei der zweiten Tankung 20,5 Liter. Also: 20,5 : 230 = 0,089 Liter pro km oder 8,9 Liter auf 100 km. Auf diese Weise läßt sich die Durstprüfung für eine beliebige Streckenlänge durchführen.

2. In gleichen Abständen volltanken

Wer kein Freund von den eben geschilderten Rechnungen ist, verfährt besser nach der folgenden Methode:

Volltanken, wie oben beschrieben und dann alle 100, 200 oder 300 km auffüllen lassen. Dann können Sie die Literzahl mit dem letztenmal vergleichen und sofort eine Zunahme oder Minderung feststellen. Wieder wird die Literzahl durch die gefahrene Strecke geteilt, was bei glatten km-Zahlen besonders gut geht. Am einfachsten: Alle 100 km auftanken, dann können Sie an der elektrischen Zapfsäule auf den Zehntel-Liter genau Ihren Verbrauch ablesen.

Zu hoher Verbrauch

Der heutige, dichte Verkehr läßt es – zumal im Stadtgebiet – meist nicht mehr zu, ausgesprochen sparsam zu fahren. Lassen Sie sich auch durch angeblich besonders niedrige Verbrauchszahlen anderer NSU-Fahrer nicht beeinflussen, diese beruhen nur selten auf gemessenen Tatsachen. Man sollte nicht zu kleinlich sein. Besser einen halben Liter mehr auf 100 km verbrauchen, als ein rollendes Verkehrshindernis zu werden, dessen Fahrer den Tritt auf das Gaspedal scheut.

Außerdem: Motoren, die ständig niedrigtourig und lahm gefahren werden, erreichen besonders auf kurzen Strecken kaum die günstige Betriebstemperatur und unterliegen deshalb – trotz der scheinbar schonenden Fahrweise – einem höheren Verschleiß.

Fahrerursachen

■ Die Gänge werden beim Beschleunigen zu scharf ausgefahren. Der günstigste Verbrauch liegt im Bereich der höchsten Durchzugskraft des Motors (= günstigstes Drehmoment bei bester Zylinderfüllung). Das maximale Drehmoment liegt beim NSU 1000 bei 2000 U/min und beim 1000 TT und 110 bei 2500 U/min. Dementsprechend sind dies unter Berücksichtigung der verschiedenen Reifengrößen und Achsuntersetzungen

	NSU 1000	NSU 1200/110	NSU 1000 TT
im 1. Gang (km/h)	10–15	15–20	15–20
im 2. Gang (km/h)	20–25	25–30	30–35
im 3. Gang (km/h)	30–35	45–50	50–55
im 4. Gang (km/h)	50–55	60–65	70–75

Aus dieser Aufstellung ergibt sich auch, in welchem Gang man am sparsamsten mit 50 km/h (Stadtgeschwindigkeit) fährt.

■ Unruhiger Gaspedalfuß. Die Beschleunigungspumpe spritzt bei jedem leichten Pedaldruck bis zu einem Fingerhut voll Benzin zusätzlich in den Vergaser, der zum Beschleunigen aber nicht gebraucht wird.

■ Beschleunigen mit voll durchgetretenem Gaspedal. Man spart Benzin durch langsames Niederdrücken des Gaspedals, wenn zunehmend nur so viel Gas gegeben wird, wie der Motor annehmen kann.

■ „Bleifuß fahren". Wer das Gaspedal auf der Autobahn ständig voll durchtritt, darf sich über den hohen Verbrauch nicht wundern. Leichtes Zurücknehmen des Fußes verringert die Geschwindigkeit nur unwesentlich, senkt jedoch den Durst des Motors.

Ungünstige Fahrbedingungen

■ Überwiegender Stadtverkehr läßt den Motor zuviel im Leerlauf drehen. Dieser wird nicht richtig warm, das Benzin vergast schlecht. Plötzliches Beschleunigen an Kreuzungen und Ampeln treibt den Verbrauch in die Höhe. Ein Mehrverbrauch bis zu 20 % ist möglich.

■ Kalte Witterung. Es dauert länger, bis die günstigste Betriebstemperatur des Motors erreicht wird. Die Schmierstoffe für Motor, Getriebe, Achsantrieb und Radlager bleiben länger steif und leisten höheren Widerstand.

■ Schnee und Matsch erhöhen den Rollwiderstand der Reifen, der mit etwas tiefer durchgetretenem Gaspedal überwunden werden muß.

■ Gebirgige und kurvenreiche Strecken: vieles Bremsen, Schalten und Beschleunigen.

■ Vorwiegend Pflaster- und Schotterstraßen steigern ebenfalls den Rollwiderstand.

Wagenursachen

■ Hohe Belastung des Wagens. Deshalb braucht man bei der Urlaubsreise mit viel Gepäck mehr Benzin; pro 100 kg Zuladung etwa 0,5–1 Liter mehr auf 100 km.

■ Zu niedriger Reifendruck erhöht den Rollwiderstand.

■ Schwergängige Räder: zu knappes Radlagerspiel oder schleifende Bremsbacken. An den Hinterrädern verursacht eine leicht angezogene oder falsch eingestellte Handbremse zusätzliche Reibung.

■ Radeinstellung (Vorspur) stimmt nicht.

■ Reifen-Art: nicht alle Fabrikate weisen gleiche Rollwiderstände auf, selbst bei Normalreifen können Unterschiede bis zu 10 % vorkommen. Mit Gürtelreifen verbraucht man weniger Benzin. M + S-Reifen und Eis-Reifen führen zu höherem Verbrauch.

■ Zusätzlicher Luftwiderstand durch einen Dachgepäckträger.

■ In Sonne geparkt. Benzin verdunstet über Vergaser und Tankentlüftung.

Motorursachen

■ Obwohl das Werk Einfahrvorschriften nicht für notwendig hält, braucht man doch 3000–6000 km, bis alle Lagerstellen von Motor und Fahrwerk richtig „frei" sind und die günstigsten Verbrauchswerte erzielt werden.
■ Großserien-Motoren streuen in Leistung und Verbrauch bis zu 5 % vom Katalogwert nach unten und oben.
■ Zündung nicht in Ordnung: Zündzeitpunkt verstellt, Zündkerzen verschmutzt oder verbraucht, verschmorte Unterbrecherkontakte.
■ Störungen am Vergaser: Düsen verschmutzt, Vergaser falsch eingestellt, Vergaserdichtungen defekt, Schwimmer beschädigt oder klemmt.
■ Motorverschleiß stark fortgeschritten: Ventile schließen nicht dicht, Ablagerungen im Zylinder, in den Ventilführungen und auf dem Kolbenboden.
■ Starterklappenzug zu lange betätigt.

Die Höchstgeschwindigkeit

Obwohl sie in der Praxis nur selten erreicht wird, spielt die Höchstgeschwindigkeit bei Autofahrer-Gesprächen eine wichtige Rolle. Doch sollte man hier Angaben, die lediglich auf dem Tachometer beruhen, mit Vorsicht genießen. Zunächst einmal die Werksangaben: NSU 1000: ca. 135 km/h, NSU 1000 TT: ca. 150 km/h, NSU 1200/110 und 1200 C: ca. 145 km/h.
Diese Werte sollte ein flott eingefahrener und gut im Schuß befindlicher Wagen auf ebener Autobahn eigentlich erreichen. Neben Wagen- und Motor-Zustand bzw. -Alter spielen für die Höchstgeschwindigkeit einige weitere Faktoren eine Rolle: Reifenluftdruck, Zuladung, Außentemperatur. Rücken- oder Gegenwind, Steigung oder Gefälle beeinflussen natürlich ebenfalls das Maximal-Tempo. Wer verläßliche Zahlen bekommen will, muß eigene Messungen vornehmen.
Das optimistische Tachometer schwindelt immer einige Prozente dazu. Der Gesetzgeber erlaubt dies sogar: In den oberen beiden Dritteln des Anzeigebereiches darf das Tachometer bis zu + 7 % zuviel anzeigen. 130 km/h auf dem Tacho sind also in der Regel nur 120 km/h. Auf diese Weise aufgeklärt, werden Sie in Zukunft den Behauptungen anderer NSU-Fahrer, eine wesentlich höhere Geschwindigkeit als die Werksangabe erreicht zu haben, mit dem nötigen Mißtrauen begegnen und die Tacho-Voreilung in Gedanken gleich abziehen. Oder es war dabei Gefälle oder Rückenwind im Spiel.

Tacho prüfen

Sie können die Voreilung auf einer ebenen, mäßig befahrenen Autobahnstrecke nachprüfen. Voraussetzungen: Beifahrer(in) mit Stoppuhr, notfalls Armbanduhr mit Sekundenzeiger. Bei Vollgas die Zeit für einen Kilometer messen lassen. Die Tachonadel darf während der Messung nicht mehr ansteigen, was einen kilometerlangen Anlauf bedingt (Fenster und evtl. Kurbeldach schließen). Auf dem Mittelstreifen der Autobahn, aber auch seitlich der Strecke (wenn Mittelabweisplanken angelegt wurden), sind Kilometermarkierungen in 500-m-Abständen vorhanden, die freilich auch fehlen oder verdeckt sein können. Genaue Messungen entstehen durch den Mittelwert aus einigen Stoppungen in Hin- und Rückfahrt, die Windeinflüsse, schwaches Gefälle bzw. Steigung und ungenau gesetzte Kilometersteine ausgleichen. Viel Spaß, aber auch Vorsicht bei Ihren Messungen!
Die Geschwindigkeit in Kilometer pro Stunde (3600 Sekunden) ergibt sich, wenn Sie 3600 durch die gestoppte Zeit (in Sekunden) dividieren.
Im gleichen Verfahren läßt sich messen, was Ihr NSU wirklich läuft, wenn die Tachonadel auf 50, 80 oder 100 km zeigt.

Des Bastlers Stolz

In sozusagen grauer Vorzeit, wenn der Automobilist unterwegs von einer Panne betroffen wurde – und das war dazumalen gar nicht selten –, entstieg derselbe seinem Fahrzeug und öffnete eine fest auf das Trittbrett montierte große Werkzeugkiste, woselbst sich die Grundausstattung einer kleinen Dorfschmiede vorfand. Jene Zeiten sind längst vorbei, Pannen sind selten geworden, und weil die heutigen Autofahrer zumeist sowieso bezüglich Werkzeug zwei linke Daumen haben, wurde das seinerzeit so stattliche Bordwerkzeug immer unansehnlicher und kümmerlicher und es gibt sogar schon Fahrzeuge – nicht von NSU –, die lediglich einen armseligen Schraubenzieher – welch ein Aufwand! – mit auf den Lebensweg bekommen.
Ganz so schlimm ist es zwar bei NSU nicht und der eine Schraubenschlüssel im Bordwerkzeug zeigt tatsächlich die am Wagen zumeist anzutreffende Schraubengröße, aber wer sich als Heimwerker auf dieses Bordwerkzeug verlassen will, wird sich gar bald verlassen sehen.
Vor allem sollten Sie Ihr Bordwerkzeug durch ein kräftiges Unterlegbrettchen für den Wagenheber ergänzen. Sonst schiebt sich dieser gelegentlich völlig zweckwidrig in den weichen Boden, anstatt den NSU hochzuhieven.

Empfehlenswerte Grundausrüstung

Wenn Sie sich selbst um Ihren NSU kümmern wollen, werden Ihre Gedanken bestimmt bald in Richtung Werkzeugkauf gehen. Unbedingt sollte die Qualität dieser Neuerwerbungen besser sein als die des Bordwerkzeuges. Denn nur mit wirklich gutem Werkzeug läßt sich leicht und zuverlässig arbeiten. Ein Werkmeister kann auch zur Not mit schlechtem Werkzeug hantieren – er weiß sich zu helfen. Aber ein Heimwerker, der den Umgang da-

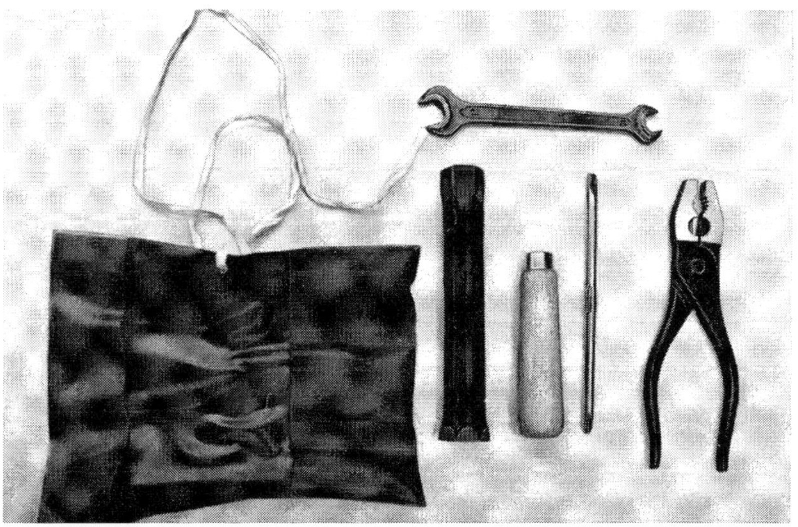

Das ist das serienmäßige Werkzeug des NSU 1000 und 1200/110. Weder in der Qualität noch im Umfang reicht es zur Selbstpflege aus. Der Schraubenzieher in der Mitte ist in seinem Griffstück umsteckbar und dadurch für Querschlitz- wie auch für Kreuzschlitzschrauben brauchbar.

Speziell für Prinz 1000 und Typ 110 haben wir dieses Werkzeug zusammengestellt:
1 – Doppel-Gabel-Schlüssel,
2 – Ringschlüssel,
3 – Gabel-Ringschlüssel,
4 – Rohrsteckschlüssel,
5 – Sechskant-Inbus-Steckschlüssel,
6 – Querschlitz-schraubenzieher,
7 – Kreuzschlitz-schraubenzieher,
8 – Vergaser-Schraubenzieher,
9 – Seitenschneider,
10 – Rohrzange,
11 – Kombizange mit isoliertem Griff,
12 – Türfederzange (Hazet-Nr. 799),
13 – langschäftiger Zündkerzenschlüssel (Hazet-Nr. 764),
14 – Flachmeißel und Kreuzmeißel,
15 – Körner und Durchschläger,
16 – Schlosserhammer,
17 – feine Feile,
18 – Fühlerblattlehre.

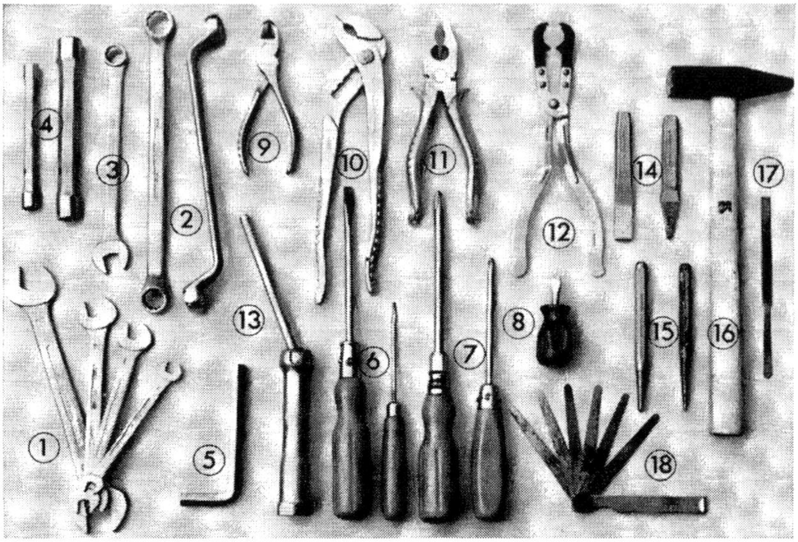

mit nur nebenbei und ungelernt betreibt, ist mit schlechten Schraubenschlüsseln und Schraubenziehern schnell am Ende seiner Kunst. Gutes Werkzeug ist aber nicht billig. Um so wichtiger ist es, daß man sein gutes Geld zweckmäßig anlegt und nicht einfach aufs Geratewohl ganze Werkzeugsätze kauft. Denn mancher Schraubenschlüssel oder manches andere, so in Bausch und Bogen gekaufte Werkzeug wird nie benötigt; dagegen kann man für seinen NSU verschiedenes Spezialwerkzeug gut gebrauchen, das in allgemeinen Werkzeugsätzen nicht enthalten ist. Aus diesem Grund erscheinen uns auch fertige Werkzeugsätze „für den Herrenfahrer" nicht empfehlenswert, denn ihre Zusammenstellung ist viel zu allgemein gehalten.

Aus der nachfolgenden Liste ist erkennbar, was als schon recht vielseitig verwendbare Grundausrüstung für den heimischen Werkzeugschrank empfehlenswert erscheint. Die beigefügten Preise haben wir dem Katalog der Firma Hazet entnommen, die zu den renommierten Werkzeugherstellern zählt und in allen guten Werkzeuggeschäften bekannt ist. Die Verwendungsmöglichkeit einzelner Werkzeuge ist anschließend erläutert. So können Sie je nachdem selbst entscheiden, ob Sie das betreffende Werkzeug früher, später oder gar nicht anschaffen wollen.

Größen und Preise

		Ungefähre Preise in DM
1 Satz Doppel-Gabelschlüssel 6x7, 8x9, 10x13, 11x12, 14x17	zus.	13,90
1 Gabel-Ringschlüssel SW 13		5,60
1 Ringschraubenschlüssel 13x17		5,40
2 Rohrsteckschlüssel, 8x10 und 14x17	zusammen	16,20
3 Schraubenzieher für Kreuzschlitzschrauben	zusammen	13,60
2 Schraubenzieher für Querschlitzschrauben, leicht und mittel	zus.	6,25
1 Sechskant-Inbus-Steckschlüssel SW 10		2,80
1 Vergaser-Schraubenzieher, kurze Form, für Querschlitzschrauben		3,50
1 Rohrzange, 240 mm lang		23,80
1 Kombizange, isolierter Griff		14,70
1 Seitenschneider		15,20
1 Schlosserhammer, 300 Gramm		6,40
1 Türfederzange (Hazet-Nr. 799)		11,00
1 Fühlerblattlehre, darin vor allem 0,20, 0,40 und 0,60 mm		3,20

1 Flachmeißel und 1 Kreuzmeißel	je	3,50
1 Körner		2,50
1 Durchschläger, 3 mm		2,90
1 Satz Schlüsselfeilen, flach, dreikant, rund		13,60
1 Zündkerzenschlüssel SW 21, wie in nebenstehendem Bild gezeigt		13,30

Was die Größenangaben bedeuten

Bei der Aufzählung der Schraubenschlüssel ist verschiedentlich von SW 13 die Rede. Natürlich müssen Sie wissen, was das bedeutet; es ist schnell erklärt: Bei uns in Deutschland, wie in Frankreich und vielen anderen Ländern, werden Maschinenteile und Werkzeuge in der Regel nach dem metrischen Maßsystem gemessen. In manchen Fällen ist jedoch auch noch das amerikanische oder englische Maßsystem üblich. Im metrischen System werden alle Größen natürlich in Zentimeter und Millimeter angegeben, im amerikanischen Maßsystem in Zoll. Das Kennzeichen für Zoll ist ein oben an der betreffenden Zahl stehendes Gänsefüßchen ("). Ein Zoll (1") entspricht 25,4 mm. Zumeist kann man schon an den Zahlen selbst erkennen, welchem Maßsystem sie zuzuordnen sind, denn Zollangaben werden in der Regel mit Bruchstrichen ausgeführt, also ½" (= 12,7 mm) oder etwa 2¼" (= 57,1 mm), während metrische Angaben entweder ein Komma haben oder vollständig in Millimetern geschrieben werden.

Bei Schraubenmuttern mißt man den Abstand der einander gegenüberliegenden Flanken in mm oder Zoll und schreibt auf den jeweils dafür passenden Schraubenschlüssel die entsprechende Schlüsselweite (Kurzbezeichnung: SW). Ein Doppel-Gabelschlüssel (man nennt den Gabelschlüssel vielfach auch Maulschlüssel) mit der Bezeichnung 13 x 17 hat also auf der einen Seite eine Gabel oder ein Maul für eine 13 mm breite und auf der anderen Seite für eine 17 mm breite Schraube. Schraubenschlüssel mit Zoll-Angaben kommen an unserem NSU nicht in Frage. Im übrigen soll man auch geschenkte Schraubenschlüssel mit Zoll-Angaben nicht benutzen, denn ihre Größen passen um Bruchteile von Millimetern nicht, so daß man sich nur die Flanken der Schrauben oder Muttern damit beschädigt.

Welches Werkzeug für welchen Zweck?

In der Auto-Industrie sucht man heute die notwendigen Schlüsselweiten möglichst auf einige wenige Normgrößen zusammenzufassen, und so sind die SW 8, 10, 13 und 17 am NSU 1000 und NSU 1200/110 in der erdrückenden Überzahl. Aber auch die übrigen in unserer Werkzeugtabelle genannten Schlüsselweiten werden Sie brauchen, wenn Sie die diesbezüglichen Arbeiten ausführen wollen. Die kleinsten, SW 6, 7, 8 und 9, werden zumeist an Teilen der elektrischen Anlage gebraucht, SW 6 ist außerdem zum Demontieren des Scheibenwischerarmes notwendig, SW 7 benötigen Sie zum Entlüften der Bremstrommeln, die Reinigung der Kraftstoffpumpe erfordert SW 8. Neben der vielfachen Verwendungsmöglichkeit für SW 10 ist in dieser Größe ein Rohrsteckschlüssel sehr empfehlenswert, weil man damit besser an die Halteschrauben des Ölsiebdeckels unten an der Motorölwanne und an die Schrauben des Steuergehäusedeckels kommt. Der Gabelschlüssel 11 x 12 wird kaum gebraucht. Wir fanden für ihn nur zum Entlüften der Scheibenbremsen (besser der Werkstatt überlassen!) und zum Öffnen der Getriebeölkontrollschraube in der neuen Ausführung (SW 12) Verwendung. Auch die

Muttern zum Befestigen des Auspufftopfes sowie des Einlaßkrümmers am Motorblock haben SW 11. Aber um diese oft sehr fest sitzenden Schrauben zu lösen, ist ein passender Ringschlüssel SW 11 geeigneter. Diese Arbeiten sind jedoch nicht jedermanns Sache und die betreffenden Schraubenschlüssel müssen nicht vorhanden sein. Gleich in mehrfacher Ausführung ist dagegen SW 13 notwendig, oft zum Gegenhalten einer zweiten Mutter.

Wir empfehlen dazu Ringschlüssel, weil diese, im Gegensatz zum einfachen Gabel- oder Maulschlüssel, die Schraube nicht nur an zwei gegenüberliegenden Flanken, sondern in der Zwölfkantausführung an allen 6 Kanten umfassen. Dadurch kann man mit einem Ringschlüssel stärkeren Druck ausüben und ihn intensiver handhaben als einen Gabelschlüssel, der bei starker Druckanwendung über die Kanten der Schraube abgleitet.

Nur mit einem schmalwandigen Rohrsteckschlüssel SW 14 sind die tief versenkten Zylinderkopfschrauben zu erreichen. Der gleiche Rohrsteckschlüssel ist mit der SW 17 auf der anderen Seite beim Demontieren der vorderen Stoßstange nützlich. Ansonst wird die SW 14 an der Getriebekontrollschraube in der älteren Ausführung und beim Einstellen des Ventilspieles (besser ist hierbei auch ein Ringschlüssel) notwendig. Vielseitige Verwendung findet noch die Schlüsselweite 17 an den Stoßstangen, an der Auspuffhalterung, am hinteren Querrohr usw., wobei auch eine zweite Ausführung (als Ringschlüssel) zum Gegenhalten benötigt wird. Wenn Sie sich den empfohlenen Rohrsteckschlüssel 14 x 17 kaufen, haben Sie damit gleichzeitig die SW 17, welche auf die Radmuttern paßt.

Unser Sortiment nennt fünf verschiedene Schraubenzieher. Sie können sich statt dessen auch einen Einsteckwerkzeugsatz mit entsprechend verschiedenen Einsteck-Klingen für Querschlitz- und Kreuzschlitzschrauben kaufen. Nicht vergessen sollten Sie jedoch dabei den sogenannten Vergaser-Schraubenzieher in der gedrungenen Form mit dem dicken Handgriff. Mit diesem Werkzeug sind auch widerspenstige Querschlitzschrauben noch zu lösen.

Rohrzange, Kombizange (mit isoliertem Griff!) und der Seitenschneider zum Abschneiden von Kabeln dienen als allgemeine Hilfswerkzeuge, ebenso Hammer, Meißel, Körner, Durchschläger und die feinen Feilen in verschiedenen Ausführungen. Die Fühlerblattlehre wird zum Ventileinstellen, zum Messen des Unterbrecher-Kontaktabstandes und des Elektrodenabstandes der Zündkerzen gebraucht.

Überlegen Sie sich also vor dem Werkzeugkauf, ob Sie diese oder jene Arbeit auch selbst machen wollen.

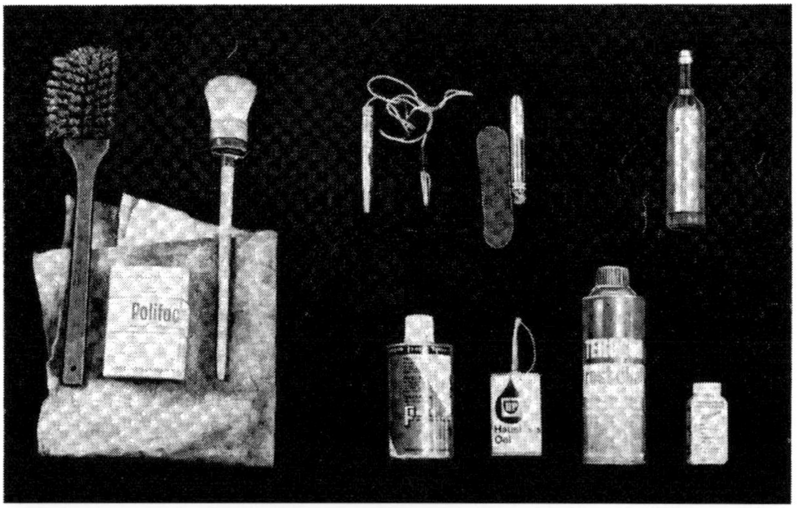

Das sind die wichtigsten Hilfsmittel für die Wagenpflege: Waschbürste für Felgen und Kotflügel, Waschpinsel, Leder und Schwamm. Daneben Prüflampe, Luftdruckmesser und Fettpresse (letztere nur bei Prinz 1000 notwendig). Darunter Rostlösemittel, Ölkännchen, Rostschutzmittel und Rostumwandler.

Hilfsmittel für die Wagenpflege

Zum eigentlichen Werkzeug der Grundausrüstung gehören noch einige Hilfsgeräte, die nicht vergessen werden dürfen. Wir nennen davon:

1 kleine Hand-Fettpresse (nur bei NSU 1000)	etwa 7,00 DM
1 Ölspritzkanne	etwa 6,30 DM
1 Reifendruckprüfer	etwa 6,50 DM
1 Prüflampe	etwa 9,80 DM
1 Fensterleder, erste Qualität	etwa 15,00 DM
1 Waschpinsel ohne Metallfassung	etwa 2,50 DM
1 Autoschwamm oder Waschhandschuh	2,50 bis 15,00 DM
1 Waschbürste mit Stiel	etwa 4,50 DM

Wie diese Hilfsgeräte benutzt werden, ist in den diesbezüglichen Kapiteln beschrieben. Vielleicht vermissen Sie in unserer Aufzählung die in jedem Herrenfahrer-Werkzeug vorhandene Zündkerzenbürste. Wir halten nichts davon; auch eine Kontaktfeile ist von gestern.

Ergänzung nach Bedarf

Wer seine Werkzeugausrüstung weiter ergänzen will, sollte sich in erster Linie weitere Ringschlüssel und auch Steckschlüssel mit Zwölfkant-Einsätzen anschaffen. Andere Schlüsselweiten als die unter den Gabelschlüsseln genannten sind nicht notwendig. Die zuletzt genannten Zwölfkant-Steckschlüssel lassen sich auf der sechskantigen Schraube besonders vielseitig umsetzen, so daß auch bei geringem Bewegungsraum für den zugehörigen Gelenkgriff eine Schraube gut angezogen werden kann. Die Einsätze haben auf der „Werkseite" (die Seite zur Schraube) die jeweils angegebene Schlüsselweite, auf der Halteseite ein Vierkantloch von $^1/_2$" Kantenlänge zum Einstecken der Betätigungswerkzeuge (Gelenkgriff, Knarre usw.).
Gelegentlich wird man bei Bekannten oder in einer Werkstatt weiteres Werkzeug sehen, das man sich auch kaufen möchte. Überhaupt hat ein eifriger Heimwerker mit der Zeit Lieblingswerkzeug, mit dem er besonders gerne arbeitet, und bis zur Anschaffung eines Drehmomentenschlüssels zu 125,– DM, einer Bohrmaschine, Gewindeschneidern und einem bestens ausgestatteten Werkzeugschrank, der einen Werkstattbesitzer vor Neid erblassen läßt, sind da keine Grenzen gesetzt. Wir wollen in dieser Richtung keine Vorschläge machen, denn solch ein Hobby entwickelt sich individuell. Nur vor einer Werkzeugsorte wollen wir warnen: vor sogenanntem Universalwerkzeug, mit dem man beispielsweise – wir übertreiben nur wenig – zugleich Schrauben anziehen, Draht abkneifen, die Gartenhecke scheren, Nägel einklopfen und vielleicht noch Butterbrot schmieren können soll. Solches Werkzeug nützt in Wirklichkeit keinem seiner Zwecke wirklich richtig.

Umgang mit Werkzeug

Wenn Sie es zusammenrechnen, kostet ordentliches Werkzeug eine hübsche Stange Geld. Dieses Kapital sollten Sie zweckdienlich ausnutzen und sorgsam pflegen. Das bedeutet, daß grundsätzlich das Werkzeug nur zu jenem Zweck verwendet wird, für den es entwickelt ist. Einen Schraubenzieher etwa als Meißel benutzen ist genauso schädlich wie etwa das Lösen oder Anziehen einer Schraubenmutter mit der Zange. Eine Zange hat an einer Schraube grundsätzlich nichts zu suchen, denn ihre scharfen Zähne beschädigen die Ecken und Flanken einer Mutter rücksichtslos, so daß später jeder Schraubenschlüssel abgleiten muß. Eine Zange ist nur ein Haltewerkzeug,

und mit der Rohrzange darf, wie ihr Name sagt, nur an Rohren und Wellen herumgedreht werden, aber nicht an Schrauben. An den Schraubenziehern soll die Klingenspitze immer sauber gerade geschliffen sein, aber sie darf keine scharfe Schneide bilden, sondern muß flach wie ein Messerrücken sein. Eine scharf zugeschliffene Klingenspitze dreht sich nämlich leicht aus dem Schraubenschlitz, da ihre Flanken schräg sind und bricht auch leichter ab.
Zum Aufbewahren des Werkzeuges genügen zu Anfang Holzkiste oder Tischschubladen, die am besten durch einige eingebaute Brettchen aufgeteilt werden, damit der ganze Inhalt nicht durcheinanderfällt und umgerührt werden muß, bis das gesuchte Stück endlich gefunden ist. Für unterwegs ist eine Werkzeugtasche (aus starkem Leinen oder Kunstleder selbst nähen) praktisch. Später kann man sich einen Werkzeugkasten aus Blech kaufen, wobei der fünfteilige mit Tragegriff, wie ihn die Schlosser haben, besonders praktisch zum schnellen Greifen der einzelnen Werkzeuge ist (ab 12,– DM).

Flüssige Hilfen

Im Regal an der Garagenwand, in welchem das Selbsthilfewerkzeug untergebracht ist, nehmen sich einige der modernen Sprühdosen ganz gut aus. Mit dem Rechenstift beurteilt, ist ihr Inhalt durch die aufwendige Aufmachung zwar recht teuer, da man aber als Selbstpfleger sowieso nur geringe Mengen braucht und auch die Handhabung der Spraydosen manche Arbeit sehr erleichtert, sind sie doch ganz praktisch.
Als Lösemittel für starken Rost und festsitzende Schrauben haben sich beispielsweise „Caramba Expreß“ und „Ferex Rapid“ sehr bewährt. Man muß nur ein wenig Geduld haben und die Flüssigkeiten lange genug einwirken lassen (Frühstückspause derweilen machen), bevor man dann den Ringschraubenschlüssel ansetzt. Damit die solcherart locker gemachten Schrauben nicht wieder anrosten, entweder vom Bleistift Graphit auf das Gewinde schaben (Graphit ist ein Festschmierstoff) oder mit einem graphitierten Öl (z. B. von BP, Aral, Teroson oder Shell) einsprühen.
Als Schutz gegen Rost lassen sich einzelne Teile oder Werkzeuge sehr wirkungsvoll mit „Tectyl“ von Valvoline oder „Aral-Unterbodenschutz“ überziehen. Diese wachsartigen Rostschutzmittel gibt es ebenfalls in Sprühflaschen. Dabei eine Zwischenbemerkung zum Rostschutz: Sie können dazu auch frisches Motoröl oder reine Vaseline nehmen, aber auf keinen Fall Altöl! Denn Altöl enthält sehr oft rostfördernde Säuren, bewirkt also das Gegenteil. Auch Dieselöl taugt nicht dazu – es verdunstet zu schnell.
Sehr gute Erfahrungen haben wir bei verrosteten Fahrwerksteilen, Fahrzeugböden, Ersatzradwannen usw. mit sogenannten Rostumwandlern (z. B. Bostik Antirost, Ferro-Bet von Dupli-Color, Aral Rostentferner, Caltex Anti-Rost usw.) gemacht. Das sind Flüssigkeiten auf Phosphorsäurebasis, die den Rost in Eisenphosphat umwandeln und dadurch weiteres Rosten verhindern. Dieses „Antirost“ usw. muß auf die Roststellen satt aufgepinselt werden, braucht je nach Verrostung Stunden oder Tage, bis aller Rost in lichtgraues Eisenphosphat umgewandelt ist und wird nach dem Austrocknen am besten mit Lackfarbe, Unterbodenschutz oder Lackpflegemittel übersprüht. Besonders zu empfehlen bei Roststellen im Kofferraum und unter den Bodenmatten. Weniger brauchbar ist es auf der lackierten Außenhaut des Wagens, weil es durch seine starke Wirkung auch die dem Auge noch nicht erkennbaren Lackunterrostungen umwandelt und dabei den Lack um die Roststelle abhebt. Anders ist es, wenn anschließend die Schadensstelle

lackiert wird. Dann bildet es einen rostsicheren Lackuntergrund.
Sollen fettverschmierte Motorteile, die Innenseiten der Felgen oder der ganze Motorraum gereinigt werden, dann gibt es hierzu, ebenfalls in Sprühdosen, besondere Motor-Reiniger (z. B. von Shell, Aral, Teroson und Caramba). Damit wird das betreffende Teil eingesprüht und nach wenigen Minuten mit Wasser abgespritzt oder mit dem Pinsel abgewaschen. Auch die dicksten Fettkrusten lösen die „Motor-Reiniger" und geben dazu den Teilen noch Glanz.
Auch die zahlreichen Lackpflegemittel, Scheibenwaschwasserzusätze, Chromschutzmittel, Plastik-Reiniger usw. gehören eigentlich zu den „Flüssigen Hilfen". Ihnen sind jedoch die Kapitel „Lackpflege" und „Winterschutz" besonders gewidmet. Hier wäre noch lediglich wegen eines besonderen Effekts der Chromschutzspray von Polifac oder „Intact" von Aral zu nennen, denn diese Mittel haben die Eigenheit, Feuchtigkeit auf Metall zu unterwandern. So bewirken sie bei Zündungsstörungen durch Feuchtigkeit (etwa nach einer Motorwäsche oder nach einer taufrischen Nacht unter der Laternengarage), daß der damit eingesprühte Zündverteiler und die dadurch nässe-isolierten Kabel wieder willig funktionieren.
Beachten: Fahrbenzin ist giftig, beim Säubern aufpassen.

Hilfe unterwegs

Es gibt Autofahrer, die so sorglos drauflosfahren, daß in ihrem Wagen weder ein Reservekanister noch ein Abschleppseil zu finden ist, und im Ersatzreifen ist auch keine Luft. Andere dagegen führen aus Furcht vor Pannen ein ganzes Arsenal von Werkzeugen und Ersatzteilen mit sich. Hier ist, wie zumeist, der Mittelweg goldene Richtigkeit. Wir wollen hier aufführen, was man mitführen sollte, auch wenn es nur dazu dient, andern hilflosen und zu sorglosen Autofahrern unterwegs damit auszuhelfen. Wir nennen davon besonders:

Reservekanister	Abschleppseil
Ersatzlampen	Zündkerzen, Sicherungen
Autoapotheke (Pflicht)	Rolle Draht, Tesa-Film

Warndreieck (Pflicht) und sonstige Warneinrichtungen (Warnlampe).

Ersatzteile bei Auslands-Reisen

Falls eine Reise in ferne, unwegsame Länder geplant ist, wird man dort nicht allzu oft das Audi-NSU-Zeichen an Werkstätten finden. Das entsprechende Verzeichnis sollte man sich also vor der Reise aus Neckarsulm von NSU schicken lassen, damit man die einschlägigen Audi-NSU-Werkstätten auch findet. Für alle Fälle kann es jedoch nichts schaden, wenn im Kofferraum, in Lappen gewickelt, einige Dinge mitreisen, die man vielleicht plötzlich dringend für seinen NSU nötig hat. Wir denken da an eine kleine Auswahl des heimischen Werkzeuges, die man aus eigener Erfahrung schätzen gelernt hat und vor allem außer den bereits erwähnten Ersatzlampen und Ersatz-Zündkerzen auch noch an Ersatz-Ölfilter, einen kleinen Satz Dichtungen (Ventildeckeldichtung), Unterbrecherkontakte, Lichtmaschinenkohlen sowie Gaszug und Keilriemen. Für die Reifen sollte man einen Reserveschlauch (falls der schlauchlose Reifen nicht mehr zu flicken ist), eine kräftige Fußluftpumpe, Reifenflickzeug und 2 Montierhebel mitnehmen. Und für die Batterie brauchen Sie bei Fahrten in Ostblockländer ein gut verschlossenes Fläschchen mit destilliertem Wasser – das ist dort rar.

Anhänglichkeiten

So gut Sie Ihren NSU 1000 oder NSU 1200 auch kennen und so oft Sie sich vielleicht schon zu helfen wußten – eines Tages kann es doch einmal passieren, daß Sie hilflos am Straßenrand stehen, weil irgend etwas am Wagen streikt. Ihr Wagen müßte abgeschleppt werden. Natürlich können Sie sich einen Abschleppdienst herbeirufen lassen. Aber das wird unter Umständen eine sehr saftige Rechnung geben – auch bei verhältnismäßig kurzen Strekken kann der Mann vom Abschleppdienst die Hand für 50 DM aufhalten.
Billiger ist es, wenn Sie Seite 55 Ihrer Betriebsanleitung aufschlagen und dort nachsehen, wie Sie sich von einem mildtätigen Zeitgenossen mit dessen Wagen abschleppen lassen können. Man kann das Haus NSU gar nicht laut genug loben, daß es in der Betriebsanleitung auf diese Möglichkeit eingegangen ist. Viele andere Autohersteller tun nämlich so, als wäre es völlig ausgeschlossen, daß ihr Wagen jemals abgeschleppt werden müßte.

Eigenes Seil empfehlenswert

Allerdings genügt das Studium der entsprechenden Betriebsanleitungsseite allein nicht, es muß auch ein Abschleppseil da sein. Man genießt nur selten das Glück, sich bei dieser Gelegenheit auf die Abschleppseile anderer Leute verlassen zu können. Sie sollten unbedingt selbst eines im Kofferraum haben. Wenn Sie dies im Bedarfsfall am Wagen befestigen und mit dem anderen Ende hilfesuchend winken, weiß jeder Autofahrer auf hundert Meter, welches Ihr Problem ist. Diese Strecke ist zum Abbremsen lang genug. Schneller als Sie es zu hoffen wagen, wird jemand anhalten und Ihr Seil anhängen, weil Sie ja schon alles vorbereitet haben.

Im Schlepptau

Mit seinem runden Tönnchen (zulässiges Gesamtgewicht des NSU 1200 1130 kg und des NSU 1000 1040 kg) ist Ihr Wagen ein leichtes Mittelgewicht, das zum Abschleppen kein dickes Schiffstau braucht. Ein gutes Perlonseil

Wer sich auf das Abschleppen mit Gefühl versteht, kann ein Perlonseil mit Befestigungskrallen für die Stoßstangen benutzen (beispielsweise von Apa). Man braucht sich nicht unter den Wagen zu bücken, sondern die Halteklammern werden einfach über die Stoßstange geschoben. Allerdings dürfen sie nur dort angesetzt werden, wo sich der Stoßstangenhalter direkt hinter der Stoßstange befindet.

Wenn es an Schlepperfahrung beim Schlepper oder Abgeschleppten fehlt, muß das Schleppseil an widerstandsfähigeren Teilen befestigt werden. Dies ist vorne der sogenannte Querlenker, wobei wir allerdings im Gegensatz zur NSU-Betriebsanleitung den linksseitigen Querlenker vor dem Fahrersitz (und nicht den rechtsseitigen) vorschlagen. Dort liegt das Seil dem Fahrer direkt vor Augen (günstigere „Fahrgeometrie").

oder ein schlichtes Hanfseil von nicht mehr als 10 mm Stärke genügt. Ersteres braucht jedoch an beiden Enden unbedingt verschiebbare Manschetten – am besten aus Leder –, die das gegen Aufscheuern sehr empfindliche Perlonseil vor scharfen Kanten schützen.

Einen anderen abschleppen

Als hilfsbereiter Mensch wird man sich unterwegs nicht lange bitten lassen, wenn ein anderer Autofahrer mit Kummermiene neben seinem Wagen steht. Wie der NSU als Schleppfahrzeug verwendet werden kann, ist ebenfalls in der Betriebsanleitung beschrieben. Wer sich aufs Abschleppen versteht, kann es mit einem doppelt so schweren Personenwagen aufnehmen. Die Kupplung wird dabei zwar etwas stöhnen, aber der Motor wird es bei nicht zu langer Strecke ohne weiteres schaffen.

Die Anbringung ist hinten bei einem Perlonseil mit Haltekrallen ebenfalls an der Stoßstange möglich. Das abgeschleppte Fahrzeug darf dann aber nur ein Leichtgewicht sein, und der Fahrer des abgeschleppten Wagens muß Schlepp-Erfahrung haben. Sicherer ist es deshalb auf jeden Fall, wenn Sie das Abschleppseil an Ihrem Wagen linksseitig um das kräftige Querrohr schlingen, das in Fahrtrichtung vor dem querliegenden Auspuff zu sehen ist.

Schleppfahrt mit Gefühl

Abschleppseile bringt man in der Regel in Fahrtrichtung links an, also am Stoßstangenhalter bzw. Dreieckslenker links vorne oder am Querrohr links hinten. Durch die linksseitige Anbringung hat der Fahrer des abgeschleppten Fahrzeuges das Seil unmittelbar vor Augen, denn er muß ja darauf achten, daß es immer gut gespannt ist. Die Fußspitze hat er stets an – nicht auf! – dem Bremspedal, damit er sofort ganz sanft bremsen kann, falls das Seil einmal durchhängt. Bei hartem Bremsen würde es entweder reißen oder an einem der Wagen wird etwas verbogen. Die Linksanbringung des Abschleppseils ist auch wegen der kräftegeometrisch günstigeren Gewichtsverteilung in den beiden Wagen – links sitzen die Fahrer – besser. Die Beifahrer steigen möglichst in das abschleppende Fahrzeug um. Wichtig: Zündschlüssel auf Stellung „Garage", sonst ist die Lenkung blockiert. Wer sich abschleppen läßt, muß wissen, daß er zuerst zu bremsen hat und damit auch die Fahrt des Zugwagens verzögern muß. Der Ziehende unterstützt den Bremsvorgang erst, wenn er die Verzögerung spürt. Das erfordert Übung und vor allem Vorausblick auf das Verkehrsgeschehen. Bei einer Notbremsung allerdings wird der Hintermann zusehen müssen, daß er an dem Zugwagen womöglich vorbeilenken kann, um nicht aufzufahren.

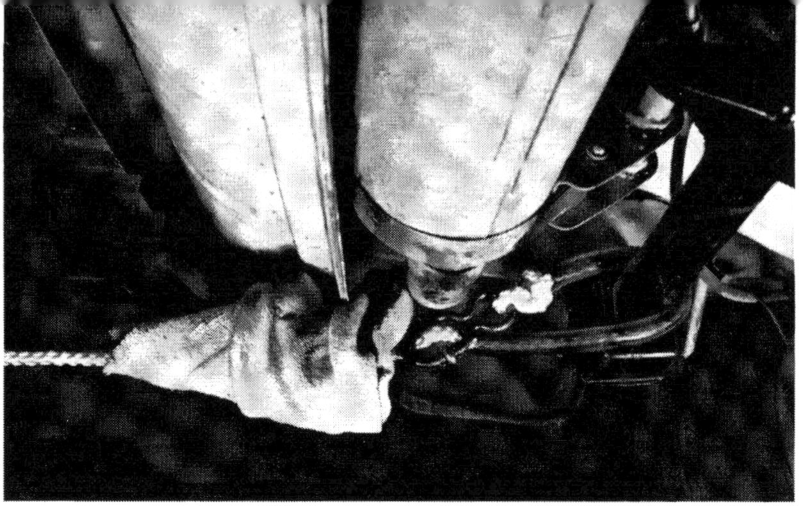

Zum Abschleppen eines anderen Wagens darf das Seil auf keinen Fall an die Hinterachse angehängt werden, denn diese ist für solche einseitige Zugbeanspruchung nicht eingerichtet. Ein guter Festpunkt ist dagegen das starke Querrohr. Auch dort wird das Seil linksseitig angebracht. Damit das Seil nicht an dem besonders heiß werdenden Auspufftopf durchschmort oder von der Karosserie-Unterkante aufgescheuert wird – besonders Perlon- und Nylonseile sind da gefährdet –, muß es dort mit einem dicken Lappen umwickelt werden.

Das Abschleppen ist nach den Gesetzen eine Notmaßnahme. Es darf nur dazu dienen, einen aus eigener Kraft nicht fahrfähigen Wagen in die nächste zumutbare Werkstatt oder an seinen Heimatstandort zu bringen. Der Fahrer des abschleppenden Wagens braucht, entgegen einer viel verbreiteten falschen Meinung, keinen Führerschein der Klasse 2, sondern nur der Klasse 3 für Personenwagen. Und vom Lenker des abgeschleppten Wagens wird sogar überhaupt kein Führerschein verlangt (Oberlandesgericht Hamm 1961).

Anhänger-Betrieb

Was man seinem NSU längere Zeit hinten dranhängen will, muß mit diesem durch eine typgeprüfte und amtlich zugelassene feste Anhängerkupplung verbunden sein. Das gilt für kleine Musterkofferanhänger, für Bootsanhänger wie auch für das eigene Haus auf Rädern. Der Wohnanhänger darf allerdings alles in allem je nach Typ nur 350 bis 390 kg wiegen, wenn er keine eigenen Bremsen besitzt, und mit eigener Bremsvorrichtung 750 kg. Einem gebremsten Anhänger sollte man den Vorzug geben, aber nicht die Anhängelast bis zum letzten Kilogramm auszunutzen suchen, geschweige denn für einen noch schwereren Anhänger um eine Ausnahmegenehmigung nachsuchen. Der nicht bis zum äußersten belastete und strapazierte NSU wird es durch längeres Leben danken. Übrigens: Mit Anhänger darf man auch auf der Autobahn nicht schneller als 80 km/h fahren! Anhängerkupplungen sind kein Gebiet für Eigenbaukonstruktionen. Auch vom eigenen Anbau der für NSU 1000 und NSU 1200/110 amtlich typgeprüften und zugelassenen Anhängerkupplung möchten wir abraten, da nach dem Anbau das Fahrzeug dem TÜV vorgeführt werden muß und die Montage natürlich sehr kritisch überprüft wird. Nach der Prüfung muß die Anhängevorrichtung im Kraftfahrzeugbrief und im Kraftfahrzeugschein (Zulassung) eingetragen werden.

Über Art und Anbau einer Anhängerkupplung läßt man sich von einer NSU-Vertretung beraten. Zu dem Preis für die Anhängerkupplung kommen neben dem Arbeitslohn für die Montage noch die Kosten für den elektrischen Anschluß der Anhängerbeleuchtung und eventuell auch die Bremseinrichtung.

Planwirtschaft

Regelmäßig wie das Zähneputzen – wenn auch in anderen Zeitabständen – läßt sich der gepflegte Mensch die Haare schneiden, kürzt die Fingernägel, zieht frische Socken an die Füße und spart auch nicht mit Wasser und Seife an sich. Bei einem Auto ist es nicht anders. Bei regelmäßiger und sorgfältiger Pflege gewinnt es an Aus- und Ansehen – und Lebensdauer.
Jedes Werk stellt zu diesem Zweck einen ausführlichen Fahrplan darüber auf, was, wann und wo gepflegt, gewartet oder kontrolliert werden soll. Diese Schmierdienst- und Wartungsarbeiten finden Sie nachfolgend aufgeführt und dazu vermerkt, auf welchen Seiten genauer beschrieben ist, wie die einzelnen Pflegearbeiten ausgeführt werden sollen. Die Bedeutung der jeder Zeile vorangestellten Buchstaben S, T, W ist umseitig erläutert.
Wundern Sie sich jedoch nicht, daß unsere Schmierdienst- und Wartungsliste 38 Punkte aufführt, während Sie in Ihrem Kundendienstpaß nur 18 Punkte bei der 7500-km-Inspektion und 24 Punkte bei 15 000 km vorfinden. Dort sind aber in einzelnen Punkten eine ganze Anzahl verschiedener Arbeiten versteckt, die wir in unserem Pflegeplan auseinanderziehen mußten, um sie an den jeweils passenden Stellen dieses Buches erläutern zu können. Trotzdem ist bei genauem Hinsehen vieles nur ein einziger schneller Handgriff.
Die Wartungs- und Pflegearbeiten, die im Kundendienstpaß bei der Wagenauslieferung bei Kilometerstand 500 und 2500 aufgeführt sind, wurden im umseitigen Plan nicht besonders erwähnt, weil in dieser Jugendzeit seines Wagens der NSU-Besitzer brav die Verfragswerkstatt aufsuchen sollte, um seiner Garantieansprüche nicht verlustig zu gehen.
Wenn Sie auch die späteren Wartungsdienste in der NSU-Werkstatt machen lassen, werden Sie für die Inspektion alle 7500 km vielleicht DM 47,50 und alle 15 000 km DM 70,– (Preise in Großstadt-Werkstatt, Ende 72) zu zahlen haben. Der genaue Preis ist von NSU nicht festgelegt, sondern nur eine Richtzeit, in welcher der Wartungsdienst erledigt sein muß. Was diese Zeit dann genau kostet, ergibt sich aus der jeweiligen Werkstatt-Kalkulation. Dies ist erst der Grundpreis, zu dem sich noch die Kosten für das verbrauchte Material – Öl, Dichtungen und dergleichen – hinzu addieren.

Pflege nach Jahreszeit

Weil nicht nur abgespulte Kilometer, sondern auch Witterungsverhältnisse das Wohlbefinden eines Wagens beeinflussen, hat NSU in seinem früheren Kundendienstheft zwei jahreszeitliche Inspektionen empfohlen, die jeweils im Frühjahr und späten Herbst exerziert werden sollen. Diese pflegliche Sorgfalt von NSU, die uns von keinem anderen Kraftfahrzeughersteller bekannt ist, muß gelobt werden, denn in der Tat wird den Fahrern anderer Marken nicht immer bewußt, welchen besonderen Strapazen ihr Fahrzeug im Winter ausgesetzt sein wird. Was vor und nach jedem Winter dem NSU Gutes getan werden soll, ist in dem Kapitel „Winterschutz“ behandelt.

Im Auge behalten

Weil die NSU-Modelle teilweise schon eine geraume Zeit in Produktion sind, treten sogenannte Kinderkrankheiten kaum noch auf. Dennoch gibt es einige Punkte, die man innerhalb des Wartungsplanes im Auge behalten sollte, wie Beobachtungen, Befragungen, eigene Erfahrungen sowie die Ergebnisse verschiedener Dauerteste ergaben. Natürlich ist man bei NSU bestrebt, Schwachpunkte auszumerzen, und selbstverständlich ist die folgende Aufstellung nicht allgemein auf jedes NSU-Exemplar anzuwenden.

- Gelockerte Schrauben am Vergaser
- Zylinderkopfdichtung durchgebrannt
- Kupplungsseil gerissen
- Rostansatz unter der Kofferraumhaube
- Poröse Dichtleisten an den Türen.

Was muß wann und wo gemacht werden?

Schmier- und Wartungsdienst alle 7500 km

			Nähere Hinweise Seite
	T	1. Motoröl wechseln	34
	T	2. Ölfilter wechseln	35
S		3. Motor und Getriebe auf Dichtheit prüfen	40, 189
S/T		4. Achsschenkelbolzen abschmieren *	43
S/W		5. Muttern der Auspuffanlage nachziehen	190
S/W		6. Bremsleitungen auf Dichtheit und Zustand prüfen	141
S/W		7. Kupplungsbetätigung auf Dichtheit prüfen	209
	W	8. Bremsbacken nachstellen	224
S/W		9. Handbremse einstellen	226
S		10. Bei Scheibenbremsen Bremsbackenverschleiß prüfen	229
S		11. Reifenverschleiß prüfen	128
S/W		12. Kupplungsspiel prüfen, gegebenenfalls nachstellen	209
S/W		13. Schrauben an Antriebswellen und Bremsträgern nachziehen	213
S/T		14. Getriebeölstand prüfen	40
S		15. Zündverteiler prüfen	88
S/T		16. Zündkerzen nachprüfen, Elektrodenabstand berichtigen	93
S/W		17. Zündzeitpunkt nachprüfen	90
S/W		18. Ventilspiel prüfen	183
S/T		19. Luftfilter reinigen, Ölbad erneuern	62
S		20. Batterie prüfen, destilliertes Wasser nachfüllen	62
S/T		21. Bremsflüssigkeitsstand nachprüfen	142
S		22. Licht- und Signalanlage prüfen	100
S		23. Reifendruck prüfen	126
S		24. Frischluft-Eintrittsgitter reinigen	57

Dazu alle 15 000 km

	T	25. Getriebeöl wechseln	41
S/W		26. Schrauben und Muttern der Vorderachse nachziehen; Versplintung der Kronenmuttern prüfen	216
S/W		27. Schrauben und Muttern an Fahrwerk und Motor nachziehen	218
S		28. Sieb der Kraftstoffpumpe reinigen	47
S		29. Zündverteiler schmieren	45
S		30. Kabelanschlüsse nachprüfen	77
S/W		31. Lichtmaschine kontrollieren	69
S/W		32. Anlasser prüfen und Kabelanschlüsse reinigen	74
S/W		33. Steuerkette nachspannen	182
S/W		34. Keilriemenspannung prüfen	71
S		35. Tür- und Haubenscharniere ölen	44
	W	36. Vorspur vermessen	221
S/W		37. Radlager auf Lauf und Spiel prüfen	216
S/W		38. Räder abnehmen, Bremsbacken auf Verschleiß prüfen	143

* Der 4. Punkt des Pflegeplanes, „Achsschenkelbolzen abschmieren", gilt nur für den NSU 1000.

Die Handhabung des Wagenhebers sollten Sie einmal in Ruhe üben. Dann klappt es besser, wenn er im „Ernstfall" gebraucht wird. Hier, am 1200/110, wird die Stütznase des Wagenhebers in eine „Einsetzpfanne" unter dem Karosserieboden gesteckt. Gefühlsmäßig setzt man leicht den Heberstempel zu senkrecht an. Wie auf dem Bild gezeigt, muß jedoch die breite Hand noch zwischen ihn und die Karosserie gehen, so daß Stütznase und Heberplatte wirklich senkrecht übereinander stehen. Andernfalls wird der Wagen beim Hochkurbeln seitlich weggeschoben.

Was kann man selbst machen?

Vor jeder einzelnen Wartungsarbeit unserer Liste finden Sie einen oder mehrere Kennbuchstaben, die Ihnen andeuten sollen, was Sie selbst machen können, was die Tankstelle erledigen kann und was der Werkstatt überlassen bleiben soll. Es bedeuten:

S = Selbstmachen. Das sind Arbeiten, die man ohne Fachkenntnisse und besonderes Werkzeug selbst ausführen kann, nachdem man den entsprechenden Abschnitt auf der betreffenden Seite dieses Buches gelesen hat.

S/T = Selbstmachen oder Tankstelle. Auch hier sind keine besonderen Fachkenntnisse notwendig, aber vielleicht fehlt Ihnen das entsprechende Gerät zur Ausführung dieser Arbeit, und die Tankstelle besitzt es.

S/W = Selbstmachen oder Werkstatt. In diesen Fällen sind neben einfachen Fachkenntnissen etwas Geschick, Einfühlungsvermögen und zusätzliches, aber kein aufwendiges Werkzeug Voraussetzung.

T = Tankstelle. Der sparsame Mann überläßt diese Arbeit am besten der Tankstelle, obgleich er sie auch selbst ausführen könnte. Er spart dabei Zeit und Mühe, denn der Warenpreis, der bei dieser Arbeit entsteht, ist gleich, einerlei, ob man die Ware – in der Regel das Öl – selbst verarbeitet oder von der Tankstelle verarbeiten läßt. Denn in diesen Fällen berechnet die Tankstelle keinen zusätzlichen Arbeitslohn. Selbsthelfer mit Ehrgeiz werden sich jedoch auch diese Arbeit nicht nehmen lassen. Billiger wird es für

Für Arbeiten an der Wagenunterseite muß das Fahrzeug stabil aufgebockt sein. Die Räder sollten sich frei drehen lassen. Bequem und sicher ist das Aufbocken auf einem standfesten und verstellbaren Abstützbock, der in einem gut sortierten Kaufhaus 22,50 DM je Stück kostete. Damit sich die Stützklaue des Abstützbockes nicht mit Beulen in das dünne Karosserieblech preßt, wird ein Holzscheit als nachgiebige und lastverteilende Zwischenlage benutzt.

Der NSU läßt sich auch mit den breiten und hohen Hohlblocksteinen standfest „untermauern". Normale Ziegelsteine sind dagegen unbrauchbar, denn sie müßten zu hoch aufgeschichtet werden und sind deshalb eine wackelige – und gefährliche! – Angelegenheit. Ein Ziegelsteinaufbau kann nach allen Seiten umkippen. Zur Stabilitätsverbesserung werden die 4 Hohlblocksteine, wenn der Wagen allseitig aufgebockt werden muß, abwechselnd längs und quer zum Wagen gelegt. Auch hier liegt zwischen dem harten Steinmaterial und der empfindlichen Karosserie-Unterkante ein Holzscheit als druckausgleichende Zwischenlage.

den Selbsthelfer nur, wenn er die notwendige Ware besonders günstig einkaufen kann.

W = Werkstatt. Diese Arbeit erfordert spezielle Fachkenntnisse, teure Meß- und Arbeitsgeräte, die man nur in einer Fachwerkstatt besitzt.

Natürlich könnte in jeder Zeile auch ein „W" stehen, denn in der Werkstatt ist man ja mit all diesen Arbeiten vertraut. Wir schlagen Ihnen aber die Reihenfolge Selbstmachen – Tankstelle – Werkstatt vor, denn an der Tankstelle kommen Sie zumeist leichter an als an der überlasteten Werkstatt.

Der Pflegeplatz

Sie wollen also Ihrem NSU zur Eigenpflege zu Leibe rücken. Wo soll die Veranstaltung stattfinden? In Ihrer Garage? Nur selten wird eine Garage so geräumig sein, daß man von allen Seiten ungehindert an das darin abgestellte Fahrzeug heran kann. Besser ist es also im Freien – schon wegen des besseren Lichtes, das Ihnen auch bei der kritischen Inspektion der Fahrzeugunterseite die elektrische Hand- oder Taschenlampe erspart.

Aber nicht jeder Platz im Freien ist für Pflege und Wartung eines Wagens geeignet. Auf einer Wiese oder einem Rasenplatz bleibt die versehentlich herabgefallene Schraube in der Regel unauffindbar. Ebenso „gefährlich" ist die Nähe eines Wasserablaufes. Er zieht herabfallende Schrauben oder Autoschlüssel geradezu magisch an. Gekiester Boden auf festem Untergrund ist schon besser, wenn vorher der Kies mit einem Drahtbesen geglättet wurde. Am besten ist natürlich ein ebener und glatter Zement- oder Asphaltboden. Zuvor wird er natürlich sorgfältig gekehrt, damit man sich nicht im Schmutz umherwälzt und ohne Gefahr für den Hosenboden auch einmal hinsetzen kann. Um sich unter das Auto zu legen, genügt schon ein Bogen Packpapier. Besser ist ein altes Kunststoff-Tischtuch, denn es hält Feuchtigkeit ab und läßt sich leicht reinigen, so daß es immer wieder verwendet werden kann. Wenn Sie an die Unterseite Ihres Wagens heran wollen, werden Sie merken, daß zwischen Boden und Autobauch nicht viel Platz bleibt. Also muß das Auto hochgewunden werden. Hüten Sie sich jedoch davor, unter ein Auto zu kriechen, das nur von dem Wagenheber einseitig hochgehalten wird. Der dem NSU beigegebene Wagenheber kann bei einem Rütteln am Fahrzeug oder bei nicht einwandfrei angezogener Handbremse abgleiten oder umknicken. Das ist lebensgefährlich für den, der darunter liegt!

Und: Motor nicht im Leerlauf drehen lassen, wenn man unter dem Wagen liegt, Vergiftungsgefahr!

Ehrenwerte Schmiergelder

Um Kraftverschwendung und unerwünschte Wärme-Entwicklung zu vermeiden, müssen bewegliche Teile möglichst leicht aufeinander gleiten. Dazu bringt man eine Schicht zwischen die gleitenden Teile, die sich ihren Bewegungen und ihrer Oberfläche anpaßt und diese trennt. Diese Schicht besteht zumeist aus Öl oder Fett. Fett ist nur in festere Form gebrachtes Öl. Ob man Fett oder Öl nimmt und welche spezielle Sorte es jedesmal sein muß – denn es gibt hunderterlei Sorten Fette und Öle zum Schmieren –, das hängt weitgehend ab von der Geschwindigkeit der gleitenden Teile, von der dort auftretenden Temperatur und von den äußeren Einwirkungen, etwa durch Wasser oder Schmutzteilchen. Außerdem bekommen die Schmierstoffe an manchen Stellen noch besondere Aufgaben, z. B. Kühlung heiß werdender Teile, Abdichtung gegen Gase, Wasser oder Schmutz, Beseitigung von Abriebteilchen, Verbrennungsrückständen und anderes.
Es ist klar, daß bei diesen vielseitigen Aufgaben, die an den verschiedenen Schmierstellen ganz unterschiedlich zu bewältigen sind, mit einer einzigen Schmierstoffsorte nicht auszukommen ist.

Ölstand im Motor prüfen

Tief rechts unten unter der Motorhaube neben der Kraftstoffpumpe ist der Ölpeilstab des Motors zu finden. Er sollte regelmäßig bei jedem Tanken vom Tankwart gezogen und beäugt werden. Weil aber der Tankstutzen vorne und der Peilstab hinten am Auto ist, findet diese Ölstandmessung nicht immer regelmäßig statt. Beim NSU ist sie aber wichtig, denn der Motor ist auf genauen Ölstand sehr angewiesen. Das bedeutet keineswegs, daß jedesmal, wenn etwas bis zur oberen Peilstabmarke fehlt, nachgefüllt werden muß.

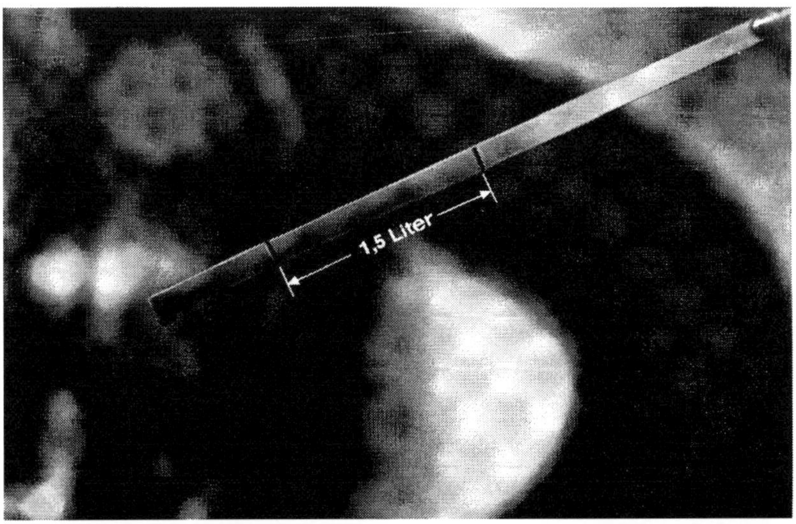

Die Mengendifferenz zwischen der oberen und der unteren Peilstabmarke beträgt beim NSU 1000 und 1200/110 1,5 Liter. Es schadet nichts, wenn der Ölstand bis zur unteren Marke absinkt. Wer übereifrig stets bis zur oberen Marke auffüllen läßt, wird sich über erhöhten Ölverbrauch wundern müssen. Und darüber hinaus Öl einzufüllen, „weil ein bißchen mehr nicht schaden wird", ist völlig sinnlos, denn der Motor verbrennt dieses überschüssige Öl, was zur leistungshemmenden Rückstandsbildung und Verschmutzung führt.

Ganz im Gegenteil: Der Pegelstand soll ruhig bis zur unteren Peilstabmarke sinken – aber nicht darunter! Dann wird 1,5 Liter HD-Öl der vorgeschriebenen Viskosität – davon sprechen wir ein paar Seiten später – nachgefüllt.
Um den Ölstand wirklich genau ermitteln zu können, muß der NSU-Motor wenigstens 4 Minuten abgestellt sein und der Wagen wirklich waagrecht stehen. Erst dann ist aus dem warmen Motor das Öl wieder in der Wanne zusammengelaufen. Vorher zeigt der Ölpeilstab zu wenig an. Tankwarte wissen das nur selten. Am besten: Peilen, wenn der Wagen über Nacht stand.

Der richtige Ölverbrauch

Normalerweise soll der NSU-Motor auf 1000 km 0,5 Liter Öl „verbraten". Verbraucht er weniger oder scheinbar gar nichts, vor allem im Winter, ist dies mindestens so verdächtig wie zu hoher Ölverbrauch. Wenn er scheinbar nichts braucht, liegt es oft an der Ölverdünnung – und entsprechenden Mengenvermehrung – durch Kraftstoffkondensat aus den Zylindern. Am hohen Kraftstoffverbrauch läßt sich das erkennen. Ölwechsel und Vergaser-Überprüfung sind dann dringend erforderlich.
Liegt der Ölverbrauch über einem Liter auf 1000 km, dann ist man entweder zu eifrig beim Nachfüllen und kann nicht abwarten, bis die untere Marke erreicht ist, oder es liegt tatsächlich ein motorischer Fehler vor. Bevor man die Werkstatt aber damit in Aufregung bringt, sollte man erst einmal den Ölverbrauch exakt nachmessen.

Motoröl wechseln

Schmierdienst Nr. 1 und Jahreszeit-Inspektion

Der Motorölwechsel ist bei den NSU-Motoren alle 7500 km fällig. Man kann den Motorölwechsel in der NSU-Werkstatt, in der Tankstelle oder zu Hause machen. Wir ziehen im allgemeinen die Tankstelle vor. Das hat eine Reihe von Gründen:
1. Das Motoröl soll warm gewechselt werden, damit aller Schmutz gut ausläuft. In Werkstätten muß der Wagen oft lange warten, bis er drankommt. Inzwischen ist das Motoröl kalt geworden und schwemmt nicht allen Schmutz heraus. An Tankstellen hat man dagegen zumeist sofort oder nach wenigen Minuten Zeit für einen Ölwechsel. Sofortige Ausführung des Ölwechsels kann man hier auch zur Bedingung machen.
2. Wenn man Motoröl nicht durch gute Beziehungen billiger besorgen kann und es sich an der Tankstelle einkauft, kostet es den gleichen Preis, ob man den Ölwechsel an der Tankstelle machen läßt oder zu Hause selbst vor-

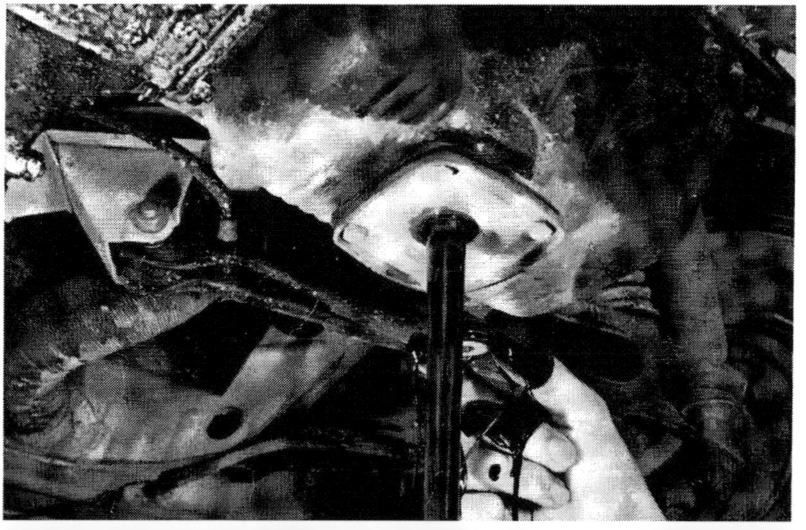

Zum Ölwechsel soll der Motor warm sein, damit das Öl dünnflüssig ist und den Schmutz leichter herausschwemmt. Die Ölablaß-Schraube in dem viereckigen Deckel an der Motor-Unterseite wird mit einem Inbus-Steckschlüssel SW 10 herausgedreht, nachdem der Wagen genau waagrecht aufgebockt und ein Auffang-Gefäß für das Altöl untergestellt wurde.

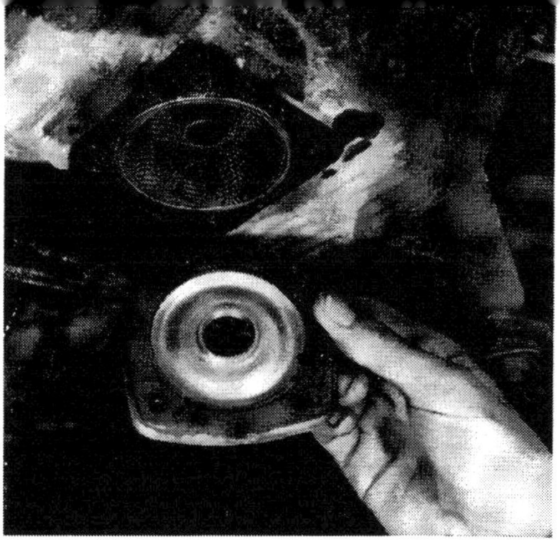

Der viereckige Deckel, in dem die Ölablaß-Schraube sitzt, trägt in der Ölwanne des Motors ein feinmaschiges Ölsieb, das früher ebenfalls bei jedem Ölwechsel gereinigt werden mußte. Das hat sich aber bei der Verwendung des schmutzlösenden HD-Motorenöles als überflüssig erwiesen und so ist bei den neueren Modellen der Deckel nicht mehr abschraubbar. Bei den älteren Typen ließ er sich am besten mit einem Rohrsteckschlüssel SW 10 demontieren.

nimmt. Die eigentliche Arbeit des Ölwechsels wird an den Tankstellen nicht berechnet, sie ist in den Ölpreis einkalkuliert. Man kann sich also die Mühe zu Hause sparen. Zudem geht es mit den geübten Händen des Tankwarts schneller.

3. Beim Ölwechsel fällt Altöl an. Wohin damit? In die Kanalisation darf es nicht geschüttet werden, im Garten vergraben darf man es auch nicht, das kostet wegen des Grundwasserschutzes Strafen, wenn man erwischt wird. Nicht mal zum Einpinseln der Wagenunterseite gegen Rost taugt es, da es rostfördernde Säuren enthält. Allenfalls ist es zum Imprägnieren hölzerner Gartenpfähle brauchbar. Bei der Tankstelle ist das Altöl jedenfalls besser aufgehoben.

Wer trotzdem selbst wechseln will, braucht dazu:

- 3,5 Liter Motoröl (verwendbare Sorten siehe weiter unten)
- Inbus-Steckschlüssel SW 10 zum Öffnen der Ölablaß-Schraube
- Gefäß zum Auffangen des Altöles
- Schraubenschlüssel SW 13 zum Ausbauen des Ölfilters
- Neue Ölfilterpatrone (verwendbare Typen siehe weiter unten)

Ölfilterpatrone wechseln

Wartungsdienst Nr. 2

Wenn das Motoröl nahezu ausgelaufen ist, mit Schraubenschlüssel SW 13 (bei älteren Motoren SW 14) den Ölfiltertopf (siehe umseitiges Bild) öffnen und Ölfilterpatrone herausziehen. Die gebrauchte Ölfilterpatrone wegwerfen, denn Reinigungsversuche haben an ihr keinen Sinn. Man nennt diesen Filtertyp deshalb auch „Wegwerfpatrone". Verwendbar sind die folgenden Ölfilterpatronen, die bei einer NSU-Vertretung oder im Auto-Zubehörgeschäft erhältlich sind:

- Fram CH 803 PL
- Mann H 601/7
- Purolator PM 2002
- Knecht EH 268/2
- Hengst E 10.18

Filter mit gleicher Marke aber anderen Kennziffern sind nicht verwendbar. Beim Einbau der neuen Ölfilterpatrone ist darauf zu achten, daß die beiden Dichtringe beidseitig der Patrone gut anliegen. Dazu vorher die Dichtringe etwas mit Abschmierfett bestreichen und andrücken, bevor der Deckel wieder festgeschraubt wird.

Zur Feststellung, ob die Filterpatrone ihre Pflicht tut oder durch Verschmutzung verstopft ist, verhilft eine Handprobe: Der Filtertopf muß am gerade warmgelaufenen Motor schon so heiß wie die Ölwanne sein. Ist er das nicht, hemmt

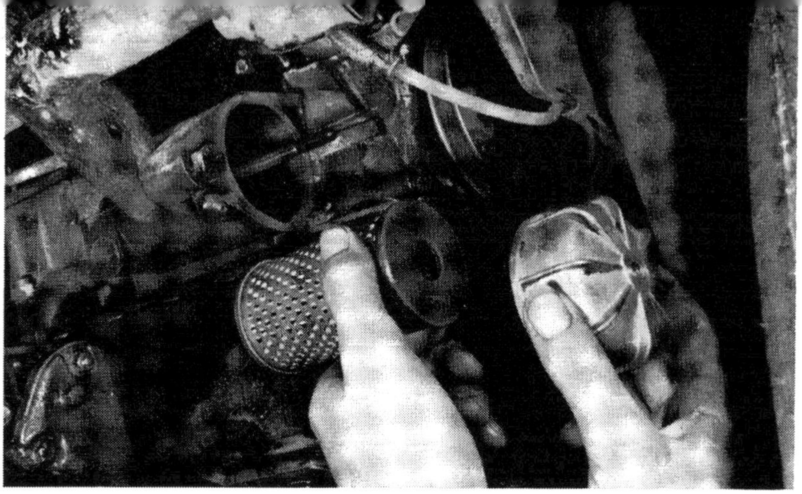

An der hinteren Unterkante des Motors sitzt der Ölfiltertopf. Der Deckel des Filtertopfes wird mit einem Schraubenschlüssel SW 13 oder 14 demontiert. Versäumt man öfter den Ölfilterwechsel, kann sich die verschmutzte Patrone mit der Zeit so zusetzen, daß sich das unfiltrierte Öl einen Ausweg über ein Notventil suchen muß. Dadurch wird die Ölverschmutzung immer wieder in die Schmierstellen geschwemmt, was die Lebensdauer der Motorteile natürlich sehr nachteilig beeinflußt.

eine verstopfte Filterpatrone den Durchfluß des heißen Öles. Macht man entsprechend den Empfehlungen für die Jahreszeit-Inspektionen zwischendurch einen Motorölwechsel, obwohl die 7500 km noch nicht erreicht sind, braucht übrigens die Ölfilterpatrone noch nicht gewechselt zu werden.

Motorenöl-Sorten

Wenn der Deckel auf dem Filtergehäuse und die Ölablaß-Schraube wieder fest eingesetzt sind, kann das frische Motoröl in den Einfüllstutzen oben auf der rechten Motorseite, über dem Steuergehäusedeckel, einlaufen. Es müssen 3,5 Liter sein. Bei einem zwischenzeitlichen Ölwechsel ohne Filterpatronenwechsel genügen 3 Liter. Zu aller Sicherheit wird nach wenigen Minuten noch einmal der Peilstab gezogen und der richtige Ölstand überprüft. Vielleicht hatten Sie vergessen, die Ölablaß-Schraube wieder einzusetzen.

Verwendbare Ölsorten

Bezeichnung	Viskosität im Winter unter —10° C	Viskosität im Winter	Viskosität im Sommer *	Preis pro Liter DM
HD-Öl für Otto-Motoren	SAE 10 W	SAE 20 W/20	SAE 30	3,35–4,90
HD-Öl für Diesel-Motoren	SAE 10 W	SAE 20 W/20	SAE 30	2,85–3,80
Mehrbereichsöl	SAE 10 W-30 SAE 10 W-40	SAE 20 W-40 SAE 20 W-50		4,80–6,50 5,50—7,00

* Für NSU TTS im Sommer nur SAE 40 und bei Mehrbereichsöl nur 20 W-50.

Dazu einige Erläuterungen: NSU fordert für seine Motoren sogenannte HD-Öle. Das hat seinen Grund. Denn es ist schon eine Kunst, aus einem luftgekühlten Gebrauchsmotor dieser Größe, der überdies robust und außergewöhnlich elastisch ist, so viele PS zu kitzeln. Da wird zur Schmierung der kräftig beanspruchten Teile schon ein Hochleistungs-Motoröl (HD bedeutet „Heavy Duty" = schwere Beanspruchung) gebraucht. Diese Ölsorte hat überdies die Fähigkeit, im Motor alle leichteren Schmutzteilchen in der Schwebe zu halten. Diese können sich nicht, wie bei Motoröl ohne HD-Zusätze, dem sogenannten „unlegierten Öl", als Schmutzkrusten in den

Winkeln des Motors absetzen, sondern sie werden beim Ölwechsel mit dem HD-Öl aus der Ölwanne geschwemmt. Mit HD-Öl bleibt der Motor innerlich sauber. Deshalb kann nach den ersten Inspektionen auf die Reinigung des um die Ölablaß-Schraube innen eingebauten Ölsiebes verzichtet werden.
Was ein HD-Öl an Eigenschaften haben muß, ist international genormt. Auf der Öldose, die Sie erwerben, oder auf dem Faß, aus dem das Motoröl für Ihren Wagen entnommen wird, muß deutlich irgendwo „HD" eingeprägt oder aufgemalt sein. Motoröl, dem die Bezeichnung HD fehlt, ist das bereits erwähnte unlegierte Öl (das manche Ölfirmen des besseren Eindrucks wegen auch in Öldosen verkaufen). Allerdings kann es auch sein – vor allem im Ausland ist dies möglich –, daß die Öldosen die neuere internationale Leistungs-Normbezeichnung tragen, die bis jetzt hierzulande nur von Aral verbindlich geführt wird. Dann muß auf der Öldose oder dem Ölfaß „Service MS", „Service DG" oder „Service DM" zu lesen sein. Das sind die Qualitäten, die dem HD-Öl entsprechen. Unlegiertes Motoröl kann man eigentlich nur zum Nachfüllen mit gutem Gewissen nehmen, wenn es nur noch 1000 km oder weniger bis zum nächsten Ölwechsel sind. Dann würde nämlich das teurere HD-Öl, ohne wirklich ausgenutzt zu sein, wieder davonfließen.
Öltemperaturen von 140 °C, die sich während des Fahrbetriebes ergeben können, sind kein Anlaß zur Sorge. HD-Öle und Marken-Mehrbereichsöle behalten auch bei hohen Temperaturen ihre Schmierfähigkeit, weshalb man sich den nachträglichen Einbau eines Ölthermometers sparen kann.

Preisgünstig: HD-Öl für Dieselmotoren

Wenn Sie also zum Ölwechsel nicht das billigste Öl nehmen sollten, das teuerste braucht es auch nicht zu sein. Denn unter den HD-Ölen kann man sehr preiswert wählen. Wir meinen weniger bezüglich der Ölmarke als vielmehr im Hinblick auf die Ölsorte: Wenn Sie die zweite Zeile unserer Tabelle lesen, werden Sie sich vielleicht wundern, daß darin „HD-Öl für Dieselmotoren" aufgeführt ist. Sie können sich sicherlich nicht erinnern, einen Dieselmotor unter der Motorhaube ihres braven NSU gesehen zu haben. Macht nichts, das HD-Öl für Dieselmotoren kann man auch in Benzinmotoren ohne Grund zur Sorge fahren, und gerade bei NSU hat man zu diesen manchmal kräftiger legierten Ölen eine gewisse Zuneigung, weshalb früher sogar ein Öl „wie beispielsweise Shell Rotella" in Neckarsulm empfohlen wurde.
Diese HD-Öle für Dieselmotoren sind, wie in der letzten Spalte der Tabelle zu sehen, durchschnittlich billiger als das darüber genannte „HD-Öl für Ottomotoren" (Benzinmotoren heißen nach ihrem ersten Erfinder Otto auch Ottomotoren). Die beiden Ölsorten sind sich aber in ihren guten Eigenschaften völlig gleich. Der Unterschied besteht vor allem darin, daß die HD-Öle für Dieselmotoren aus marktpolitischen Gründen billiger sind, denn Lastzugbesitzer möchten nicht für ihre bis zu 16 Liter Öl fassenden Dieselmotoren auch nur einen Pfennig mehr ausgeben als sie unbedingt müssen. So ist dies ein echter Konkurrenzpreis, während die anderen Motorenöle dem weniger pfennigzähen Normalautofahrer zu einem Preis angeboten werden können, in dem der Markenruf der betreffenden Firma keine unerhebliche Rolle spielt. Allerdings bekommt man das HD-Öl für Dieselmotoren nicht an allen Tankstellen. Es ist jedoch im allgemeinen dort zu haben, wo auch eine Diesel-Zapfsäule zu sehen ist. Es wird auch nicht immer in 1-Liter-Dosen verkauft, sondern oft aus dem Faß abgezapft. Wenn Sie im Interesse Ihres Geldbeutels dieses Öl zum Ölwechsel verlangen, wird der Tankwart vielleicht nicht sehr begeistert sein, weil dann auch seine Verdienstspanne kleiner ist. Aber aus sachlichen Gründen ist nichts gegen dieses Öl zu sagen.

Viskosität und Temperatur

Die zweite und dritte Spalte unserer Tabelle geben die Viskosität, die Zähflüssigkeit des Öles an, d. h. hier wird durch Zahlenwerte erläutert, ob ein Motoröl dick- oder dünnflüssiger ist. Diese Frage ist international von der amerikanischen „**S**ociety of **A**utomotive **E**ngineers" genormt und ihr zu Ehren werden die Zähflüssigkeiten mit SAE und einer Zahl dahinter bezeichnet. Je kleiner die Zahl ist, um so dünnflüssiger ist das Öl. Dünnflüssiges Öl ist für den Winter bestimmt, deshalb SAE 10 W und SAE 20 W/20 – das „W" am Schluß bedeutet zusätzlich „Winter", wobei die zweite Zahlenangabe „20" der letztgenannten Ölsorte erkennbar macht, daß dieses Öl in verschiedenen Motoren als „Sommeröl" eingesetzt wird. Dickflüssiger ist das „Sommeröl" SAE 30 (und noch dickflüssiger SAE 40 für den NSU TTS).

Die NSU-Motoren (ausgenommen der hochbelastete TTS) verlangen SAE 30 im Sommer und in den Übergangs-Jahreszeiten. Wenn das Thermometer in die Nähe von 0° C und darunter rutscht, ist das „Winteröl" SAE 20 W/20 vorgeschrieben. Hat man aber einen harten Winter mit Dauertemperaturen unter – 10° C vor sich, empfiehlt sich das dünnflüssigere SAE 10 W. Diese Empfehlungen bedeuten aber nun keineswegs, daß man ängstlich sogleich das Öl wechseln muß, wenn einmal das Thermometer nach unten oder oben über die 0°-Grenze klettert. Mit „Sommeröl" im Motor geschieht bei nicht sehr hartem Frost nichts Schlimmeres, als daß sich die Batterie beim Starten mehr anstrengen muß, den Motor mit dem kältesteifen Öl durchzudrehen. Auch muß man etwas rücksichtsvoller anfahren, damit der kalte Motor mit dem etwas dickflüssigeren Öl nicht zu hart strapaziert wird und der Ölfilm an den Zylinderwänden nicht abreißt. Ebenso kann das „Winteröl" auch noch in den Übergangs-Jahreszeiten im Motor sein, ohne daß hier gleich Schlimmes zu befürchten ist.

Wie viele Ölwechsel im Jahr?

Wenn man das Kundendienstheft im Anhang der Betriebsanleitung genau studiert, dann scheint es, daß man im ganzen Jahr bei einer Gesamtfahrstrecke von etwa 15 000 km zu insgesamt 4 Ölwechseln verpflichtet ist: je einen alle 7500 km und nochmals je einen im Frühjahr und Herbst. So ist das nun nicht gemeint, sondern der 7500-km-Ölwechsel sollte möglichst mit den Jahreszeit-Inspektionen zusammengelegt werden, so daß es im Jahr bei den angenommenen 15 000 km Fahrtstrecke – das ist so der Durchschnitt der Mittelklasse-Autofahrer – auch beim NSU bei 2 Ölwechseln bleibt. Dabei braucht man die 7500-km-Empfehlung nicht so wörtlich zu nehmen und aufgeschreckt zur nächsten Tankstelle einzubiegen, wenn wieder mal 7500 km auf dem Tacho abgespult sind. Es dürfen auch mal ein paar hundert Kilometer mehr sein, wenn der rechte Zeitpunkt zur nächsten Jahreszeit-Inspektion in absehbarer Ferne liegt, denn in einem guten HD-Öl stecken noch einige Reserven.

Ob sich der Motor-Ölwechsel solcherart hinausschieben läßt, hängt allerdings vor allem von den vorherrschenden Betriebsbedingungen ab. Das Motoröl wird verhältnismäßig wenig beansprucht im Sommerhalbjahr und bei Langstreckenfahrten – also ausgerechnet die Sommerurlaubsreise ist, entgegen allen anderen Zweckbehauptungen, für das Motoröl gar kein Grund zur Aufregung. Dagegen wird es sehr stark im Winter und bei Kurzstreckenfahrten beansprucht. Das gilt demnach vor allem für Wagen, die von Ärzten in der Besuchspraxis oder als Botenfahrzeuge in der Stadt eingesetzt sind. Der Winter und Kurzstreckenfahrten lassen nämlich den Motor nur selten betriebswarm werden, das Öl hat dann viele Verbrennungsrückstände, Kondenswasser und kondensierten Kraftstoff aufzunehmen. Deshalb empfiehlt NSU durchaus zu Recht für solche kurzstreckenbetriebenen Wagen zusätzliche Ölwechsel in kürzeren Abständen – sagen wir alle 5000 km. Und darum ist auch der Ölwechsel nach dem Winter, bei der Frühjahrs-Inspektion, bedeutungsvoller als jener im Herbst. Einem kurzstreckenbetriebenen Wagen kann man aber auch zwischendurch mit einer zügigen Langstreckenfahrt wieder gut auf die Beine helfen, denn zumindestens das Kondenswasser und der kondensierte Kraftstoff verdunsten dann aus dem Öl. Die erhöhten Verbrennungsrückstände bleiben allerdings auch dabei im Motoröl.

Mehrbereichsöle

Eine Sonderstellung nehmen die in unserer Tabelle auf Seite 36 in der letzten Zeile genannten Mehrbereichsöle ein. Es sind ebenfalls HD-Öle, aber sie haben keine schmal begrenzte Viskosität wie z. B. die Einbereichsöle SAE 20 W/20 oder SAE 30, sondern sie können immer dann verwendet werden, wenn die entsprechenden Viskositäten ihres „Mehrbereichs" vorgeschrieben sind. Das Mehrbereichsöl SAE 20 W-50 ist also im Sommer und Winter in den NSU-Motoren gleicherweise verwendbar. Bei längeren Frosttemperaturen unter – 10° C empfiehlt es sich, den „Mehrbereich" mehr zum dünnflüssigen Öl zu ziehen, also eines der zahlreichen angebotenen Mehrbereichsöle SAE 10 W-30 oder SAE 10 W-40 zu nehmen. Natürlich kann diese Sorte dann auch weit in die Übergangszeit hinein im Motor bleiben. Eine Ausnahme bildet lediglich der hochbeanspruchte Motor des NSU TTS, der sowieso zur Herabsetzung der Öltemperatur einen Ölkühler und eine Gesamtfüllmenge (nur bei Motor-Neubefüllung) von 5 Liter braucht. Für ihn ist SAE 10 W zu dünn und er soll in jedem Falle mit mindestens der SAE-Klasse 20 W gefüttert werden. Die Tankstellen und Werkstätten bieten Mehrbereichsöle besonders gerne an, weil es – siehe letzte Spalte unserer Tabelle auf Seite 36 – besonders teuer ist und deshalb auch den besten Verdienst bringt. Aber es ist Ihr Geld, das Sie in Mehrbereichsöl nur dann gut anlegen, wenn Sie im Sommer keine 7500 km fahren und deshalb nicht zu einem passenden Ölwechsel mit Umstellung auf „Winteröl" kommen.
Technisch gesehen handelt es sich bei Mehrbereichsölen um dünnflüssige Öle, denen spezielle Zusätze beigegeben wurden. Diese „quellen" bei höheren Temperaturen, halten also das Öl auch bei großer Hitze schmierfähig, haben aber beim Kaltstart den Vorteil verhältnismäßig günstiger Dünnflüssigkeit.

Unterwegs Öl nachfüllen

Wenn Sie durch Ölverbrauch Öl unterwegs nachfüllen müssen – das ist erst wirklich notwendig, wenn der Ölstand bis zur Minimum-Marke des Peilstabes abgesunken ist –, dann nehmen Sie am besten die gleiche Sorte der gleichen Marke, die Sie zum Ölwechsel genommen haben. Aber das muß nicht sein. Sowohl die verschiedenen Ölmarken, wie auch die verschiedenen SAE-Klassen, lassen sich fröhlich durcheinander mischen. Lassen Sie sich nicht weismachen, die eine Ölmarke vertrage sich nicht mit dieser oder jener anderen – es stimmt nicht. Es ist nämlich eine grundsätzliche Bedingung der Auto-Industrie, daß sich alle Motoröle gleicher Sorte auch bei unterschiedlicher Marke störungsfrei miteinander mischen lassen. An Tankstellen erzählt man es gerne anders. Glauben Sie uns trotzdem. Es empfiehlt sich sogar, wenn aus dem Sommer inzwischen ein früher Winter geworden ist und trotzdem noch das „30er" Öl im Motor fließt, das dünnere Winteröl SAE 20 W/20 oder sogar 10 W zum Nachfüllen zu nehmen. Ein Mehrbereichsöl erhält man dadurch zwar nicht, aber es ist doch besser den Start-Temperaturen angepaßt.

Die Kontrollschraube für den Getriebeölstand sitzt ziemlich unauffällig auf der rechten Seite des Getriebegehäuses, nur eine Handspanne von dem rechts im Bild sichtbaren viereckigen Deckel der Motoröl-Ablaßschraube entfernt. Die Kontrollschraube läßt sich mit einem Schraubenschlüssel SW 12 oder 14 herausdrehen. Dann mit dem Zeigefinger in der Kontrollöffnung prüfen, ob das Getriebeöl bis zur Unterkante der Kontrollöffnung steht.

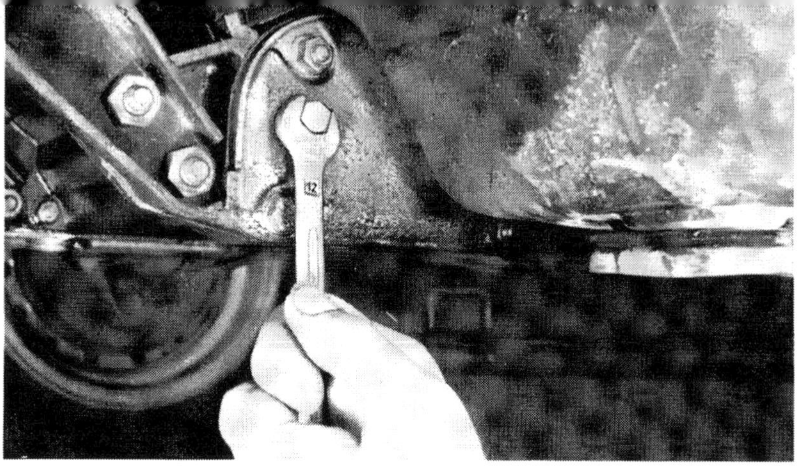

Motor und Getriebe auf Dichtheit prüfen

Wartungsdienst Nr. 3

Leider tut einem der Motor nicht den Gefallen, gerade zum nächsten fälligen 7500-km-Dienst undicht zu werden. Man muß also öfters einmal danach sehen, ob auf „illegalen" Wegen Öl aus dem Motor oder Getriebe dringt. Achten Sie deshalb vor allem auf frische Öltropfenspuren unter dem Motor auf dem Garagenboden oder auf Ihrem Abstellplatz. Werfen Sie gelegentlich einen Blick unter den Wagen, ob an der Ölablaß-Schraube, dem Ölfilterdeckel oder dem Getriebegehäuse Öltropfen hängen. Da kann, wenn beim letzten Ölwechsel die alte Dichtung wieder verwendet wurde, bei heißer Fahrt etwas dünnflüssiges Öl austreten. Seltener wird es vorkommen, daß sich an einer Trennfuge des Motor- und Getriebeblockes Öl zeigt. Dann muß die Werkstatt aufgesucht werden, weil sich entweder eine der Zugankerschrauben, die das Gehäuse zusammenhalten, gelockert hat oder weil das Dichtungsmaterial in den Trennfugen nicht in Ordnung ist. Ein leichter Öldunst an der Motorunterseite ist jedoch kein Grund zur Beängstigung, wenn nicht gleichzeitig ein hoher Ölverbrauch feststellbar ist.

Getriebeölstand prüfen

Schmierdienst Nr. 14

An der rechten Seite in halber Höhe des Getriebegehäuses — in Fahrtrichtung gesehen —, etwa eine Handspanne weit links hinter der Motoröl-Ablaßschraube, sitzt eine Verschlußschraube mit Sechskant für Schlüsselweite 12 (bzw. SW 14 an älteren Motoren). Diese Schraube herausdrehen

Den Getriebeölwechsel läßt man am besten an der Tankstelle machen. Dort hat man das gekrümmte Rohr am Schlauch des Getriebefüllers, das gerade in die Einfüllöffnung paßt. Das muß man sich bei Selbsthilfe erst zurecht basteln oder einen Plastikschlauch mit Plastikflasche zum „Pumpen" nehmen. Der weiße Pfeil zeigt auf die Getriebeöl-Ablaßschraube. Ablaß- und Einfüll-Schraube werden beide mit einem Sechskant-Inbus-Steckschlüssel (im Bild links gezeigt) geöffnet. Übrigens: Nur das genau vorgeschriebene Öl darf im NSU-Getriebe verwendet werden!

und mit dem Zeigefinger in dieser Kontrollöffnung prüfen, ob das Getriebeöl bis zur Unterkante der Öffnung steht. Der Wagen muß dazu waagrecht aufgebockt sein, sonst zeigt die Kontrollöffnung zu viel oder zu wenig an.

Getriebeöl-wechsel

Pflegearbeit Nr. 25

Für den alle 15 000 km fälligen Getriebeölwechsel gilt dasselbe wie für den Motorölwechsel: Am bequemsten geht es an der Tankstelle.

- 1,75 (für NSU TTS 2,5) Liter Hypoid-Getriebeöl SAE 80 „MIL-L-2105" (siehe untenstehender Fingerzeig!).
- Sechskant-Inbusschlüssel SW 10
- Gefäß zum Auffangen des Altöles
- Einfüllvorrichtung (z. B. saubere Plastikflasche zum „Pumpen")
- Geduld beim Einfüllen

Der Wagen sollte warm gefahren sein, damit das Altöl zum leichteren Ausfließen dünnflüssig ist. Fahrzeug aufbocken (waagrecht, damit alles Öl ausfließen kann und Befüllung nachher stimmt!), Gefäß für Altöl unterschieben, Bodenschraube am Getriebegehäuse sowie Einfüll-Schraube an der Gehäuse-Rückwand herausdrehen. Warten, bis Altöl abgelaufen ist und derweilen die beiden Verschluß-Schrauben reinigen, denn auf ihnen setzt sich Metallabrieb ab. Freihängende Hinterräder von Hand drehen, damit möglichst viel Altöl ablaufen kann, bis es auch bei Raddrehung nicht mehr tropft. Nun Bodenschraube fest eindrehen, aber nicht zu fest „anknallen", da konisches Gewinde sonst beschädigt wird, und Ölkontrollschraube herausdrehen, damit dort die Luft ausströmen kann. Getriebeöl behutsam einfüllen. Damit es leichter fließt, kann man es vorher erhitzen. Es kommt nicht so sehr darauf an, daß genau die vorgeschriebene Ölmenge eingefüllt wird, sondern daß das Öl gerade aus der Kontrollöffnung zu laufen beginnt, also bis zu deren Unterkante steht. Dann etwas warten, dabei die freihängenden Hinterräder von Hand drehen und nochmals kontrollieren. Stimmt die Befüllung, Einfüllschraube wieder eindrehen und nach einigen hundert Kilometer Fahrt Ölstand nochmals prüfen.

Fingerzeig: *Es gibt zwei grundsätzlich verschiedene Getriebeöl-Sorten: „Normales" Getriebeöl und Hypoid-Getriebeöl. Keines davon ist besser oder schlechter als das andere, sondern beide sind jeweils für besondere Getriebearten bestimmt. Die Getriebe sind äußerst empfindlich dagegen, wenn die falsche Sorte eingefüllt wird; es führt oft zu Getriebeschäden. Deshalb dürfen Sie das „normale" Getriebeöl nicht bei Ihrem NSU verwenden.*

Aber auch nicht jedes Hypoid-Getriebeöl ist für Ihren NSU geeignet und so finden Sie oben in der Sortenangabe die Bezeichnung „MIL-L-2105". Das ist keine Markenbezeichnung und leider auch höchst selten auf den Getriebeöldosen oder -fässern vermerkt. Es handelt sich um eine internationale Prüfvorschrift, die die Art der Öllegierung angibt. Hypoid-Getriebeöl nach „MIL-L-2105" ist nur niedrig legiert und deshalb von NSU vorgeschrieben. Das schärfer legierte Hypoid-Getriebeöl nach „MIL-L-2105 B" darf mit Rücksicht auf die Lebensdauer der Getriebe-Synchronisierung nicht verwendet werden! NSU-Werkstätten dürften das richtige Getriebeöl führen. Bei Tankstellen kann man leicht aus Versehen das zu scharfe Öl erhalten. Bei Aral-Tankstellen ist beispielsweise das „Aral Getriebeöl Hyp 80" falsch, aber das „Aral Getriebeöl EP 80" richtig, jedoch selten zu haben. Ebenso richtig ist an BP-Tankstellen das BP-Getriebeöl EP, aber falsch das BP-Mehrzweck-Getriebeöl EPI

Bevor die Verbrennungsluft in den Vergaser gelangt, wird sie im Luftfilter in einem Strom kleiner Bläschen durch ein Ölbad gesaugt. Durch diese intensive Berührung mit dem Öl werden die Staubkörnchen, die im Motor wie Schmirgel wirken würden, abgefangen. Damit dies das Ölbad zuverlässig kann und die Luft auch möglichst ungehindert durch das anschließende Drahtgespinst-Filter im Filtertopf strömt, soll das Ölbad-Luftfilter alle 7500 km überprüft werden. In staubigen Gegenden reicht das jedoch nicht, dort sind kürzere Zeitabstände, notfalls sogar tägliche Reinigung, empfehlenswert.

Ölbadluftfilter reinigen

Wartungsdienst Nr. 19 und Frühjahrs-Inspektion

Die Prüfung des Ölbadluftfilters ist einfach: Kunststoffschlauch an dem Oberteil des schwarzen Gehäuses nach Lösen der Klemmschraube abziehen (der Schlauch dient der Kurbelgehäuseentlüftung des Motors), Haltering um den Vergaserstutzen mit Schraubenzieher (Querschlitzschraube) lockern und Flügelschraube auf der Mitte des Filtertopfes herausdrehen. Dann läßt sich das ganze Luftfilter herausheben und nach Verdrehen des Luftansaugstutzens gegenüber dem Topf (der Markierungspfeil auf dem Stutzen muß auf den Pfeil „auf" zeigen) das Oberteil abheben. Der erste Blick gilt dem Ölstand – der rote Boden des Topfes muß gerade mit Öl bedeckt sein. Dann reibt man ein wenig Öl zwischen den Fingerspitzen und fühlt, ob es „schmirgelig", also staubgesättigt zu sein scheint, stochert einmal mit dem Schraubenzieher im schräg gehaltenen Öltopf herum, um zu prüfen, ob sich auf dem Topfboden Schlamm abgesetzt hat.

Je nach dem Zustand des Öles wird der Filtertopf wieder zusammen- und eingebaut oder das Altöl ausgeleert, der Topf mit einem Lappen ausgewischt und das Ganze gründlich mit Benzin ausgewaschen. Dann kommt in den Filtertopf etwa 0,15 Liter Motoröl, die Teile werden wieder zusammengesetzt und alles eingebaut. Füllen Sie nicht zu viel ein, denn das hemmt nicht nur den Luftdurchfluß (und hemmt damit den Motor), sondern es kann Motoröl durch den Vergaser in die Verbrennungsräume gerissen werden, wo es sich als äußerst störende und schädliche Ölkohle an Ventilen, Kolben und Zylinderwänden ansetzt.

Nicht mehr am NSU 1200, aber stets am älteren Prinz 1000, finden Sie vorne oder hinten am Achsschenkelbolzen jedes Vorderrades einen Schmiernippel. Es ist keine Verschwendung, öfter als nur nach den vorgeschriebenen 7500 km den Nippeln frisches Fett zu geben. Bei Fahrten in Staub und Schlamm, nach langer Winterperiode mit Schnee- und Matschfahrten soll sowieso alle 2500 km durchgeschmiert werden. Nicht vergessen: Zum Abschmieren den Wagen hochbocken, so daß die Vorderräder frei drehen. Erst dann sind die Lagerstellen entlastet und können frisches Fett aufnehmen.

Achsschenkelbolzen abschmieren

Schmierdienst Nr. 4 und Jahreszeit-Inspektion (NSU 1000)

Diese Schmiernippel sind gar nicht so rückständig, wie oft geglaubt wird. Wir können uns, ganz im Gegenteil, mit den moderneren wartungsfreien Gelenken nicht immer anfreunden und bedauern eigentlich, daß sie der NSU 1200/110 nicht mehr hat. Die wartungsfreien Gelenke haben nämlich, nach allen bisherigen Erfahrungen, gelegentlich ihre Tücken, wenn auf irgendwelchen geheimen Wegen Wasser oder Schmutz in sie eindringt, die „Schmierung auf Lebensdauer" außer Wirkung setzt und sie zernagt oder festgehen läßt. Jedenfalls ist es sicherer, alle soundsoviel tausend Kilometer (beim NSU 1000 alle 7500 km; es darf auch öfter sein) einmal kurz die Fettpresse anzusetzen und dann zu wissen, daß das Gelenk auch wirklich geschmiert ist.
Das Durchschmieren der beiden Achsschenkelbolzen kann man dem Tankwart beim Ölwechsel in Auftrag geben. Sie können es mit einer kleinen Hand-Fettpresse (Preis etwa 6 DM) auch selbst machen. Voraussetzung ist allerdings beim Abschmieren, daß der Wagen aufgebockt ist, die Räder also jeweils frei hängen, sonst stehen die Lagerstellen unter Belastungsdruck und ausgerechnet die aufeinander reibenden Teile können kein frisches Fett erhalten. Vor dem Durchschmieren werden die Nippel mit einem Lappen gesäubert, damit keine anhaftenden Sandkörnchen eingepreßt werden. Mit Fett darf bei dieser Arbeit an der Vorderachse nicht gespart werden. Das Fett muß seitlich an den Schmierstellen heraustreten, das alte, verbrauchte Fett dabei herausdrücken und um die Schmierstelle einen sogenannten „Fettkragen" bilden. Dieser Fettkragen soll nicht abgewischt werden, denn er schützt die Lagerstelle von außen gegen das Eindringen von Spritzwasser und Schmutz. Lediglich das Fett, das vom Fettkragen herabzufallen droht (Reifengummi und Bremsschläuche können Fett nicht vertragen), soll weggewischt werden.
Wenn ein Schmiernippel verstopft oder durch Steinschlag beschädigt ist, bei nächster Gelegenheit an der Tankstelle ausbauen lassen oder mit Schraubenschlüssel SW 7 selbst ausbauen, Schmiernippel durchpressen, notfalls durch neuen ersetzen. Es ist ein Pfennig-Artikel. Im Nippelloch sitzendes Fett mit Draht auskratzen und nach Einbau des Nippels durchschmieren, um zu prüfen, ob etwa die Fettführung im Gelenk verstopft ist. In diesem Fall muß das Gelenk ausgebaut, zerlegt und gereinigt werden, sonst ist Schaden wegen mangelnder Schmierung zu befürchten.
NSU empfiehlt neben dem Abschmieren alle 7500 km diese Arbeit auch vor und nach dem Winter. Auf gar keinen Fall sollte diese wenig aufwendige Pflegearbeit vergessen werden.

Welches Fett für den NSU Prinz?

Fett und Fett ist nicht dasselbe. Abgesehen von den großen Unterschieden zwischen pflanzlichen oder tierischen und mineralischen Fetten – mit Butter kann man kein Autogelenk schmieren – werden auch von den Schmierfetten sehr unterschiedliche Leistungen und sehr verschiedenes Verhalten gegenüber Wasser, Säuren und Hitze verlangt.
Hochdruckfett auf Kalkseifenbasis ist rot oder blau gefärbt und wird von den Tankstellen zumeist in der großen Fettpresse geführt. Es ist wasserabstoßend, aber bei Hitze flüssig. Weil am Achsschenkellager keine Hitze auftritt, aber Spritzwasser einwirkt, ist Hochdruckfett für die 2 Schmiernippel der Vorderachse gut brauchbar.
Wälzlager- oder Heißlagerfett ist jedoch nichts für die Schmiernippel, weil dieses Natronseifenfett – zumeist honigbraun – zwar Hitze, aber kein Wasser vertragen kann. Es würde mit dem Spritzwasser eine nicht mehr schmierfähige Emulsion bilden.

Mehrzweckfett, ein lithiumverseiftes Fett, kann sowohl Hitze wie auch Druck und Spritzwasser aushalten. Es ist für alle Schmierstellen am Wagen, die mit Fett versorgt werden müssen, sehr gut geeignet.
Von besonderer Qualität ist lithiumverseiftes Mehrzweckfett, welches eine 3%ige Beimischung von Molybdändisulfid hat. Dieses Molybdändisulfid, ein sogenannter Festschmierstoff, wird bekanntlich auch als Ölzusatzmittel angeboten. Davon halten wir, wie bereits erwähnt, nicht viel. Aber im Schmierfett hat es eine echte Aufgabe, denn selbst wenn der eigentliche Fettfilm ganz beiseite gedrängt wurde, verhindert das Molybdändisulfid noch immer die verschleißfördernde Reibung der Lagerteile gegeneinander. Mehrzweckfett mit Molybdändisulfid ist beispielsweise (Kilopreis etwa 8 DM)

- Shell Retinax AM
- Molykote Fett BR 2
- BP Energrease L 21 M
- Esso Mehrzweckfett M
- Liqui-Moly LM Kfz 3
- Boie Volus

Tür- und Hauben-Scharniere ölen

Wartungsdienst Nr. 35 und Jahreszeit-Inspektion

Alle 15000 km sollen die Schlösser und Scharniere der Türen und Hauben geschmiert werden. Die Türscharniere erhalten aus der Ölspritzkanne einige Tropfen Motoröl, noch besser Graphitöl aus der Spraydose, nachdem vorher die Umgebung der Scharniere mit einem Lappen saubergewischt wurde. Auch nach dem Ölen überschüssiges Öl wegwischen, da sich der Staub dort unschön ansetzt. Ebenso werden die Haubenscharniere mit wenigen Tropfen Öl leichtgängig gemacht. Welche Ölsorte dabei verwendet wird, ist nicht von ausschlaggebender Bedeutung, Hauptsache, die Scharniere quietschen nicht. Die Haubenschlösser und Gleitstücke der Türschlösser werden ganz leicht mit der Fingerspitze eingefettet. Auch diese Schmierstellen sind bezüglich der Fettsorte anspruchslos. Damit man sich später an den Schlössern nicht Anzug oder Hände beschmiert, ist sparsames Einfetten empfehlenswert.
Die Schließzylinder, also die Innenteile der Türschlösser, sollen mit Graphit beweglich gehalten werden. Graphit ist ein „Fest-Schmierstoff". Man bekommt ihn im Zubehörhandel in kleinen Dosen, z. B. „Teroson Graphit-Puder" zu 1,50 DM. Man soll den Schlüssel in das Graphitpulver stecken und ihn dann mehrmals im Schloß hin- und herdrehen. Mit dem graphitierten Schlüssel macht man sich aber leicht die Jackentasche schmutzig. Besser ist es deshalb nach unserer Meinung, einen Tropfen Frostschutzmittel mit dem Schlüssel im Schloß zu verteilen (siehe Kapitel „Winterschutz").

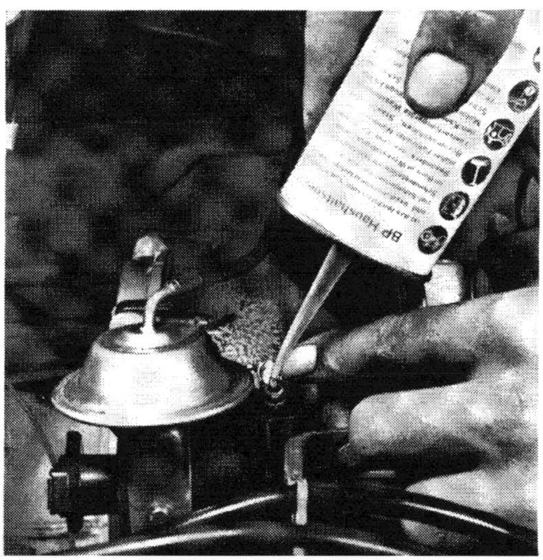

Der Zündverteiler des NSU hat insgesamt 3 Schmierstellen. Die leichtest erkennbare ist der Klappöler auf der Oberseite der querliegenden Verteilerwellen-Führung. Dünnes Motoröl oder sogenanntes „Haushaltsöl" für Fahrräder und Nähmaschinen sind für diese Schmierstellen gerade richtig.

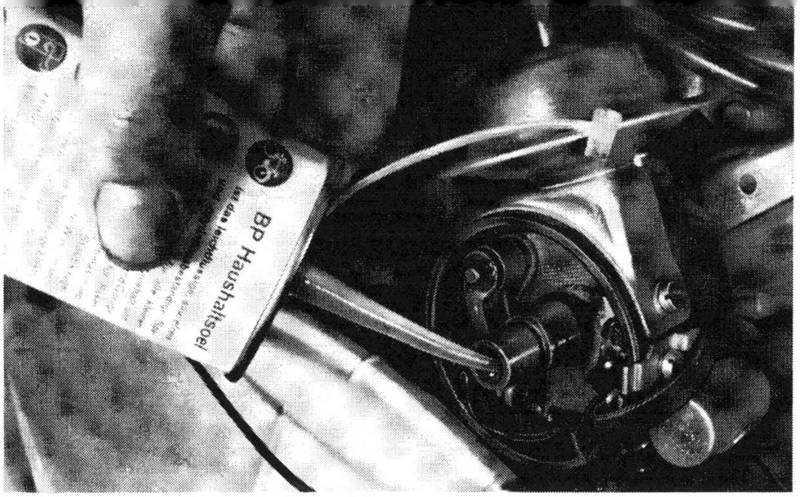

Die zweite Schmierstelle (die dritte ist im untenstehenden Text beschrieben) ist ein kleiner Filzpfropfen unter dem Verteilerfinger in der Verteilerwelle. Verteilerkappe und Verteilerfinger demontieren und nur 3 oder 4 Tropfen Öl einträufeln. Eine Ölüberschwemmung kann an dieser Stelle nur schaden, denn es wird austreten, zwischen den Unterbrecherkontakten verbrennen und zu schwer erkennbaren Zündstörungen führen.

Zündverteiler ölen

Schmierdienst Nr. 29

Der Zündverteiler am NSU 1000 und 1200/110 hat drei Schmierstellen, von denen zwei alle 15 000 km einige Tropfen dünnes Motorenöl oder sogenanntes „Haushaltsöl" (für Nähmaschinen und Fahrräder) erhalten sollen. Die erste Schmierstelle ist eine Ölerklappe oben auf dem querliegenden Schaft der Verteilerwellenführung. Die zweite ist ein kleiner Filzpfropfen, der unter dem Verteilerfinger in die hohle Verteilerwelle gestopft ist und ein wenig Öl zur Schmierung als Vorrat halten soll. Um an diese Schmierstelle heranzukommen, müssen die beiden Halteklammern des Verteilerkopfes abgehebelt, dieser abgenommen und die kleine Klemmschraube an der Seite des Verteilerfingers gelöst werden. Darauf läßt sich der Verteilerfinger von seiner Welle abziehen und der in der Welle sichtbare Schmierfilz erhält ebenfalls nur wenige Tropfen.

Die dritte Schmierstelle ist die Gleitbahn des Unterbrechernockens (nähere Erläuterung aller dieser Teile im Kapitel „Zündung") auf der an dieser Stelle vierkantigen Verteilerwelle. Sie soll zuerst mit einem faserfreien sauberen Lappen von alten Schmierstoffrückständen sorgfältig gereinigt und dann hauchdünn mit der Fingerspitze eingefettet werden. Motoröl oder „irgendwelches Fett" sind in diesem Falle jedoch nicht am Platze, sondern es muß diesmal ein spezielles hitzefestes Fett, wie beispielsweise Bosch-Spezialfett Ft 1 v 4 (Tube zu 50 Gramm für 0,75 DM), sein.

Scheibenwischer- und Vergasergestänge schmieren

Jahreszeit-Inspektion

Auch die verschiedenen Lagerstellen und Gelenke des Scheibenwischergestänges und der Vergaserzüge brauchen von Zeit zu Zeit einen Tropfen Öl oder eine Fingerspitze Fett, obwohl für sie keine besonderen Pflegeintervalle vorgesehen sind. Öl- oder Fettsorte sind dabei weniger wichtig, wir finden da immer eine Graphitöl-Spraydose praktisch. Besonders wichtig sind dabei die Scheibenwischerwellen und Gelenke der Scheibenwischerarme vor der Windschutzscheibe. Damit das Wischerblatt stets gut gegen die Scheibe gepreßt wird, muß das Gelenk etwas Öl erhalten. Dazu wird der Scheibenwischerarm wie zum Reinigen der Windschutzscheibe weggekippt und etwas Öl in das Gelenk gespritzt. Zum Schmieren der Scheibenwischerwelle den Wischerarm demontieren (Schraubenschlüssel SW 6), die kleine Kunststoff-Rändelschraube auf der Wellenführung lösen und einige Tropfen Öl bei angestelltem Scheibenwischer auf die Welle geben.

Benzin geht seltsame Wege

In diesem Kapitel unterhalten wir uns nur über leicht faßbare Dinge. Tiefergehende Eingriffe sind den Kapiteln über den Vergaser und die Kraftstoffpumpe im Praktiker-Teil vorbehalten. Was die Kraftstoff-Anlage betrifft, so ist ihr nur ein einziger Wartungsdienst im Rahmen der turnusmäßigen Inspektion gewidmet, nämlich das Filter der Kraftstoffpumpe reinigen. Wie unkompliziert das ist, wird man in diesem Kapitel entdecken.

Der Tank

Wie man weiß – oder auch nicht weiß –, faßt der Tank beim 1200/110 ca. 44 Liter (NSU 1000: 37 Liter). Bei einem Durchschnittsverbrauch von 8,5 Liter pro 100 km entspricht das einer Reichweite für den NSU 1200 von knapp 520 km. Das ist ein beachtlicher Wert, der kaum von anderen Wagen erreicht wird. Hier wirkt sich also der außerordentlich ökonomische Charakter des NSU aus – sparsamer Motor, leichter Wagen. Wer keinen gefüllten Reservebehälter mit sich führt, tut daher gut daran, schon nach 450 bis 500 km nach einer Zapfstation Ausschau zu halten.

Jeder Kraftstofftank braucht eine Belüftung, damit sich über dem Kraftstoff kein Vakuum bilden kann und den Zufluß zur Kraftstoffpumpe hemmt. Wir finden diese Entlüftung im Tank-Verschlußdeckel, der also nicht ganz luftdicht abschließt (beim NSU 1200 zwei seitliche kleine Bohrungen). Deswegen ein guter Rat: Bei Hitze den Tank nicht bis oben hin auffüllen lassen, wenn der Wagen gleich hinterher abgestellt wird. Der Kraftstoff kommt nämlich sehr kühl aus dem unterirdischen Großbehälter. Unter dem Einfluß der Außentemperatur dehnt er sich aus und sucht dann bei ganz aufgefülltem Tank seinen Weg durch den Entlüftungsspalt des Verschlußdeckels.

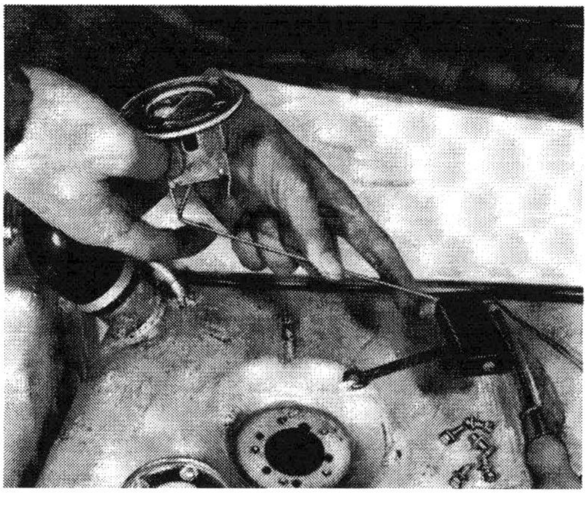

Zum Ausbau des Gebers der Kraftstoffanzeige (siehe S. 81) mit Schraubenzieher den Schutzdeckel des Kraftstoff-Gebers in der Tankoberseite abheben, Kabelstecker abziehen, die 5 Sechskantschrauben (SW 8) lösen und den ganzen Geber der Kraftstoffanzeige herausheben. Vorsicht, daß nun kein Schmutz in den Tank fällt. Zeigt der Geber stets zu viel an, muß der Arm des Meßgerätes (im Bild in der linken Hand gehalten) ein wenig nach unten durchgebogen, bei zu geringer Anzeige ein wenig nach oben durchgebogen werden.

Kraftstoffleitung und Bremsdruckleitung sind an der Wagenunterseite teilweise recht abenteuerlich allem Spritzwasser und Steinschlag ausgesetzt. An unserem 1200/110 wurde die Kraftstoffleitung dazu vom Hebel des Gaspedals (Bildmitte) ständig gescheuert. Prüfen Sie dies einmal an Ihrem Wagen. Wir haben die Kraftstoffleitung deshalb mit einer Tesafilm-Bandage an die Bremsdruckleitung gefesselt, damit sie nicht eines Tages durchgerieben ist. Auf diesem Bild schauen Sie entgegen der Fahrtrichtung.

Beim NSU 1200 läuft das Benzin dann durch ein Loch am Rand des Stutzens in einen Schlauch und darin nach unten auf die Straße. Der zweite Schlauch, der in den Tank mündet (Matte zurückschlagen!) dient der Entlüftung beim Tanken, damit das Benzin nicht im Einfüllstutzen zurücksprudelt.

Ein Ausbau des Tankes dürfte normalerweise nicht nötig sein. Um ihn zu entfernen, muß man vorher die Abdeckung wegnehmen. Dann die Schlauchschellen für den Einfüllstutzen (und Entlüftungsleitung) lösen und das Kraftstoff-Anzeigegerät ausbauen. Schließlich zwei Befestigungsschrauben mit einem 10-mm-Schlüssel lösen. Um den Kraftstoff aus dem Tank abzulassen, muß eine Ablaßschraube (SW 17) gelöst werden. Die nach hinten führende Kunststoff-Kraftstoffleitung (Gummizwischenstück) ist abzuziehen. Der Tank des 1000ers ist etwas anders in Lagerung und Form. Vom Tank – der Auslauf hat kein Sieb – führt die Kraftstoffleitung gut geschützt innen im Wagen nach hinten zur Kraftstoffpumpe. So mancher andere Wagen wird heute mit außen liegender Kraftstoffleitung aus Kunststoff ausgestattet, was uns nicht sehr begeistert. Allerdings verläuft das letzte Stück zur Kraftstoffpumpe ziemlich abenteuerlich im Freien. Auch sind die Leitungen an Pumpe und Vergaser nur aufgesteckt. Man sollte daher gelegentlich prüfen, ob sie noch weit genug auf dem jeweiligen Anschluß-Stutzen sitzen.

Sieb der Kraftstoffpumpe reinigen

Pflegearbeit Nr. 28

Die Kraftstoffpumpe saugt das Benzin vom Tank her durch die Kraftstoffleitung und drückt es hinauf zum Vergaser. Das unter ihrem Deckel liegende Kunststoffsieb ist eine Sicherung gegenüber Fremdstoffen. Der Werksinspektionsplan sieht eine Reinigung alle 15 000 km vor.

Zum Reinigen muß der Deckel der Kraftstoffpumpe abgenommen werden. Weil aber die Pumpe tiefer als der Tank liegt, würde sogleich Benzin herausfließen. Deswegen vorher den vom Tank kommenden Schlauch bzw. das Gummizwischenstück an der Pumpe abziehen. Evtl. vorsichtig mit Schraubenzieherklinge abhebeln. Man kommt besser an den Schlauch heran, wenn man sich unter den Motor legt. Nun muß man etwas zur Hand haben, um den Schlauch schnell zu verstopfen. Am einfachsten: Eine M 7-Schraube (7-mm-Gewinde) nehmen und in den Schlauch stecken. Ein Dorn oder sonst etwas Derartiges tut es auch.

Nun wird der Deckel der Pumpe abgenommen, nachdem mit einem 8-mm-Schlüssel die Befestigungsschraube gelöst wurde. Weil der Deckel meistens

Damit beim Reinigen des Kraftstoffsiebes in der Kraftstoffpumpe kein Benzin aus der Kraftstoffleitung ausläuft, muß diese verstopft werden. Hier ist dies mit dem Schraubenzieher aus dem Bordwerkzeug (nur Seite für Kreuzschlitzschrauben nehmen!) geschehen. Die Hand hält das feinmaschige Kunststoff-Sieb mit den kleinen Zäpfchen daran, die beim Einsetzen des Siebes zum Pumpendeckel hin zeigen müssen. Der demontierte Pumpendeckel und die Verschluß-Schraube sind rechts im Bild gezeigt.

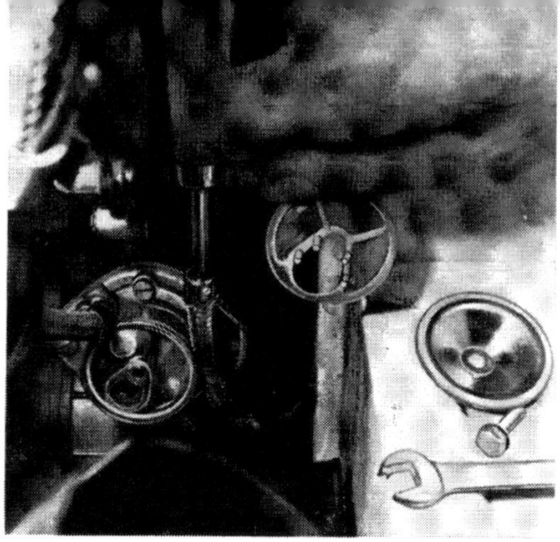

noch fest darauf sitzt, hebelt man ihn mit der Schraube ab. Beim Abnehmen des Deckels fließt aus der Pumpenkammer noch etwas Benzin heraus. Den Start des Motors beeinträchtigt das nachher aber in keiner Weise. Unter dem Deckel sieht man das Pumpensieb, das aus einem kunststoffumgossenen Gewebe besteht. Die Reinigung selbst ist in obigem Bild gezeigt.
Wenn das Sieb noch festsitzt, ergreift man es vorsichtig an den kleinen Kunststoff-Zäpfchen, die daran sitzen. Das Sieb dann mit einem nichtfasernden Lappen reinigen, in Benzin ausschwenken oder durchblasen – falls mit dem Mund, möglichst nicht mit Spucke. Wer ein übriges tun will, kann auch den Abscheideraum mit Kraftstoff ausspülen. Damit der Schmutz nicht in die Leitung gerät, muß das birnenförmige Ventil (Saugventil) mit der Fingerkuppe abgedeckt werden. Man kann den Schmutz aber auch mit einem sauberen, nichtfasernden Lappen austupfen, der um die Spitze eines Schraubenziehers gewickelt ist.
Dann das Sieb wieder einsetzen, danach den Dichtring, den Deckel und die Schraube nebst Unterlegscheibe. Aufpassen: Die Öffnung des Siebes muß genau über der entsprechend geformten Ventil-Öffnung der Pumpe liegen. Die Zäpfchen am Sieb müssen nach außen stehen, damit der Deckel sie und damit das Sieb fest auf seinen Sitz drücken kann. Die Deckel-Schraube nicht zu fest anziehen, damit der Deckel nicht verformt wird.
Störungen durch beschädigte Kraftstoffpumpenmembranen gehören heute zu den Seltenheiten. Mehr über ihre Funktion im Kapitel „Kraftstoffpumpe".

Fingerzeige: *Seit 1971 wird in den NSU die sogenannte Benzinpumpe mit Blechoberteil eingebaut. Das Oberteil ist mit einer Querschlitzschraube befestigt. Wenn diese gelöst wird, kann das Pumpenoberteil abgenommen und das darunter liegende Kraftstoffsieb wie oben beschrieben gereinigt werden. Ein weiteres Zerlegen dieser Kraftstoffpumpe ist nicht möglich. Bei Defekten muß sie komplett ausgetauscht werden.*
Einen Reservekanister sollte man im Wagen haben. Empfehlenswert sind solche aus Kunststoff mit einer Einlauftülle.
Kluge Fahrer halten den Tank immer gefüllt, zumindest, wenn man den Wagen für längere Zeit abstellt. Dann kann sich im Tank kein Kondenswasser (Schwitzwasser) bilden. Wasser im Tank ist schlecht: Erstens läßt es den Tank rosten und zweitens verträgt es sich nicht mit dem Zinkspritzguß, aus dem der Vergaser hergestellt ist. Wenn Wasser mit Zink zusammenkommt, fängt letzterer zu „blühen" an. Es gibt Absonderungen, welche Düsen und Bohrungen verstopfen können.

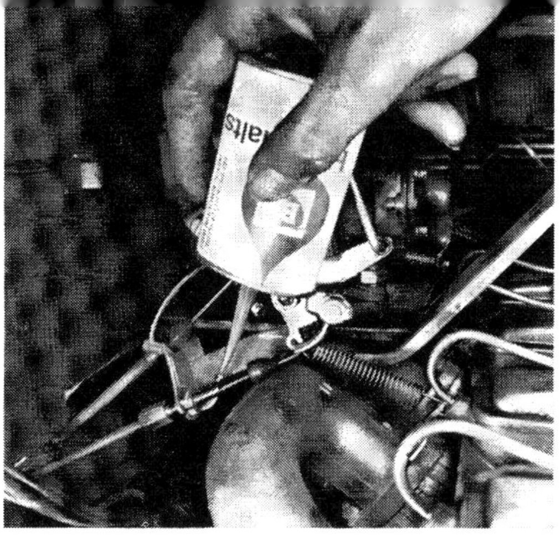

Der Gaszug ist gelegentlich für einige Tropfen Öl dankbar, damit er in der Gaszugumhüllung leicht gängig bleibt. Dazu Gummiverschlußstopfen von der Gaszug-Justierschraube abdrehen und in diese Justierschraube, wie im Bild gezeigt, etwas dünnes Motoröl oder „Haushaltsöl" einträufeln lassen. Zuletzt Verschlußstopfen wieder auf das Schraubengewinde aufdrehen.

Der Vergaser

Innerhalb des vom Werk empfohlenen Wartungsdienstes muß am Vergaser nichts gewartet werden. Doch kann es nichts schaden, vorbeugend in größeren Abständen, z. B. zur Jahreszeit-Inspektion, die Starterklappe zu prüfen bzw. den Vergaser zu reinigen. Wie man ihn dazu zerlegen muß, was nicht kompliziert ist, beschreiben wir im Kapitel „Vergaser-Praxis". Gelegentlich sollte man das Luftfilter abnehmen (siehe Seite 42) und in den Vergaserstutzen schauen, ob sich die Starterklappe einwandfrei bewegt.

Das Starten

Bescheid sollte man darüber wissen, was sich tut, wenn man den Starterhebel beim Anlassen des kalten Motors zieht: Man schließt dadurch oben im Vergasereinlaß eine Klappe. Unter dieser entsteht dann beim Durchdrehen des Motors durch den Anlasser ein starker Unterdruck, der die beim Kaltstart erforderliche größere Benzinmenge absaugt. Man sichert damit dem Motor ein fetteres und damit zündfähiges Kraftstoff-Luft-Gemisch. Fetter muß das Gemisch sein, weil an den noch kalten Saugrohrwandungen ein Teil des Gemisches wieder flüssig wird (kondensiert) und damit für die Verbrennung zunächst ausfällt.

Viele andere Wagen haben eine Startautomatik. Dabei wird die Starterklappe durch elektrische Beheizung (VW und Mercedes-Benz) oder Kühlwasserwärme (Ford und Opel) geöffnet. Man sollte als NSU-Fahrer froh sein, daß man diese Automatik noch nicht besitzt. Zwar muß man bei handbetätigter Starthilfe etwas denken (wobei das gelbe Starterhebel-Kontrollämpchen hilft), aber so schön, wie man es sich gedacht hat, funktioniert die Automatik nicht.

So sieht man von oben auf den Vergaser, wenn das Luftfilter abgenommen ist. Bei 1 fließt der Kraftstoff, von der Kraftstoffpumpe kommend, in die Schwimmerkammer. 2 ist die elektromagnetische Leerlauf-Abschaltdüse, 3 die Starterklappe, sie steht hier senkrecht (Starterhebel neben dem Fahrer nach unten), 4 ist das Mischrohr, durch welches Kraftstoff und Luft abgesaugt werden, und 5 ist das Gehäuse für die Beschleunigungspumpe.

Die Stellung der Starterklappe entspricht nicht immer den optimalen Anforderungen. Das erhöht den Verbrauch oder erschwert den Start bei kaltem oder warmem Motor. Alles hat seine Vor- und Nachteile.
Es gibt Autofahrer, die selbst nach vielen Jahren noch Mühe mit dem richtigen Anlassen haben. Sie vergessen dabei, daß es ein großer Unterschied ist, ob der zu startende Motor kalt oder warm ist und ob draußen sommerliche Wärme oder winterliche Kälte herrschen.
Bei kaltem Motor im Sommer oder in der Übergangszeit ist es am besten, wenn man vor dem Anlassen zwei- bis dreimal auf das Gaspedal drückt. Dadurch wird über die Beschleunigungspumpe des Vergasers Kraftstoff in den Vergaserstutzen gespritzt, was zum Anspringen meistens ausreicht. Man kann also in diesen Fällen auf das Ziehen des Starterhebels verzichten. Das hat insofern seinen Vorteil – weswegen man von dieser Methode auch Gebrauch machen sollte –, daß man nicht vergessen kann, den Hebel wieder in seine Ausgangsstellung zurückzulegen. Mit gezogenem Hebel, also zu lange mit geschlossener Starterklappe zu fahren, führt zu einer Überschwemmung des Motors mit Kraftstoff, es gibt Verbrennungsrückstände, Ölverdünnung und natürlich höheren Verbrauch und Verschleiß.
Kalter Motor im Winter: Starterhebel rechts neben dem Fahrersitz – beim NSU 1200 C links am Armaturenbrett – ziehen. Gaspedal unberührt lassen. Nach Anspringen Hebel gleich soweit wieder zurückdrücken, bis der Motor noch ohne Stottern oder Absterben läuft. Warmlaufen lassen bei stehendem Wagen ist höchstens bis zu einer Minute Dauer nötig. Hochjagen des Motors im Stand bringt überhaupt nichts. Je schneller der Motor dreht, um so schneller läuft ja auch das Kühlgebläse und kühlt ihn wieder. Außerdem tut es wegen des noch relativ zähflüssigen Öles nicht gut, dem Motor schon im kalten Zustand zuviel zuzumuten. Immerhin muß das Öl ja durch die engen Bohrungen in der Kurbelwelle kriechen, um die Lager zu schmieren. Bei großer Kälte bringt Auskuppeln während des Anlassens eine Starterleichterung, weil dann die Getriebezahnräder „abgehängt" sind und nicht durch das steife Getriebeöl hindurchgequält werden müssen.
Man muß bestrebt sein, nach dem Abfahren möglichst bald den Starterhebel wieder in die Ruhestellung zu bringen. Ein ganz gezogener Hebel nach erfolgtem Start ist immer von Übel, weswegen, sagten wir ja schon. Auch sollte man 3–5 km nach einem Kaltstart kein Vollgas geben.
Start bei warmem Motor im Sommer oder Winter: Nicht mit Gaspedal einspritzen, dieses also nicht mehrmals betätigen. Den Starterhebel läßt man unberührt. Nur Gaspedal etwa ein Viertel oder die Hälfte seines Betätigungsweges durchdrücken, in dieser Stellung lassen und Anlasser betätigen. Es ist zu berücksichtigen, daß luftgekühlte Motoren wie der des NSU ziemlich schnell kalt werden, es ist ja kein die Wärme haltender Wassermantel da.
Springt der Motor nicht an, obwohl bis zu diesem Zeitpunkt noch alles in Ordnung schien, dann hat man höchstwahrscheinlich den Motor beim Anlassen ertränkt. Er ist ersoffen, sagt der Fachmann etwas deutlicher. Am Auspuff wird es nach Benzin riechen. Probieren!
Vermutlich hat man zuviel mit nervösem Gasfuß eingespritzt oder bei warmem Motor den Starterhebel gezogen. Nun tut eine „Benzinverdunstungspause" von wenigen Minuten gut. Danach Gaspedal langsam durchtreten, in Vollgasstellung lassen und einige Sekunden Motor mit Anlasser durchdrehen. Damit werden die fetten Dämpfe aus dem Motor gejagt, ohne daß zuviel angesaugt wird. Dann wieder etwas warten, Gaspedal zurücknehmen und wieder anlassen. In hartnäckigen Fällen Kerzen herausschrauben (siehe Kapitel

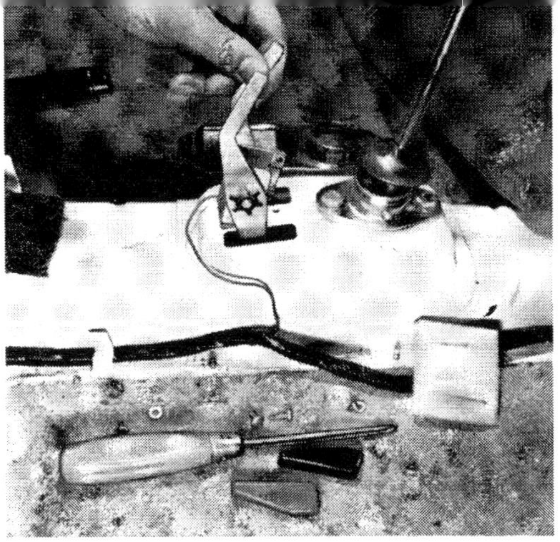

Zum Ausbau der beiden Handhebel auf dem Karosserie-Mitteltunnel zuerst die beiden Griffstücke von den Hebeln (rot für Heizung, schwarz für Starterklappe) abziehen. Danach Abdeckplatte um den Schalthebel und die beiden Handgriffe losschrauben, Teppichabdeckung des Mitteltunnels zurückschlagen, Lagerung der Hebelhalterung lösen und nach oben aus dem Mitteltunnel ziehen. Am Hebelgriff für die Starterklappe ist das braune Kabel für die Starthebel-Kontrolle angesteckt.

„Die Zündanlage") und deren Elektroden trocknen, falls sie naß sind. Ist der Motorstreik noch hartnäckiger, muß man nach dem Schema in der vorderen Buchklappe die möglichen Ursachen einkreisen.

Der Starterhebel

Der Starterhebel rechts neben dem Fahrer ist über eine kleine Zwischenstange durch einen Drahtzug mit dem Vergaser verbunden. Zwei Dinge können passieren: Der Draht kann sich am Vergaser aus der Klemmschraube lösen. Keine Affäre. Starterhebel in Ruhestellung, Luftfilter abnehmen und Starterklappe nach Sicht (in den Vergaserstutzen schauen) senkrecht stellen. In dieser Stellung den Draht wieder mit der Klemmschraube fixieren (Haltemutter SW 8). Der Draht bzw. die Zwischenstange kann sich ferner aus dem unteren Teil des Starterhebels herausarbeiten (das hakenförmige Ende der Stange rutscht aus der Bohrung des Hebels heraus, wenn der Sicherungssplint verlorengeht). Dann Bodenmatte entfernen und Abdeckzierblech abschrauben (Kreuzschlitzschrauben). Griffe von Starter- und Heizhebel abziehen und Blech über Schalthebel wegziehen. 2 Kreuzschlitzschrauben für die Lagerung der Hebelhalterung lösen. Starterhebel von der Hebelwelle abnehmen. Dazu Sicherungsscheibe mit Schraubenzieher vorsichtig abdrücken (Scheibe nicht wegfliegen lassen), Spannscheibe entfernen und Hebel von Welle nehmen. Dann unteres Ende des Starterhebels in Haken der Stange einfädeln und notfalls Draht als Sicherung in das Splintloch führen und umbiegen.

Die Leerlauf-Abschaltdüse

Rechts am Vergaser werden scharfe und interessierte Augen vielleicht schon einen dicken walzenförmigen Gegenstand entdeckt haben. Zu diesem führt ein Kabel. Mit Recht hat sich vermutlich schon mancher NSU-Fahrer gefragt, was in aller Welt soll ein Vergaser mit elektrischem Strom. Hier handelt es sich um eine elektromagnetische Leerlauf-Abschaltdüse. Stellt man die Zündung ab, wird diese Düse stromlos und eine Ventilnadel schließt die Leerlaufdüse ab. Damit wird verhindert, daß der Motor auch ohne Kerzenfunken läuft („Nachdieseln"), wenn er heiß ist. Luftgekühlte Motoren werden nun einmal heißer als wassergekühlte, deswegen diese Vorbeugungsmaßnahme. Man findet sie übrigens auch bei allen VW-Motoren, die ebenfalls mit diesen automatischen Abschaltleerlaufdüsen ausgerüstet sind.
Bleibt der Motor hartnäckig im Leerlauf stehen, sollte man prüfen, ob das Kabel zur Abschaltdüse – von der Sicherung Nr. 6 ihren Strom beziehend – auch ordnungsgemäß angeschlossen ist (Flachstecker).

Wird die Zündung zum Start eingeschaltet, zieht ein Elektromagnet in der im Bild gezeigten Leerlauf-Abschaltdüse die Ventilnadel an und gibt dadurch die Leerlaufdüse frei. Man kann dies beim Ab- und Anstecken des in der Hand gehaltenen Kabels an einem typischen „Klick" hören, wenn man gut hinhört und die Zündung eingeschaltet wird.

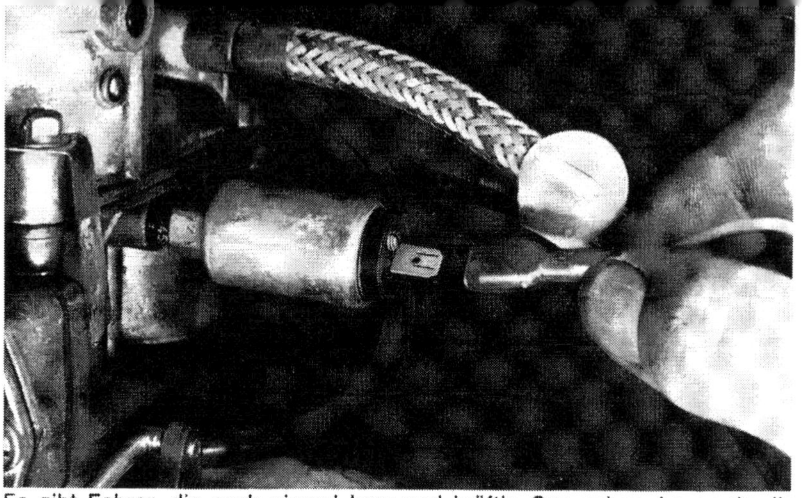

Richtiges Abstellen

Es gibt Fahrer, die noch einmal kurz und kräftig Gas geben, bevor sie die Zündung abschalten. Sie meinen, das wäre besser für das spätere Wiederstarten. Der NSU-Motor braucht diese Methode nicht. Sie ist außerdem schädlich. Das auf solche Art noch im letzten Moment von den Zylindern eingeatmete Kraftstoff-Luft-Gemisch verbrennt nicht mehr. Denn die Zündung war ja ausgeschaltet worden. Der Benzinnebel verdünnt nur den Ölfilm an den Zylinderwänden. Beim nächsten Kaltstart aber würde eine gute Ölschicht sehr nützlich und verschleißmindernd sein. Ferner: Benzin kann in die Kurbelwanne sickern und dort das Öl verdünnen. Und: Bei vorherrschendem Kurzstreckenbetrieb, wobei der Motor nicht genügend warm wird, bilden sich saure Verbrennungsrückstände (schweflige Säuren). Diese greifen die ungeschützten Zylinderwände an. Verschleiß über Nacht.

Luftfilter und Starterklappe

Jahreszeit-Inspektion

Das Ölbad-Luftfilter soll nicht nur die Ansaugluft von Staub reinigen, es soll auch das schlürfende Ansauggeräusch dämpfen. Gute Filterwirkung ist nur möglich, wenn die Anweisungen für seine Reinigung beachtet werden. Wir haben im Kapitel „Schmierung aller Teile" darauf näher hingewiesen. Zwar muß an ihm nichts geschmiert werden, doch muß das Ölbad, das die Fremdstoffe bindet, etwa alle 7500 km erneuert werden.

Abnehmen des Luftfilters ist erforderlich, wenn man den Vergaser näher betrachten oder sein Oberteil abschrauben will. Bei Startschwierigkeiten sollte man sich zumindest davon überzeugen, ob die Starterklappe bei ganz gezogenem Starterhebel tatsächlich ganz geschlossen ist. Dazu oben in den Vergasereinlaß sehen. Andererseits muß die Klappe bei „Starterhebel in Normalstellung" senkrecht stehen, sonst wird der Verbrauch zu hoch.

Um Vergaser-Vereisung und Übergangsfehler im Winterbetrieb zu vermeiden, ist ab Temperaturen unter 10° der Filterschnorchel so umzustellen, daß die Verbrennungsluft aus dem Motorraum angesaugt wird. Dazu muß beim NSU 1000 und beim NSU 1200 der Faltenbalg vom Schnorchel abgezogen und der Schnorchel um wenigstens 20 cm nach hinten gedreht werden. Beim NSU TT ist der Faltenbalg am Kunststoffkasten zu lösen und so auf den Filterschnorchel zu schieben, daß er nicht zurückrutscht. Schlauchschelle und Schraube sind aufzubewahren, denn etwa im April muß die Vorrichtung wieder für den Sommerbetrieb befestigt werden. Typ 110 S: Im Winter Gummibalg vom Schnorchel abnehmen.

Die Kraftstoffwahl

Ab Januar 1972 wurde die Zumischung einer Bleiverbindung als Antiklopfmittel von Gesetzes wegen auf 0,4 Gramm je Liter Kraftstoff begrenzt. Dies geschah wegen der Giftigkeit von Blei zum Schutz gegen Umweltverschmutzung. Durch diese Maßnahme sinkt die Oktanzahl um etwa 1 bis 2 Punkte.

Niemand hat zuviel Geld auszugeben. Daher ist es durchaus nicht gleichgültig, ob man Normal- oder Superkraftstoff tankt. Das Werk weist in der Betriebsanleitung darauf hin, daß der Motor für den NSU 1000 und für den 1200/110 Normal- und Superkraftstoff einwandfrei verarbeitet.

Super kostet deswegen mehr, weil es klopffestere Bestandteile enthält. Diese Anteile sind dafür gedacht, daß sich in einem Motor mit hohem Kompressionsverhältnis das Gemisch im Zylinder nicht entzündet, bevor es durch den Funken der Zündkerze geschieht. Diese Erscheinung macht sich durch Klingeln oder Klopfen bemerkbar.

Eine wesentliche Rolle für die Superbedürftigkeit eines Motors spielt dessen Verdichtungsverhältnis. Das Verdichtungsverhältnis des NSU 1200 beträgt beispielsweise 7,8 : 1. Das bedeutet, daß das angesaugte Kraftstoff-Luft-Gemisch um das 7,8fache zusammengepreßt wird, wenn der hochgehende Kolben es verdichtet. Mit 7,8 : 1 sind die meisten Motoren schon auf Super angewiesen, weil das Gemisch durch das Komprimieren ja sehr heiß wird und zur Selbstentzündung neigt. Daß der NSU-Motor dabei noch mit Normalkraftstoff klingelfrei läuft, ist eine ausgezeichnete technische Leistung seiner geistigen Väter. Hier zeigt sich die große und erfahrungsreiche Rennsport-Tradition vergangener Motorrad-Blütezeiten. Der Motor des 1000 TT braucht freilich bei einer Verdichtung von 9 : 1 Superkraftstoff.

Besitzer eines NSU 1000 oder 1200/110 können natürlich auch Super tanken. Schaden tut es nicht. Wer scharf und sportlich zu fahren pflegt, wird es ohnedies verwenden, um ganz sicher zu gehen, daß der Motor, insbesondere bei hoher Außentemperatur, klopffrei läuft. Mit Super bleiben die Verbrennungstemperaturen etwas niedriger. Doch gewinnt man mit Super keine höhere Endgeschwindigkeit und auch keine bessere Beschleunigung. Mit zunehmendem Motoralter wird die Verdichtung höher. Besonders bei starkem Stadt- und Kurzstreckenverkehr lagern sich unverbrannte Rückstände auf dem Kolbenboden, an den Ventilen und am Zylinderkopf ab. Der Brennraum wächst – etwas übertrieben ausgedrückt – zu und verkleinert sich.

Falls sich bei einem älteren Motor die Verdichtung schon so erhöht hat, daß Sie beim Beschleunigen aus niedrigen Drehzahlen heraus Klopf- oder Klingelgeräusche hören, empfiehlt sich zur Abhilfe:

- Kontrolle des Zündzeitpunktes (siehe Seite 90). Bei Superkraftstoff-Motoren kann bei starker Klingelneigung der Zündzeitpunkt um maximal 3° in Richtung „spät“ verstellt werden. Diese Maßnahme sollte allerdings als letzte Möglichkeit angewandt werden.
- Mischung aus Normal- und Superkraftstoff oder reines Super tanken.
- Nach längerem Stadtverkehr mal eine zügige Fernfahrt einplanen. Dabei wird der Motor gut durchwärmt und der größte Teil der Verbrennungsrückstände über die Auslaßventile herausgeblasen.
- Rückstandslösenden Kraftstoffzusatz verwenden (z. B. Desolite).

Fingerzeige: *Die Klopffestigkeit von Normalkraftstoff beträgt im Bundesgebiet ziemlich einheitlich etwa 91 OZ (Oktanzahl). Damit rangiert das Klopffestigkeitsniveau von Normal an der Spitze in Europa. Bei Auslandsfahrten empfiehlt es sich, in bestimmten Ländern (Spanien, Jugoslawien, Griechenland) Superkraftstoff zu tanken.*

Das richtige Betriebsklima

Wenn Sie wissen möchten, warum ein Motor gekühlt werden muß, dann halten Sie einmal nach der Fahrt die Hand vor den Grill hinten seitlich rechts am Wagen. Wenn die Hand kalt gewesen sein sollte, wird sie jetzt sehr schön warm.
Beim NSU-Motor wird aus relativ kleinem Hubraum ein ansehnliches Maß an Leistung herausgeholt, was auch zu ansehnlicher Wärme-Entwicklung führt. Aber das muß Sie nicht bekümmern. Der Motor wird damit fertig, er ist thermisch gesund und standfest. Wie heiß er aber tatsächlich wird, erkennt man auch an der im vorhergehenden Kapitel erwähnten elektromagnetischen Leerlauf-Abschaltdüse. Diese schließt sich automatisch, wenn die Zündung abgeschaltet wird, so daß der heiße Motor durch Glühzündungen nicht „nachdieseln" kann. Er bekommt dann einfach kein Benzin mehr.

Wartungsfreie Kühlung

Der luftgekühlte Motor hat für seinen Besitzer einen unzweifelhaften Vorzug: Die Kühlung ist praktisch wartungsfrei. Man muß sich nicht um das Nachfüllen von Wasser kümmern, auch fällt ein entsprechender Frostschutz weg. Konsequenterweise hat man auch das Gebläserad für die Zuführung der Kühlluft mit dem Schwungrad kombiniert. Es wird also nicht durch einen Keilriemen angetrieben, was eine zusätzliche Kontrolle erfordern würde.
Der luftgekühlte Motor bringt auch für den Hersteller einige Vorteile: Er ist leichter und damit kostengünstiger zu produzieren als ein wassergekühlter Motor. Das geringere Motorgewicht ist auch deswegen vorteilhaft, weil man bei einem Heckmotorwagen die Hinterachse nicht schwerer belasten sollte

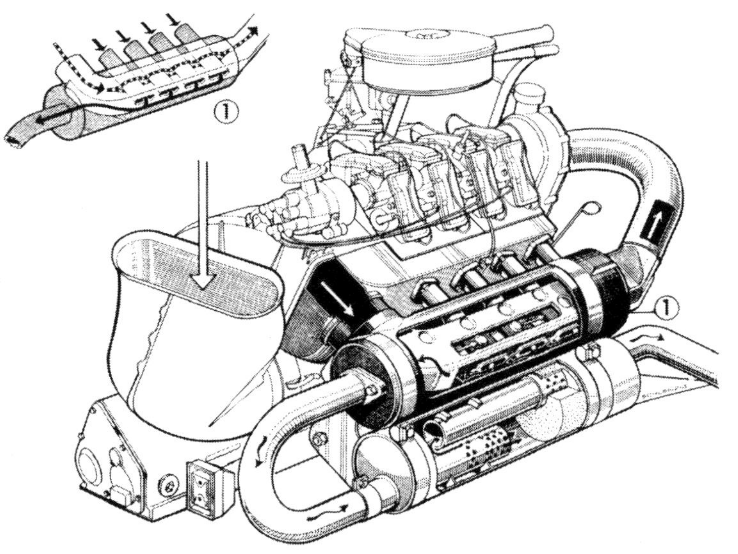

Kühlung und Heizung sind eng miteinander verbunden. Links in den senkrechten Schacht strömt die Außenluft ein (durch das linke Heck-Grill), wird vom Gebläserad erfaßt, zum größeren Teil auf die Zylinder gedrückt und zu einem anderen Teil (weißer Pfeil in schwarzer Fläche) in den Wärmetauscher geblasen. In diesem wird sie im „Wärmetausch" durch die heißen Abgase aufgeheizt (siehe Schema links oben). Unter dem Wärmetauscher erkennt man den Aufbau des Abgasgeräuschdämpfers.

als nötig, da sonst die Fahreigenschaften in der Kurve leiden würden (Übersteuern, Wagenheck drängt nach der Kurvenaußenseite). Das an sich höhere Geräuschniveau eines luftgekühlten Motors hat man bei NSU im Laufe der Entwicklung durch geduldige Detailarbeit auf einen erstaunlich niedrigen Pegel gebracht.

Öffnet man den Motordeckel, ist links ein großer trichterförmiger Schacht nicht zu übersehen. Hier strömt durch das linke hintere Seitengrill die Kühlluft ein, die durch das Gebläserad angesaugt wird. Das Gebläse ist fest mit jenem Teil der Kupplung verbunden, das seinerseits mit dem Schwungrad verschraubt ist. Kurbelwellendrehzahl ist daher gleich Gebläseraddrehzahl. Das Gebläse drückt die Luft dann auf die Kühlrippen der vier Zylinder. Die Luft, die ihre Schuldigkeit getan hat, strömt auf der Vorderseite des Motors heraus und fließt nach unten ab.

Ein Ausbau des Luftschachtes ist nur bei Motorausbau nötig oder wenn man an den Kupplungsausrückhebel heran will. Man sollte also den Schacht möglichst so lassen, wie er ist, weil es nicht einfach ist, das obere Abdichtgummi wieder richtig aufzuziehen. Mit dieser Abdichtung soll erreicht werden, daß nur Außenluft angesaugt wird. Dringt Luft aus dem Motorraum in den Schacht, wird erstens die Kühlluft zu warm und zweitens kommt verunreinigte Luft in die Heizanlage. Denn ein Teil der Kühlluft wird als Heizluft abgezweigt.

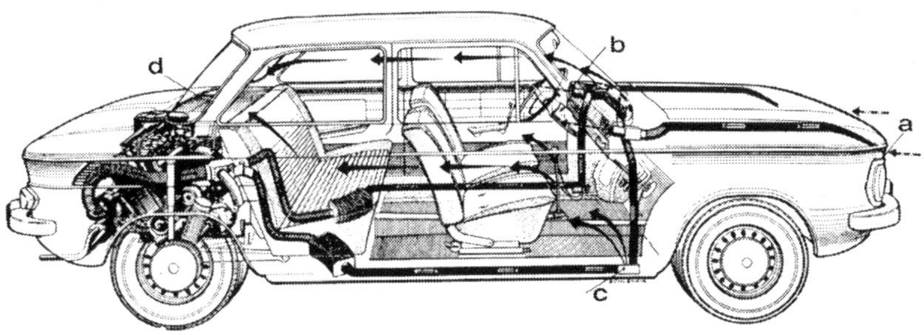

Das Heiz- und Belüftungssystem des 1200/110 Heizluft strömt durch den Schlauch am Motor über den Klappen- und Verteilerkasten in den Wagen, tritt bei c aus und wird bei d wieder abgesaugt. Wird der Frischlufthebel betätigt, strömt Frischluft bei a ein. Unabhängig von der Stellung des Heiz- oder Lüftungshebels wird immer bei d verbrauchte Luft abgesaugt. Die „Ziehharmonikas" unter der Rücksitzbank sollen das Gebläsegeräusch dämpfen.

Die Heizung

Jahreszeit-Inspektion

Wie eben schon angedeutet, steht die Heizanlage mit der Luftkühlung in Verbindung. Die Luft wird im Gebläsegehäuse abgezweigt und einem Wärmetauscher zugeführt. Dieser sitzt oben am Zylinderkopf parallel zum Motor und ist nicht mit dem darunterliegenden Abgasgeräuschdämpfer zu verwechseln. Im Wärmetauscher wird die einströmende Luft über Zwischenwände durch die hier direkt aus den Zylindern austretenden heißen Abgase aufgeheizt.

Die Luft, die links am Wärmetauscher eintritt, durchströmt ihn nach rechts und verläßt ihn in dem dort angeschlossenen Warmluftschlauch. In diesem Schlauch fließt immer warme Luft nach vorn bis zum Klappenkasten. Um diesen zu sehen, schaut man am besten von unten her. Ist der Heizhebel rechts neben dem Fahrer nicht betätigt, verschließt eine Klappe den Weg ins Wageninnere. Die warme Luft strömt dann auf einem Nebenweg aus dem Klappenkasten ins Freie. Wird der Heizhebel gezogen, strömt je nach Hebelstellung eine mehr oder weniger große Menge Warmluft durch zwei Schläuche links und rechts in den Wagen. Die beiden ziehharmonikaartigen Gebilde unter der Rücksitzbank dienen zur Geräuschdämpfung. Von diesen strömt die Luft in den beiden Außenholmen nach vorn.

Wartungsarbeiten sind an der Heizanlage nicht vorgesehen. Man könnte sich gelegentlich vergewissern, daß der Drahtzug, der zum Hebel am Klap-

Das ist einer der beiden Ziehharmonika-Kästen in der Heizluftführung. Sie sind unter der Rücksitzbank zu finden und dienen sowohl der Geräuschdämpfung wie auch der Heizluftfilterung. Nach einer ausgedehnten Sommerreise auf staubigen Straßen lohnt sich der Ausbau (Rücksitzbank herausnehmen, zwei Schlauchschellen mit Schraubenzieher lösen) und das Ausklopfen dieser Filter mit der flachen Hand.

penkasten führt, in Ordnung ist (mit der Stellung des Heizhebels vergleichen), ob er nicht festsitzt oder verrostet ist. Dies geschieht am besten, wenn der Wagen aufgebockt ist, z. B. an der Tankstelle. Wie man an den vorderen Heizhebel herankommt, wurde schon im vorhergehenden Kapitel „Die Kraftstoff-Anlage" beschrieben, da ja der Starterhebel auf dem gleichen Lagerbock sitzt. Im übrigen kann es nichts schaden, auch im Sommer hin und wieder den Heizhebel zu betätigen, damit der Drahtzug gut gängig bleibt.

Ungenügende Heizwirkung

Wer mit der Heizwirkung nicht zufrieden ist, möge bedenken, daß ein luftgekühlter Motor zwar schnell warm wird, aber auch wieder schnell abkühlt. Bei Stadtfahrten macht sich das bemerkbar. Man sollte aber trotzdem sicher sein, daß alle Anschlüsse gut dicht sind. Zu prüfen ist auch, ob der Betätigungshebel am Heizklappenkasten nicht verbogen ist, so daß sich die Klappe nicht ganz öffnet.

Eine unentbehrliche Maßnahme, um beim NSU 1000 gute Heizwirkung zu erzielen, ist diese: Wird die Heizung angeschaltet, muß automatisch die linke Hand zur Fensterkurbel greifen, um das Fenster etwa 1 cm zu öffnen, oder man muß das Schwenkfenster etwas öffnen. Denn was an warmer Luft zusätzlich in den Wagen dringt, muß an kalter Luft hinausbefördert werden. Anders ist auch gar keine rechte Warmluftzirkulation im Innern des Wagens möglich. NSU 1200: Siehe nächsten Abschnitt.

Natürlich muß auch der Frischluft-Einritt am Armaturenbrett (NSU 1200) geschlossen sein, denn dieser bringt ja kalte Luft durch den Staudruck des Fahrtwindes in den Wagen.

Ausbau des Klappenkastens (NSU 1200): Heizschläuche abziehen und drei Befestigungsmuttern lösen. Heizungszug aushängen (Sicherungsscheiben an Halterung und Hebel entfernen). Beim NSU 1000 ist der Klappenkasten noch ähnlich dem des Prinz 4. Hier sind nach Entfernen des Schlauches und Aushängen des Zuges 4 Schrauben zu lösen. Bevor der Kasten wieder in die Blechfassung eingesetzt wird, müssen beide in den Wagen führende Schläuche aufgesetzt sein.

Fingerzeige: *Fährt man durch einen Straßentunnel oder hinter einem qualmenden Dieselfahrzeug einher, sollte man besser die Heizung abstellen. Das immer kräftig arbeitende Kühlgebläse fördert dann mit der Heizluft auch unhygienische und giftige Auspuffgase in den Wagen.*

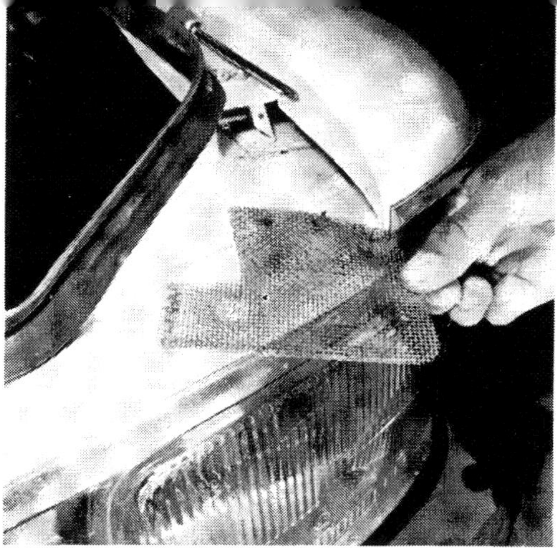

Die Drahtgitter vor den Frischlufteintritten über den Scheinwerfern sind nur mit einer einzigen Kreuzschlitzschraube befestigt. Normalerweise genügt es, diese Schutzgitter abzubürsten. Da der Ausbau jedoch einfach ist und nach langer Sommerfahrt dort viele Fliegenleichen antrocknen, ist es praktisch, sie von Zeit zu Zeit loszuschrauben und mit kräftigem Wasserstrahl sauberzuspritzen.

Wenn der Heizklappenzug gerissen oder ausgehängt ist, läßt sich die Heizung trotzdem noch betätigen: Heizklappe unten am Wagen vor- oder zurückdrücken. Man sollte es sich einmal ansehen, wenn der Wagen aufgebockt ist.

Frischluftgitter reinigen

Pflegearbeit Nr. 24

Für die Belüftung des Wageninnern hat sich NSU beim 1200/110 einiges ausgedacht. Öffnet man die Hebel für die Belüftung, dann strömt auf beiden Seiten über den Scheinwerfern Frischluft ein und tritt am Armaturenbrett aus. Übrigens wurde ab Fahrgestell-Nr. 377 04 86 349 beim NSU 1200 C die Hebelstellung der Frischluftbetätigung geändert: Hebel nach oben = Belüftung auf, Hebel nach unten = Belüftung geschlossen. Damit nicht auch Fremdstoffe, wie Insekten, Laub und Papier, durch den Fahrtwind mit hineingedrückt werden, befinden sich vor den Eintrittskanälen über den Scheinwerfern kleine Schutzgitter. Wenn man die Vorderhaube öffnet, sind sie zur Reinigung zugänglich. Man bürstet sie am besten ab. Sie lassen sich aber auch zum Reinigen abschrauben.

Wie im Abschnitt über die Heizung schon angedeutet, braucht man nach Einschalten der Heizung beim 1200/110 kein Seitenfenster zu öffnen. Bei diesem Modell wird ständig Luft aus dem Wagen abgesaugt. Dies findet unter der Heckscheibe statt über die dort vorhandenen Schlitze. Von dort gelangt die Luft in einen Schlauch, der zu dem Eintrittschacht für die Kühlluft unter der Motorhaube führt. Durch die Ansaugarbeit des Gebläserades wird also nicht nur Kühl- und Heizluft hereingeholt, sondern auch die verbrauchte Luft aus dem Wagen. Letztere wird damit zu Kühl- und zu Heizluft „verarbeitet". Somit gelangt auch ein Teil der verbrauchten Luft auf dem Umweg über aufgewärmte Heizluft wieder in den Wagen – eine originelle Variante dieses Entlüftungssystems. Freilich ist der Anteil echter Frischluft doch so groß, daß dies nicht weiter störend in Erscheinung tritt.

Spannungsvolle Angelegenheit

Die Batterie in unserem Auto segelt sozusagen unter falscher Flagge. Sie ist nämlich gar keine Batterie. Sie wird nur so genannt. Eine echte Batterie gibt elektrische Energie aus eigener Kraft ab, wie beispielsweise eine Taschenlampenbatterie. Die Autobatterie kann das nicht. Elektrische Energie muß zuvor in sie hinein „gepumpt" werden. Dabei wird die von der Lichtmaschine oder dem Batterie-Ladegerät gelieferte elektrische Energie in chemische Energie umgewandelt und gespeichert. Soll der Batterie Strom entnommen werden, spielt sich der chemische Prozeß in umgekehrter Richtung ab, wodurch wieder elektrische Energie frei wird. In Wirklichkeit haben wir also einen Stromspeicher, auch Akkumulator genannt, im Auto.

Die Batterie – wir schließen uns trotzdem dem allgemeinen Sprachgebrauch an – wird im Auto vor allem zum Starten des Motors benötigt. Dazu braucht sie ihre Hauptkraft. Während der Fahrt übernimmt die Lichtmaschine die Stromversorgung. Gleichzeitig lädt sie dabei die der Batterie entnommene elektrische Energie wieder auf. Im Leerlauf reicht dazu allerdings die Leistung der Lichtmaschine nicht aus. Stadtverkehr zehrt daher am Stromvorrat, ebenso das Dahinkriechen bei Autobahnstauungen.

Und wo finden Sie die Batterie Ihres NSU? Hinter der Rücksitzlehne die Hutablage hochnehmen, die beiden Gummi-Halteschlaufen der Rückenlehne aushängen und diese nach vorne klappen. Dann sieht man im Boden einen viereckigen Deckel, der mit 2 Querschlitzschrauben verschlossen ist. Diese Schrauben mit Schraubenzieher oder Zehnpfennigstück um eine Vierteldrehung bewegen, worauf sich der Deckel abheben läßt. Darunter sitzt die Batterie in ihrem Kasten.

Was die Batterie leistet

Die Batterie unserer NSU-Modelle besteht aus 6 Zellen, jene des älteren Prinz 1000 (bis Herbst 69) hat nur 3. Da jede Zelle ungefähr 2 Volt Spannung hat, ergibt dies eine Batteriespannung von 12 Volt aus 6 Zellen und von 6 Volt beim älteren Prinz 1000. Es war ein wenig ungeschickt, daß die so nahe miteinander verwandten Fahrzeugtypen mit elektrischen Anlagen verschiedener Spannung ausgestattet wurden. Denn die 12 Volt hätten ebenfalls im Prinz 1000 ihre Berechtigung gehabt, sie bewirken leichteres Starten auch bei großer Kälte und unvermindert kräftige Zündfunken auch bei hohen Drehzahlen. In unseren Darstellungen befassen wir uns vor allem mit der 12-Volt-Anlage, denn für die 6-Volt-Anlage gilt das meiste sinngemäß ebenfalls.

Irgendwo auf der Batterie Ihres NSU werden Sie außer dem Markennamen und der fabrikinternen Typbezeichnung die Aufschrift 12 V / 32 Ah (bzw. beim Prinz 1000 6 V / 66 Ah) finden. Der erste Teil gibt die bereits erwähnte Stromspannung in Volt an. Hinter dem Schrägstrich ist die Stromstärke, die in

Ampere gemessen wird, in ihrer „Menge" angegeben. Es ist die Batterie-Kapazität. Man bezeichnet sie in Ampere-Stunden, abgekürzt „Ah". Die seit Herbst 69 allgemein vorgeschriebene Batterie hat eine Kapazität von 32 Ampere-Stunden. Sie kann also theoretisch 32 Stunden lang 1 Ampere oder, umgekehrt, 1 Stunde lang 32 Ampere abgeben. Zur praktischen Feststellung ihrer Kapazität wird sie bei einer Temperatur von + 27° C geprüft. Sie muß nach der Normvorschrift dann 20 Stunden lang 1,6 Ampere abgeben. Das setzt eine vollgeladene Batterie in einwandfreiem Zustand voraus. Selten ist jedoch eine Batterie ganz geladen – das kommt eigentlich nur bei sommerlicher Temperatur nach einer ausgesprochenen Autobahn-Langstreckenfahrt vor, so daß man in der Praxis vorsichtshalber nur mit etwa zwei Drittel oder sogar nur der Hälfte der angegebenen Kapazität rechnen kann. Es stehen also in Wirklichkeit zumeist nur rund 20 Ah zur Verfügung.

Wie lange sich die einzelnen Stromverbraucher aus der Batterie „ernähren" können, haben wir in der nachstehenden Tabelle zusammengefaßt.

Batterie-Belastung durch Stromverbraucher

Da die Stromverbraucher bei der 6-Volt-Anlage des Prinz 1000 den gleichen Leistungsbedarf (in Watt) haben, verdoppelt sich gegenüber der 12-Volt-Anlage die benötigte Stromstärke (in Ampere). Dadurch hat die 6-Volt-Batterie mit praktisch doppelt so hoher Kapazität die gleiche Brenndauer für die einzelnen Stromverbraucher wie in nebenstehender Tabelle für den 1200/110.

Verbraucher (NSU 1200/110)	Leistungsbedarf (Watt)	Stromstärke (Ampere) bei 12 Volt	Brenndauer volle Kapazität (theoretisch)	etwa 2/3 Kapazität (praktisch)
Fernlicht, Standlicht, Schlußlicht, Kennzeichenleuchten, Instrumentenbeleuchtung zusammen	128 W	10,7 A	3 std	2 std
Abblendlicht und übrige Beleuchtung wie oben	118 W	9,8 A	3 std 15 min	2 std 10 min
Halogen-Nebel-Lampen und übrige Beleuchtung wie oben	148 W	12,3 A	2 std 30 min	1 std 45 min
Scheibenwischer-Motor	24–50 W	2–4,2 A	7–16 std	5–10 std
Standlicht und mitbrennende Lampen zusammen	38 W	3,2 A	10 std	6 std 40 min
Parkleuchte, eingebaut	2 W	0,2 A	192 std	120 std
Transistor-Radio	10 W	0,8 A	38 std 30 min	25 std
Zündspule	16 W	1,3 A	24 std 30 min	16 std 15 min
Anlasser	1500–3800 W	125–320 A	–	–

Durch den Anlasser wird die Batterie am meisten belastet. Der Anlasser leistet zwar nur 0,7 PS, aber durch Reibungsverluste frißt er etwa 1500 Watt beim Durchdrehen des warmen Motors bis etwa 3800 Watt im Augenblick des Einschaltens. Beim Starten sinkt deshalb die Batteriespannung sehr schnell auf etwa 9 oder im Winter sogar 8 Volt ab. Auf eine solche niedrige Spannung ist der Anlasser jedoch eingerichtet. Der Strombedarf des Anlassers ist bei warmem Schmieröl geringer. Je tiefer die Temperatur sinkt und je zäher demgemäß die Schmierstoffe sind, um so höher wird der Strombedarf des Anlassers. Das ist sehr ungünstig, denn bei kalter Temperatur verringert sich auch die Leistungskraft der Batterie an sich schon.

Der Anlasser sollte jeweils nicht länger als 5 Sekunden betätigt werden. Dann muß der Batterie und dem Anlasser eine kleine Erholungspause gegönnt werden. Theoretisch könnte man bei einer zu zwei Drittel geladenen Batterie den Anlasser etwa 80mal je 5 Sekunden lang betätigen. In Wirklichkeit sieht es aber ungünstiger aus, da die Spannung schnell abfällt und dadurch den für den Anlasser notwendigen Strom nicht mehr zustande bringt. In der Praxis reicht es also oft kaum zu 20 Startversuchen.

Die obige Tabelle zeigt auch, daß die Batterie keinesfalls eine lange Winternacht hindurch die Kraft hat, für die Beleuchtung des geparkten Wagens mit Standlicht zu sorgen. Nach spätestens 7 Stunden – in kalten Winternächten wahrscheinlich schon innerhalb von 4 bis 5 Stunden – ist kein Lampenschimmer mehr zu sehen. Deshalb verbrauchen die Parkleuchten auch nur sparsame 2 Watt. Damit können sie gut und gerne einige Tage hintereinander brennen.

Besonders ungünstig ist für die Batterie, wenn an einem Nebeltag der Wagen mit vollem Licht geparkt werden muß, denn im Nebel reicht eine kleine Parkleuchte nicht aus. Dann sollte man sich bei längerer Parkdauer einen Abstellplatz suchen, auf dem Beleuchtung nicht erforderlich ist. An der elektrischen Uhr kann man übrigens gut ablesen, wie lange die Batterie durchgehalten hat, wenn man versehentlich das Licht brennen ließ. Die Uhr bleibt in der Regel nach 2½ bis 3 Stunden stehen, wie aus der Tabelle ablesbar.

Wir haben es – ohne Absicht – selbst ausprobiert.

Ein Blick auf die Tabelle gibt auch die Erklärung, warum bei nächtlichen Verkehrsstockungen auf der Autobahn bei manchen Wagen plötzlich die Batterie leer ist und der Motor nicht mehr anspringen will. Die Lichtmaschine vermag nämlich nur bei höherer Drehzahl den verbrauchten Strom zu ersetzen. Volles Scheinwerferlicht, mitlaufendes Autoradio und bei Regen auch noch der arbeitende Scheibenwischermotor können deshalb eine Batterie in kurzer Zeit in die Knie zwingen, ohne daß die rote „Ladekontrolleuchte“ eine entsprechende Vorwarnung gab. Daß deshalb die Ladekontrolleuchte ihren Namen eigentlich nicht verdient, wird noch im Kapitel über die Lichtmaschine erläutert. Deshalb bei Verkehrsstockungen auf „Strom sparen“ schalten, beispielsweise innerhalb der kriechenden oder stehenden Kolonne nur Standlicht einschalten und bei Kolonnen-Kriechfahrt nicht mit höherem Gang bei geringen Motordrehzahlen, sondern mit kleinerem Gang und höherer Motordrehzahl fahren, damit die Lichtmaschine Stromverbraucher und Batterie speisen kann.

Temperatur beeinflußt die Batterie

Verschärfend für die magere Elektro-Reserve kommt im Winter die Temperatur hinzu. Denn diese hat auf die Leistungskraft der Batterie noch zusätzlich erheblichen Einfluß. Angenommen, eine tadellos geladene Batterie 12 V / 32 Ah gibt bei + 27° C – der Norm-Temperatur – ihre vollen 32 Ampere-Stunden ab, dann zeigt sich folgende Leistung bei anderen Temperaturen:

Temperatur in ° C	Kapazität der 32-Ah-Batterie	Verhältnis zur Nenn-Kapazität
+ 30	33,5 Ah	104 %
+ 27	32,0 Ah	100 %
+ 20	30,5 Ah	96 %
+ 10	28,0 Ah	87 %
0	23,0 Ah	72 %
— 10	18,5 Ah	57 %
— 20	13,5 Ah	42 %

Bei – 20° C besitzt die Batterie also nicht einmal mehr die Hälfte ihrer Leistungskraft. Nach der Normvorschrift soll die vollgeladene Batterie dieses Typs bei – 18° C trotzdem noch einen Entladestrom von 165 Ampere

(der Anlasser braucht ihn dringend) abgeben können. Bei schlechtgeladener oder alter Batterie kann es aber dazu nicht mehr reichen, und der Anlasser vermag den kalten Motor nicht durchzudrehen. Es zeigt sich also, daß es sehr vorteilhaft ist, vor kalten Nächten die Batterie auszubauen (das ist beim NSU mit wenigen Handgriffen zu machen) und sie in der Wohnung in die Nähe der Heizung zu stellen. Wer dies einmal versucht und festgestellt hat, wie leicht sein Wagen daraufhin am nächsten Morgen anspringt, wird sich diese Mühe vor wirklich kalten Nächten gerne machen.
Der Ausbau der Batterie bei scharfem Frost hat einen weiteren Grund: Die Batterie kann gefrieren, wenn sie nur teilweise geladen ist. Eine gefrorene Batterie platzt und ist sofort völlig wertlos. Hier die Frostfestigkeit:

Ladezustand	Frostsicher bis
vollgeladen	−65° C
halbgeladen	−27° C
entladen	−10° C

Übrigens grassiert da unter „Experten" ein Geheimtip, man solle im Winter bei tiefen Temperaturen vor dem Starten für kurze Zeit das Standlicht einschalten. Die Batterie beginne dann zu arbeiten und bringe sich damit gewissermaßen selbst in Trab und werde daraufhin mit dem Anlasser viel leichter fertig. Das ist natürlich Unsinn, denn selbstverständlich verbraucht das Standlicht erst einmal von dem wenigen Strom, anstatt die Batterie zur Stromerzeugung anzuspornen. Theoretisch wäre das durch Batterie-Erwärmung möglich, aber die holt man sich für seine Batterie wirklich erfolgreich nur hinter dem Ofen oder unter der Zentralheizung in der Wohnung, aber nicht mit solchen Scherzen. Auf der gleichen Ebene rangieren Wärme-Isolierkästen für Batterien und Batterie-Heizkissen, die angeblich der kalten Batterie durch von ihr selbst entnommenen Strom so erfolgreich warm machen sollen, daß sie etliche Prozente mehr leistet. Man wird da ein wenig an den Herrn von Münchhausen erinnert, welcher sich selbst am Zopfe aus dem Sumpfe zog. Gott hab ihn selig und mit ihm jene Batterie-Aufwärm-Erfinder.

Wie entsteht der Strom?

In den Zellen der Batterie, die eigentlich ein Stromspeicher ist, stehen ineinandergeschobene Plattenpakete aus unterschiedlichen Bleilegierungen. Immer eine positive und eine negative Platte befinden sich nebeneinander. Sie werden durch Separatoren aus nicht-leitfähigem Material voneinander getrennt. Das Ganze „schwimmt" in einer verdünnten Schwefelsäure von ganz

Die Batterie des NSU sitzt sehr versteckt unter dem Gepäckablagefach hinter der Rückenlehne. Deshalb wird die notwendige Säurestandmessung oft versäumt. Das rechtzeitige Nachfüllen von destilliertem Wasser ist für die Leistungsfähigkeit der Batterie jedoch sehr wichtig. Nimmt man statt dessen Leitungswasser, gibt es Kurzschluß in der Batterie, denn Leitungs- oder Brunnenwasser enthält leitfähige Salze. Falls einmal Batteriesäure ausgelaufen sein sollte, weil die Batterie irgendwie Kopf stand, kann nur die Fachwerkstatt helfen.

bestimmtem spezifischem Gewicht. Beim Laden oder Entladen wandern zwischen den einzelnen Plattenpaaren in einem chemischen Prozeß Wasserstoff, Sauerstoff und Sulfat-Moleküle hin oder her. Beim Entladen der Batterie nimmt das Blei die Sulfat-Moleküle auf, so daß von der Schwefelsäure zum Schluß fast nur noch das Wasser übrig bleibt. Daraus erklärt sich die Frostanfälligkeit entladener Batterien. Die Beinahe-Wasserfüllung der entladenen Batterie hat natürlich ein niedrigeres spezifisches Gewicht als die Schwefelsäure in der geladenen Batterie. So kann man durch Messen des spezifischen Gewichtes, d. h. des Gewichtes von 1 Liter Flüssigkeit in Kilogramm, (spez. Gewicht von reinem Wasser = 1), feststellen, in welchem Ladezustand sich die Batterie befindet.

Säurestand der Batterie prüfen

Pflegearbeit Nr. 20 und Jahreszeit-Inspektion

Alle 7500 km soll der Zustand der Batterie nachgeprüft werden; ebenso, wenn Verdacht auf Säuremangel der Batterie besteht. Wenn also der Anlasser eines Morgens den Motor nur noch ganz müde durchdreht, obgleich kein überraschender Frost über Nacht kam, dann kann durchaus etwas an der Zündung in Unordnung geraten sein. Der erste Blick sollte jedoch der Batterie gelten. Dies vor allem, falls bei einem weiteren Startversuch mit eingeschalteten Scheinwerfern diese nur noch ganz trübe blinzeln, wenn sich der Zündschlüssel im Schloß dreht. Dann fehlt es meist der Batterie an Kraft, weil ihr das Wasser mehr oder weniger ausgegangen ist. Dieses verdunstet nämlich mit der Zeit, besonders stark im heißen Sommer. Das fehlende Wasser muß nachgefüllt werden. Keineswegs dürfen Sie Batteriesäure nehmen, denn nur der Wasseranteil der Batteriesäure kann verdunsten. Also darf auch nur dieses, und zwar nur in Form von destilliertem Wasser, ersetzt werden. Man bekommt es beim Bosch-Dienst oder in der Drogerie für etwa 30 Pfennige. Aufbewahrt wird es in einer Glas- oder Plastikflasche. Mit Metallen darf es keinesfalls in Berührung kommen, es können schon Metallspuren in der Batterie zur Selbstentladung und Zerstörung führen. Wo die Batterie Ihres NSU zu finden ist, wissen Sie natürlich: Rückenlehne der hinteren Sitzbank vorklappen, dann sehen Sie rechts im Boden des Ablagefaches einen viereckigen Deckel, der mit zwei Querschlitzschrauben verschlossen ist. Diese Schrauben mit Zehnpfennigstück lösen. Der Deckel läßt sich nach Vierteldrehung der Schrauben abheben. Darunter sitzt die Batterie in ihrem Kasten. Die Batteriesäure soll 10–15 mm über den Batterie-Platten stehen. Das ist

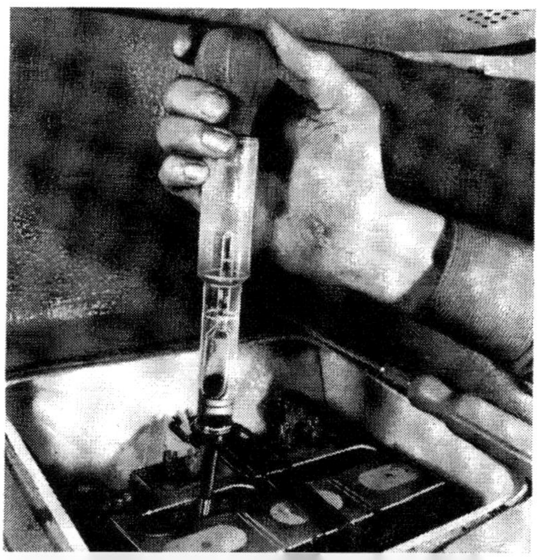

Zum Messen der Säuredichte dient ein Heber-Säuremesser, mit dem Säure aus jeder Zelle angesaugt und an der Skala des Schwimmers, des Aräometers, die Dichte, also das spezifische Gewicht, abgelesen wird. Dazu muß das Aräometer im senkrecht gehaltenen Heber-Säuremesser frei schwimmen. Durch diese Messung sind besonders Mängel an einzelnen Zellen festzustellen, denn die Meßergebnisse müssen bei einer gesunden Batterie bei allen Zellen etwa gleich sein.

an den speziell für NSU hergestellten 12-Volt-Batterien von Varta, Sonnenschein und Mareg bei etwas Akrobatik von außen zu erkennen, denn diese Batterien haben durchsichtige Kunststoffwände. Für die Säurestand-Prüfung braucht man also bei diesen Batterien nicht einmal die Zellenstopfen herauszudrehen. Bei den schwarzen 6-Volt-Batterien schneidet man sich jedoch am besten schmale Pappstreifen und steckt in jede Batteriezelle eines dieser „Meßgeräte". Die Feuchtigkeitshöhe ist gut abzulesen.
Wenn die Batterie-Platten „trocken stehen", kann man dies natürlich auch mit bloßem Auge durch Blick in die Verschlußöffnungen sehen. Dann ist höchste Eile mit Nachfüllen geboten, denn trocken stehende Batterien erreichen nur ein geringes Lebensalter. Zum Nachladen braucht man eine solche trocken gefallene Batterie aber nicht in die Werkstatt zu bringen, wenn sie sonst gesund ist. Das Auffüllen mit destilliertem Wasser und eine längere zügige Fahrtstrecke am Tage – also ohne Scheinwerferlicht – bringen die Batterie wieder in Ordnung. In diesem Falle (auch vor dem Laden einer tief entladenen Batterie; siehe nächste Seite) darf zunächst gerade nur bis zu den Plattenoberkanten destilliertes Wasser eingefüllt werden. Während des Ladevorganges steigt nämlich der Flüssigkeitsstand, so daß die Batterie bei zu viel eingefülltem Wasser „überkocht". Erst nach dem Laden wird der Säurestand auf 10 bis 15 mm über Plattenoberkante aufgefüllt.

Ladezustand prüfen

Solange die Batterie den Anlasser flott durchdreht und die Scheinwerfer beim plötzlichen Gasgeben nicht wesentlich heller aufstrahlen – das ist ein Zeichen, daß die Batterie irgendwie „müde" ist –, braucht man außer dem Säurestand den Ladezustand der Batterie nicht unbedingt zu prüfen. Es regelmäßig bei der 7500-km-Wartung zu tun, ist jedoch kein Fehler. Wenn sich aber Müdigkeit zeigt oder die vorschriftsmäßig mit destilliertem Wasser aufgefüllte Batterie gar nicht erholen will, auch ihr Dienstalter von 2 bis 3 Jahren schon wesentlich überschritten ist, muß die Säuredichte jeder einzelnen Batteriezelle zur Kontrolle des Ladezustandes nachgemessen werden. Da in diesem Falle zumeist ein Nachladen der Batterie in der Werkstatt oder bei einem Autoelektrik-Dienst notwendig ist (denn auch ein Garagen-Kleinladegerät reicht dazu nicht aus), kann man den Ladezustand gleich dort prüfen lassen. Es ist deshalb fraglich, ob man sich selbst den dazu notwendigen Hebersäuremesser anschaffen sollte. Der Vollständigkeit halber muß aber erklärt werden, wie diese Ladezustands-Prüfung vor sich geht: Zum Messen der Säuredichte, also des spezifischen Gewichtes der Batteriesäure, wird ein Hebersäuremesser benutzt, in dem ein Aräometer schwimmt. (Preis etwa 5,20 DM.) Das spezifische Gewicht der zur Prüfung angesaugten Batteriesäure läßt sich auf dem Schwimmer, dem Aräometer, ablesen. Es bedeuten:

Batterie voll geladen	spez. Gewicht 1,285 kg/Liter	Anmerkung: Die Messung ist auf +20° C bezogen. Je 14° C Temperaturunterschied ändern das spezifische Gewicht um 0,01 kg/Liter.
Batterie halb entladen	spez. Gewicht 1,21 kg/Liter	
Batterie entladen	spez. Gewicht 1,14 kg/Liter	

Es muß noch kein schlimmes Zeichen sein, wenn alle Zellen eine gleichmäßig niedrige Säuredichte zeigen. Dann kann es, wenn die Batterie noch nicht zu alt ist, mit Nachladen getan sein. Bedenklich wird es jedoch, wenn eine einzelne Zelle entladen ist: In der Fachwerkstatt nachprüfen lassen, ob die Batterie noch brauchbar ist oder ersetzt werden muß. Stark verbrauchte Batterien erkennt man auch daran, daß sich die Plattenblöcke in den Zellen hochdrücken. Dann wird es höchste Zeit, eine neue Batterie zu kaufen.

Pflege der Batterie

Jahreszeit-Inspektion

Lose und oxydierte Polschuhe oder Batteriepole und verschmutzte Oberfläche schaden der Batterie. Die Oberfläche der Batterie muß sauber und trocken gehalten werden. Den Schmutz und die Oxydkristalle bürstet man mit einer Wurzelbürste und warmem Wasser ab, reibt die Pole und Kabelschuhe mit dem Lappen trocken und fettet zum Schluß die Polköpfe und Anschlußklemmen mit Polfett (z. B. Bosch-Säureschutzfett Ft 40 v 1) ein.
Zeigen sich auf der Batterie oder sogar auf ihrem Standplatz Säurekristalle, dann ist die Batterie „übergekocht"; entweder wurde zu viel destilliertes Wasser nachgefüllt oder der Regler der Lichtmaschine, der dafür zu sorgen hat, daß die Batterie nicht zu heftig aufgeladen wird, ist defekt.
Soll die Batterie ausgebaut werden, ist zuerst das Minuskabel (Zeichen auf dem Polkopf: –) mit dem Gabelschlüssel zu lösen. Merke: **M**inus an **M**asse! Dann wird das Pluskabel (Zeichen auf dem Polkopf: +) gelöst. Sitzen die Anschlußklemmen durch Oxydation auf den Polköpfen sehr fest, keine Gewalt anwenden, sonst kann ein Polkopf abbrechen oder das Batteriegehäuse springen. Statt dessen mit einem Pinsel kochendheißes Wasser auf die Polköpfe streichen. Das löst die Oxydkristalle. Noch besser wirkt heiße Sodalösung. Zum Schluß Spannbügel des Batterie-Haltebandes lösen. Beim Einbau wird das Minuskabel zuletzt angeschlossen. Dadurch vermeiden Sie Kurzschlußgefahr beim Hantieren. Auch bei Arbeiten an der elektrischen Anlage immer das Minuskabel lösen, um Kurzschlüsse zu vermeiden.

Anleitung zum Laden

Die Batterie besitzt die unschöne Angewohnheit, sich auch im unbenutzten Zustand zu entladen. Im Winter geht die Selbstentladung etwas langsamer als im Sommer vor sich. Sie beträgt pro Tag ½ bis 1% ihrer Kapazität. Eine vollgeladene Batterie kann also in 100 Tagen leer sein. Da eine Batterie im entladenen Zustand Schaden leidet, müssen Batterien stillgelegter Fahrzeuge ausgebaut und etwa jeden Monat nachgeladen werden. Oder man gibt sie bei einer Elektrik-Werkstatt in „Pension", wo sie dauernd an ein Frischhaltegerät mit schwachem Ladestrom angehängt wird.
Wenn die Batterie zu viel Strom abgeben mußte und gar nicht oder ungenügend von der Lichtmaschine geladen wurde, muß sie an einem Ladegerät mit Gleichstrom aufgeladen werden. Es gibt dazu einfache Geräte, an die man zu Hause in der Garage seine Batterie über Nacht anhängen kann.
Bei tiefer Entladung oder gründlicher Batterieüberholung muß die Batterie an ein leistungsstarkes Batterieladegerät angeschlossen werden, wie es nur die Werkstätten zur Verfügung haben. Der Anfangs-Ladestrom soll 10% der Batteriekapazität nicht übersteigen, das sind bei der Batterie des NSU etwa 3,5 Ampere. Mit zunehmender Batteriespannung muß die Ladestromstärke verringert werden und schließlich bei voller Batterie bis auf Null zurückgehen, sonst wird die Batterie überladen und dadurch geschädigt. Große Werkstatt-Ladegeräte erledigen diese Regelung der Ladestromstärke automatisch. In der Werkstatt wird übrigens zum sorgfältigen Laden die Batterie zuerst völlig entladen und dann mit dem Laden gewissermaßen von vorne begonnen. Die Ladezeit dazu beträgt etwa 10 bis 15 Stunden.
Da sich während dieser ganzen Zeit Gasblasen bilden – man sagt, die Batterie „gast" –, müssen die Verschlußstopfen der Batteriezellen geöffnet sein (ist bei Garagen-Ladern nicht unbedingt erforderlich). Das sich bildende Gas besteht aus Wasserstoff und Sauerstoff, ist also das feuergefährliche Knallgas. Mit offenem Licht darf man deshalb das Laden der Batterie nicht kontrol-

lieren. Vor dem Laden soll, wie auf Seite 63 bereits erwähnt, nur so viel destilliertes Wasser nachgefüllt werden, daß die Plattenoberkanten gerade bedeckt sind, denn während des Ladens steigt die Batteriesäure und kann, bei zu viel eingefülltem Wasser, leicht „überkochen". Die Batterie ist geladen, wenn eine Zellenspannung von 2,6 bis 2,7 Volt erreicht ist und innerhalb von 2 Stunden die Säuredichte nicht mehr ansteigt. Beim Nachmessen der Säuredichte nach 2 Stunden muß auch noch einmal der Säurestand überprüft und eventuell fehlendes destilliertes Wasser nachgefüllt werden.

Schadet die Schnelladung?

Zehn bis fünfzehn Stunden, bis die Batterie wieder ganz geladen ist, hat man natürlich nicht immer Zeit. Es geht durch Schnelladen auch schneller. Allerdings ist dies eine Roßkur, die nur ganz gesunde Batterien ohne weiteres überstehen. Wenn sich eine einwandfreie Batterie beispielsweise über Nacht durch einen versehentlich eingeschalteten Stromverbraucher entladen hat, kann sie ohne weiteres an einem Schnelladegerät wieder „aufgeputscht" werden, damit man in seinem Auto davonfahren kann. Aber zur Regel soll man dieses Verfahren nicht machen. Bei älteren Batterien heben sich beispielsweise die Plattenblöcke, und die Batterie ist hinüber.
Fabrikneue Batterien dürfen auf gar keinen Fall an ein Schnelladegerät gehängt werden. Die meisten Batteriehersteller laden heute ihre Batterien trokken vor. Bei der Inbetriebnahme wird nur noch Säure eingefüllt und nach kurzer Wartezeit kann der Motor mit dieser Batterie gestartet werden. Allerdings muß sich sogleich eine längere Fahrt anschließen, damit die Lichtmaschine die neue Batterie langsam voll aufladen kann.

Fingerzeig: *Säurespritzer, die vom Arbeiten an der Batterie herrühren, behandelt man an Textilien und Metallen mit einer Sodalösung. Andernfalls muß man sich nach einigen Tagen über Löcher in seiner Hose wundern.*

Starten mit leerer Batterie

Eines Tages passiert es dann doch: Man kommt zu seinem NSU, dreht den Zündschlüssel herum – nichts rührt sich und die rote Ladekontrolleuchte brennt auch nur noch ganz schwach oder gar nicht. Wahrscheinlich wird sich schnell herausstellen, daß irgendein Stromverbraucher eingeschaltet war, der die Batterie „leergesaugt" hat. Wie schnell dies geschehen kann, ist zu Anfang dieses Kapitels beschrieben. Das ist aber noch kein Grund, restlos zu verzweifeln. Vor allem ist es unwahrscheinlich, daß eine an sich gesunde Batterie durch diese Dauerstromabgabe Schaden gelitten hat.

Mit fremder Batterie

(Nicht möglich bei Drehstrom-Lichtmaschine)

Wenn nicht gerade bei der nächsten Fahrt mehrere Stromverbraucher in Aktion treten müssen, kann man die leere Batterie vom eigenen Motor zum guten Teil wieder aufladen lassen. Allerdings muß sich der Motor erst einmal selbst drehen. Der einfachste Weg ist das Starten durch eine Fremdbatterie. Vielleicht läßt sich der Nachbar darum bitten, so er entweder einen Fiat, Peugeot oder NSU Prinz 4 mit 12-Volt-Batterie für den eigenen NSU 1200 oder Typ 110 oder z. B. von einem älteren VW eine 6-Volt-Batterie für den älteren Prinz 1000 hat. Denn auf die gleiche Spannung kommt es an. Einerlei ist es jedoch, wieviel Ampere-Stunden die betreffende Batterie hat. Allerdings ist dieser Behelf mit einer Fremdbatterie nur möglich, wenn das eigene Fahrzeug eine Gleichstrom-Lichtmaschine hat und nicht, wie bei den neueren 1000 TT und TTS, mit einer Drehstrom-Lichtmaschine ausgestattet ist. Letz-

tere verträgt nämlich das nachstehend beschriebene An- und Abhängen der Batteriekabel während des Motorlaufs nicht. Aber bei einer Gleichstrom-Lichtmaschine ist die Fremdbatterie eine bequeme Starthilfe.
Die Sache geht dann so vor sich: Kabel an der eigenen Batterie lösen, Batterie herausnehmen. Fremdbatterie einsetzen, Kabel anschließen (auf die richtigen Polanschlüsse achten!). Motor starten. Gaspedal mit Stein beschweren oder festklemmen, so daß Motor in höherer Drehzahl läuft. Batteriekabel bei laufendem Motor lösen, zuerst das Minus- (Masse-), dann das Plus-Kabel. Fremdbatterie herausheben, eigene Batterie einsetzen, anschließen und Motor weiterlaufen lassen, während die Fremdbatterie zurückgebracht wird. Bei der folgenden Fahrt, die mindestens 15 km führen sollte, Motor ständig auf Touren halten und möglichst keine Stromverbraucher einschalten. Nach etwa 15 km Fahrt ist eine gesunde Batterie wieder so weit aufgeladen, daß sie den nächsten Motorstart schafft, wenn es nicht gerade kalter Winter ist.

Mit Starthilfekabel

Noch leichter (und auch bei eingebauter Drehstrom-Lichtmaschine!) geht das Starten bei leerer Batterie mit einem Satz Starthilfekabel (kostet von einem Versandhaus 12,50 DM). Sie haben einen genügend großen Querschnitt und starke Anschlußzangen, um auch die entsprechende Stromstärke zum Anlassen (siehe Seite 59) durchzulassen. Bitten Sie einen Autofahrer, dessen Motor läuft, dicht an Ihren NSU heranzufahren. Mit den etwa 2,5 m langen Starthilfekabeln wird eine direkte Verbindung von Batterie zu Batterie zwischen den Wagen hergestellt, wobei Plus an Plus und Minus an Minus die Kabel an den Batteriepolen angeklemmt werden. Dann gibt der hilfsbereite Autofahrer bei seinem Wagen Gas, damit seine Lichtmaschine kräftig Strom spendet, während Sie Ihren müden NSU zu munterem Leben erwecken. Die Spannung im Wagen des anderen mit der Ihres NSU (6 oder 12 Volt) muß natürlich übereinstimmen.

Anschleppen oder Anschieben

Es geht auch ohne Fremdbatterie. Dann muß der Wagen im 2. Gang angeschleppt werden; die Lichtmaschine muß nämlich auf genügende Drehzahl gebracht werden, damit ihr Reglerschalter (siehe auch Kapitel „Lichtmaschine“) sie als Stromspender für den Zündfunken voll einschaltet. Deshalb ist der 2. Gang notwendig; der 4. genügt nicht.
Der NSU läßt sich auch durch Anschieben bei leerer Batterie in Gang setzen. Dazu muß allerdings die Zündanlage in guter Verfassung sein, sonst wird es schwierig. Weil man die notwendige Drehzahl durch Anschieben im 3. Gang — im allgemeinen auch im 2. Gang — nicht erreicht, wendet man einen Trick an: 1. Gang einlegen, je nach Temperatur Starterzug ziehen, Kupplung durchgetreten halten, Wagen anschieben lassen, bis er in Schwung ist, dann Kupplung schnell kommen lassen. Der Wagen macht einen Hopser, bei dem der Motor plötzlich schnell genug durchgedreht wird, um in der Lichtmaschine genügend Strom für den Zündfunken zu erzeugen. Springt der Wagen an, sofort Kupplung treten und Gas geben. Wagen mit der Handbremse anhalten, denn die Füße braucht man für Kupplung und Gaspedal.

Fingerzeig: *Von allerhand Firmen werden geheimnisvolle Säftchen angeboten, mit deren Hilfe sich eine altersschwache Batterie wieder zu jugendlichem Temperament aufschwingen soll. Sie taugen, soweit sie uns bekannt wurden, alle nichts — mit einer Ausnahme: An einer über 3 Jahre alten Batterie, die schon reichlich müde und im Herbst reif zum Austausch war, probierten wir es* *mit »Cobalt-MG« (Bezugsquellennachweis durch Firma Walter Neuber, 581 Witten, Jahnstraße 13) nach der sehr genauen Gebrauchsanweisung. Im folgenden Winter zeigte sich diese wiederbelebte Batterie auch bei tiefstem Frost putzmunter wie nur im ersten Jahr. Mehr konnte man für die 8,90 DM nicht erwarten. Bekannt-kritische Autofahrer hatten gleich gute Erfahrungen gemacht. Wenn man allerdings wartet, bis eine Batterie völlig »tot« ist, sind die Wiederbelebungs-Chancen gering – wir probierten es auch mit einer schon aussortierten Batterie vergebens, und der Lieferant spricht auch nur von 50 bis 70 Prozent Erfolgsaussichten. Ebenso ist bei mechanisch beschädigten Batterien nichts mehr zu machen.*

Kauf einer neuen Batterie

Müdigkeitserscheinungen künden es dem aufmerksamen Fahrer bereits an, wann eine neue Batterie fällig wird. Das ist ein bitterer Tropfen, denn die 12-Volt-Batterie kostet rund 145 DM und die 6-Volt-Batterie für den Prinz 1000 knapp 100 DM. Wenn Nachladen nichts mehr hilft, die Scheinwerfer beim Gasgeben wesentlich heller leuchten, dann ist es soweit. Zumeist ereignet sich das jährliche Batteriesterben im Spätherbst bei den ersten Nachtfrösten, wenn die letzte Kraft vom Frost ganz zerschlagen wird.

Eine gepflegte Batterie soll mindestens 3 Jahre, in der Regel aber auch länger (siehe nebenstehender Fingerzeig) durchhalten.

Störungsbeistand

Batterie und Lichtmaschine

Unsere nachfolgende Zusammenstellung befaßt sich mit möglichen Störungen in den und durch die beiden Stromquellen Batterie und Lichtmaschine. Die näheren Erläuterungen, wie auftretende Störungen behoben werden können, finden sich also zum Teil auch im nachfolgenden Kapitel über die Lichtmaschine.

Die Störung	– ihre Ursache	– ihre Abhilfe
Rote Ladekontrolllampe brennt nicht bei Motor-Stillstand und eingeschalteter Zündung	Anzeigenlampe durchgebrannt Batterie entladen Batteriekabel lose oder defekt Zündschloß defekt Sicherung Nr. 5 durchgebrannt	Neue Lampe einsetzen Batterie aufladen Batteriekabel kontrollieren Instandsetzen Neue Sicherung einsetzen
Ladekontrollampe erlöscht bei höherer Drehzahl nicht	Keilriemen lose oder gerissen Reglerschalter defekt Lichtmaschine defekt Leitung der Ladekontrolllampe hat Masseschluß	Nachspannen oder erneuern Austauschen Instandsetzen Leitung überprüfen und instandsetzen
Ladekontrollampe flackert	Keilriemen locker	Nachspannen
Ladekontrollampe verlöscht erst bei hoher Drehzahl	Lichtmaschine nicht in Ordnung Reglerschalter arbeitet falsch	Prüfen lassen Auswechseln
Lampe brennt bei ausgeschalteter Zündung weiter	Schaltkontakte des Reglers korrodiert oder festgebrannt	Regler auswechseln
Lampe brennt bei Nacht und vielen eingeschalteten Stromverbrauchern	Wackelkontakte in der Hauptleitung Batterie – Lichtmaschine	Leitungen prüfen, instandsetzen

Motoren am Motor

Die Batterie kann, wie wir im letzten Kapitel gesehen haben, nicht unentwegt der Zündanlage Strom zur Verfügung stellen, denn sie erzeugt ja selbst keinen Strom, sondern kann nur so viel abgeben, wie vorher in ihr gespeichert wird. Also braucht sie Ersatz für den abgegebenen Strom. Den liefert die Lichtmaschine, damit wir die Batterie unseres Wagens nicht ständig ausbauen und an einer fremden Stromquelle aufladen müssen.

Die Lichtmaschine

Die Lichtmaschine des NSU ist, technisch gesehen, ein Gleichstrom-Nebenschluß-Generator, der also kein Licht, sondern Gleichstrom erzeugt. Dieser Gleichstrom dient in erster Linie dem Aufbau eines kräftigen Zündfunkens zur Verbrennung des Kraftstoff-Luft-Gemisches. Außer dem Zündstrom muß die Lichtmaschine, wie bereits angedeutet, den vor allem vom Anlasser beim Starten verbrauchten Batteriestrom liefern, und erst danach sorgt sie unter anderem, wenn es Nacht ist, für das Licht.
Ihren Platz hat die Lichtmaschine im NSU an der rechten Motorseite vorne – in Fahrtrichtung gesehen. Dort wird sie über einen Keilriemen von der Kurbelwelle des Motors angetrieben. Die Lichtmaschine des NSU 1200/110 und des älteren 1000 TT stammt von Bosch, trägt die Bezeichnung EG (L) 14 V 25 A 25 und liefert bei 2500 Umdrehungen pro Minute (das ist die Nenn-Drehzahl) 25 Ampere (das ist die Nenn-Leistung) mit 14 Volt Spannung (Betriebs-Spannung). Diese Leistungsdaten sind in der Bosch-Typenbezeichnung niedergelegt. Dabei handelt es sich mit den 14 Volt keineswegs um einen Druckfehler, sondern dies ist die Betriebsspannung, wie sie verschiedene Elektro-Teile der 12-Volt-Anlage haben, wodurch der sogenannte Spannungsverlust ausgeglichen wird. Auch die 12-Volt-Batterie hat ja, ist sie frisch geladen, pro Zelle etwa 2,6 Volt, also insgesamt über 15 Volt Spannung. Die Lichtmaschine des NSU 1000 trägt die Bezeichnung EG (L) 7 V 50 A 25, ist also im Prinzip von gleicher Bauart. Abweichende Bauarten (Drehstrom-Lichtmaschinen) haben die neueren NSU TT und TTS.

Der Reglerschalter

Weil ein Generator, wie ihn die Lichtmaschine darstellt, um so mehr Strom liefert, je schneller er sich dreht, dagegen die Batterie und die übrigen Stromverbraucher solche schwankenden Leistungen nicht unbeschadet vertragen, ist ein Reglerschalter an die Lichtmaschine angeschlossen. Er sitzt ganz oben links an der Stirnwand des Motorraumes in einem kleinen Kästchen. Der Regler trägt die Bosch-Bezeichnung VA 14 V 25 A (im NSU 1000: VA 7 V 50 A) und ist ein sogenannter Varioden-Reglerschalter, bei dem ein

Halbleiter, die Variode, die Strombegrenzung übernimmt. Gibt die Lichtmaschine 12,4–13,1 Volt ab, schaltet der Reglerschalter ein, worauf die Spannung, je nach Belastung, zwischen 12,8 und 14,5 Volt einreguliert wird. Diese Tätigkeit des Reglerschalters bewirkt insgesamt,

- daß die Spannung unabhängig von der Drehzahl der Lichtmaschine annähernd gleich bleibt;
- daß die Lichtmaschine erst dann mit der Batterie zusammengeschaltet wird, wenn ihre Spannung mit der Batteriespannung übereinstimmt oder darüber liegt. Das ist bei 1850 Umdrehungen der Lichtmaschinenwelle pro Minute der Fall. So wird verhindert, daß sich eine gut geladene Batterie über die zu schwach laufende Lichtmaschine entladen kann;
- daß die Lichtmaschine von der Batterie abgeschaltet wird, wenn ihre Spannung unter die der Batterie absinkt;
- daß die Batterie von der Lichtmaschine nur mit so viel Strom „gefüttert" wird, wie diese bei zunehmender eigener Spannung noch aufnehmen kann. Dadurch wird das schädliche Überladen der Batterie verhindert.

Reglerschalter nachprüfen

Ist der Reglerschalter defekt, was sich in krassen Fällen an überkochender oder ständig entladener Batterie, am Nicht-Erlöschen der Ladekontrollampe bei höherer Motordrehzahl erkennbar machen kann (auch die Lichtmaschine kann daran schuld sein), sind Reparaturversuche an ihm zwecklos und können zu Schäden in der Zündanlage führen. Schon das Öffnen des Schaltergehäuses, das Abschleifen der Kontakte und das Beiseitedrücken der beweglichen Teile können zu Veränderungen der Einstellung führen, so daß der Regler ganz anders schaltet als er soll. Eine Überprüfung ist demnach Sache einer NSU- oder Bosch-Werkstatt. Selbstverständlich kann man vorher die Anschlußklemmen des Reglerschalters überprüfen und nachsehen, ob kein angeschlossenes Kabel wackelt oder gebrochen ist. Aber das ist auch ziemlich alles, was ohne Werkstatthilfe zu tun ist.
Reglerschalter sind in ihrem Typ genau auf einen bestimmten Lichtmaschinen-Typ berechnet. Selbst ein ähnlich aussehender, aber anders bezeichneter Reglerschalter kann nicht als Ersatz für einen defekten Reglerschalter eingebaut werden.

Lichtmaschine auf Funktion prüfen

Wartungsdienst Nr. 31

Nach dem Wartungsplan von NSU soll die Lichtmaschine alle 15 000 km auf Funktion geprüft werden. Dazu gibt es nicht viel zu tun und es hat wirklich keinen Zweck, dort mit dem Schraubenzieher herumzustochern. Es gibt nicht einmal dabei Funken, wenn der Motor steht, denn die Lichtmaschine ist, solange sie keinen Strom erzeugt, durch den Reglerschalter von der Batterie getrennt. Die Funktionsprüfung macht man sozusagen bei jeder Fahrt – es wird erst kritisch, wenn die rote Ladekontrolleuchte auch bei erhöhter Motordrehzahl nicht verlöschen will.
Im übrigen sind moderne Lichtmaschinen praktisch wartungsfrei. Die Lager sind gleich von Bosch „auf Lebensdauer" geschmiert. Trotzdem gibt es auch Verschleißteile an der Lichtmaschine: Kohlebürsten und Kollektor. Sie werden erfahrungsgemäß nach etwa 60 000 bis 80 000 km erholungsbedürftig. Das merkt man an der zu lange brennenden Ladekontrolle oder an einer stets unbefriedigend geladenen Batterie (der Fehler kann aber auch am Reglerschalter liegen). Zwar kann man die Überprüfung der Werkstatt überlassen, aber die eigene Nachschau rentiert sich durchaus. Denn gar zu

Das Nachprüfen der Kohlebürsten und des Kollektors der Lichtmaschine ist am NSU sehr umständlich, denn weder von oben, noch von unten kommt man an die Lichtmaschine gut heran. Wir mußten diese Aufnahme deshalb auch am ausgebauten Motor machen. Die Hand hält eine der beiden Kohlebürsten, die hier noch einwandfrei ist. Darunter ist die uhrfederartige Haltefeder zu sehen, die mit ihrer Lippe die Führungshülse der Kohlebürste überdeckt. Weiter im Innern ist der „quergestreifte" Kollektor erkennbar. Vorher mußten die Lichtmaschinenkabel gelöst und das Staubschutzband demontiert werden.

gerne bauen Werkstätten, Gott sei's geklagt, eine Austausch-Lichtmaschine ein (kostet so um 90 DM), wo es noch eine ganze Zeitlang mit einem Satz neuer Kohlebürsten (kostet gerade 4 DM!) gegangen wäre. Wartet man mit der Kontrolle allerdings zu lange, dann können sich die Kohlebürsten bis auf ihren Metallsockel abgerieben haben, und diese reißen natürlich in den Kollektor böse Rillen, die tatsächlich ein Abdrehen des Kollektors unausweichlich machen. (Letzteres ist in einer Bosch-Werkstatt immer noch preiswerter als eine Austausch-Lichtmaschine, nur müssen Sie Ihren Wagen dann einige Tage entbehren können.)

Das Nachprüfen und Austauschen der Kohlebürsten erfordert am NSU allerdings ein wenig Körperverrenkung, denn die Lichtmaschine an der Vorderseite des Motors rechts – in Fahrtrichtung gesehen – ist weder von oben noch von unten leicht zugänglich. Für die Kontrolle der Kohlebürsten braucht die Lichtmaschine jedoch nicht ausgebaut zu werden. Zuerst dreht man den Ansaugstutzen des Luftfilters etwas nach hinten oder baut es ganz aus, um etwas mehr Bewegungsfreiheit von oben zu haben. Dann werden an der linken Seite der Lichtmaschine die Gummikappen der beiden Kabel zurückgeschoben und die Klemmschrauben der Kabel gelöst. Merken Sie sich gut, welches Kabel später an welche Klemme kommen muß, Verwechslungen werden teuer, deshalb am besten mit farbigem Fettstift markieren. Dann wird das um das ganze Lichtmaschinengehäuse an dieser Stelle sitzende Staubschutzband gelöst (es ist mit einer Querschlitzschraube an der Rückseite der Lichtmaschine verschraubt) und nach links abgestreift. Darauf müssen die an kurzen Kupferkabeln und in Hülsen steckenden Kohlebürsten (es sind 2 schwarze Kohlestückchen) herausgezogen und geprüft werden. Zu diesem Zweck muß man gleichzeitig von unten an die Lichtmaschine gelangen können.

Drücken die spiralförmigen Bürstenfedern schon direkt auf die Führungshülsen der Kohlebürsten, sind letztere zu kurz und müssen ausgewechselt werden; einzelne Kohlebürsten sollen nicht ausgetauscht werden, es muß immer der ganze Satz (bei der NSU-Lichtmaschine 2 Stück) gewechselt werden. Brauchbare Kohlebürsten werden dagegen mit einem benzinfeuchten Lappen gereinigt, ihre Leichtgängigkeit in der Führungshülse geprüft und festgestellt, ob die Bürstenfedern noch intakt sind.

Bei dieser Gelegenheit wird auch der Kollektor nachgesehen. (Das ist das „quergestreifte" verdickte Teil der Lichtmaschinenwelle, auf dem die Kohlebürsten laufen.) Der Kollektor muß gleichmäßig glatt und frei von Staub,

Schmutz oder Öl sein. Ist er dagegen verschmutzt, muß der Keilriemen gelockert werden (siehe Bild unten), damit sich die Lichtmaschinenwelle zur Reinigung leicht drehen läßt. Der Kollektor wird mit einem in Benzin getauchten und um einen Stock gewickelten sauberen Lappen rundum abgerieben. Läßt sich der Kollektor dadurch nicht reinigen und zeigt Rillen oder Schmorstellen, muß die Lichtmaschine in der Werkstatt überholt werden. Der Versuch, Rillen oder eingebrannten Schmutz mit Schmirgelleinen glätten zu wollen, ist zwecklos. Der Kollektor wird dadurch unrund und schon die geringsten Unebenheiten bringen später die Kohlebürsten bei den hohen Drehzahlen zum Springen; sie sprühen Funken, was die Lichtmaschine in Bälde unbrauchbar macht.

Die Drehstrom-Lichtmaschine im TT und TTS

Die neueren NSU TT und TTS sind mit einer sogenannten Drehstrom-Lichtmaschine ausgestattet. Ihr Vorteil ist die große Leistungskraft. Sie liefert bereits im Leerlauf genügend Strom für die Zündanlage und kann bis zu 490 Watt belastet werden, was gerade bei der Ausstattung des Fahrzeugs mit etlichen Zusatzscheinwerfern wichtig ist. Außerdem ist sie langlebiger und wartungsfrei.

Mit der Drehstrom-Lichtmaschine bilden Reglerschalter und Batterie einen festen „Verbund“, der bei laufendem Motor nicht unterbrochen werden darf, sonst können die dabei auftretenden Spannungsspitzen die Halbleiter-Dioden der Lichtmaschine zerstören. Das ist ihr Nachteil (siehe auch Seite 65, 66, 73).

Keilriemenspannung nachstellen

Wartungsdienst Nr. 34

Die Prüfung der Keilriemenspannung ist alle 15 000 km vorgesehen. Es kann aber nichts schaden, wenn man häufiger danach sieht. Der Keilriemen übernimmt den Antrieb der Lichtmaschine von der Kurbelwelle des Motors her. Sitzt er zu stramm, werden die Lichtmaschinenlager einseitig belastet und mit der Zeit beschädigt. Sitzt er zu locker, kann er durchschleifen, sich dabei stark erhitzen und verschleißen, während die Lichtmaschine selbst nicht auf die notwendige Drehzahl kommt. Der Keilriemen hat am NSU-Motor die richtige Spannung, wenn er sich mit dem Daumen bei mäßigem Druck in der Mitte etwa 5 mm tief eindrücken läßt.

Nachspannen des Keilriemens: Zunächst Luftfilteransaugstutzen etwas nach hinten drehen und Heizschlauch rechts unten im Motorraum lösen und bei-

Auch dieses Bild konnten wir nur am ausgebauten Motor fotografieren, denn es ist nur wenig Raum zwischen der rechten Motorseite und der Karosseriewand. Wie das Bild zeigt, muß es nicht unbedingt der Daumen sein, mit dem man die Keilriemenspannung prüft – es geht auch mit dem Zeigefinger. Nicht viel mehr und nicht weniger als 5 mm soll sich der Keilriemen bei mäßigem Druck eindrücken lassen. Die obere Hand betätigt den Schraubenschlüssel an der oberen Lichtmaschinen-Halteschraube.

seite drücken, damit man ein wenig Bewegungsfreiheit hat. Dann, wie zum Ausbau der Lichtmaschine, alle 3 Halteschrauben ein wenig lockern und mit einem schweren Schraubenzieher von oben die Lichtmaschine mit leichtem Druck vom Motorblock wegstemmen und zugleich die obere Halteschraube wieder fest anziehen. Nun kurze Daumendruckprobe auf den Keilriemen und, wenn die Spannung stimmt, auch die beiden unteren Halteschrauben der Lichtmaschine fest anziehen. Eine Nachprobe, nach kurzem Motorlauf, ist notwendig, weil sich der Keilriemen dabei setzen und wieder zu locker werden kann.

Keilriemen aufziehen

Muß ein neuer Keilriemen aufgezogen werden, darf er keinesfalls mit einem Schraubenzieher oder einem ähnlichen Werkzeug über die Flanken der Riemenscheibe gezwängt werden. Die Lichtmaschine muß vielmehr so weit zum Motor geschwenkt werden, bis sich der neue Riemen ohne Gewalt über die Scheiben streifen läßt. Nach einigen Kilometern Fahrt erneute Kontrolle auf richtige Spannung, da sich neue Riemen zunächst etwas dehnen.

Gerissener Keilriemen

Wenn unterwegs die Ladekontroll-Lampe am Armaturenbrett bei flott laufendem Motor plötzlich aufleuchtet oder nach dem Starten nicht verlöschen will, sieht man zuerst einmal nach, ob der Keilriemen überhaupt noch da ist und, wenn vorhanden, die notwendige Spannung (5 mm bei mäßigem Daumendruck) hat.

Es kann aber durchaus vorkommen, daß man des Keilriemens nicht mehr ansichtig wird, weil der irgendwo, weit hinten auf der Landstraße oder Autobahn, in wenig ansehnlichem Zustand herumliegt. Darf man weiterfahren? Man darf! Entweder ganz ohne Keilriemen (siehe Abschnitt „Fahren ohne Lichtmaschine") oder, falls man noch eine längere Fahrt vor sich hat, mit einem „Eigenbau-Keilriemen". Voraussetzung ist die Anwesenheit einer nylon- oder perlonbestrumpften Dame. Denn einen Original-Keilriemen werden Sie allenfalls bei einer größeren Auslandsreise bei sich haben. Besagte Dame ist zum Opfer ihrer Strümpfe (ein Strumpf mit bereits vorhandenen Laufmaschen genügt durchaus) aufzufordern, wobei der Kavalier selbstverständlich vollwertigen Ersatz durch (bessere) Strümpfe zusichert. Dann wird einer der Strümpfe mit aller Kraft langgezogen, damit er sich später nicht mehr längt, und so stramm, wie es nur irgend geht, zweimal um die beiden Keilriemenscheiben geschlungen. Zum Schluß diesen Strumpf-Keilriemen doppelt verknoten und die überhängenden Enden – aber nicht zu knapp – am Knoten abschneiden.

Da der Keilriemen am luftgekühlten NSU-Motor nur die Lichtmaschine treibt und diese von einer gesunden Batterie einige Stunden lang ersetzt werden kann, darf man mit dem NSU auch bei gerissenem Keilriemen weiter fahren. Falls Sie aber noch eine oder mehrere Tagesreisen vor sich und keinen Ersatz-Keilriemen zur Hand haben, können Sie sich mit einem Nylon- oder Perlon-Damenstrumpf ganz gut behelfen. Wenn er genügend stramm aufgezogen wurde, hält er ohne weiteres mehrere hundert Kilometer durch und läßt sich auch nachspannen.

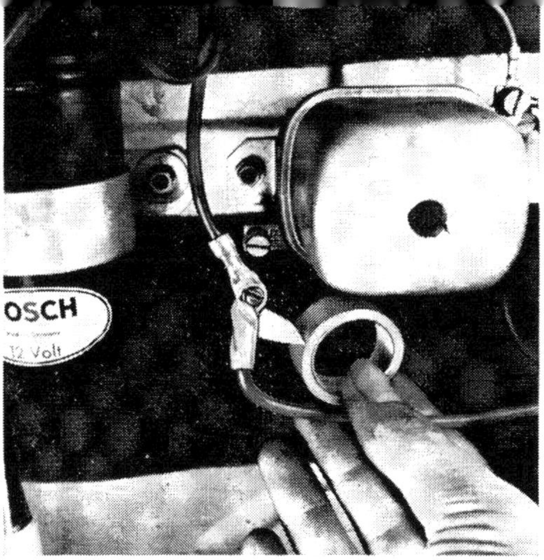

Wenn die Stromversorgung durch einen Defekt in der Lichtmaschine oder dem Reglerschalter ausfällt und auf Batteriestrom gefahren werden muß, kann sich die Batterie unter Umständen sehr schnell über die defekte Lichtmaschine oder den Reglerschalter entladen. Um dies zu verhindern, müssen die beiden roten Kabel an der Klemme B+ des Reglerschalters gelöst, leitend miteinander verbunden und behelfsmäßig isoliert werden (hier mit Tesa-Film), damit kein Kurzschluß zur Masse entsteht. So fließt der Strom von der Batterie direkt zum Zündschloß.

Fahren ohne Lichtmaschine

(bei Drehstrom-Lichtmaschinen des NSU TT und TTS nicht möglich)

Beim Aufleuchten der roten Ladekontrolle unterwegs kann es sein, daß sich der Keilriemen trotzdem in Ordnung findet. Der Fehler im Elektrohaushalt muß woanders stecken. Sie können trotzdem, zumindest bis zur nächsten Werkstatt, weiterfahren, denn unterwegs wird man kaum, wenn sich auch die Kabelanschlüsse als einwandfrei erweisen, einen solchen Fehler ermitteln können. Die Leistung der Lichtmaschine läßt sich eine Zeitlang durchaus von der Batterie ersetzen, denn die Tabelle zu Anfang des Kapitels „Die Batterie" zeigt, daß die Zündspule zum Aufbau des Zündfunkens nur geringe Ansprüche an den „Elektrohaushalt" stellt. Es sind durchschnittlich etwa 18 Watt. Theoretisch müßte das die Batterie einen Tag lang aushalten.
Da die Zündspule aber einen Mindeststrom zum Aufbau des Zündfunkens braucht, funktioniert es nicht bis zur völligen Entladung der Batterie. Praktisch kommen also bei einer üblicherweise knapp zwei Drittel geladenen Batterie rund 12 Stunden heraus. Im Winter bei Frost allerdings durch die geringere Leistungskraft der Batterie wesentlich weniger, ebenso nachts, wenn Licht gebraucht wird. Es kann trotzdem zur Heimfahrt genügen, wenn

- die Fahrt nicht unterbrochen werden muß
- kein Radio eingeschaltet ist
- nachts nur mit Abblendlicht gefahren wird
- der Scheibenwischer nicht in Aktion tritt
- nicht gehupt wird
- die roten Kabel an Klemme B+ des Reglers abmontiert sind.

Der letzte Punkt ist besonders wichtig, denn die Lichtmaschine oder der Regler können als Fehler Kurzschluß in sich haben. Dann entlädt sich die Batterie zusätzlich über den defekten Regler oder die defekte Lichtmaschine. Deshalb muß die Verbindung zwischen Regler und Batterie unbedingt unterbrochen werden. Die Fahrt möglichst nicht unterbrechen, denn es ist fraglich, ob der Anlasser den Motor wieder in Gang bekommt. Notfalls durch Anschieben starten. Wie die roten Kabel an Klemme B+ des Reglerschalters abmontiert werden, zeigt unser obiges Bild.

Was sagt das rote Licht?

Die rote Ladekontrollampe im Armaturenbrett soll aufleuchten, wenn die Zündung eingeschaltet, und verlöschen, wenn der Motor nach dem Anlassen beschleunigt wird. Das Erlöschen der roten Lampe beweist, daß die Licht-

maschine selbst den Strom für die Zündung erzeugt, es besagt jedoch nicht, daß die Batterie bereits geladen wird. Sie sagt auch nichts über den Ladezustand der Batterie, es sei denn, die rote Lampe flackert beim mühsamen Durchdrehen des Anlassers, weil die Batterie nahezu entladen ist.
Wenn Sie einmal den Schaltplan in der hinteren Buchklappe prüfen, können Sie erkennen, daß das Kabel der Ladekontrollampe einerseits im Anzeige-Instrument am allgemeinen Plus-Anschluß für die Instrumente und andererseits an Klemme D+/61 des Reglerschalters zusammen mit dem Plus-Kabel der Lichtmaschine hängt. Steht die Lichtmaschine oder dreht sie nur wenig, dann hat dieses Plus-Kabel der Lichtmaschine keinen oder nur wenig „Plus"-Strom, ist praktisch also „Minus", so daß die rote Lampe, die ja von anderer Seite „Plus" erhält, brennt. Liefert die Lichtmaschine genügend Strom, liegt an beiden Kabelenden der Ladekontrolleuchte „Plus", sie kann also wegen Mangel an „Minus" nicht mehr brennen.

Der Anlasser

Wie im Kapitel über die Batterie bereits beschrieben, stellt der Anlasser die größten Ansprüche an den elektrischen „Haushalt", denn er braucht zur Arbeit soviel Strom, daß die Batterie dies nur eine kurze Zeit aushalten kann. Der Anlasser muß allerdings auch allerhand leisten, denn ohne diesen Muskelmann müßten wir noch heute unser Auto mit der Kurbel in Schwung bringen. Der Anlasser sitzt am Motor links hinten unten und trägt die Bosch-Typen-Bezeichnung EF (L) 12 V 0,7 PS. Seine Typbezeichnung offenbart, daß er eine Nenn-Spannung von 12 Volt hat und 0,7 PS leistet. Trotz dieser Leistung ist der Anlasser sehr klein. Diese kompakte Bauweise bedingt, daß er nur kurzzeitig angestrengt werden darf. Bei längerer „Orgelei" wird er sehr heiß. Es müssen also beim Starten, wenn der Motor nicht sogleich anspringt, auch aus Rücksicht auf den Anlasser Pausen eingelegt werden.
Der Anlasser des NSU ist ein Schubschraubtrieb-Anlasser. Dieses zungenbrechende Wort bedeutet, daß beim Durchdrehen des Zündschlüssels nach rechts sich zuerst durch einen Magnetschalter der Einrückhebel der Freilaufkupplung bewegt, wodurch sich das Zahnritzel des Anlassers auf einem Steilgewinde auf der Ankerwelle in den Zahnkranz des Motor-Schwungrades schiebt. Kurz vor dem Eingreifen des Ritzels in den Zahnkranz schaltet der Einrückmagnetschalter den vollen Ankerstrom ein, so daß der Anlasser den Motor erst nach dem Eingreifen kräftig durchdreht. Sowie der Zündschlüssel aus der Stellung „Anlassen" zurückgedreht wird, schiebt sich das Anlaßritzel auf der Ankerwelle wieder zurück. Damit der Anlasser durch den schneller drehenden Motor nicht beschädigt wird, falls der Zündschlüssel nicht unmittelbar mit dem Anspringen des Motors zurückgedreht wird, läuft das Anlasser-Ritzel durch eine Freilaufeinrichtung auch bei eingeschaltetem Anlasser aus dem Zahnkranz des Motors.

Prüfen des Anlassers

Wartungsdienst Nr. 32

Die Pflege des Anlassers beschränkt sich auf eine gelegentliche Kontrolle der Kohlebürsten, die wie bei der im Prinzip gleich gebauten Lichtmaschine zusammen mit dem Kollektor die einzigen Verschleißteile des Anlassers sind. Bei der 15 000-km-Inspektion ist also in der Regel nichts weiter zu tun, als die Kabelanschlüsse zu prüfen und zu reinigen (vorher Minuskabel der Batterie lösen, denn der Anlasser steht dauernd an Strom!).

Nur am ausgebauten Motor sind die Kabelanschlüsse des Anlassers so gut zu sehen. Die große „Trommel" ist der eigentliche Anlasser, die rechts daran hängende runde „Dose" ist der Magnetschalter des Anlassers mit den Kabelanschlüssen. Die Zeichen bedeuten: M – Magnetschalter-Anschlußschraube zum Anlasser,
30 – stets unter Strom stehender Anschluß des dicken schwarzen Kabels von der Batterie und des roten Kabels zu Klemme B+ des Reglerschalters,
50 – nur bei Startstellung des Zündschlosses unter Strom stehender Anschluß des schwarzen Kabels von Klemme 50 des Zündschlosses.
Diese Klemmen-Normbezeichnung ist auch neben dem Kabelstecker im Kunststoff eingeprägt erkennbar.

Wenn sich beim Startversuch der Anlasser nicht dreht, die Ladekontrollampe aber nur noch schwach leuchtet, ist zuerst eine schwache Batterie zu vermuten. Auch die Kabelverbindungen sollten zuerst geprüft werden, bevor man dem Anlasser selbst zu Leibe rückt. Sind Batterie und Kabelanschlüsse einwandfrei, liegt ein Kurzschluß im Anlasser oder im zugehörigen Magnetschalter vor. Der Wagen muß angeschoben werden, bis der Fehler beseitigt ist.

Fehlende Zähne am Antriebsritzel und am Zahnkranz des Schwungrades machen sich durch krachende Geräusche und ruckweises Durchdrehen bemerkbar. Schaden bald beheben lassen, sonst müssen beide Teile in teurer Reparatur erneuert werden.

Zu langsames Durchdrehen des Anlassers bei einwandfreier Batterie weist auf abgenutzte oder verschmutzte Kohlen, auf korrodierte oder lose Kabelanschlüsse, auf verschmierten Kollektor oder defekten Anker hin. Der Anlasser muß in diesem Fall sorgfältig überholt werden.

Anlasser ausbauen

Falls der Anlasser ohne Zweifel der Übeltäter und die Werkstatt weit ist, kann man ihn auch selbst ausbauen. Das geht dann so vor sich: Minuskabel der Batterie lösen, damit Kurzschlüsse vermieden werden, die 3 Kabel am Magnetschalter lösen. Flanschschrauben des Anlassers lösen und Anlasser nach unten wegziehen.

Fingerzeige: *Auch wenn der Motor nicht anspringen will, kann man sich mit dem Anlasser bei intakter Batterie aus Notsituationen retten, beispielsweise von Eisenbahnschienen. Dazu 2. Gang einlegen und Anlasser drehen lassen, bis man drüben ist. Falls man, z. B. in Morast oder Schnee, Zeit hat, ist es wirkungsvoller, alle Zündkerzen herauszuschrauben und das mittlere Zündkabel aus der Zündspule zu ziehen, damit die Kabel stromlos bleiben. Da der Anlasser jetzt nicht gegen die Kompression des Motors arbeiten muß, kann man den Wagen mit seiner Hilfe – nach Betätigung des Zündschlüssels – ein Stück vorwärts bewegen. Ein Gang muß natürlich eingelegt (am besten der 2. Gang) und die Handbremse gelöst sein.*

Drahtzieher am Werk

Wenn Sie einmal unter das Armaturenbrett Ihres NSU 1200/110 schielen oder im Kofferraum Ihres NSU 1000 die hintere Abdeckpappe nach vorne biegen, dann sehen Sie da eine Menge schwarzer und bunter Kabel kreuz und quer laufen, und auch im Motorraum ist solche bunte Kabelei zu entdecken. Gar so verwirrend, wie es auf den ersten Blick erscheint, ist dieser Drahtverhau aber nicht. Die verschiedenen Farben der Kabel sind mit Bedacht gewählt, ebenso ihr unterschiedlicher Querschnitt. Der bunte Schaltplan in der hinteren Buchklappe zeigt, daß schon durch Farbe und Dicke des Kabels der Hinweis gegeben ist, woher es kommt und wohin es führt. Wenn also einmal ein Kabel irgendwo lose herumhängt – das kann bei den vielfach durch Stecker miteinander verbundenen Kabeln des NSU schon einmal passieren –, dann hat es keinen Sinn, es an irgendeine Klemme zu halten, an die es der Länge und Form nach passen könnte; das kann schnell Kurzschluß und zumindestens eine durchgebrannte Sicherung geben. Besser ist es also, auf dem Schaltplan mit spitzem Stift dem entsprechenden Kabel nachzufahren und zu suchen, wo es hingehört.

Hilfe durch Normung

Die bunte Kabelei ist also keine Geheimwissenschaft. Im Gegenteil, viele Einzelheiten der elektrischen Installation im Kraftfahrzeug sind genormt. So beispielsweise die Zahlen, die man neben vielen Kabelanschlüssen aufgemalt oder eingeprägt findet. In allen Fahrzeugen, einerlei, ob es sich um einen VW, einen Opel, einen NSU oder sonst ein Auto handelt, ist nach dieser Normung das Kabel Nr. 1 jenes zwischen Zündspule und Unterbrecher, geht das Kabel Nr. 30 vom Plus-Pol der Batterie über den Anlaß-Schalter zum Zünd-Anlaß-Schloß, liegen an der Klemme Nr. 56a die Fernlichtfäden der Scheinwerfer usw. usw. Die genaue Aufstellung dieser genormten Kabelbezifferungen, soweit sie im NSU zu finden sind, ist der Seite 240 vor dem Schaltplan in der hinteren Buchklappe zu entnehmen.

Je nach der Stromstärke und Spannung, die den einzelnen Stromverbraucher erreichen soll, wurde die Dicke jedes einzelnen Leitungsdrahtes, sein Querschnitt, gewählt. Zieht man bei seiner Elektrobastelei ein zu dünnes Kabel ein, wird der Widerstand zu hoch. Dagegen ist es kein Fehler, das Kabel bei eigenen Elektrobasteleien „eine Nummer größer" zu wählen. Ein zu langes Kabel hat wiederum Spannungsabfall zur Folge, d. h. statt der 12 Volt, die Lichtmaschine und Batterie abgeben, kommen am betreffenden Stromverbraucher nur 10 oder 11 Volt an.

Der Spannungsabfall in den Leitungen bleibt nicht ein für allemal der gleiche. Er wächst mit dem Alter des Wagens. Daran sind jedoch weniger die Leitungen an sich als die Kontakte der Schalter, die Anschlüsse an den einzelnen elektrischen Aggregaten und die Steckverbindungen der Kabel untereinander schuld. Es ist ein ganz natürlicher Vorgang, daß sich die einstmals blanken Kontaktstellen allmählich mit Metalloxyd und Schmutz überziehen. Wenn sich dann noch die Kabelverbindungen lockern, kann durch den hohen Widerstand nur noch ein Teil des Stromes weiterfließen, oder er kann durch Verbindungen zur „Masse" teilweise nutzlos versickern. Allein ein Spannungsabfall von 10 Prozent bis zu den Lampenfassungen bewirkt etwa 25 Prozent Einbuße an Leuchtkraft der Scheinwerfer.

Kabelanschlüsse nachprüfen

Wartungsdienst Nr. 30 und Jahreszeit-Inspektion

Da sich korrodierte Kabelkontakte und Verschmutzungen, die einen Teil des Stromes als „Kriechstrom" zur Masse ableiten, recht nachteilig auswirken können, muß diesen Kabelanschlüssen beim Wartungsdienst alle 15 000 km und besonders vor und nach dem Winter Aufmerksamkeit geschenkt werden. Man braucht dazu keineswegs alle Kabelanschlüsse abzuziehen und wieder zu montieren. Wo sich jedoch Grünspan und Schmutz zeigt oder die Kontakte locker sitzen, löst man diese, wischt den Schmutz weg, schabt alle Metallteile blank und setzt die Kabelverbindungen wieder zusammen. Auch die Regenschutzkappen auf den Kontakten der Lichtmaschine, dem Verteiler und an den Zündkerzensteckern müssen überprüft werden. Wenn dort Feuchtigkeit eindringt, kann es zu scheinbar unerklärlichen Zündstörungen kommen. Das ist auch der Fall, wenn sich das geflochtene Kupfer-Massekabel zwischen Motor und Karosserie – im Motorraum an der vorderen Spritzwand links unten – gelockert hat, denn der Motor sitzt in Gummielementen, so daß nur durch dieses Massekabel der Weg für den elektrischen Stromkreis wirklich gewährleistet ist. Besondere Beachtung verdienen auch die Kabelanschlüsse der Batterie. Was über ihre Pflege zu sagen ist, haben wir bereits im Kapitel „Die Batterie" beschrieben.

Neues Kabel einziehen

Die schwarze oder bunte Kunststoffumhüllung der im Kraftfahrzeug verwendeten Kabel ist benzin-, öl- und scheuerfest. Normales Haushaltskabel hat also im Auto keinen Bestand. Wenn zusätzliche Stromverbraucher angeschlossen oder einzelne Kabelstücke erneuert werden sollen, muß das richtige Kabel, möglichst auch in der genormten Farbe zum besseren Wiedererkennen, in der NSU-Vertretung oder in einer Kraftfahrzeug-Elektrik-Werkstatt eingekauft werden. Das dicke Bündel der Hauptleitungen, der Hauptleitungssatz, und die zusammengefaßten Kabel für den vorderen Wagenteil, der vordere Leitungssatz, sind auch als komplette Kabelsätze zu bekommen, wenn durch Verschmoren oder Unfall das ganze Kabelbündel erneuert werden muß.

Bevor ein fertig vorbereitetes Kabel eingezogen wird, muß zuerst das Minuskabel der Batterie gelöst werden, damit es keinen Kurzschluß gibt und zumindestens keine Sicherungen durchbrennen. Es kommt nicht darauf an, ein neues Kabel in eleganten Schlingen zu verlegen, sondern es soll zur Vermeidung von Spannungsabfall auf möglichst kurzem Weg verlegt werden, aber natürlich nicht so, daß es lose quer durch Motor- oder vorderen Kofferraum hängt. Zur Befestigung benutzt man am besten schon vorhandene Kabelklammern oder befestigt das neue Kabel mit Isolierband oder Tesafilm an einem anderen Kabelstrang, an einer Strebe oder ähnlichem.

Der Hauptkabelstrang zwischen Armaturenbrett und Motorraum liegt im Mitteltunnel.

Die Sicherungen

Die unterschiedliche Montage der Hilfsgeräte im Armaturenbrett und der Sicherungskästen im NSU 1000 und 1000 TT einerseits und im Typ 110 andererseits macht deutlich, daß die Frontteile der beiden Karosserien unterschiedlich sind, während ja bekanntlich die Teile der Heckpartien an beiden Modellen sozusagen aus der gleichen Formpresse kommen. So liegen die Sicherungen beim NSU 1000 an der hinteren Spritzwand des Kofferraumes rechts hinten – in Fahrtrichtung gesehen – unter der Abdeckpappe. Beim Typ 110 sind sie in einem kleinen Kästchen direkt in der Mitte des Armaturenbrettes unter einem schwarzen Deckel zu finden. Die Anschlußkabel sind hierbei – im Gegensatz zum NSU/Prinz 1000 – nicht zu erkennen, die Verbindungen verlaufen „unterirdisch", und man wird ihrer erst mit etwas Bodenakrobatik und einem Handspiegel hinter dem Armaturenbrett ansichtig. Auch zwischen den Klemmen 1 und 2 sowie 5 und 6 bestehen bei beiden Sicherungskastenausführungen direkte Verbindungen durch Metallzungen auf den Rückseiten der Sicherungssockel. An Sicherung 1 des NSU/Prinz 1000 und Sicherung 2 des Typ 110 ist also nicht etwa versehentlich ein Kabel verlorengegangen. Auch hat man bei NSU nicht vergessen, Ihnen die Sicherung Nr. 8 im Typ 110 einzubauen, sondern dies ist eine bereits freundlich vorgesehene Reserveklemme für einen zusätzlich eingebauten Stromverbraucher, etwa Radio oder dergleichen. Auch ist diese freie Klemme ein ganz guter Aufbewahrungsplatz für eine Reserve-Sicherung, solange kein zusätzlicher Stromverbraucher eingebaut ist.

In der Regel sind die Stromkreise mit 8 Ampere abgesichert, manchmal mit Ausnahme der zumeist gelb gefärbten Sicherung Nr. 6 für das Blinklicht. Bei Ersatz kann aber auch hier eine 8-Ampere-Sicherung eingebaut werden. Eine stärkere Absicherung verlangen nur im NSU 1000 die Sicherungsklemmen Nr. 3, 4 und 5. Dort werden 16-Ampere-Sicherungen benötigt. Bei diesen Sicherungen macht es übrigens gar keinen Unterschied, ob Sie eine 6-Volt- oder eine 12-Volt-Anlage in Ihrem Wagen haben. Hier kommt es nur auf die Stromstärke – gemessen in Ampere – an.

Ob eine Sicherung durchgebrannt ist, erkennt man an der Unterbrechung des dünnen Metallstreifchens zwischen den beiden Enden der Sicherung. Eine durchgebrannte Sicherung ist ein Alarmzeichen, denn sie wurde offenbar überlastet. Das Einsetzen einer neuen Sicherung nützt unter Umständen also wenig: sie brennt sehr oft auch gleich durch. Man muß deshalb alle Kabel der betreffenden Sicherung abziehen, bevor die neue Sicherung eingesetzt wird, dann das stromzuführende Kabel (siehe nachfolgende Tabelle)

Der Sicherungskasten am Typ 110 vor der Lenksäule im Armaturenbrett. Der Deckel über diesem Sicherungskasten ist nur eingeklemmt. Die Hand hält die herausgenommene Sicherung Nr. 7. An der anderen Färbung der Sicherung Nr. 6 ist erkennbar, daß sie eine abweichende Stromstärke (hier 16 Ampere) verträgt. Die ganz rechts liegende Klemme Nr. 8 ist serienmäßig frei für später einzubauende zusätzliche Stromverbraucher. Vorher ist sie ein praktischer Aufbewahrungsort für eine Reserve-Sicherung.

anklemmen, worauf nacheinander die einzelnen Stromverbraucherkabel angesteckt werden (nacheinander, wenn es mehrere sind). Der Verbraucher, der die zweite Sicherung durchschmoren läßt, wird abgehängt, bis man in Ruhe zu Hause oder in der Werkstatt nachprüfen kann, wo die Ursache liegt. Wenn man diesen Stromverbraucher aber dringend braucht – etwa Beleuchtung bei Nacht –, kann man es zur Not auch mit einer stärkeren Sicherung von 16 oder 25 Ampere probieren. Wenn diese Sicherung hält, besteht wahrscheinlich kein glatter Kurzschluß, sondern nur ein „Teil-Kurzschluß", weil sich irgendwo Kriechstrom davonschleicht. Ein vollkommen verbotenes „Reparaturverfahren" ist es jedoch, die durchgebrannte Sicherung mit Draht, Nagel oder Stanniolpapier zu überbrücken. Man darf sich dann nicht wundern, wenn die Batterie durch die plötzliche Entladung über den offensichtlichen Kurzschluß „überkocht" und die betreffenden Kabel zu qualmen beginnen. Das kann Ihnen nicht passieren, denn Sie haben ja immer einige Ersatz-Sicherungen im Handschuhkasten, oder nicht?

Sicherungs-Tabelle

Typ 110
NSU 1200

Sicherung Nr.	erhält Strom von	Kabel-Farbe	angeschlossene Stromverbraucher	Kabel-Farbe
1	Standlicht-schalter, Klemme 58	grau	Standlicht vorne	grau/rot
			Schlußlicht links	grau/schwarz
2	Sicherung Nr. 1	–	Schlußlicht rechts	grau/rot
			Instrumenten-beleuchtung, Klemme 58	grau/weiß
3	Abblendschalter, Klemme 56 b	gelb	Abblendlicht, Klemme 56 b	gelb
4	Abblendschalter, Klemme 56 a	weiß	Fernlicht, Klemme 56 a	weiß
			Fernlichtkontrolle	weiß/schwarz
5	Sicherung Nr. 6	–	Signalhorn	schwarz/gelb
			Wischerschalter, Klemme 54 a	schwarz
			Kombi-Instrument, Klemme 15	schwarz
			Bremslichtschalter	schwarz/lila
6	Zündschloß, Klemme 15/54	schwarz/rot	Strom-Eingangseite (nicht abgesichert):	
			Zündspule, Klemme 15	schwarz/rot
			Lichthupenschalter	schwarz/rot
			Strom-Ausgangseite (abgesichert):	
			Rückfahrscheinwerfer	grau/grün
			Blinkgeber-Relais, Klemme 49	grau/grün
7	Reglerschalter, Klemme B +	rot	Strom-Eingangseite (nicht abgesichert):	
			Zündschloß, Klemme 30	rot
			Lichtschalter, Klemme 30	rot
			Strom-Ausgangseite (gesichert):	
			Steckdose	rot/weiß
			Zeituhr	rot/weiß
			Innenleuchte	rot
8	Reserve für zusätzliche Stromverbraucher			

Prinz 1000
NSU 1000

Sicherung Nr.	erhält Strom von	Kabel-Farbe	angeschlossene Stromverbraucher	Kabel-Farbe
1	Sicherung Nr. 2	–	Schluß-Kennzeichenleuchte links	grau/schwarz
			Kofferraumleuchte	schwarz
2	Lichtschalter, Klemme 58	grau	Standlichter vorne	grau/rot
			Schluß-Kennzeichenleuchte rechts	grau/rot
3	Abblendschalter, Klemme 56 b	gelb	Abblendlicht	gelb
			(Schalter für Nebellampe; auf Eingangseite angeschlossen)	schwarz
4	Abblendschalter, Klemme 56 a	weiß	Fernlicht	weiß
			Fernlichtkontrolllampe (auf Eingangseite, nicht abgesichert!)	weiß/schwarz
5	Sicherung Nr. 6	–	Zündspule (auf Eingangseite angeschlossen, nicht abgesichert!)	schwarz/rot
			Abblendschalter, Klemme 15	schwarz
			Wischerschalter, Klemme 54	schwarz/lila
			Bremslichtschalter und Signalhorn	schwarz/lila
6	Zünd-Schloß-Klemme 15/54	schwarz/rot	Blinker-Relais, Klemme 49	grau/grün

Prinz 1000 TT
NSU TT
NSU TTS
NSU 1200
ab 1970

Die Sicherungen des Prinz 1000 TT, NSU TT und TTS sind wie beim Prinz 1000 und NSU 1000 geschaltet, mit folgenden Abweichungen:
Sicherung Nr. 3 und 4 haben jeweils getrennte Zuführungskabel zum Abblend- bzw. Fernlicht der Scheinwerfer bei gleicher Kabelfarbe. Sicherung Nr. 6 hat zusätzlichen Kabelanschluß zum Rückfahrscheinwerfer und zur elektromagnetischen Abschaltdüse am Vergaser.
Beim NSU 1200 ab Modell 1970 sind an Sicherung Nr. 7 nur die Warnblinkanlage und die Innenleuchte, an Sicherung Nr. 8 die Steckdose und die Uhr angeschlossen.

Fingerzeige: *Steht ein Amperemeter zur Verfügung, kann man es an Stelle der Sicherung zwischenschalten und durch Einschalten der an der betreffenden Sicherung hängenden Stromverbraucher die Fehlerquelle einkreisen. Denn beim Einschalten des gestörten Stromkreises zeigt das Amperemeter eine über die Sicherung hinausgehende Stromstärke an.*
Wenn ein Stromverbraucher ausfällt, z. B. eine Lampe, diese sich aber am anderen Lampenkontakt als einwandfrei erweist, kann es auch daran liegen, daß die Halteklemmen oder Kontakte der Sicherung zu locker oder auch oxydiert sind, so daß der elektrische Strom nicht durchfließen kann. Man nimmt die Sicherung heraus, drückt die Halteklammern enger zusammen und dreht nach Einsetzen der Sicherung diese mehrmals in den Halteklemmen, damit sich die Berührungsflächen gegenseitig blank reiben.

Gewitter nach Maß

Den Funken für die Entflammung des Feuerchens im Zylinder erzeugt die Zündkerze. Für den Strom dazu sorgt die Batterie, beziehungsweise die Lichtmaschine. Soweit weiß das jeder Fahrschüler.
Was aber zwischen der Batterie und der Zündkerze geschieht, das liegt schon etwas mehr im Dunkeln und ist daher für den interessierten Autofahrer eine besonders spannende Angelegenheit im doppelten Sinne des Wortes. Denn die schlichten 6 oder 12 Volt aus der Batterie genügen ja nicht, um gegen den Druck des zusammengepreßten Kraftstoff-Luft-Gemisches im Zylinder einen so kräftigen Zündfunken an der Zündkerze überspringen zu lassen, wie er dort notwendig ist. Das kann man nur durch Hochspannung, also über 10 000 Volt. Ampere spielen in diesem Zusammenhang kaum eine Rolle, denn ein Funke springt zwischen zwei Polen nur durch eine hohe Spannung, aber nicht durch eine hohe Stromstärke über. Die 12 Volt der Batterie müssen also in Hochspannung verwandelt werden. Und außerdem muß irgendwie gesteuert werden, wann und an welcher Zündkerze der Zündfunke überzuspringen hat.
Diese Aufgabe besorgen gemeinsam Zündspule und Verteiler. Auf der einen Seite hängen an dieser Arbeitsgemeinschaft Batterie bzw. Lichtmaschine, auf der anderen Seite 4 Zündkerzen. Und das Ganze nennt sich die Zündanlage.

Wie der Zündfunke entsteht

Ein elektrischer Strom kann nur fließen, wenn der Stromkreis geschlossen ist. Im Auto bedeutet dies, daß vom Pluspol der Batterie oder Lichtmaschine ein Strom zum Stromverbraucher und durch diesen zur „Masse" der Fahrzeugkarosserie fließen muß, von wo er wieder zum Minuspol der Batterie gelangt. Es gibt zwar die physikalisch-technische Meinung, daß der umgekehrte Weg richtig sei, aber das ist in diesem Zusammenhang nicht wichtig.
Bei der Zündanlage ist der Stromkreis doppelt; zwei Stromkreise sind gewissermaßen ineinander verschlungen. Man nennt den ersten den Primärstromkreis und den zweiten den Sekundärstromkreis. Im Primärstromkreis fließen die 6 bzw. 12 Volt Spannung von Batterie oder Lichtmaschine und im Sekundärstromkreis der hochgespannte Strom für den kräftigen Zündfunken.
Fangen wir mit dem Primärstromkreis an: Der Strom fließt vom Pluspol der Batterie über das Zündschloß zur Zündspule, darin durch eine Wicklung aus dickem Draht – die Primärwicklung –; weiter von der Zündspule zum „Untergeschoß" des Verteilers, der den Primärstrom über den Unterbrecher, solange dieser geschlossen ist, wieder an „Masse" leitet. Damit wäre der Primärstromkreis geschlossen. In der dicken Drahtwicklung der Zündspule entsteht dabei ein magnetisches Feld, das durch einen Eisenkern in der Mitte noch verstärkt wird. Wenn nun der Unterbrecher im „Untergeschoß" des

Verteilers den Primärstromkreis unterbricht, fällt das Magnetfeld um die Primärwicklung der Zündspule schlagartig zusammen. Dabei entsteht (durch Induktion) in einer zweiten Drahtwicklung der Zündspule, der Sekundärwicklung, die aus vielen Lagen dünnen Drahtes gewickelt ist, ein plötzlicher Stromstoß von weit über 10 000 Volt. Dieser Stromstoß wird von der Zündspule in das „Obergeschoß" des Verteilers an den sich drehenden Verteilerfinger geleitet, der ihn jeweils einer Zündkerze weitergibt. Dort springt der hochgespannte Sekundärstrom als Zündfunke ebenfalls an „Masse", so daß auch dieser Stromkreis geschlossen ist, denn die Sekundärwicklung ist ebenfalls an ihrem entgegengesetzten Ende mit der Primärwicklung an die Batterie angeschlossen.

Die Zündung beim NSU 1200/110

Nun schlagen Sie am besten den Schaltplan in der hinteren Buchklappe auf und verfolgen beim Lesen mit spitzem Stift die nachfolgend erwähnten Teile und dazwischen liegenden Leitungen. Für den NSU 1000 gilt das Ganze sinngemäß, mit nur unbedeutenden Abweichungen.

In der Praxis des 1200/110 sieht die gerade theoretisch erläuterte Zünderei so aus: Der Primärstrom fließt vom Plus-Pol der Batterie vorbei am Magnetschalter des Anlassers (Klemme 30) zum Reglerschalter (Klemme B+) bzw. von der Lichtmaschine ebenfalls zum Reglerschalter, der je nachdem diesen oder jenen Stromlieferanten einschaltet. Von der Klemme B+ des Reglerschalters führt ein dickes rotes Kabel vorbei an Sicherung Nr. 7 (die dadurch für weitere Stromverbraucher Strom erhält, aber in diesem Falle nicht zur Absicherung dient) zur Klemme 30 des Zündschlosses. Bei eingeschalteter Zündung und laufendem Motor kommt der Strom an Klemme 15/54 des Zündschlosses wieder heraus und fließt durch ein schwarz-rotes Kabel vorbei an Sicherung Nr. 6 (die ebenfalls in diesem Falle nicht als Sicherung benutzt wird, sondern Strom für weitere Verbraucher erhält) zur Klemme 15 der Zündspule, die im Motorraum links oben an der Spritzwand zum Innenraum sitzt. In der Zündspule läuft der Primärstrom von Klemme 15 durch die Primärwicklung nach außen zur Klemme 1, von der ein grünes Kabel unten an das Verteilergehäuse führt. An diesem Anschluß hängt nun einerseits ein Kondensator (der hinten außen am Verteilergehäuse sitzt) und andererseits im „Untergeschoß" des Verteilers auf der Unterbrecherplatte die Unterbrecherfeder, die an der Achse des Verteilers, einer vierkantigen Welle, anliegt. Jedesmal, wenn eine der 4 Kanten der Welle, einer der Nocken, die Unterbrecherfeder beiseite biegt, wird ihr Kontakt an der Spitze, der „Hammer", von einem Gegenkontakt, dem „Amboß", abgehoben, wodurch der Primärstromkreis unterbrochen ist.

Man sollte sich übrigens einprägen, daß der Primärstromkreis zwar in zwei Fällen Sicherungen berührt, aber selbst nicht abgesichert ist. Bei Zündstörungen nach den Sicherungen zu sehen, hat also keinen Sinn.

Der Sekundär-Stromkreis „beginnt" in der Zündspule in der Sekundärwicklung, die den hochgespannten Strom über den mittleren Pol der Zündspule, die Klemme 4, und ein dickes schwarzes Kabel zu dem mittleren Kontakt auf dem Verteilergehäusedeckel in das „Obergeschoß" des Verteilers schickt. Durch den Verteiler laufen also zwei elektrisch völlig voneinander isolierte Ströme im „Untergeschoß" und „Obergeschoß", wie wir sie genannt haben, die miteinander nur mechanisch durch die Verteilerwelle verbunden und dadurch voneinander abhängig sind. Im „Untergeschoß" hat diese Verteilerwelle den Primärstrom zu unterbrechen und im „Obergeschoß“ den Verteilerfinger zu drehen, der nacheinander die Hochspannungsströme auf die Zündkerzen verteilt. So fließt zuletzt der hochgespannte Sekundärstrom aus den Buchsen des Verteilerkopfes durch die Zündkabel zu den Zündkerzen.

Das Lenk-Anlaß-Schloß

Mit der Batterie und Lichtmaschine als Stromquellen haben wir uns bereits befaßt. So käme auf dem Wege des Stromes bei unserem NSU zuerst das mit dem Zündschloß kombinierte Lenkschloß als mögliche Störungsquelle in Frage. Wenn Sie den Schaltplan aufschlagen, sehen Sie am Zündschloß die nachfolgend aufgeführten Kabel:

Klemme Nr.	Kabel-Farbe	von oder zu	Verwendungszweck
30 (B+)	rot	von Reglerschalter vorbei an Sicherung Nr. 7	bringt Strom von der Batterie oder Lichtmaschine
15/54	schwarz/rot	zur Zündspule, an Sicherung Nr. 6 vorbei	gibt Strom bei eingeschalteter Zündung von Klemme 30 an die Zündspule
50	schwarz	zum Anlasserschalter, Klemme 50	gibt Strom beim Starten an den Anlasser
P	rot/weiß	zum Blinkschalter, Klemme P	gibt Strom für die Parklichter nur bei ausgeschalteter Zündung und blockiertem Lenkschloß

Störungen im Zündschloß

Mit dem Wissen um die Geheimnisse des Zündschlosses können Sie sich auch unterwegs selbst helfen, wenn z. B. die rote Ladekontrolleuchte beim Einschalten des Zündschlosses aufleuchtet, der Anlasser jedoch bei der Schaltstellung „Start“ nicht in Tätigkeit tritt. Selbstverständlich kann der Anlasser oder dessen Magnetschalter die Schuld haben. Es kann aber auch am Zündschloß liegen, das aus irgendeinem Grund den Kontakt zwischen den Klemmen 30 und 50 nicht mehr zustande bringt. Prüfung: Einen Kreuzschlitzschraubenzieher kurz zwischen die beiden links unten liegenden Kontakte drücken – es sind die Klemmen B+ und 50. Das dicke rote Kabel in der Mitte „bringt“ Strom, das linke schwarze führt zum Anlasser. Wenn der Anlasser in Ordnung ist und der Fehler im Zündschloß steckt, wird der Anlasser sofort losdrehen.

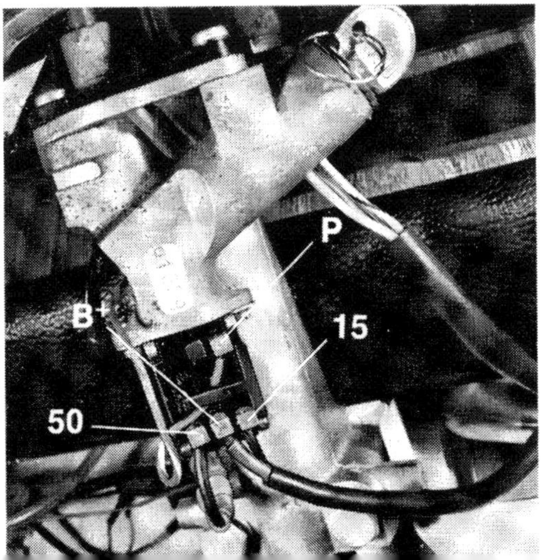

Nach Losschrauben der Lenksäulenverkleidung (2 Kreuzschlitzschrauben) sehen Sie unterhalb der Lenksäule die offen liegenden Löt-Kontakte des Zündschlosses. Die Bezeichnungen bedeuten: B+ – auch als Klemme 30 bezeichnet, stets stromführender Anschluß des roten Kabels von der Batterie her, 15 – Ausgangsklemme des Stromes bei eingeschalteter Zündung mit schwarz-rotem Kabel, 50 – Schaltstrom für Magnetschalter des Anlassers über schwarzes Kabel, P – Stromzuführung für Parklichter nur bei ausgeschalteter Zündung über rot-weißes Kabel.

Das eigene Auto „stehlen"

Gelegentlich lesen Sie in der Zeitung, daß Autodiebe, nachdem sie den Wagen „kurzgeschlossen" hatten, davongebraust seien. Wie sie das machten, ist Ihnen als ehrenwerter Bürger natürlich unklar. Hier sei es verraten, denn in einschlägigen Kreisen ist es sowieso bekannt, und Ihnen kann dieses Wissen unterwegs aus böser Verlegenheit helfen, wenn Sie beispielsweise Ihren Zündschlüssel verloren oder abgebrochen haben. Voraussetzung ist allerdings, daß das Zündschloß nicht auf „Halt", sondern auf „Garage" steht, die Lenkung also nicht blockiert ist (was am geparkten Wagen eigentlich nicht sein darf) und eine der beiden Türen offen ist (was die Polizei am geparkten Wagen ebenfalls nicht mag). Wenn Sie sich die Tabelle der Zündschloß-Kabel und den Schaltplan noch einmal ansehen, dann erkennen Sie, daß Strom von Klemme 30 (das dicke rote Kabel in der Mitte der 3 Kontakte unten) zur Klemme 15/54 (das schwarz-rote Kabel am rechtsliegenden Kontakt) kommen muß, damit der Motor Zündstrom hat. Und dazu braucht er am Anfang noch einen kleinen Stromstoß zu Klemme 50, damit der Anlasser den Motor startet. Das können Sie auch ohne Zündschlüssel an den Kontakten des Zündschlosses schalten. Sie brauchen nur eine leitende Verbindung zwischen den beiden rechten Kontakten B+ und 15 herzustellen (durch ein zwischengeklemmtes und mit Tesafilm oder sonstwie festgeklebtes 10-Pfennig-Stück oder ein kleines, zwischen die Kontakte geklemmtes Drahtstückchen oder dergleichen). Ein Blick auf das Armaturenbrett überrascht Sie mit brennender Ladekontroll- und Öldruckkontrollampe. Nun können Sie mit dem zwischen die beiden linken Kontakte geklemmten Schraubenzieher starten.

Falls es Ihnen in diesem Falle zu langweilig ist, die Lenkgehäuseverkleidung rechts für diesen Zweck zu demontieren oder kein passender Kreuzschlitzschraubenzieher zur Hand ist, können Sie auch eine Kurzschlußbrücke zwischen den unteren Klemmen der Sicherungen Nr. 7 und 6 herstellen. Auch darauf werden Lade- und Öldruckkontrollampen brennen, denn an diesen beiden Sicherungen laufen die notwendigen Kabel der Klemmen 30 und 15 ja ebenfalls vorbei. In diesem Falle lassen Sie sich mit Ihrem NSU von freundlichen Helfern anschieben, anstatt den Anlasser zu betätigen. Wie das gemacht wird, siehe Seite 66.

Fingerzeig: *Wenn Ihnen der Zündschlüssel im Zündschloß abbricht, versuchen Sie erst selbst, den Schlüsselbart aus dem Zündschloß zu ziehen, bevor Sie die Werkstatt auf mühselige Weise aufsuchen: Dünnes Laubsägeblatt durchbrechen und das zackige Ende so in das Schlüsselloch neben dem Schlüsselbart schieben, daß die Laubsägezähne als Widerhaken wirken, und damit den Schlüsselrest herauszuziehen versuchen.*

Die Zündspule

Die Zündspule ist wartungsfrei. Sie soll lediglich, um Kurzschlüsse, überspringende Funken und Kriechströme zu vermeiden, an der Isolierkappe sauber und trocken gehalten werden. Wenn sie nicht mehr funktioniert, ist an ihr nichts zu reparieren; sie muß ausgetauscht werden. Ihr Preis: 16 DM.

Zündspule prüfen

Eine Alterskrankheit der Zündspule ist ein Kurzschluß in der Sekundärwicklung. Durch spröde gewordenes Isoliermaterial kann parallel zum Zündfunken der Zündkerze ein Zündfunken von einer Wicklungsanlage zur anderen überspringen. Dadurch wird ein Teil des hochgespannten Stromes

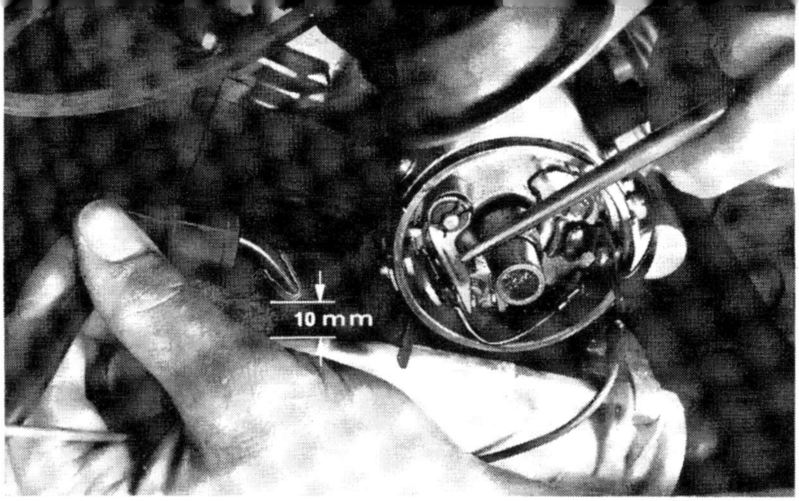

Zur Prüfung der Zündspule Hauptzündkabel aus dem Verteilerkopf ziehen und diesen abnehmen. Dann 4. Gang einlegen und den Wagen vorwärts rucken, bis Unterbrecherkontakte ganz geschlossen haben. Zündung einschalten, ohne zu starten. Hauptzündkabel (in der linken Hand) in etwa 10 mm Abstand gegen Motorblock halten. Dann Unterbrecherkontakt mit Holzspan oder Kunststoff-Stricknadel (im Bild in der rechten Hand) aufdrükken. Bei jedem Abheben der Kontakte muß ein Funke vom Hauptzündkabel zur Masse überspringen, wenn Zündspule und Kondensator am Verteiler in Ordnung sind.

bereits in der Zündspule verbraucht und die Zündkerze bekommt für einen wirkungsvollen Zündfunken nur eine zu geringe Spannung. Eine genaue Prüfung, ob die Zündspule einen solchen Fehler hat, ist nur auf einem Prüfstand möglich. Deshalb ist die im obigen Bild beschriebene Prüfmethode auch nicht restlos zuverlässig. Sie gibt jedoch einen Anhaltspunkt, wenn bestimmt eine Störung vorliegt.

Primärwicklung prüfen

Auch in der Primärwicklung kann ein Kurzschluß auftreten, wenn die Zündung zu lange eingeschaltet wird, ohne daß der Motor läuft. Falls der Unterbrecher während dieser Zeit geschlossen ist, so daß dauernd der Primärstromkreis geschlossen bleibt, kann sich die Primärwicklung stark erwärmen, die Isolierung wird brüchig und es können sich nach einiger Zeit dadurch Kurzschlußbrücken bilden. Das macht sich dann entweder an schnell verbrauchten Kontakten im Verteiler bemerkbar, weil die Stromstärke im Primär-Stromkreis ansteigt, oder an nachlassender Zündleistung bei warmem Motor, weil die sich selbst erhitzende Primärwicklung höheren inneren Widerstand hat. Dagegen kann an der kalten Zündspule nichts zu bemerken sein, obgleich die Primärwicklung defekt ist.

Seltener kommt eine Unterbrechung der Primärwicklung vor. Mit einer 12-Volt-Prüflampe kann man diesen Fehler feststellen, indem man das grüne Kabel an Klemme 1 der Zündspule löst, dort das eine Kabelende der Prüflampe anhält und bei eingeschalteter Zündung das andere Kabelende der Prüflampe an Masse hält. Dadurch wird der Weg über den Unterbrecher ersetzt, die Prüflampe muß aufleuchten. Andernfalls Primärwicklung defekt.

Auch durch Staub oder Feuchtigkeit kann eine Strombrücke vom Hochspannungsstecker der Zündspule, der Klemme 4, zum Gehäuse der Zündspule entstehen, die den Zündstrom ganz oder teilweise vernichtet.

Der Kondensator

Der Kondensator, der beim NSU außen am Verteilergehäuse sitzt, hat die Aufgabe, Funkenbildung im Unterbrecher, der im folgenden Abschnitt besprochen wird, zu unterdrücken. Dadurch wird der Abbrand der Unterbrecherkontakte gehemmt und ein schnelles Zusammenbrechen des Magnetfeldes in der Zündspule gefördert (je schneller das Magnetfeld zusammenbricht, um so höher wird die Spannung im Sekundär-Stromkreis und um so besser ist der Zündfunke).

Kondensator prüfen

Ein schwacher Zündfunke, dessen Ursache man in erster Linie in einem Fehler der Zündspule sucht, kann auch an einem defekten Kondensator liegen, der ja mit dieser durch ein grünes Kabel über Klemme 1 der Zündspule verbunden ist. Eine genaue Prüfung des Kondensators auf „Durchschlag", also Kurzschluß, Isolationsverlust und ausreichende Kapazität, ist nur in der Fachwerkstatt mit einem entsprechenden Prüfstand möglich. Wenn der Kondensator allerdings total ausgefallen ist, läßt sich dies eventuell bei abgenommenem Verteilerkopf an überspringenden starken Funken zwischen den Unterbrecherkontakten erkennen. Dazu muß ein Helfer den Motor mit dem Anlasser in Bewegung setzen.

Auch völliger Kurzschluß zur Masse ist bei voll geöffneten Unterbrecherkontakten an einer Prüflampe erkennbar, die zwischen Klemme 1 der Zündspule und das davon abgezogene grüne Kabel geschaltet wird. Da die Unterbrecherkontakte geöffnet sind, besteht bei eingeschalteter Zündung kein legaler Weg des Batteriestromes zur Masse; die Prüflampe darf also nicht aufleuchten. Fließt der Strom jedoch über einen Kurzschluß im Kondensator zur Masse, leuchtet die Prüflampe auf. Auch bei stark verschmorten Unterbrecherkontakten, die noch nicht lange in Betrieb sind, besteht der Verdacht, daß der Kondensator defekt ist. Aber langes Prüfen des Kondensators rentiert zumeist nicht. Wenn er verdächtig ist: austauschen. Er kostet nur rund 4 DM.

Fingerzeige: *Es ist keine Schande, wenn man die Prüfungen auf einwandfreie Beschaffenheit der Zündspule, des Kondensators, des nachfolgend erklärten Unterbrechers und Verteilers der Kraftfahrzeugelektriker-Werkstatt überläßt, falls einem der ganze „Elektrokram" nicht geheuer ist. In den Fachwerkstätten hat man raffinierte Apparate, mit deren Hilfe man durch Zeigerausschlag oder grünschimmernde Wellenlinien auf einer Mattscheibe (Oszillographen) schnell erkennt, wo in der ganzen Zündanlage der berühmte „Kupferwurm" steckt, den man mit seinen bescheidenen Heimbastler-Mitteln stundenlang suchen muß und vielleicht doch nicht findet.*

Wagen nicht mit eingeschalteter Zündung stehenlassen. Wenn Unterbrecherkontakte zufällig geschlossen sind, kann sich während der Nacht die Batterie über die Primärwicklung der Zündspule entladen. Primärwicklung wird außerdem durch die dabei entwickelte Hitze geschädigt.

Die vielfach angebotenen, sogenannten Zündverstärker sind bisher trotz großer Versprechungen den Beweis ihrer Nützlichkeit schuldig geblieben. Anders ist es mit den sogenannten Transistorzündungen. Transistorzündungen sind vor allem für hochtourige und anspruchsvolle Sportmotoren gedacht. So stehen die Vorteile (längere Lebensdauer der Unterbrecherkontakte, kräftiger Funken bei hohen Drehzahlen) beim 1000 TT durchaus zur Diskussion, aber hier leistet die 12-Volt-Anlage (im Gegensatz zur 6-Volt-Anlage des NSU 1000) bereits von Haus aus gute Dienste.

Der Unterbrecher

Er sitzt im „Untergeschoß" des Verteilers auf der Unterbrecherplatte, gegen „Masse" isoliert. Er bestimmt durch sein Abheben den Zündzeitpunkt. Vom Überspringen des Zündfunkens im richtigen Augenblick ist die Leistung des Motors abhängig. Die beste Leistung hat der Motor, wenn der Druck des brennenden Kraftstoff-Luft-Gemisches unmittelbar nach Beginn der Abwärtsbewegung des Kolbens am größten ist. Da nun das Kraftstoff-Luft-Gemisch

stets eine gleichbleibende Zeit zum vollen Entflammen braucht – es ist zwar nur rund $1/_{3000}$ Sekunde, aber das spielt bei der rasenden Geschwindigkeit des Kolbens schon eine Rolle –, muß mit steigender Drehzahl der Zündzeitpunkt immer früher gelegt werden. Wird er allerdings zu früh gelegt, schlägt das bereits entflammte Kraftstoff-Luft-Gemisch dem noch aufwärts strebenden Kolben entgegen: der Motor klopft. Gibt man zu wenig Frühzündung, wird die Energie des Kraftstoffes nicht vollständig ausgenutzt und der Motor hat nur eine ungenügende Leistung.
Diese Verstellung des Zündzeitpunktes bei steigender Motordrehzahl übernimmt beim Zündverteiler des NSU der Fliehkraftversteller. Da aber das Entflammen des Kraftstoff-Luft-Gemisches auch von seiner Konzentration abhängig ist und bei nur halb durchgetretenem Gaspedal, bei „Teil-Last", das verringerte Kraftstoff-Luft-Gemisch „langsamer" verbrennt, muß der Zündzeitpunkt zusätzlich früher gelegt werden, dagegen bei Vollgas am Berg – also geringer Drehzahl bei guter Brennraumfüllung – später liegen.

Unterdruckverstellung

Diese Frühzündung bei Teillast besorgt die zusätzliche Unterdruckverstellung am Zündverteiler. Diese Unterdruckverstellung bewirkt eine oben auf dem querliegenden Zündverteiler angebrachte Blechdose, die durch eine dünne Saugleitung mit der Ansaugleitung des Motors kurz vor der Drosselklappe im Vergaser verbunden ist. Wenn die Drosselklappe im Leerlauf vollkommen geschlossen oder bei Vollgas ganz geöffnet ist, herrscht an dieser Stelle kein nennenswerter Unterdruck. Ist jedoch bei nur teilweise durchgetretenem Gaspedal die Drosselklappe nur etwa $1/_{3}$ geöffnet, entsteht in der Ansaugleitung ein kräftiger Unterdruck, der über die Saugleitung in der Unterdruckdose eine Membrane anzieht, von der eine kleine Zugstange in den Verteiler hineinreicht und dort die drehbare Unterbrecherplatte anzieht. Dabei wird die Unterbrecherplatte entgegen der Drehrichtung des Verteilernockens gezogen, so daß die Unterbrecherkontakte früher geöffnet werden.
Ob die Unterdruckverstellung einwandfrei funktioniert, ist mit Heimwerkermitteln nicht zu überprüfen. Dazu sind Werkstatt-Meßgeräte erforderlich. Ob sie überhaupt noch mitarbeitet, läßt sich jedoch durch eine vergleichende Probefahrt feststellen: Zweimal die gleiche Strecke mit Halbgas und Beschleunigung fahren, wobei einmal die Saugleitung an der Unterdruckdose abgezogen wird. (Sie muß dabei einwandfrei abgeklemmt oder verstopft werden, damit der Vergaser keine Nebenluft erhält und die Beobachtungen verfälscht.) Bei der Fahrt ohne angeschlossene Saugleitung muß der Motor deutlich „lahmer" im Teillastbereich sein.
Die Unterdruckdose kann durch äußere Einwirkung oder Korrosion undicht geworden sein; es ist aber auch möglich, daß die Membrane bei einer Fehlzündung durch Rückschlag in den Vergaser herausgerissen wurde. Dann muß die Unterdruckdose ersetzt werden, eine Reparatur ist nicht möglich.
Dieses Auswechseln sollte man der Werkstatt überlassen, denn beim Einbau müssen verschiedene Werte nachgemessen werden, wozu nur die Werkstatt die notwendigen Einstellhilfsmittel besitzt. Die Unterdruckverstellung muß allein bis zu 17° Verstellung in Richtung Frühzündung bewirken. An den NSU 1000 bis zum Juli 1964 waren sogar bis zu 22° Unterdruckverstellung vorgeschrieben.

Der Fliehkraftregler

Der Fliehkraftregler wirkt „innerlich" auf die Nocken der Verteilerwelle. Diese Verteilerwelle ist nämlich kein Stück aus einem Guß, sondern in Antriebswelle und Verteilerwelle geteilt. Beide sind beweglich ineinandergesteckt. Damit sie beweglich bleiben, müssen sie geschmiert werden (siehe Abschnitt „Zündverteiler" im Kapitel „Schmierung aller Teile"). Die Trägerplatte des Fliehkraftverstellers sitzt im Verteilergehäuse unter der Unterbrecherplatte fest auf der Verteiler-Antriebswelle. Je schneller sich diese dreht, um so intensiver drücken Fliehgewichte auf der Trägerplatte gegen einen „Mitnehmer", der seinerseits die eigentliche Verteilerwelle mit den Nocken zusätzlich in ihrer Drehrichtung bewegt. Dadurch werden mit zunehmender Drehzahl die Unterbrecherkontakte früher geöffnet und zunehmende Frühzündung erreicht. Bei abnehmender Drehzahl machen kleine Spiralfedern die Frühzündung wieder rückgängig.

Die Fliehgewichte und deren Rückholfedern sind genau aufeinander abgestimmt. Eine fehlerhafte Veränderung oder eine Störung kann nur die Fachwerkstatt feststellen und beheben. Eine Störung ist zu vermuten, wenn der Motor bei sonst einwandfreier Zündanlage in höheren Drehzahlbereichen nicht auf Leistung kommt, obgleich der Zündzeitpunkt bei stillstehendem Motor einwandfrei stimmt und das durchgetretene Gaspedal tatsächlich Vollgas-Stellung der Drosselklappe bewirkt. Es hat aber keinen Sinn, ohne Spezialwerkstatt am Fliehkraftregler etwas verbessern zu wollen. Für sich allein muß der Fliehkraftregler je nach Wagentyp bis zu 33° Frühzündung bewirken. Diese Frühzündungs-Grade beziehen sich sowohl bei der Unterdruck- wie bei der Fliehkraftverstellung stets auf Winkelgrade, die an der Kurbelwelle des Motors (und nicht an der Verteilerwelle) gemessen werden.

Zündverteiler prüfen

Wartungsdienst Nr. 15 und Jahreszeit-Inspektion

Unabhängig von 6-Volt- oder 12-Volt-Anlage wird im NSU 1000, im 1000 TT und 1200/110 der gleiche Zündverteiler-Typ JFU R 4 von Bosch eingebaut. Er hat lediglich wegen gering voneinander abweichender Einstellwerte unterschiedliche Bosch-Bestell-Nummern. Darauf muß man bei Ersatzbestellung achten. Einen anderen Zündverteilertyp (Bosch ZV 2/90 C 14) haben NSU TT und NSU TTS.

Zum Pflegedienst alle 7500 km gehört neben dem Schmieren der Verteilerwelle (Schmierdienst Nr. 29; siehe Seite 45) und dem Nachmessen des Unterbrecherkontaktabstandes (siehe nächster Abschnitt) auch die sorgfältige Reinigung der Verteilerkappe innen und außen, damit keine Strombrücken über Schmutz, Abrieb oder Feuchtigkeit entstehen. Auch auf den Verschleiß der einzelnen Teile ist dabei zu achten. Die Kontaktkohle in der Mitte der Verteilerkappe, die den Zündstrom an den Verteilerfinger weiterleitet, muß glatt und glänzend sein, sich leicht einfedern lassen und ohne zu klemmen wieder zurückfedern.

Spray gegen Feuchtigkeit

Feuchtigkeit, die zu Kurzschlüssen führt, setzt sich besonders leicht im Verteilerdeckel innen an, wenn der Motorraum bei heißer Maschine mit Wasser ausgespritzt oder gereinigt wurde. Wenn also nach der Motorwäsche der Motor nicht wieder anspringen will, ist zumeist der feucht gewordene Verteilerdeckel daran schuld. Vorbeugende Maßnahme ist das Umwickeln mit einem dicken Lappen. Wenn die Verteilerkappe jedoch innen naß geworden ist, hilft ihr Aussprühen mit Polifac Chromschutzspray. Dieses Mittel hat die Eigenschaft, sich unter einem Feuchtigkeitsfilm auf der festen Masse abzusetzen, wodurch eine einwandfrei isolierende Wirkung erzielt wird. Bei dieser Gelegenheit den Sprühstrahl auch auf die sonstigen Kontakte der Zündanlage richten. Den gleichen Effekt erzielt auch „Intact" von Aral.

Die Unterbrecherkontakte

An den Kontakten des Unterbrechers, am Hammer und am Amboß, die eine 0,8 mm dünne Auflage von Wolfram-Metall haben, bewirkt das ständige Öffnen und Schließen des Stromkreises einen unvermeidbaren Verschleiß durch Abbrand, Verschmoren oder Metallwanderung, obgleich gerade Wolfram hierin sehr widerstandsfähig ist. Durch den Gleichstrom bilden sich am Hammer kleine Krater und am Amboß kleine Höcker, die sich in die Krater einfügen. Das stört zu Anfang nicht weiter, macht aber eine genaue Messung des Kontaktabstandes mit der Fühllehre unmöglich. Früher nahm man dann die speziell dafür geschaffene Kontaktfeile und feilte die Kontakte wieder flach. Das ist aber heute nicht mehr empfehlenswert, denn erstens können die abgefeilten Metallspäne Kurzschlüsse verursachen und zweitens ist der 0,8 mm starke Wolframbelag zu dünn zum Feilen. Deshalb werden nach Verschleiß die Kontakte einfach ausgetauscht. Preis etwa 3 DM.

Unterbrecherkontakte prüfen

Alle 7500 km sollen die Unterbrecherkontakte geprüft und erforderlichenfalls durch neue ersetzt werden. Es ist also keine zwingende Vorschrift, sie jedesmal bei der 7500-km-Inspektion herauszuwerfen, wie dies manche Werkstätten gerne tun. Ist die Zündanlage einwandfrei in Ordnung, müssen sie mehr als 7500 km aushalten. Das Aussehen der Kontakte bedeutet:

- Kontakte silberartig, wie hell poliert: Zündanlage in Ordnung
- grauer Überzug durch Oxydation: zu kleiner Kontaktabstand oder zu geringer Kontaktdruck
- verbrannt, blau angelaufen: Kondensator oder Zündspule schadhaft
- verkrustet: Öl, Fett oder Schmutz zwischen die Kontakte geraten.

Sind die Kontakte verkrustet und verschmutzt, mit einem scharfkantigen Schraubenzieher oder Taschenmesser den Schmutz abschaben (keine Feile oder Schmirgelleinen dazu verwenden!). Anschließend ein Läppchen um einen dünnen Holzstab wickeln und mit Tetrachlorkohlenstoff (als Fleckenreinigungsmittel bekannt) tränken. Damit die Kontakte abwischen, Benzin nicht dazu verwenden, da die Kontakte gegen Benzin empfindlich sind.

Unterbrecherkontakte austauschen

Wenn die Kontakte verbraucht sind, müssen sie durch neue ersetzt werden. Es sind dabei beide Teile, also Hammer und Amboß, gleichzeitig zu ersetzen. Sind die alten Kontakte verschmort oder blau angelaufen, genügt allerdings das Austauschen allein nicht, es muß auch nach dem verursachenden Fehler in der Zündanlage (Kondensator oder Zündspule) gesucht werden.

Zum Auswechseln der Unterbrecherkontakte Anschlußklemme des kurzen Innen-Kabels im Verteiler von Klemme 1 abziehen, Sicherungsfeder und

Stimmt der Abstand der Unterbrecherkontakte nicht, wird die Feststellschraube (linker weißer Pfeil zeigt darauf) gelockert und mit einem zweiten Schraubenzieher, der zwischen die beiden kleinen Zapfen (unterer weißer Pfeil) geklemmt wird, der rechts darüber sichtbare Unterbrecherkontakt an der „Amboßplatte" verstellt, bis der Kontaktabstand von 0,4 mm stimmt. Zum Schluß Feststellschraube wieder stramm anziehen. Erst dann kann der Zündzeitpunkt überprüft werden.

Ausgleichscheiben vom Unterbrecherhebel-Lagerzapfen nach oben entfernen, Blattfeder aus der Bohrung des Kontaktträgers drücken und Unterbrecherhebel nach oben von seinem Lagerzapfen abziehen. Halteschraube des Unterbrecher-Fußstückes auf der Unterbrecherplatte lösen und Kontaktträger herausnehmen. Vor dem Einbau der neuen Unterbrecherkontakte Nockenbahn der Verteilerwelle sorgfältig reinigen und hauchdünn einfetten. Der Unterbrecherhebel muß leichtgängig auf der Unterbrecherwelle sitzen. Abschließend sind Kontaktabstand und Zündzeitpunkt neu einzustellen.

Kontaktabstand prüfen

Der Abstand zwischen Unterbrecherhammer und Unterbrecheramboß soll bei voller Öffnung 0,4 mm betragen. Vor dem Messen des Kontaktabstandes wird bei geöffnetem Verteiler und eingelegtem 3. Gang (Zündung jedoch nicht eingeschaltet) der Wagen so lange hin- oder hergerückt, bis der Verteilernocken die Kontakte auf größte Öffnung gebracht hat.

Die genaue Prüfung des Kontaktabstandes mit der Fühlerblattlehre ist jedoch nur bei neuen und daher ebenen Kontakten einwandfrei möglich. Die Kontakte mit der Kontaktfeile zu glätten ist, wie bereits erwähnt, nur eine Behelfsmaßnahme. Deshalb wird bei älteren Kontakten die Fühllehre nur außen am Rand zwischen die Kontakte gehalten und nicht daran gefeilt.

Manche gut ausgestatteten Werkstätten und die Bosch-Dienststellen ersparen sich dieses Nachmessen des Kontaktabstandes mit der Fühlerlehre; statt dessen stellen sie die Kontakte mit Hilfe eines Schließwinkelgerätes ein. Diese Messung ist genauer, weil unebene Kontakte dabei nicht stören können. Der Schließwinkel besagt, um wieviel Winkelgrad sich die Verteilerwelle vom Schließen der Kontakte bis zum Öffnen weiterdreht. Je näher man die Kontakte aneinander bringt, um so größer muß der Schließwinkel werden, weil die dicht beieinander liegenden Kontakte länger geschlossen bleiben. Bei größerem Kontaktabstand ist dagegen der Schließwinkel kleiner. Beim NSU 1000, 1000 TT und 1200/110 soll der Schließwinkel 48 bis 55°, beim NSU TT und TTS 59 bis 65° betragen.

Zündeinstellung prüfen

Wartungsdienst Nr. 17 und Jahreszeit-Inspektion

Bei jedem 7500-km-Wartungsdienst, beim Neueinstellen oder Auswechseln der Unterbrecherkontakte, nach dem Zusammenbau des Motors oder dem Aus- und Wiedereinbau des Zündverteilers muß der Zündzeitpunkt neu eingestellt werden. Nur der richtige Zündzeitpunkt ermöglicht eine gute Motorleistung. Sie können die Zündpunkteinstellung durchaus selbst prüfen und nachstellen, brauchen dazu lediglich eine kleine Prüflampe für 6 oder 12 Volt Spannung. Dieses Einstellverfahren wird am stehenden Motor vorgenommen.

Der obere Totpunkt

Zum Einstellen des Zündzeitpunktes muß der Kolben im 1. Zylinder (das ist der Zylinder am weitesten rechts) ganz oben stehen. Dies ist der Punkt, in dem der Kolben von der Aufwärts- in die Abwärtsbewegung übergeht. Man nennt ihn den „Oberen Totpunkt“ (Kurzzeichen: OT). Dazu den 4. Gang einlegen, Verteilerkappe abnehmen und Wagen so lange vorwärts rucken, bis eine deutlich sichtbare Mittelkerbe auf dem Verteilerfinger genau auf eine Kerbe zeigt, die in den Rand des Verteilergehäuses eingeschlagen ist (siehe Bild rechts oben). Das Übereinanderstellen der beiden Kerben ist jedoch erst die Grob-Einstellung des Zündzeitpunktes

Zur Feineinstellung dient ein Schauloch zwischen dem linken Zylinder und dem Gebläseradkasten. Es ist mit einem Gummistopfen verschlossen, der

Zum Einstellen des Zündzeitpunktes muß der Kolben des 1. Zylinders ganz oben, im „Oberen Totpunkt", stehen. Die Grobeinstellung des Kolbens geschieht bei abgenommener Verteilerkappe durch Vorwärtsrucken des Wagens bei eingelegtem 4. Gang, bis die Strichmarke auf der Lippe des Verteilerfingers genau über der feinen Kerbmarkierung im Verteilergehäuserand steht.

herausgehebelt werden muß. Dann wird ein kleiner Ausschnitt des Schwungscheibenrandes sichtbar. Beim Hin- und Herrucken des Wagens, wobei die Grobeinstellung ungefähr beibehalten werden muß, wird in dem Schauloch ein Markierungsstrich sichtbar, der zwischen den Buchstaben O und T steht. Wenn diese Markierung genau unter dem Zeiger des Schauloches steht, befindet sich der Kolben im 1. Zylinder genau in seinem oberen Totpunkt.

Genauer Zündzeitpunkt je nach Modell

Nun gilt bei der Zündzeitpunkteinstellung der hier besprochenen NSU nicht immer der Obere Totpunkt, sondern es ist vorgeschrieben:

Prinz 1000 L/S NSU 1000/1000 C	Prinz 1000 TT NSU TTS	NSU TT	Typ 110/110 S/SC/C NSU 1200/1200 C
5° vor OT	im OT	3° vor OT	4° vor OT

Diese Einstellungspunkte vor dem OT sind ebenfalls auf dem Schwungscheibenrad markiert, und zwar sieht man hinter der OT-Markierung (in Fahrtrichtung gesehen) eine oder zwei Markierungen. Sind außer der OT-Marke zwei Markierungsstriche zu finden, ist jener für den Zündzeitpunkt gültig, der der OT-Marke am nächsten liegt. Der weiter wegliegende entspricht einer früher üblichen Zündzeitpunkteinstellung von 6° vor OT, er ist also nicht mehr zu beachten. Da sich die Kurbelwelle des NSU-Motors, von der Steuerseite des Motors her gesehen, links herum dreht (von hinten oben gesehen, erscheint dies als „rückwärtsdrehend"), läuft dieser Markierungsstrich früher unter dem Schauloch-Zeiger hindurch als die eigentliche OT-Markierung – es handelt sich also zweifellos um eine Frühzündung.

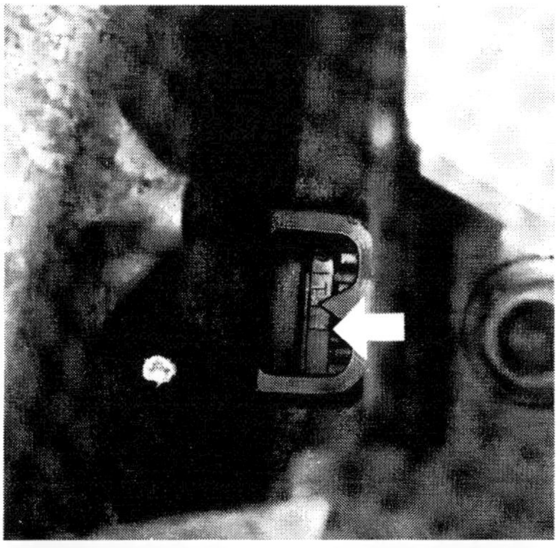

Zur Feineinstellung der Zündung dient ein Schauloch zwischen dem linken Zylinder und dem Gebläseradkasten. Nach Heraushebeln des Gummistopfens wird ein kleiner Ausschnitt des Schwungradkranzes sichtbar. Die obere Kerbmarkierung steht zwischen O und T, dem „Oberen Totpunkt". Darunter eine oder zwei weitere Markierungsstriche, von denen der OT nächstliegende Markierungsstrich die einzustellende Vorzündung kennzeichnet (auf dem Bild genau unter der Markierungsspitze). Die nicht immer eingeschlagene untere Markierung (weißer Pfeil) entspricht der früher vorgeschriebenen Vorzündung von 6° vor OT.

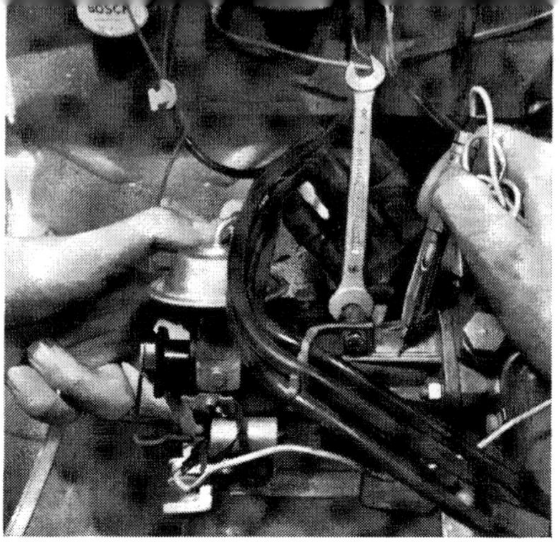

Bei der Zündeinstellung mit einer Prüflampe wird deren Kabel an Klemme 1 des Verteilers angeschlossen, die Klemmschraube für den Verteilerschaft gelockert (unter dem Schraubenschlüssel SW 10) und bei abgenommenem Verteilerkopf der Verteiler mit der linken Hand verstellt, wie im untenstehenden Text beschrieben.

Damit innerhalb des Motors das Spiel zwischen Kurbelwelle und Verteilerwelle ausgeschaltet ist, muß die letzte Einstellungsbewegung auf die OT- oder die Vorzündungs-Markierung in Drehrichtung des Motors (also „rückwärts") erfolgen. Sind Sie bereits über das Ziel hinausgeschossen, Kurbelwelle noch einmal um eine Vierteldrehung „vorwärts" und danach wieder vorsichtig „rückwärts" drehen, bis die Markierung genau unter dem Zeiger steht.

Nun mit einem Ringschlüssel SW 10 die Feststell-Klemmschraube am Fuß des Verteilers etwas lockern (siehe Bild auf dieser Seite), Zündung einschalten, Prüflampe mit einem Pol an Klemme 1 des Zündverteilers (an das grüne Kabel) anschließen, wobei das grüne Kabel ebenfalls an dem Anschluß verbleibt. Den anderen Pol der Prüflampe (zumeist ist dies eine Nadelspitze) fest an Masse drücken. Dabei muß die Prüflampe brennen, wenn die Unterbrecherkontakte offen sind, da der Primärstrom nicht über die Kontakte zur Masse fließen kann, sondern den Weg über die Prüflampe nimmt. Sind dagegen die Kontakte geschlossen, verlöscht die Prüflampe, weil der Weg über die Kontakte zur Masse für den Primärstrom weniger Widerstand (Glimmfaden der Prüflampe wirkt als Widerstand) bietet. Verteilergehäuse etwas nach rechts drehen, bis die Prüflampe verlöscht.

Die Drehrichtung des Verteilerfingers wird aus der Blickrichtung in den Verteiler beurteilt – er ist also rechtsdrehend. Deshalb muß nun zur genauen Zündzeitpunkt-Einstellung das Verteilergehäuse ganz langsam nach links, im Gegenuhrzeigersinn und entgegen der Drehrichtung des Verteilerfingers, gedreht werden, bis die Prüflampe gerade aufleuchtet. Das ist genau der Punkt, in dem sich die Unterbrecherkontakte gerade geöffnet haben und damit den Zündfunken auslösen würden. Nun darf das Verteilergehäuse nicht mehr bewegt werden, sondern sofort muß wieder die Klemmschraube am Verteilerfuß fest angezogen werden. Jetzt Zündung ausschalten, Prüflampe abziehen und Verteilerkappe wieder sorgfältig aufsetzen.

Zündzeitpunkt mit Stroboskoplampe einstellen

Gut ausgestattete Werkstätten stellen den Zündzeitpunkt auch oft mit der sogenannten „Stroboskop-Blitzlampe" ein. Das ist ein Einstellverfahren, bei dem der Motor durch den Anlasser angetrieben wird, aber nicht selbst zündet. Damit dies nicht geschieht, Kabel am elektromagnetischen Abschaltventil des Vergasers abziehen (damit wird dem Vergaser der Kraftstoffzufluß gesperrt). Der Verteilerkopf wird nicht abgenommen, sondern lediglich der Saugschlauch an der Unterdruckdose abgezogen, damit während des Einstellens hierdurch keine zusätzliche „Frühzündung" bewirkt werden kann.

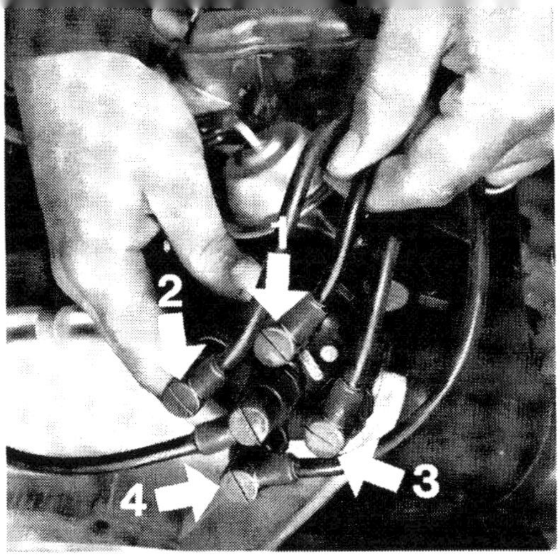

Die Ziffern bei den weißen Pfeilen zeigen, zu welchem Zylinder das betreffende Zündkabel führt. Da der Verteilerfinger sich im Uhrzeigersinn dreht, ist daraus die Zündfolge 1 – 3 – 4 – 2 erkennbar. Der 1. Zylinder des NSU-Motors liegt, in Fahrtrichtung betrachtet, rechts auf der „Steuerseite" des Motors.

Die Stroboskop-Lampe wird zwischen die Zündkerze des 1. Zylinders und deren Zündkabel geschaltet, der Gummistopfen aus dem Schauloch des Oberen Totpunktes genommen, die Klemmschraube am Verteilerfuß etwas gelockert, damit das Verteilergehäuse gedreht werden kann. Ein Helfer betätigt durch Einschalten des Zündschlosses den Anlasser. Die Stroboskop-Lampe wird auf das Schauloch gerichtet. Da die Lampe mit dem überspringenden Zündfunken blitzartig die Einstellmarken beleuchtet, scheinen diese in dem Schauloch still zu stehen. Das Verteilergehäuse wird nun so lange langsam hin- und hergedreht, bis der Zeiger des Schauloches jedesmal beim Aufblitzen genau auf die gültige Zündzeitpunkt-Markierung zeigt.

Die Zündkabel

Die Zündkabel machen am NSU keine besonderen Sorgen. Sie bestehen in der Mitte aus gediegener Metall-Litze und haben jeweils auf der einen Seite einen entstörten Verteilerstecker (Bosch-Nummer 0 356 250 009) sowie auf der anderen Seite einen entstörten Zündkerzenstecker (Bosch-Nummer 0 356 100 015). Gealterte Kabel mit poröser Isolierung austauschen, da bei diesen Kurzschlußgefahr besteht.

Die Zündkerzen

Pflegedienst Nr. 16 und Jahres-Inspektion

Die Zündkerze ist die letzte Station der Zündanlage. Eine fehlerhafte Zündkerze macht alle gute Vorarbeit der Zündanlage wirkungslos. Deshalb empfehlen die Zündkerzenhersteller vorsichtshalber, alle 10 000 km die Zündkerzen rauszuwerfen. Diese Empfehlung sollte man aber nicht so unbesehen hinnehmen, denn es sind immerhin Ihre 12 DM, die Sie da für einen neuen Satz Zündkerzen ausgeben sollen. Die 10 000-km-Empfehlung stellt nämlich übermäßigen Zündkerzenverschleiß durch Mängel in der Zündanlage mit in Rechnung. Bei einwandfreier und gelegentlich nachgeprüfter Zündanlage sowie richtiger Zündkerzenwahl können aber die Zündkerzen auch 30 000 oder 40 000 km aushalten.
Zur Kontrolle müssen die Zündkerzen demontiert und in das Zündkerzenprüfgerät von Bosch oder Beru eingesetzt werden. Zumeist sind diese Geräte mit einem Sandstrahlgebläse zur Zündkerzenreinigung kombiniert. Dies ist unter den Reinigungsverfahren das kleinste Übel. Das kleinste Übel, weil der scharfe Sandstrahl den Speckstein, das Isoliermaterial der Zünd-

Von Champion gibt es eine praktische „Zündkerzenlehre" zum Nachbiegen und Prüfen des Elektrodenabstandes. Eine keilförmige Kante der Einstell-Lehre wird zwischen die Elektroden geschoben und der Abstand abgelesen. Unser Bild zeigt, daß die Seitenelektrode noch ein wenig aufgebogen werden muß, damit der vorgeschriebene Abstand von 0,7 mm erreicht wird.

kerze, angreift und dadurch späterer Verschmutzung mit Strombrückenbildung Vorschub leistet. Auf der unbestrahlten Porzellan-Oberfläche des Specksteines setzt sich dagegen weniger Schmutz an.
Noch unvorteilhafter sind Reinigungsversuche mit dem Taschenmesser oder der Drahtbürste. Man sollte sie nur vorsichtig anwenden, wenn sich durch Verbrennungsrückstände, beispielsweise bei hochverbleitem Benzin, zwischen den Elektroden der Zündkerze eine Strombrücke mit Kurzschlußwirkung gebildet hat, die unterwegs beseitigt werden muß. Durch natürlichen Verschleiß, durch Abbrand, erweitert sich der Elektrodenabstand, so daß es dem Zündfunken schließlich nicht immer möglich ist, unter dem Kompressionsdruck von der Mittelelektrode zur Masseelektrode überzuspringen. Deshalb muß der Elektrodenabstand gemessen und im Bedarfsfall nachgestellt werden. Bei den im NSU eingebauten Zündkerzen ist der Elektrodenabstand mit 0,7 mm (bei NSU TTS 0,5–0,6 mm) vorgeschrieben. Zur Verengung des Elektrodenabstandes wird mit der Kerzenlehre – ab 1,50 DM erhältlich – die außen liegende Masseelektrode entsprechend nach innen gebogen.

Die einwandfreie Funktion einer Zündkerze läßt sich nur im Zündkerzenprüfgerät mit ziemlicher Gewißheit prüfen. In diesem Gerät wird die Zündkerze unter etwa 8 atü Druck geprüft, denn die Funkenbildung ist in der freien Luft wesentlich leichter als bei dem Druck, der im Zylinder bei Beendigung des Kompressionstaktes herrscht. Deshalb sagt eine zur „Prüfung" herausgeschraubte und am Zündkabel auf den Motorblock gelegte Zündkerze auch nichts darüber aus, ob sie den dann gezeigten schönen Zündfunken ebenfalls im Zylinder zustande bringt.

Richtiger Wärmewert

Ob eine Zündkerze ihre Pflicht richtig erfüllen kann, ist nicht zuletzt von ihrem sogenannten „Wärmewert" abhängig. Da die verschiedenen Kraftfahrzeugmotoren sehr unterschiedliche Temperaturen in ihren Verbrennungsräumen entwickeln (es leuchtet ein, daß Motoren mit hoher Verdichtung und hoher Leistung mehr Hitze erzeugen als gemütliche Durchschnittsmotoren), kann man nicht jede Zündkerze in jeden Motor einsetzen. Sie muß auf die vom Motor erzeugte Hitze abgestimmt sein. Diese Eigenschaft wird durch den Wärmewert gekennzeichnet, der bei deutschen Zündkerzen einheitlich angegeben wird, z. B. mit 175 oder 225. Je höher diese Zahl ist, um so mehr Hitze kann die Zündkerze vertragen, d. h. ableiten, um selbst nicht zu heiß zu werden. Bei „kälter" arbeitenden Motoren darf man aber auch keinen zu hohen Wärmewert wählen, denn dann wird von der Zündkerze zu

viel Wärme abgeleitet und sie hat nicht ihre günstigste Betriebstemperatur, die an den Elektroden bei 800° C liegt. Bei ausländischen Zündkerzen ist dieser Wärmewert leider nicht so offensichtlich angegeben.
Die jeweils vorgeschriebenen Wärmewerte sind aus untenstehender Tabelle ersichtlich. Ähnlich wie beim Motoröl darf man sich aber auch mit den Zündkerzen ein wenig dem „Klima" anpassen. So kann es einem als Botenfahrzeug im kalten Winter bei Kurzstreckenverkehr betriebenen Prinz 1000 L nichts schaden, wenn er für diese Zeit Zündkerzen mit dem Wärmewert 175 erhält. Entscheidend ist hierbei das Zündkerzengesicht, das dem erfahrenen Automobilisten sagt, ob eine „heißere" oder „kältere" Zündkerze für Klima und Fahrweise besser wäre.

Richtige Gewindelänge

Noch wichtiger als die Wahl des richtigen Wärmewertes ist die richtige Gewindelänge der Zündkerze. Wenn der Wärmewert nicht richtig ist, bleibt irgendwann der Motor stehen und statt dessen wird die Kerze mit dem richtigen Wärmewert eingesetzt. Ist jedoch der Zündkerzenschaft des Einschraubgewindes zu lang oder zu kurz, kann es zu teuren Motor-Reparaturen kommen. Wenn beispielsweise das Gewinde zu lang ist, ragt die Zündkerze in den Verbrennungsraum hinein. Das ist allerdings beim NSU keine Gefahr, da seine Zündkerzen die längste handelsübliche Gewindelänge von 18 bis 19 mm haben. Ist jedoch das Gewinde zu kurz – wenn z. B. eine für den VW passende Zündkerze eingeschraubt wird –, verbacken die letzten freien Gewindegänge im Zylinderkopf und müssen nach dem Ausbau der zu kurzen Zündkerze nachgeschnitten werden.

Die richtigen Zündkerzen

In den verschiedenen NSU-Motoren haben sich unterschiedliche Zündkerzentypen bewährt, die alle bei 19 mm Gewindelänge den jeweils günstigsten Wärmewert und die günstigste Elektrodenform haben:

	Prinz 1000 L/S NSU 1000/1000 C	Typ 110/110 S/SC/C NSU 1200/1200 C	Prinz 1000 TT NSU TT	Prinz 1000 TTS NSU TTS
Bosch	W 225 T 2 W 200 T 30	W 225 T 2	W 230 T 30	W 260 T 28
Beru	225/14/3 200/14/3	225/14/3	230/14/3A	D 260/14/3
Champion	N-4 N-9 Y	N-4	N-Y 296	

Das Zündkerzengesicht

Aus dem Aussehen und der Färbung der Zündkerzenelektroden kann man Rückschlüsse auf den Zustand des Motors, auf die Vergaser- und Zündeinstellung ziehen.

- mittelbraun oder mittelgrau = gute Vergasereinstellung, Zündkerzen und Motor arbeiten richtig
- schwarz = Vergaser zu fett eingestellt oder Zündkerze ist im Betrieb durch vorwiegende Kurzstreckenfahrten zu kalt. Zündkerze mit nächstniederem Wärmewert probieren, wenn Vergasereinstellung stimmt
- hellgrau = Vergaser zu mager eingestellt
- silbrig = Zündkerze wird zu heiß, eventuell durch scharfe Fahrweise; Zündkerze mit nächsthöherem Wärmewert probieren. Oder Zündung zu früh gestellt.
- verölt = Zündkerze setzt aus oder Kolbenringe undicht; wenn bei allen Zündkerzen, Fehler in der Zündanlage

Fingerzeige: *Wenn die Motorleistung trotz sorgfältig eingestellter Zündung nicht befriedigt, sollten Sie, bevor langwierige (und dadurch teure) Messungen bei der Fachwerkstatt in Auftrag gegeben werden, erst einmal prüfen, ob der Vergaser überhaupt auf „Vollgas" steht, wenn das Gaspedal ganz durchgetreten ist. Dazu brauchen Sie einen Helfer, der das Gaspedal bedient, während Sie das Vergasergestänge beobachten und nachfühlen, ob sich die Drosselklappe nicht noch weiter öffnen läßt.*

Das Einschrauben der Zündkerzen ist beim NSU nicht ganz einfach und erfordert einige Fingerfertigkeit. Vor allem ist nicht jeder Zündkerzenschlüssel, sondern nur ein langschäftiger mit dünner Wandung zu gebrauchen. Außerdem muß er innen einen Gummieinsatz haben, in den sich der Elektrodenstift oder der Speckstein der Zündkerze einschieben läßt. Empfehlenswert ist also neben dem Zündkerzen-Rohrsteckschlüssel des Bordwerkzeuges ein schlanker Zündkerzenschlüssel, wie wir ihn auf Seite 20 gezeigt haben.

Zum Eindrehen der Zündkerzen diese zuerst in den Zündkerzenschlüssel drücken, bis der Gummieinsatz die Kerze fest gefaßt hat. Dann den Zündkerzenschlüssel feinfühlig ansetzen und ohne Gewalt die Zündkerze eindrehen, bis die ersten Gewindegänge gefaßt haben.

Wenn doch einmal durch eine schief angesetzte und gewaltsam eingedrehte Zündkerze das Gewinde im Leichtmetall-Zylinderkopf „vermurkst" wurde, kostet es nicht unbedingt gleich einen neuen Zylinderkopf. Statt dessen wird das beschädigte Gewinde ausgebohrt und ein sogenanntes Heli-Coil-Gewinde eingesetzt. Das kann, da einige Spezialwerkzeuge notwendig sind, nur die Fachwerkstatt. Wenn im Bedarfsfall Ihre NSU-Werkstatt nicht Bescheid weiß, teilt die Heli-Coil-Firma Böllhoff & Co., 4812 Brackwede, Bunsenstraße 1, eine in der Nähe liegende Fachwerkstatt mit. Auch andere beschädigte Gewinde, vor allem am Motorblock, lassen sich durch diese Heli-Coil-Gewinde-Einsätze wieder vollwertig instand setzen.

Bei heißem Motorblock niemals kalte Zündkerzen zu fest einschrauben. Nach Abkühlen des Motors sitzen diese wie eingenietet fest.

Zündkerzengewinde darf vor dem Einbau keinesfalls geölt werden, um es besser gängig zu machen. Öl würde verkohlen und die Zündkerze im Gewinde festbacken. Statt dessen mit einem weichen Bleistift Graphit auf das Gewinde schaben. Zündkerze läßt sich später leicht herausschrauben.

Entstörung bei Radio-Einbau

Kraftfahrzeuge, die in Deutschland oder in den meisten anderen europäischen Ländern verkauft werden sollen, kommen bereits funkentstört aus der Produktion. (Nicht vorgeschrieben in Österreich und Italien.) In der Regel ist dies aber nur eine Grund-Entstörung, die gerade ausreichen soll, anderer Leute Radios und Fernseher nicht zu stören. Wenn man ein Auto-Radio in den grundentstörten Wagen einbauen will, muß Zusätzliches getan werden.

Dazu gibt es für NSU 1000, 1000 TT und 1200/110 einen kompletten Entstörsatz mit allen notwendigen Teilen und der entsprechenden Einbauanleitung von Blaupunkt (Bosch-Bestellnummer 7 609 469 1). Aber man kann sich auch die Teile einzeln beschaffen und einbauen:

■ An Klemme 15 der Zündspule, wo das schwarz-rote Kabel vom Zündschloß her angeschlossen ist, wird ein sogenannter „Parallel-Kondensator" zusätzlich angesteckt. (Auch der serienmäßige Kondensator am Verteiler ist ein solcher „Parallel-Kondensator", er ist parallel zum Unterbrecher geschaltet, hat aber andere Werte, so daß ein solcher auf keinen Fall an

Klemme 15 der Zündspule verwendet werden kann). Für den Anschluß muß an Klemme 15 zuerst ein Steckverteiler, der einen zweiten Anschluß ermöglicht, befestigt werden. Der passende Parallel-Kondensator trägt die Bosch-Nummer 1 297 330 008 oder 1 297 330 063.

■ An der Lichtmaschine wird das Kabel der Klemme D+ gelöst und zwischen diese Klemme und das Kabel ein sogenannter „Vorbeischleifungs-Kondensator" montiert. Er wird also nicht, wie der Kondensator an Klemme 15 der Zündspule, parallel und gemeinsam mit der Klemme und dem Kabel verbunden, sondern eindeutig zwischen Anschlußklemme und Kabelende geschaltet, so daß der Strom durch ihn hindurch geführt wird (Bosch-Typ EMKO 21 Z 1 Z, Bestellnummer 1 297 330 070). Dabei darf auf keinen Fall die Klemme D+ mit der Klemme DF der Lichtmaschine verwechselt werden! Wird nämlich versehentlich ein Entstörkondensator an Klemme DF angeschlossen, erleidet die Lichtmaschine Schaden.

■ Der Reglerschalter erhält zwei Entstörkondensatoren. An Klemme B+ ist dies wieder ein Parallel-Kondensator (Bosch-Typ EMKO 9 Z 17 Z, Bestellnummer 1 297 330 000), der also zusätzlich an der Klemme B+ des Reglerschalters verschraubt wird. Auch Klemme D+/61 des Reglerschalters erhält einen Parallel-Kondensator, allerdings vom Bosch-Typ EMKO 19 Z 3 Z (Bestellnummer 1 297 330 051), in gleicher Art zusätzlich angeschraubt.

■ Um störende Wellen aus dem Reglerschalter abzuschirmen, wird dessen Gehäuse als entsprechender „Fangschirm" benutzt. Dies geschieht durch eine gut leitende Verbindung zum Motorblock, also durch ein Massekabel aus Kupferlitze, das einerseits an der rechten Montageschraube des Reglerschaltersockels und andrerseits an der oberen Flanschschraube des Anlassers mitverschraubt wird.

■ Nach Einbau der vorgenannten Entstörteile wird der Radio-Empfang überprüft, zuerst ohne laufenden Motor, jedoch bei eingeschaltetem Scheibenwischermotor. Machen sich durch den Wischermotor Störgeräusche bemerkbar, wird an dessen Klemme 54 ein „Vorbeischleifungs-Kondensator" vom gleichen Typ wie für die Lichtmaschine (Bosch-Typ EMKO 21 Z 1 Z, Bestellnummer 1 297 330 070) montiert.

■ Machen sich beim laufenden Motor im Stand Störgeräusche bemerkbar, müssen die Zündkabel besser entstört werden, als dies durch die Grundentstörung geschieht. Auf der Verteilerseite der Zündkabel müssen Sie überprüfen, ob dort die serienmäßigen entstörten Verteilerstecker (Bosch-Typ EW/WB 1/20, Bestellnummer 0 356 250 009) befestigt sind; sie können beim Einziehen neuer Zündkabel weggelassen worden sein. Auf der Zündkerzenseite müssen die besser abgeschirmten Entstörstecker vom Bosch-Typ EM/WFG 5/1 (Bestellnummer 0 356 301 003) montiert werden.

■ Nun lassen Sie einmal Ihren NSU bei ausgeschaltetem Motor „im Freilauf" eine brottrockene Asphaltstraße bei warmem Wetter und eingeschaltetem Autoradio herunterrollen. Knistert es im Radio während des Rollens und verschwindet dieses Knistern, sowie der Wagen zum Stillstand kommt, dann laden sich Ihre Reifen mit statischer Elektrizität auf. Um die von dort ausgesandten „Störfunken" zu verhindern, muß die Metallfelge einwandfrei leitend mit der Karosserie verbunden werden (an der Vorderachse kann nämlich das Radlagerfett und an der Hinterachse die Gummi-Sternkupplung – Zeichnung auf Seite 217 – isolierend wirken). An der Vorderachse wird dieses Problem durch Radnabenkontaktfedern gelöst, die jeweils unter den Radnabendeckel (das Bild auf Seite 122 zeigt den linken Radnabendeckel) zu klemmen sind. An der Hinterachse muß von der Motorseite her jeweils eine Sechskantschraube der Gummi-Sternkupplung gelöst und eine Kontaktfeder (NSU-Teile-Nr. 9 - 8377 - 99 - 300) darunter verschraubt werden.

■ Kratzt es in Ihrem Autoradio immer noch, wird es schwierig. Es kann am Keilriemen liegen, der sich aufgrund seiner Gummimischung vielleicht elektrostatisch aufladet. Kontrolle: Bei Dunkelheit am laufenden Motor mit dem Schaft an Masse fest angedrückten Schraubenzieher (z. B. an die Steuerketten-Feststellschraube) dem Keilriemen nähern. Springen Funken zum Schraubenzieher über, die man auch im eingeschalteten Radio hört, wird der Keilriemen leicht mit Glyzerin eingerieben, das schafft Abhilfe.

■ Es kann auch daran liegen, daß einzelne Teile des Wagens gegeneinander reiben, ohne einwandfrei leitend miteinander verbunden zu sein. Dann fehlt dort ein Massekabel zwischen beiden Teilen, aber es ist eine harte Sucherei, bis man die Störquelle findet. Wichtigstes Massekabel dann zwischen Motorhaube und Karosserie. Das schirmt auch sonstige Störfunken des Motors ab.

■ Selbst die Tachowelle ist als Störquelle möglich, wenn ihre Metallumhüllung, die ja meistens von einer Schutzhülle überzogen ist, keine leitende Verbindung zur Masse hat. Kratzen Sie sicherheitshalber irgendwo diese Umhüllung der Tachowelle an, bis Sie auf die Metallumwicklung kommen, und schrauben Sie dort eine kleine Metallschelle fest, die ihrerseits mit einem Kabel zur Masse verbunden ist.

■ Und schließlich können es auch Nylon-Schonbezüge in Ihrem NSU sein, die sich per Autofahrer-Hosenboden elektrostatisch aufladen – es gibt also viele Möglichkeiten, Sie beim Radiohören zu ärgern.

Natürlich sind die in diesem Abschnitt aufgeführten Bosch-Entstörmittel nicht allein seligmachend. Es geht ebenso mit den Entstörkondensatoren anderer Fabrikate. Manche Radio-Produzenten stellen beispielsweise auch eigene Entstörsätze zusammen. Wenn Sie solche kaufen, müssen Sie jedoch vorher unbedingt in der sogenannten Typenliste des Herstellers sorgfältig überprüfen, ob und welche Entstörsätze gerade für den NSU berechnet sind. Denn 08/15-Entstörsätze müssen natürlich für eine Menge verschiedener Fahrzeuge passen, sind dementsprechend über den Daumen berechnet und können in Ihrem NSU nicht den höchsten Effekt erzielen. Und zu „scharfes" Entstören mit ungeeigneten Mitteln ergibt neben erhöhtem Elektrodenabbrand der Zündkerzen ärgerliche Zündstörungen, weil der Zündstrom zu stark gedrosselt wird, vor allem im Winter.

Fingerzeig: *Wenn der Motor nach taufrischen Nächten oder bei naßkalter Witterung nicht oder nur schwer anspringen will, hat sich zumeist Feuchtigkeit an dieser oder jener Stelle der Zündanlage festgesetzt, die den hochgespannten Zündstrom ganz oder teilweise ableitet. Als erste Maßnahme hilft dagegen Isolierspray, wie z. B. Aral „Intact", mit dem nacheinander das Innere der Verteilerkappe (siehe Seite 88), die Anschlüsse an Zündspule und Verteiler kräftig eingesprüht werden. Besondere Störquelle können beim 1200/110 die dicken Gummikappen am Ende der Zündkabel auf den Zündkerzen sein. An sich sollen diese unter dem Namen „Regenschutzkappen" gerade gegen Feuchtigkeit schützen, aber bei Taubeschlag hat sich auch schon gezeigt, daß sie über diese Feuchtigkeit den Zündfunken zum Motorblock ableiten können. Abhilfe: Ebenfalls mit Isolierspray innen und außen besprühen und zur Vorsorge soweit einkürzen, daß sie keine Metallteile mehr berühren.*

Lichtvolle Ausführungen

In jedem Oktober, zu Beginn der dunkleren Jahreshälfte, findet eine „Kraftfahrzeug-Beleuchtungswoche" statt. Es kann sein, daß man plötzlich unterwegs von der Polizei angehalten und vor ein Scheinwerfer-Prüfgerät dirigiert wird. Und alle Lämpchen rund um das Auto muß man der Reihe nach an- und ausknipsen, damit das Auge des Gesetzes erkennt, ob auch alles in Ordnung sei. Nur selten ist wirklich alles in Ordnung, teils aus Unkenntnis, teils aus Nachlässigkeit. Dann kostet es, in schlimmeren Fällen, Geldstrafe und eine Vorladung zur heimischen Polizeidienststelle, die nachprüft, ob nun alle Lampen brennen.

Ersatzlampen im Handschuhkasten

Gegen diese Beleuchtungswochen ist gar nichts zu sagen, denn wer die vielen „einäugigen" und falsch eingestellten Scheinwerfer beobachtet, wundert sich sowieso, warum das der Polizei nicht stärker auffällt. Man kann sich auch der eigenen Lampen am Auto nie ganz sicher fühlen, denn irgendwann sind sie alle einmal durchgebrannt. Durchschnittlich gesteht die einschlägige Industrie dem Abblendfaden der Scheinwerferlampe 150 Brennstunden und dem Fernlichtfaden 75 Stunden Brenndauer zu. Wenn das Pech es will, kommt man gerade in der „151. Brennstunde" des Abblendfadens zur Polizeikontrolle. Dann sparen Sie viel Ärger und Zeitverlust, wenn Sie bei der Beanstandung des Polizeibeamten hurtig ein Kästchen mit Ersatzlampen aus dem Handschuhkasten ziehen können und sofort die schadhafte Lampe auswechseln. Die Polizeibeamten dürfen in diesem Falle keine Anzeige erstatten und keine gebührenpflichtige Verwarnung erteilen, denn bei einem so vorsorglichen Autofahrer ist es nach gerichtlicher Meinung durchaus glaubwürdig, daß die Lampe „gerade eben" erst durchgebrannt ist. Und dafür kann kein Autofahrer etwas. Es gibt im Auto-Zubehörhandel praktische Ersatzlampen-Kästchen, beispielsweise von Osram zu etwas über 16,– DM. Wenn Sie einen solchen Ersatzlampen-Kasten für unterwegs kaufen wollen, müssen Sie darauf achten, daß er für Ihren Wagen speziell sortiert ist, also jene Lampen für 12 Volt Spannung enthält, die Sie auch tatsächlich brauchen. für Ihren NSU benötigen Sie:

	Einzelpreis etwa
■ Asymmetrische Zweifadenlampe, 45/40 Watt, Sockel P 45 t (Hauptscheinwerfer)	6,00 DM
■ Sofittenlampe, 18 Watt (Blinkleuchten und Bremslichter)	1,25 DM
■ Sofittenlampe, 5 Watt (Schlußlichter und Kennzeichenleuchten)	0,85 DM

Das sind die 3 wichtigsten Typen, die Sie für Ihren NSU Prinz 1000 in 6-Volt-Ausführung und für den 1000 TT sowie alle anderen Modelle in 12-Volt-Ausführung benötigen. Da die 18-Watt-Sofittenlampe am Wagen für Blinker und Bremsleuchten insgesamt sechsmal benötigt wird, sollte man nicht nur ein einziges Ersatzstück, sondern mehrere davon haben. Weitere notwendige Lampen, die man allerdings kaum unterwegs auswechseln muß, sind für den NSU:

	Einzelpreis etwa
■ Röhrenlampe, 4 Watt, Sockel BA 9 s (Standlichter)	0,85 DM
■ Röhrenlampe, 2 Watt, Sockel BA 9 s (Parklichter)	0,75 DM
■ Sofittenlampe, 10 oder 15 Watt (Rückfahrscheinwerfer)	1,25 DM
■ Röhrenlampe, 2 Watt (12 Volt) Sockel BA 9 s oder BA 7 s bzw. 1,2 Watt (6 Volt), Sockel BA 7 s (Instrumentenlämpchen)	0,75 DM

Scheinwerfer und Lampen prüfen

Pflegearbeit Nr. 22 und Jahres-Inspektion

Natürlich sieht man öfter nach den Lampen, als es der Pflegedienst vorschreibt, denn diese Prüfung macht gar keine Mühe, besonders wenn ein freundlicher Helfer bei der Lampenkontrolle rund um den Wagen springt. Es geht aber auch ohne fremde Hilfe vor einer hellen Wand, einem senkrecht zur Fahrtrichtung stehenden Ladenschaufenster oder sogar in der engen Garage, wenn sie hell gestrichen ist. Schalten Sie nacheinander Standlicht, Fernlicht und Abblendlicht ein, betätigen Sie danach die Blinker und vergessen Sie vor allem nicht die Bremslichtprobe (wobei die Zündung eingeschaltet sein muß) durch einen Tritt auf das Bremspedal. Alle Lampen in Ordnung? Und ganz zuletzt tippen Sie noch die Hupe an, es geht in einem Aufwaschen.

Wenn eine Lampe nicht mehr mag, ist es auch kein Unglück. Wie sie ausgetauscht wird, ist in den folgenden Abschnitten beschrieben. Natürlich sehen Sie sich die unwillige Lampe genau an, bevor Sie sie wegwerfen. Sie kann nämlich selbst in Ordnung sein und vermag nur nicht zu leuchten, weil an einem Steckkontakt, an einem Kabel, an einer Sicherung oder Lampenfassung der Strom gehemmt wird.

Scheinwerferlampe auswechseln

Asymmetrische Zweifadenlampe („Bilux"-Lampe), 45/40 Watt; Sicherung Nr. 4 und weißes Kabel für Fernlicht, Sicherung Nr. 3 und gelbes Kabel für Abblendlicht.

Zum Auswechseln der Scheinwerferlampen brauchen Sie am 1200/110 gar kein Werkzeug, beim NSU 1000 und 1000 TT genügt ein kleiner Kreuzschlitzschraubenzieher, dazu für den 1000 TT noch ein Querschlitzschraubenzieher. Am 1200/110 wird der Lampenwechsel vom Kofferraum aus vorgenommen, beim NSU 1000 und 1000 TT von der Wagenfrontseite her.

■ 1200/110: Kofferraumhaube öffnen, Kunststoffplatte auf der Rückseite des Scheinwerfereinsatzes abdrücken, Bajonettverschluß der Lampenfassung etwas andrücken und nach links drehen. Darauf läßt sich die Lampenfassung mit der Glühlampe nach rückwärts herausziehen. Kabelstecker von der Lampe abziehen, neue Lampe einsetzen.

Beim Zusammenbau darauf achten, daß alle Nocken und Klemmnasen richtig ineinander passen.

■ NSU 1000 und 1000 TT: Zuerst Chromblende lösen (2 Kreuzschlitzschrauben), danach Scheinwerfereinsatz losschrauben (am NSU 1000 4 Kreuzschlitzschrauben, am 1000 TT 3 Querschlitzschrauben) und Scheinwerfereinsatz nach vorne herausnehmen. Nun Lampenfassung etwas andrücken, nach links drehen, aus dem Scheinwerferspiegel herausziehen und Kabelstecker abziehen. Der Zusammenbau erfolgt sinngemäß umgekehrt, wobei ebenfalls auf sauberes Zusammenpassen der Nocken und Klemmnasen zu achten ist. Beim 1000 TT ist im Vier-Scheinwerfer-System eine Art Lampen-

Um eine Scheinwerferlampe auszuwechseln, muß beim 1200/110 vom Kofferraum aus die rückseitig abdeckende Kunststoffplatte des Scheinwerfereinsatzes abgenommen und die ganze Lampenfassung nach Andrücken und Linksdrehung aus dem Scheinwerfer genommen werden. Beim Auswechseln soll die neue Scheinwerferbirne nicht mit der bloßen Hand, sondern nur mit einem sauberen Taschentuch angefaßt werden, damit keine Handschweißspuren auf den Glaskolben der Glühlampe gelangen. Diese unvermeidbaren Schweißspuren verdunsten auf der heißen Lampe und trüben den Scheinwerferspiegel.

Vorratswirtschaft möglich, denn die inneren Scheinwerfer sind nur für Fernlicht bestimmt. Der Abblendfaden ihrer Glühlampen wird nicht benötigt. Dort kann man die im Außenscheinwerfer am Abblendfaden durchgebrannten Glühlampen noch vollwertig verwenden, denn bei unseren Straßenverkehrsverhältnissen, die nur wenig Fernlichtfahrten ermöglichen, brennt zumeist der strapazierte Abblendfaden durch.

Scheinwerferglas gebrochen

Wenn durch Steinschlag oder Unfall die Streuscheibe eines Scheinwerfers beschädigt ist, soll sie so bald wie möglich ersetzt werden, damit nicht inzwischen durch eindringende Feuchtigkeit die Verspiegelung verschmutzt oder getrübt wird. Beim 1200/110 würden wir den Einbau einer gebrochenen Streuscheibe der Fachwerkstatt überlassen, denn zum Ausbau des Scheinwerfereinsatzes muß die Front-Chromzierplatte abgenommen werden. Diese ist mit sogenannten Speedfix-Klammern im Karosserieblech befestigt. Beim abschließenden Zusammenbau braucht man neue Speedfix-Klammern, die man sich sowieso erst besorgen müßte. Außerdem ist das Front-Chromzierteil sehr dünnwandig und gegen Knick empfindlich. Bei mangelnder Erfahrung macht man sich also wahrscheinlich mehr Schaden als an Werkstattkosten zu sparen ist. Das gilt auch für den eigentlichen Einbau der Streuscheibe, die sorgsam mit Regenleistenzement zum Abdichten gegen Feuchtigkeit eingebaut werden muß. Regenleistenzement kauft man aber auch nicht gerne, wenn der größte Teil dann in der Garage eintrocknet.
Leichter ist der Einbau eines neuen Scheinwerferglases am NSU 1000 und 1000 TT. Hier sind am ausgebauten Scheinwerfersatz der Spiegelreflektor und die Streuscheibe nach Lösen der entsprechenden Schrauben voneinander zu trennen. Am NSU 1000 ist beim Zusammenbau darauf zu achten, daß im Reflektor das Standlicht stets auf der Fahrzeug-Außenseite sitzt und das Scheinwerferglas mit der Bezeichnung „TOP" nach oben eingebaut wird. Am 1000 TT haben nur die Außen-Scheinwerfer Streuscheiben für asymmetrisches Abblendlicht, während die inneren Scheinwerfer, die nur als Fernlicht in Aktion treten, anders geformte Glasscheiben haben. Diese beiden Sorten dürfen also nicht miteinander verwechselt werden.

Standlichtlampe auswechseln

Röhrenlampe 4 Watt, Sockel BA 9 s; Sicherung Nr. 1 beim 1200/110, Sicherung Nr. 2 beim NSU 1000; grau-rotes Kabel.
Es kommt sehr selten vor, daß die sparsame kleine Standlichtlampe einmal durchbrennt. Wenn dies doch geschieht, ist der Austauschvorgang praktisch der gleiche wie beim Wechsel der Scheinwerferlampe.

Scheinwerferlampenspiegel auf Korrosion prüfen

Frühjahrs-Inspektion

Nach dem Winter mit seinen starken Temperaturschwankungen (besonders im Scheinwerfer selbst) und der starken Scheinwerferbeanspruchung soll im Frühjahr der Reflektor auf Korrosion, also auf Trübung geprüft werden. Wir meinen, dies ist vor Beginn der Scheinwerfer-Saison, im Herbst, eigentlich noch wichtiger. Denn besonders das so notwendige Abblendlicht kann mit der Zeit stark gedämpft werden, weil sich gerade auf dem für dieses wichtigen Spiegelteil genau über der heißen Glühlampe verdampfter Schmutz (Fingerspuren beim Einsetzen einer neuen Glühlampe oder winzige Kondenswassertröpfchen) zuerst absetzt. Da hilft kein Putzlappen, denn der hochwirksame Scheinwerferspiegel ist äußerst empfindlich. Er ist „aufgedampft" und verträgt nicht die geringste Berührung! Auch nicht mit dem saubersten Lappen und erst recht nicht mit den niemals ganz trockenen Fingern. Bei starker Trübung des Abblendlichtes hilft nur ein Austauschen der Scheinwerferspiegel. Der Einbau ist der gleiche wie zum Austausch eines gebrochenen Scheinwerferglases.

Scheinwerfer einstellen

Jahreszeit-Inspektion

Wenn unterwegs eine neue Scheinwerferlampe eingesetzt werden mußte, ist ein Neueinstellen der Scheinwerfer fällig, denn selbst Bruchteile eines Millimeters in der Fertigungstoleranz einer Scheinwerferlampe machen sich natürlich auf 25 oder 100 Meter Entfernung im Scheinwerferstrahl bemerkbar. Weil man nun im Kofferraum kein Scheinwerfereinstellgerät mitzuführen pflegt, bleibt in diesem Falle nichts weiter übrig, als den Wagen rund 10 oder 20 Meter vor einer möglichst hellen Wand aufzustellen und den neu bestückten Scheinwerfer der Höhe nach mit dem unveränderten Scheinwerfer gleichzustellen. Dazu wird das Abblendlicht eingeschaltet, das nach oben eine scharf abgegrenzte Hell-Dunkel-Grenze hat, und durch wechselseitiges Verdecken der Scheinwerfer festgestellt, welches „Lichtbild" auf der Wand zu dem neu einzustellenden Scheinwerfer gehört und ob dieser höher oder tiefer gestellt werden muß.

Unterläßt man jedoch die behelfsmäßige Einstellung nach dem Einsetzen einer neuen Lampe, ist zumeist entweder die Fahrbahn schlecht ausgeleuchtet oder die entgegenkommenden Autofahrer machen durch wütendes Geblinke darauf aufmerksam, daß auch der abgeblendete Scheinwerfer noch blendet. Überhaupt sollten solche Blinzeleien entgegenkommender Fahrzeuge als Hinweis geachtet werden, daß irgend etwas mit der Scheinwerfereinstellung nicht zu stimmen scheint.

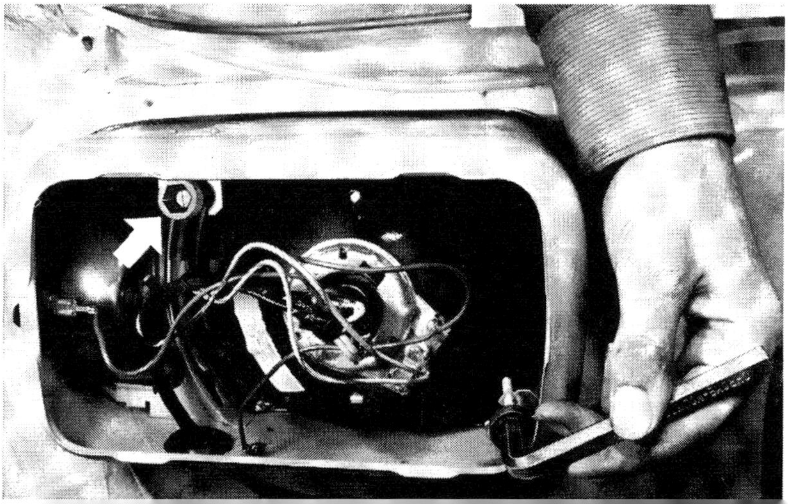

Beim 1200/110 muß man den Scheinwerferstrahl an den beiden Rändelschrauben entweder mit der Hand oder noch leichter mit einem eingesteckten Sechskantstift SW 10 verstellen. Am hier gezeigten linken Scheinwerfer dient die rechte untere Rändelschraube (Sechskantstift eingesteckt) der Seitenverstellung und die linke obere Rändelschraube (weißer Pfeil) der Höhenverstellung des Scheinwerferstrahles. Beim rechten Scheinwerfer ist es genau umgekehrt: Unten Höhenverstellung, oben Seitenverstellung.

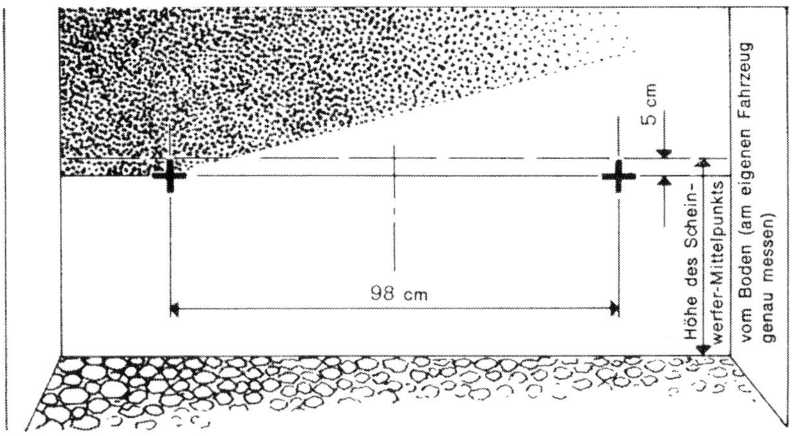

Dies ist die Scheinwerfer-Einstellskizze für den 1200/110 mit 98 cm Abstand zwischen den Scheinwerfermittelpunkten. Beim NSU 1000 müssen Sie jedoch genau 111 cm und für den 1000 TT genau 117 cm abmessen.
Das Neigungs-Maß von 5 cm muß verdoppelt werden, wenn der Wagen in 10 m Abstand auf ebener Fläche vor die Einstell-Skizze gebracht werden kann. Die 5 cm gelten für 5 m Abstand.

Zum Verstellen der Hell-Dunkel-Grenze eines Scheinwerfers sind beim 1200/110, wie auf dem linksseitigen Bild gezeigt, vom Kofferraum aus große Rändelschrauben entsprechend zu verstellen. Am NSU 1000 und 1000 TT sind zuerst mit dem Kreuzschlitzschraubenzieher die Chromzierblenden um den oder die Scheinwerfer zu lösen und auf den darunter sichtbaren Scheinwerfereinsatzringen 2 Querschlitzschrauben entsprechend zu verstellen. Bei der behelfsmäßigen Einstellung unterwegs genügt das Einstellen der Höhenjustierschraube, die am NSU 1000 außen oben und am 1000 TT senkrecht oben über dem Außenscheinwerfer liegt.

Das richtige Einstellen der Scheinwerfer nimmt die Werkstatt oder der Bosch-Dienst mit einem Scheinwerfereinstellgerät vor, das direkt vor jeden einzelnen Scheinwerfer geschoben wird. Das ist eine Arbeit von wenigen Minuten, die aber des Spezialgerätes wegen doch 2,– oder 3,– DM kostet. Sie können aber die Scheinwerfer Ihres NSU auch selbst vorschriftsmäßig einstellen, wenn Sie irgendwo eine ganz ebene Fläche von mindestens 9 m Länge mit abschließender senkrechter Wand zur Verfügung haben und auf dieser Wand mit Kohle oder Kreide malen dürfen.

Als Vorbereitung wird der Reifendruck geprüft – er muß stimmen. Dann belasten Sie die Rücksitzbank mit einem mittelgewichtigen Mitmenschen oder ersatzweise mit 75 kg (es müssen nicht gerade Briketts sein). Nun stellen Sie Ihren Wagen auf der ebenen Fläche genau im rechten Winkel zur Wand auf, schieben ihn mit der Hand noch einige Meter hin und her, damit sich die Federung richtig einspielt, und stellen ihn schließlich so ab, daß die Scheinwerfer genau in 5 Meter Abstand zur Wand stehen. Jetzt peilen Sie durch das Heckfenster Ihres NSU nach vorne über die Mitte der Kofferraumhaube (am 1200/110 haben Sie den Mittelfalz der Haube als „Hilfs-Visierlinie") jenen Punkt auf der Wand an, auf den die Mitte Ihres Fahrzeugs genau zeigt. Wo Ihr Auge die Wand anvisiert, lassen Sie von einem Helfer einen kurzen senkrechten Strich aufmalen und messen nun die Höhe der Scheinwerfermitte über dem Boden. Je nach Vorspannung der Federn schwankt diese Höhe von Wagen zu Wagen um einige Zentimeter. Es müßten im allgemeinen etwa 66 cm sein. Dann stellt man den Abstand der Scheinwerfermittelpunkte voneinander fest – es sind beim 1200/110 genau 98 cm, am NSU 1000 genau 111 cm und beim 1000 TT genau 117 cm für die beiden asymmetrischen Außen-Scheinwerfer. Die beiden Maße – Höhe und Scheinwerfermitte – werden schön symmetrisch beidseitig der Mittelsenkrechtenmarkierung auf der Wand durch zwei kleine Kreuze festgelegt. Von jedem dieser Markierungskreuze messen Sie nun 5 cm herunter – dies ist das „Gefälle“ des Scheinwerferstrahls beim NSU auf 5 Meter Abstand –, malen zwei dicke Kreuze dorthin und ziehen mit einer Latte einen waagrechten Strich durch diese beiden Kreuze.

Nach dieser Vorarbeit beginnt das eigentliche Einstellen der Scheinwerfer. Dazu Abblendlicht einschalten. Weil der 1200/110, der NSU 1000 und der 1000 TT asymmetrisches Abblendlicht haben, steigt nach einer genau waagrechten linksseitigen Hell-Dunkel-Grenze des Scheinwerfer-„Lichtbildes“ in einem sehr gut erkennbaren Abknickpunkt das beleuchtete Scheinwerferfeld im Winkel von 15° nach rechts oben an. Dieser Abknickpunkt muß haarscharf auf das vorher markierte, für ihn bestimmte Kreuz zeigen. Auch eine geringe Abweichung nach rechts, links oder oben ist nicht zulässig. Allenfalls dürfte der Lichtpunkt unterhalb des Kreuzes liegen. Das würde aber bedeuten, daß die Straße nicht sehr gut ausgeleuchtet wird.

Erst Höhe, dann Seite einstellen

Die Scheinwerfer werden nun abwechselnd mit einer Decke oder einer Jacke verdeckt, damit sich die beiden „Lichtbilder“ nicht gegenseitig stören. Zeigt einer der Abknickpunkte nicht auf das für ihn bestimmte Markierungskreuz, wird zuerst die Höhe und dann die Seitenrichtung des Scheinwerferstrahles nachgestellt, wie auf der vorigen Seite beschrieben. Da die betreffenden Einstellschrauben an den NSU-Typen unterschiedlich wirksam sind, müssen Sie zuerst einmal probieren, wie Rechts- oder Linksdrehung den Scheinwerferstrahl verändert.

Beim NSU 1000 und 1200/110 stimmt nach dieser Einstellung des Abblendlichtes das Fernlicht automatisch. Das Einschalten des Fernlichtes ist also beim Justieren der Scheinwerfer gar nicht notwendig. Ein Kontroll-Einschalten zeigt auch, daß der hellste Punkt des Fernlichtes nun genau auf die zuerst markierten Kreuze in Scheinwerferhöhe zeigt. Nur beim 1000 TT müssen die inneren beiden Scheinwerfer, die ja als zusätzliches Fernlicht brennen, noch nachjustiert werden. Auch bei diesen Scheinwerfereinsätzen sitzt oben und seitlich in der Mitte je eine Querschlitzschraube zur Höhen- bzw. Seitenjustierung. Da die beiden inneren Scheinwerfer des 1000 TT nur 86 cm Mittelabstand voneinander haben, müssen Sie sich noch 2 Hilfskreuze in diesem Abstand in Scheinwerferhöhe aufzeichnen. Darauf muß der dichteste Lichtpunkt der eingeschalteten Innen-Scheinwerfer fallen.

Halogenlampen als Zusatzscheinwerfer

Eine wesentlich höhere Lichtausbeute als die bis jetzt besprochenen Glühlampen bieten die in den letzten Jahren entwickelten Jod- oder Halogenlampen. Durch eine besondere Formung des Glaskolbens, der überdies mit einem unter starkem Druck stehenden (5 bis 15 atü) Spezialgas gefüllt ist und dadurch eine hohe Glühfadentemperatur gestattet (etwa 2100° C), brennt die Halogenlampe wesentlich heller und gibt ein besser ausgeleuchtetes Lichtfeld. Jedoch lassen sich diese Halogenlampen nicht anstelle der seither üblichen „Bilux“-Lampen in die Scheinwerfer einsetzen, sondern sie erfordern speziell berechnete Reflektoren, die aber bisher für die NSU-Typen nicht im Handel angeboten werden. Auf keinen Fall dürfen H 4 Glühlampen mit „Adaptern“ in die bisherigen Reflektoren montiert werden!

Zur Anwendung dieser verbesserten Fahrzeugbeleuchtung bietet sich also das Vier-Scheinwerfer-System des 1000 TT an, das sich übrigens ohne allzu große Umbauschwierigkeiten auch im NSU 1000 verwenden läßt. Da sich das gleichartige Vier-Scheinwerfer-System im Fiat 1300/1500 findet, können

Sie für Ihren NSU 1000 den von der italienischen Firma Carello speziell für diesen Fiat-Typ entwickelten Halogenscheinwerfer-Austauschsatz verwenden, es gibt aber auch Umbausätze von Cibié und Hella. Allerdings bedarf es einiger Bastelarbeit, die unterschiedliche Scheinwerferbefestigung und, vor allem, das unvermeidbare Standlicht anzupassen. Wo der Carello-Umtauschsatz (ohne Einbaukosten, jedoch mit Jodglühlampen und Schaltdioden zum Preis von 168,50 DM) zu haben ist und welche Werkstatt in der Nähe ihn einzubauen versteht, ist von der Firma Interconti Industriekontor, 7100 Heilbronn, Neckarsulmer Straße 36, zu erfahren.
Am zweiäugigen 1200/110 hat das strahlend helle Halogen-Fernlicht als Zusatz-Fernscheinwerfer auch einen Nachteil: Das vorzügliche Fernlicht verwöhnt das Auge derart, daß man beim notwendigen Einschalten des Abblendlichtes fast nichts sieht. Denn das Abblendlicht beruht ja in diesem Falle nur auf dem normalen Glühlampenfaden, während es im Vier-Scheinwerfer-System ebenfalls auf dem leuchtwirksameren Jodlampen-Abblendlicht der äußeren Scheinwerfer beruht.

Lampenwechsel

Blinkleuchten

Sofittenlampe 18 Watt, 41 mm lang; Sicherung Nr. 6 für gesamte Blinkanlage; linke Blinker schwarz-weiße, rechte Blinker schwarz-grüne Kabel.

■ 1200/110: Die vorderen Blinker sind mit im „Breitwand"-Scheinwerfer eingebaut, man kommt also an sie vom Kofferraum aus heran (Bild unten).
Die hinteren Blinker sitzen unter dem gemeinsamen Abdeckglas für Schlußlicht, Bremslicht, Blinker und (linksseitig) Rückfahrscheinwerfer. Dieses Abdeckglas wird von 2 Kreuzschlitzschrauben gehalten. Nach seiner Demontage ist das Blinkerlämpchen an der äußeren Fahrzeugkante zu finden.

■ NSU 1000: Die vorderen Blinkerlampen sitzen unter einem besonderen orangefarbenen Abdeckglas an den Fahrzeug-Außenkanten. Jeweils zwei kleine Kreuzschlitzschrauben sind zu lösen.
Die hinteren Blinker sitzen in der beidseitigen Dreier-Reihe der „Marmeladengläser" jeweils außen. Das orangefarbene Glastöpfchen wird vom Motorraum aus mit einem Schraubenschlüssel SW 9 demontiert.

Fingerzeig: *Da die Heckteile beim 1200/110 und NSU 1000 absolut gleich sind, lassen sich auch die „Marmeladengläser" an den 1200/110 montieren, wenn sie Ihnen attraktiver erscheinen als dessen serienmäßige Breitband-Heckleuchte. Und umgekehrt können Sie, wenn es Ihnen Spaß macht, Ihren NSU 1000 mit der Heckleuchte des 1200/110 „aufwerten".*

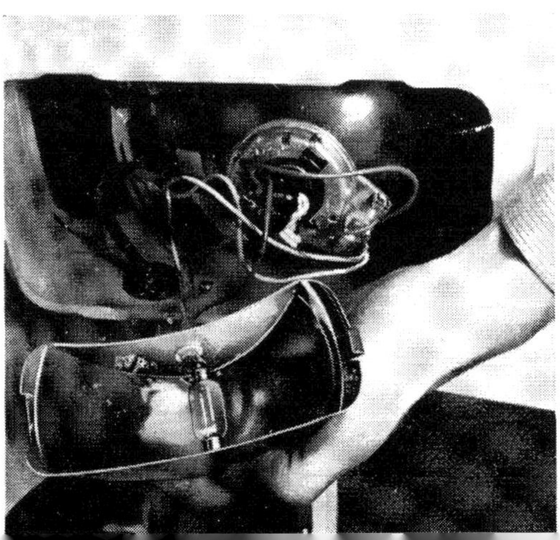

Die vorderen Blinkleuchten sind beim 1200/110 mit in den Scheinwerfereinsatz montiert. Zum Austausch defekter Blinkerlampen oder zur Störungssuche Abdeckplatte des Scheinwerfereinsatzes vom Kofferraum aus abnehmen und den zur Fahrzeug-Außenkante hin montierten Blinkereinsatz aus seinen Halteklammern herausziehen. Die Blinkerlampe ist in diesen Blinkerspiegel eingeklemmt.

Schlußleuchten und Nummernschildleuchten

Sofittenlampe 5 Watt, 36 mm lang; Sicherung Nr. 1 für das linke Schlußlicht, grau-schwarzes Kabel; Sicherung Nr. 2 für rechtes Schlußlicht und Nummernschildleuchten, grau-rotes Kabel.

Beim 1200/110 sitzen die beiden Schlußlichter jeweils in der Mitte unter dem Abdeckglas der Heckleuchte. Beim NSU 1000 sind es die jeweils innen liegenden „Marmeladengläser", denn bei diesem Wagentyp besorgen die Schlußlichter zugleich die Beleuchtung des hinteren Nummernschildes, während beim 1200/110 dazu zwei besondere Nummernschildleuchten, die in die hintere Stoßstange eingeklemmt sind, dienen. Die Nummernschildleuchten des 1200/110 sind beide an das rechtseitige Schlußlicht angeklemmt und brennen mit diesem. Sie lassen sich mit einem feinen Schraubenzieher ohne Schwierigkeiten aus der hinteren Stoßstange hebeln.

Fingerzeige: *Der „Breitband"-Lampenhalter der Heckleuchten des 1200/110 ist mit Sechskantschrauben SW 8 am Karosserieblech befestigt. Lediglich in der Mitte sitzt jeweils eine Schraube für SW 9. Diese hat die Aufgabe, die leitfähige Verbindung zur „Masse", also zum Minuspol der Batterie, herzustellen. Wenn in den Heckleuchten des 1200/110 Störungen durch trübe oder falsch brennende Lampen auftreten und beispielsweise beim Einschalten der Blinker jeweils die Schlußleuchte verlöscht, liegt der Fehler nicht in defekten Glühlampen, er muß auch nicht in verwirrten Kabelanschlüssen liegen, sondern wir fanden ihn in der korrodierten „Masse"-Anschlußschraube. Der fehlende Kontaktschluß zur Masse wird von den stärker brennenden Lampen über die schwächer brennenden versucht, was zu deren teilweisem oder ganzem Verlöschen führt. Mittlere Kontaktschraube vom Motorraum aus entrosten und festdrehen.*

Bremslichter

Sofittenlampe, 18 Watt, 41 mm lang; Sicherung Nr. 5, schwarz-lila Kabel über Bremslichtschalter, von dort schwarz-rotes Kabel.

Austausch defekter Bremslichter erfolgt genau wie jener der Schlußlichter.

Rückfahrscheinwerfer

Sofittenlampe, 10 oder 15 Watt, 41 mm lang; 1200/110: Sicherung Nr. 6, graugrünes Kabel; weiteres grau-grünes Kabel führt zum Vergaser-Abschaltventil, weiteres braunes Kabel zum Rückfahrscheinwerferschalter im Getriebegehäuse. Beim NSU 1000: Ohne Sicherung Anschluß an Klemme 15 der Zündspule, schwarzes Kabel zu den Rückfahrscheinwerfern, braunes Kabel als „Masse"-Leitung zwischen den Rückfahrscheinwerfern und zum Rückfahrscheinwerferschalter im Getriebegehäuse.

Die Heckleuchte des Typ 110 trägt von außen nach innen (hier für die rechte Heckleuchte von rechts nach links) die Blinkerlampe mit 18 Watt, das Schlußlicht mit 5 Watt und das Bremslicht mit 18 Watt. Alle drei sind sogenannte Sofittenlampen. In der linksseitigen Heckleuchte sitzt dazu noch der Rückfahrscheinwerfer, der zusätzlich auch in die hier gezeigte, rechte Heckleuchte links eingebaut werden kann.

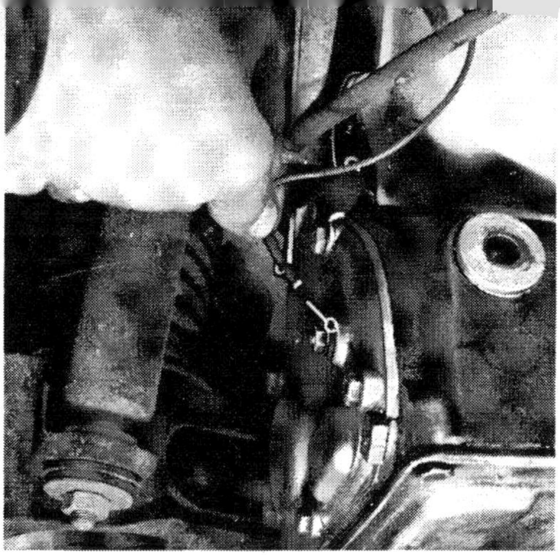

Da laut Gesetz Rückfahrscheinwerfer nur bei laufendem Motor und eingeschaltetem Rückwärtsgang brennen dürfen (also nicht am geparkten Wagen bei eingelegtem Rückwärtsgang!), ist im NSU-Getriebe ein spezieller Schalter mit dem Rückwärtsgang gekoppelt. Er sitzt an der linken Seite des Getriebegehäuses. Der Schalter steht nur bei eingeschalteter Zündung unter Strom.

Beim 1200/110 ist nur in der linken Heckleuchte zur Wagenmitte hin ein Rückfahrscheinwerfer, im NSU 1000 sitzt jeweils einer zusammen mit den hinteren Blinkern unter einem Glastopf. Das Auswechseln defekter Lampen geschieht wie beim Wechseln der Blinker- oder der Bremsleuchten. Da die serienmäßig eingebauten Sofittenlampen der Rückfahrscheinwerfer (mit je 10 Watt beim NSU 1000 und mit 15 Watt beim 1200/110) genau die gleichen Abmessungen wie die 18-Watt-Lampen für Bremslichter und Blinker haben, sollte man bei Ersatzbedarf diese stärkeren 18-Watt-Lampen einbauen.

Innenbeleuchtung

Sofittenlampe, 5 Watt, 36 mm lang; 1200/110: Sicherung Nr. 7, von dort rotes Kabel, braunes Kabel zu den Türkontaktschaltern; NSU 1000: Ohne Sicherung Anschluß an Klemme 30 des Lichtschalters, von dort rotes Kabel, braune Kabel zu den Türkontaktschaltern.
Die Innenraumleuchte steht auch bei ausgeschalteter Zündung über das rote Kabel dauernd unter Strom. Es ist lediglich notwendig, über den kleinen Handhebelschalter oder einen der Türkontaktschalter Verbindung zur Masse herzustellen, damit die Innenraumleuchte brennen kann. Wenn sie nicht funktioniert, läßt sie sich ohne Werkzeug ausbauen. Dazu Leuchten-Gehäuse mit der Hand seitlich etwas zusammendrücken und anheben. Beim Aufsetzen muß das Gehäuse in zwei seitliche Nuten einrasten.
Zeigt sich, daß einer der beiden Türkontaktschalter, die beidseitig im Vorderholm der Türen in halber Höhe sitzen, nicht regelmäßig beim Öffnen der Tür das Licht anschaltet, obgleich der Handschalter an der Innenbeleuchtung entsprechend gestellt ist, läßt sich der betreffende Türkontaktschalter mit einem schmalen Schraubenzieher aus dem Türrahmen hebeln. Die Kontaktstifte, die beim Öffnen der Tür herausspringen sollen, klemmen manchmal. Zumeist genügt das sorgfältige Säubern der Schalterteile und das leichte Einfetten des Kontaktstiftes, um diesen wieder gängig zu machen.

Parklichter

Röhrenlampe, 2 Watt, Sockel BA 9 s; links grau-weißes Kabel von Klemme PL oder 57 R des Blinkerschalters, rechts grau-rotes Kabel von Klemme PR oder 57 R des Blinkerschalters, keine Sicherung.
Wenn das Zündschloß ausgeschaltet ist, erhält der Kontakt P an der Zündschloß-Rückseite Strom, leitet ihn an Klemme P des Blinkerschalters (der bei dieser Zündschloß-Stellung am 1200/110 als Parklicht-Schalter wirksam wird) bzw. an die rechte oder linke Parklicht-Taste im Armaturenbrett (NSU 1000) und von dort zum eingeschalteten Parklicht. Siehe umseitiges Bild.

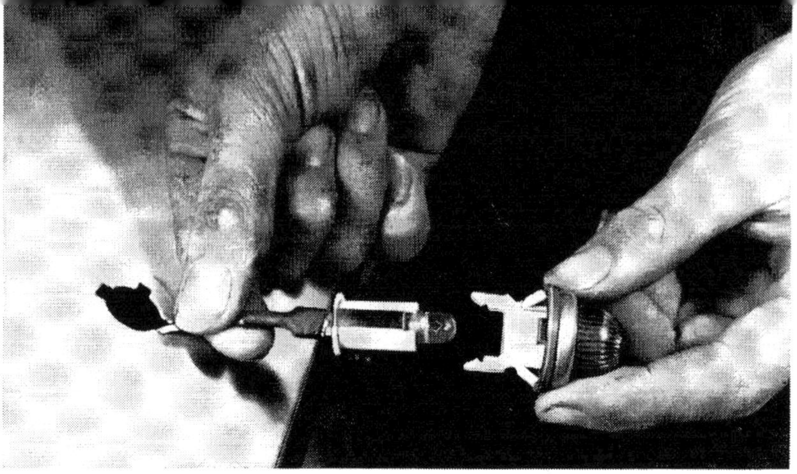

Die sparsamen 2-Watt-Lampen in den Parkleuchten werden kaum einmal durchbrennen. Wenn es doch geschieht, vom Kofferraum aus mit der Hand die seitlichen Kunststoff-Zapfen an den Leuchtensockeln zusammendrücken und den Sockel nach außen schieben. Dort Lampenkopf abziehen und defektes Lämpchen austauschen.

Instrumentenbeleuchtung

1200/110: Röhrenlampe, 2 Watt bei 12 Volt, Sockel BA 9 s; Sicherung Nr. 2, grau-weißes Kabel. NSU 1000: Röhrenlampe, 1,2 Watt bei 6 Volt, Sockel BA 7 s; Anschluß ohne Sicherung an Klemme 58 des Lichtschalters, graues Kabel. NSU 1000 TT: Röhrenlampe 2 Watt bei 12 Volt, Sockel BA 7 s.

Die Schaltung und Funktion der verschiedenen Kontroll-Lämpchen ist im Kapitel über die Instrumente jeweils an passender Stelle erläutert, der Austausch eines defekten Kontroll-Lämpchens ist jedoch praktisch gleichartig wie bei der Instrumentenbeleuchtung. Beim 1200/110 müssen Sie mit schlanker Hand hinter dem Armaturenbrett nach der Steckhülse der defekten Lampe tasten und diese, wie im Bild unten gezeigt, aus der Instrumentenplatte herausziehen oder Sie bauen gleich das ganze Kombi-Instrument aus (siehe Seite 118), um besser an die defekte Lampe zu kommen. Am NSU 1000 erfolgt der Lampenaustausch vom Kofferraum her, nachdem dort die rückwärtige Abdeckkappe abgenommen wurde. Die Lämpchen sitzen in Hülsen, welche ihrerseits durch Federspannung in ihrer Instrumentenfassung gehalten werden.

Nebelscheinwerfer

Geld für Nebelscheinwerfer auszugeben, sollte man sich sehr überlegen. Deren Wirkung ist meist mehr eine moralische. Das gilt auch für die modernen Halogen- oder Jod-Nebelscheinwerfer (siehe auch Seite 104), die zwar ein besseres Licht liefern, aber durch ihre grellere „Lichtfarbe" bei dichtem

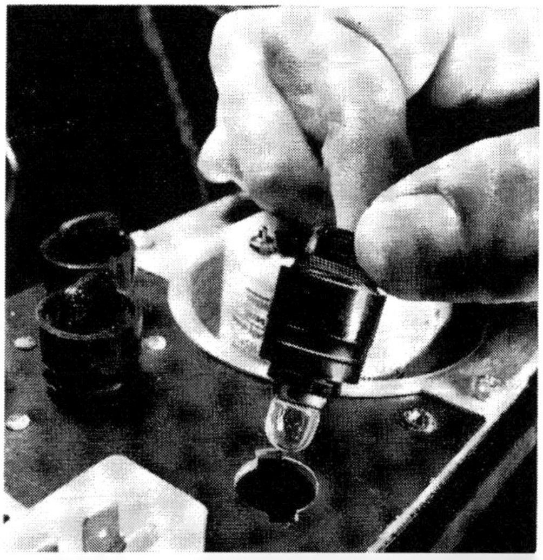

Wie die Instrumentenplatte aus dem Armaturenbrett ausgebaut wird, ist auf Seite 118 beschrieben. Der Austausch eines defekten Lämpchens ist jedoch auch mit etwas Geschicklichkeit an der eingebauten Instrumentenplatte möglich. Dazu ist lediglich der Mittelsteg der Lampenhülse (hier zwischen Daumen und Zeigefinger) etwas in die Instrumentenplatte zu drücken und dabei die Lampenhülse so zu drehen, daß die Haltezapfen an der Hülse aus den entsprechenden Auskerbungen der Platte gezogen werden können.

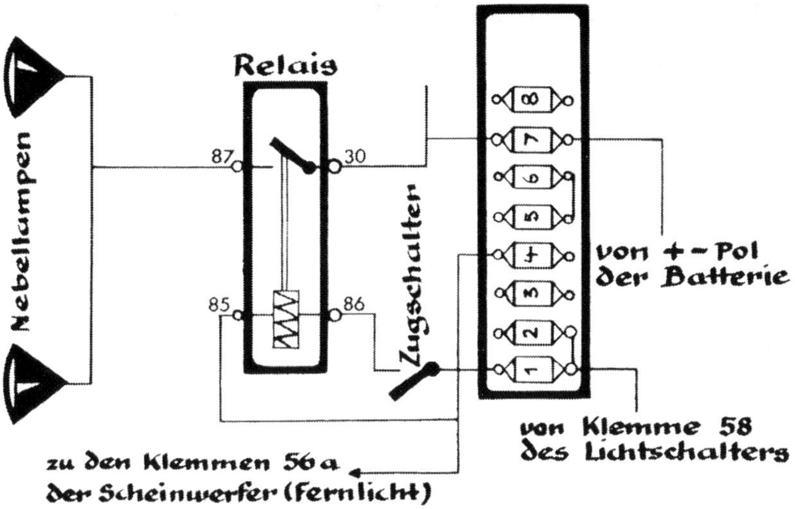

Schaltskizze für die Montage von Nebellampen. Das Schalt-Relais darf nicht eingespart werden, denn es bewirkt, daß die eingeschalteten Nebellampen bei Einschalten des Fernlichtes (Klemme 56 a) verlöschen. Nur eine Nebellampe zu montieren, ist sinnlos.

Nebel auch den Sichtschleier vor den Augen des Fahrers verstärken. Jedenfalls wird die Wirkung von Nebellampen sehr oft weit überschätzt.
Wenn es aber sein soll: Es ist ziemlich einerlei, ob Sie sich für viereckige oder runde, weiße oder gelbliche Nebelscheinwerfer, auf jeden Fall sollten Sie sich für zwei Nebelscheinwerfer – und nicht nur einen – entscheiden. Denn erst mit zwei Nebelscheinwerfern dürfen bei Nebel oder Schneetreiben die Hauptscheinwerfer auf Standlicht geschaltet werden, wodurch die störende Lichtwand des Abblendlichtes vermindert wird. Bei nur einer Nebellampe muß nämlich stets das Abblendlicht mitbrennen. Das ist auch Vorschrift, wenn zwei Nebellampen so weit nach der Fahrzeugmitte zu sitzen, daß die Entfernung bis zur breitesten Stelle des Fahrzeugumrisses mehr als 40 cm beträgt. Das wird vermieden, wenn die beiden Nebelscheinwerfer jeweils direkt neben die Hauptscheinwerfer auf die Stoßstange oder fest an die vordere Karosseriewand montiert werden.
Die normalen Nebellampen mit Glühlampen verbrauchen jeweils 35 Watt, die Jodlampen jeweils 55 Watt, also insgesamt 70 bzw. 110 Watt zusätzlicher Stromverbrauch. Auch aus diesem Grunde ist es schonender für Lichtmaschine und Batterie, wenn nur die beiden Standlichter (zusammen 8 Watt) anstatt der Abblendlampen (zusammen 80 Watt) bei eingeschalteten Nebellampen zu brennen brauchen. Gute Nebellampen kosten pro Stück zwischen 22 und 35 DM, die lichtstärkeren Jod-Nebellampen bis zu 45 DM.
Leider gibt es für den NSU keinen vorgearbeiteten Einbausatz zum Selbsteinbau von Nebelscheinwerfern wie für andere Wagen. Sie müssen die notwendigen Teile (Zugschalter, Schalt-Relais, Kabel, Lampenhalterung) selbst zusammenstellen. Auch brauchen Sie für diese Arbeit eine Bohrmaschine, weil beispielsweise der zugehörige Zug- oder Kippschalter am Armaturenbrett montiert werden muß.
Unsere Schaltskizze für die Anbringung von Nebellampen gilt in erster Linie für den 1200/110. Für den NSU 1000, der keine 7 Sicherungsanschlüsse hat, muß der Strom vom Plus-Pol der Batterie über die Klemme 30 des Lichtschalters herangeholt werden. Da hier eine Sicherung fehlen würde, muß eine solche mit 25 Ampere als Steckhülsen-Sicherung in das Kabel vor Klemme 30 des Schalt-Relais einmontiert werden. Das Schalt-Relais (dieser Typ ist unter der Bosch-Bezeichnung SH/SE 20 A 1/2 zum Preis von DM 7,20 zu haben) sollte übrigens nicht „eingespart“ werden, denn es hat die Aufgabe, beim Aufleuchten des Fernlichtes die Nebelscheinwerfer abzuschalten.

Anruf genügt – nicht immer

Auf verschiedene Weise kann der Autofahrer seiner verkehrsteilnehmenden Umgebung mitteilen, was er vorhat: durch die tönende Hupe, die Licht-„Hupe“, die Blinker und die Bremslichter.

Sehr höfliche Autofahrer benutzen die Hupe fast gar nicht. Trotzdem muß sie und ihre Sicherung (Nr. 5) in Ordnung sein. Die Lichthupe dagegen ist amtlich nicht vorgeschrieben, sie soll auch so sparsam wie möglich eingesetzt werden. Sehr reichlich sind die Blinker zu gebrauchen, weshalb ihre gute Funktion ständig beobachtet werden muß.

Kein direkter Einfluß besteht auf das Aufleuchten der Bremslichter, die nur zugleich mit der Betätigung des Bremspedals eingeschaltet werden.

Das Bremslicht

Bei der Prüfung muß es hinter dem Wagen rot aufleuchten (z. B. an einer Wand), wenn Sie das Bremspedal treten. Das ist eine einfache Prüfung, die nicht nur alle 7500 km beim Wartungsdienst Nr. 22 erledigt werden darf. Ist ein Bremslicht ausgefallen, muß es sofort ersetzt werden. Als guter Autofahrer haben Sie die 18-Watt-Sofittenlampe dafür als Ersatzstück im Handschuhkasten. Wie eine neue Lampe eingesetzt wird, ist im Kapitel „Beleuchtung“ beschrieben. Sind beide Bremslichter ausgefallen, müssen Sie einen Blick auf die Sicherung Nr. 5 werfen, denn über diese erhält der Bremslichtschalter seinen Strom, ebenso aber auch die Hupe, so daß auch ein Druck auf den Hupenring erweist, ob die Sicherung Nr. 5 defekt oder in Ordnung ist. Zwischenfrage: Ist die Zündung eingeschaltet? Ohne diese ist sowieso kein Strom für Hupe und Bremslicht da.

Funktionieren die beiden Bremslichter nicht, obgleich die Sicherung Nr. 5 intakt ist, liegt es entweder am schwarz-lila Kabel zwischen der Sicherung

Der Bremslichtschalter an der Fahrzeugunterseite vor dem Fußhebelwerk ist Schmutz und Spritzwasser ziemlich schutzlos ausgesetzt. Daher können die Steckkontakte (weißer Pfeil) verschmutzen, was zur Strombrückenbildung führt. Der Bremslichtschalter leitet übrigens, wenn sich in ihm die Kontakte durch den Bremsflüssigkeitsdruck schließen, lediglich den Strom weiter; es ist also einerlei, an welchen Steckkontakt des Bremslichtschalters welches Kabel geklemmt wird.

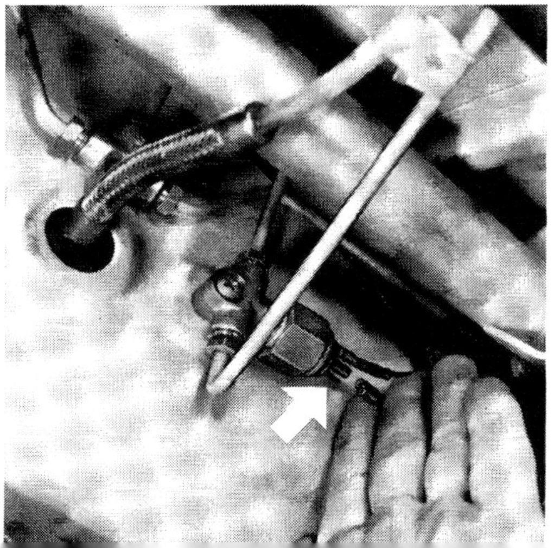

und dem Bremslichtschalter, am Bremslichtschalter selbst oder am schwarz-roten Kabel zwischen Bremslichtschalter und Bremsleuchten. Prüfen Sie zuerst einmal, ob alle Steck-Kontakte fest sitzen. Der Bremslichtschalter sitzt oberhalb des Abdeckbleches der Vorderachse vor dem Bremspedal.
Zum Ausbau des Bremslichtschalters möchten wir Ihnen nicht raten. Zu reparieren ist daran doch nichts, sondern er muß bei Störung ausgetauscht werden. Andererseits läuft jedoch beim Ausbau des durch den Flüssigkeitsdruck der Bremsleitung betätigten Bremslichtschalters Bremsflüssigkeit aus und gerät gleichzeitig Luft in die Bremsleitung. Deshalb muß nach dem Einbau eines neuen Bremslichtschalters die gesamte Bremsanlage entlüftet werden (siehe Kapitel „Die Bremsen, 2. Teil"). Den neuen Bremslichtschalter hat nur die Werkstatt; also gleich dorthin.

Das Signalhorn

Anschluß an Sicherung Nr. 5 (Strom nur bei eingeschalteter Zündung), von dort schwarz-gelbes Kabel zum Signalhorn, von dort braunes Kabel über Hupenring zur Masse.
Die Hupe finden Sie unter dem Wagen neben dem linken Vorderrad. Der Ton, den sie von sich gibt, wird von einem Elektromagneten in Verbindung mit einem Unterbrecher auf einer Membrane erzeugt. Man nennt diese Art Posaunen Aufschlaghörner. Früher baute man zur Schonung ihrer Unterbrecherkontakte einen funkendämpfenden Kondensator hinein, aber heutzutage fällt dieser zumeist dem Kalkulations-Stift zum Opfer. Außerdem ist die Hupe beim NSU dem Straßendreck ausgesetzt.

Signalhorn prüfen

Am Signalhorn sind zwei Kabel angeschlossen, von denen das schwarzgelbe bei eingeschalteter Zündung ständig Strom am Horn bereithält. Wird durch Druck auf den Hupenring am Lenkrad über das braune (Masse-)Kabel Verbindung zur Masse hergestellt, tönt die Hupe.
Umgekehrt kann aber auch das Signalhorn streiken oder zu krächzen beginnen. Krächzt es, hat es wenigstens noch Strom. In beiden Fällen Horn ausbauen. Zuerst Signalhorn an der Batterie prüfen (beide Hupenkontakte mit den beiden Batteriepolen verbinden). Gibt es überhaupt keinen Ton mehr von sich, haben Reparaturversuche wenig Sinn. Es muß ausgetauscht werden; ein gleichartiges Signalhorn (12 Volt bzw. 6 Volt beachten) kostet bei Bosch 13 DM oder 16,30 DM. Wenn abgenutzte Unterbrecherkontakte oder ein defekter Kondensator das Horn aus der rechten Stimmung gebracht haben, können Sie jedoch versuchen, den Schwingungsbereich der Membrane zu verändern. Siehe Bild auf der folgenden Seite.

Hupe mit Dauerton

Es kann aber auch einmal geschehen, daß die Hupe überhaupt nicht mehr aufhören will und nervtötend vor sich hin blökt. Zuerst hilft natürlich das Ausschalten der Zündung, um der Hupe den Strom abzuschneiden. Weil aber dann auch der Motor stehen bleibt, ist dies unterwegs nicht immer die rechte Lösung. Man könnte nun die Sicherung Nr. 5 entfernen, dann würde aber auch der Scheibenwischermotor, dem Instrumentenbrett und vor allem den Bremslichtern der Strom fehlen.
Der Fehler muß also auch unterwegs sogleich so abgestellt werden, daß die übrigen Stromverbraucher an Sicherung Nr. 5 weiter versorgt werden. Das dauertönende Horn beweist, daß der dem Horn zugeführte Strom auf seinem weiteren Weg einen illegalen Weg zur Masse gefunden hat. Das

Bei krächzendem Horn ist das Verstellen der Membranschwingungen ein letzter Versuch. Dazu die mit Wachs oder Lack „plombierte" Querschlitzschraube auf der Horn-Rückseite mit dem Schraubenzieher verstellen, während ein Helfer den Hupenring drückt. Gelingt das Verstellen, Schraube mit Lacktupfer oder Wachs neu plombieren, damit sie sich nicht selbständig verstellt und dort auch keine Feuchtigkeit eindringt.

kann direkt am Horn der Fall sein, weil Schmutz und Nässe am Kontakt des braunen Kabels eine leitfähige Schicht angesetzt haben. Also müssen Sie dort das schwarz-gelbe Kabel (am NSU 1000 ist es schwarz-lila) abziehen und dessen Kabelstecker irgendwie isolieren, sonst brennt bei Berührung des Karosseriebleches die Sicherung Nr. 5 durch.
Später in Ruhe den Kurzschluß zur Masse suchen: Schwarz-gelbes (schwarz-lila) Kabel wieder am Hupenkontakt anstecken und statt dessen das braune Kabel abziehen. Hupt es weiter? Ja; dann liegt der Kurzschluß direkt an der Hupe. Kontakte sorgfältig reinigen, mit Isoliermittel (z. B. Polifac Chromschutzspray) einsprühen und Kabel wieder anschließen. Wenn es nach Abziehen des braunen Kabels nicht weiter gehupt hat, liegt der Fehler in diesem oder am Hupenring und dessen Kontakt. Scheint es am Hupenring zu liegen, müssen Sie, wie im Bild unten gezeigt, verfahren.

Zusatzhorn oder Fanfaren

Wer besonders markant klingende Hupen, Fanfaren oder lustige Signale – letztere vom Wolfshorn über Melodiehörner bis zum Stiergebrüll – einbauen möchte, findet bei der Firma Hupen-Schede, 2 Hamburg 13, Rothenbaumchaussee 195, alles, was ihm diesbezüglich Nutzen und Spaß verschafft. Wer damit nicht provoziert, wird kaum Ärger haben. Es gibt solche Fanfaren sowohl für Stromanschluß wie auch für Preßluftbetrieb, wozu bei letzterem ein elektrisch betriebener Luftkompressor möglichst nahe bei den Fanfaren montiert werden muß. Fanfarensätze ohne Relais sollten Sie nicht

Das Kunststoffpolster des Lenkrades ist mit zwei Kunststoffzapfen in das Lenkrad geklemmt und läßt sich mit einem breiten Schraubenzieher leicht heraushebeln. Das braune Kabel darunter (in der Hand gehalten) ist das Verbindungskabel zur Hupe. Wird es auf seinen Anschlußkontakt (links neben dem Kabelstecker) geklemmt, muß die Hupe bei Druck auf den Signalring ertönen. Ist der Hupenkontakt gestört, die 4 Querschlitzschrauben des Signalrings lösen und darunter feststellen, ob der federnde Massekontakt auf seinem Schleifring (siehe Bild rechts) einwandfrei aufsitzt und nicht klemmt.

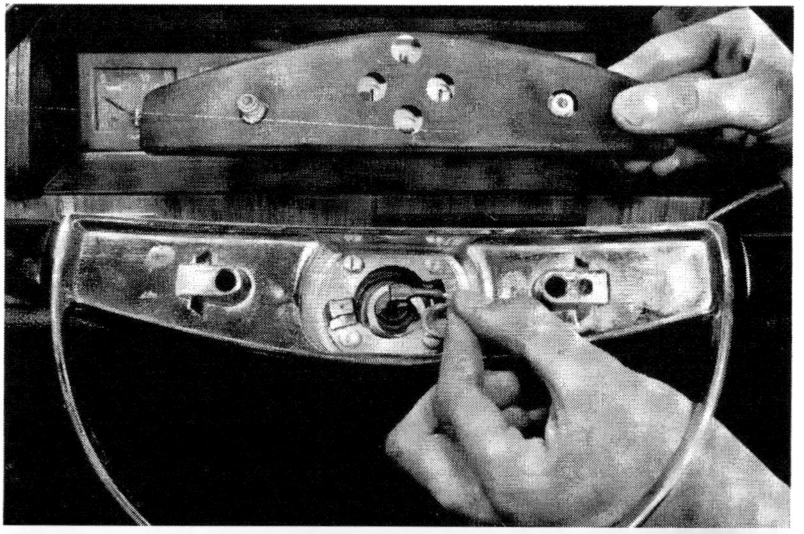

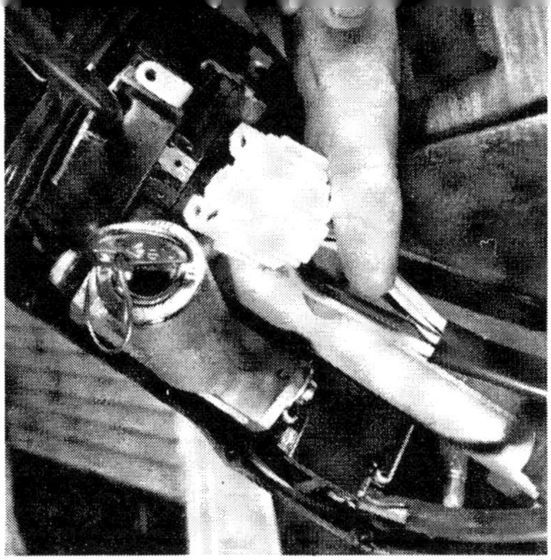

Beidseitig des Lenkrades sitzen unter den Hebelschaltern Mehrfachstecker, in denen die für diese Schalter zuständigen Kabel zusammengefaßt sind. An diese Stecker kommt man nach Demontage der Lenksäulen-Ummantelung heran. Dazu ist ein kräftiger Kreuzschlitz-Schraubenzieher notwendig. Unser Bild zeigt den weißen Mehrfachstecker für den Abblendschalter und die Lichthupe.

kaufen – sie sind nicht lauter als das serienmäßige Horn, auch wenn sie sich im Zubehörladen laut anhören. Die 7 DM für das Schaltrelais sind bei dem hohen Preis der Fanfaren bestimmt noch zu verkraften. Wie die Zusatzhörner oder Fanfaren eingebaut werden, ist auf Einbauanleitungen beschrieben, die man zu den verschiedenen Typen erhalten kann.

Mehrfachschalter im Lenkrad

Am Lenkrad, also in günstiger Handposition, liegen eine ganze Reihe von Schaltaufgaben. Zum ersten der bereits besprochene Hupenring, sodann am linken Hebel die Blinker- und Parklichtbetätigung und auf der anderen Seite der Schalthebel für Scheinwerferabblendung und Lichthupe. Wie man an diese Schalter gelangt, ist in den beiden Bildern dieser Seite gezeigt.
Ist die Lenksäulenmutter gelöst, sind vor dem Abnehmen des Lenkrades die Vorderräder genau gerade zu richten, so daß die Lenkradspeichen exakt waagrecht stehen (erleichtert später das genaue Aufsetzen des Lenkrades). Dann Lenkrad mit einigen kräftigen Handballenschlägen von unten von der Lenksäule lösen. Kreuzschlitzschrauben des Schaltersatzes herausdrehen und letzteren komplett abheben. Auf der Rückseite sind die jeweiligen Klemmenbezeichnungen in die Schalterteile eingeprägt.
Ein Fehler am Hupenschalter kann an dem kleinen Metallstift liegen, der mit dem Lenkrad gleichförmig auf dem Metallring des Hupenringes schleift, nicht mehr federt oder klemmt. Reinigen und ölen!
Funktioniert ein anderes angeschlossenes Teil nicht und ist der Fehler am

Falls einer der beiden Hebelschalter überprüft werden muß, ist nach Abnahme des Signalrings (siehe linkes Bild) das Lenkrad auszubauen. Das ist jedoch nur möglich, wenn ein Steckschlüssel SW 24, wie im Bild gezeigt, zum Lösen der Lenksäulenschraube zur Verfügung steht. Auf unserem Bild ist die Lenkrad-Ummantelung noch nicht demontiert. Wie das Lenkrad selbst abgenommen wird, ist im umseitigen Text beschrieben.

Um das aus seiner Halteklammer (Bildmitte an der Armaturenbrett-Rückseite) gezogene Blinker-Relais (in der Hand gehalten) besser zeigen zu können, ist hier die Instrumentenplatte ausgebaut. Das Relais läßt sich aber auch unter dem Armaturenbrett hindurch aus seiner Halteklammer ziehen. Beim Auswechseln Kabel um Kabel einzeln auf die gleichartige Klemme umstekken, damit es hierbei keine Verwechslungen gibt. Blinkgeber sind gegenüber starken Vibrationen empfindlich, weswegen sie an schwingungsruhigen Stellen befestigt sind.

betreffenden Schalter zu suchen, kann man den Doppelschalter, nachdem die Steck-Kontakte auf seiner Rückseite abgezogen wurden, durch Lösen einer Querschlitzschraube auf seiner Rückseite öffnen und die entsprechenden Schaltzungen und -federn in Ordnung zu bringen suchen. Gelingt das nicht, Doppelschalter austauschen. Einbau erfolgt sinngemäß umgekehrt. Beim Anstecken der Kabel Schaltplan zu Hilfe nehmen.

Die Blinkanlage

Auftretende Fehler in der Blinkanlage machen sich zumeist durch ungleichmäßiges Blinken (linke Seite schneller als rechts oder umgekehrt) bemerkbar. Dann ist in der Regel eine der 4 Blinklampen defekt. Wie die Blinkerlampen ausgewechselt werden, ist bereits im Kapitel „Beleuchtung" beschrieben. Es dürfen dabei nur die Lampen vorgeschriebener Watt-Aufnahmen eingesetzt werden, da sonst der Blinker-Rhythmus ebenfalls aus dem Gleichschritt kommt und Schaden erleiden kann. Fällt die ganze Blinkanlage aus, muß die Sicherung Nr. 6 geprüft werden. Weitere Sicherungen sind in die Blinkanlage nicht einbezogen. Etwaige Fehler der Blinkanlage sind auch im Mehrfachschalter am Lenkrad zu suchen.
Schalten die Blinkerlampen auf Dauerlicht, ist der Fehler im Blinker-Relais zu vermuten. Eine Reparatur ist nicht möglich, das Relais muß bei Defekt ausgetauscht werden (etwa 7,20 DM). Es sitzt auf der Rückseite des Armaturenbrettes (siehe Bild oben) in einer Klemmfeder.

Warnlichtschalter zum Einbauen

Die meisten der Warnlichtschalter, die man nachträglich einbauen kann, verfügen über ein zusätzliches Relais, nur die von Hella und Jokon werden an den Blinkgeber angeschlossen. Man unterscheidet außerdem Warnlichtschalter mit und ohne Automatik, letztere müssen bei Bedarf besonders eingeschaltet werden. Gebrauchstüchtig und preiswert sind die Geräte von Bosch und VDO und die unter dem Namen Pneutron von Priesemuth KG in Itzehoe hergestellten, sie kosten zwischen 14 und 23 Mark, und wenn man sie sich einbauen läßt, hat man noch jeweils 21 Mark zu zahlen. Beigefügte Beschreibungen erleichtern jedoch auch den Selbsteinbau.

Die Hilfsarbeiter

Mancher Autofahrer ganzer Stolz ist das Armaturenbrett. Dort können sie nicht genug drauf bekommen. Da müssen Zeiger zittern und Lämpchen aufleuchten, von der Temperatur innen und außen bis zum Neigungswinkel der Straße wird alles gemessen. Da gibt es Drehzahlmesser, Amperemeter, Rechenwerke für die einzuhaltende Geschwindigkeit und Fahrtschreibergeräte – der eifrige Zubehörhandel läßt der Phantasie viel Spielraum. Anderen Autofahrern sind aber die serienmäßig vorhandenen Instrumente bereits zu viel, um alle zu beachten. Dann wundern sie sich, daß plötzlich das Auto mit leergefahrenem Tank auf der Autobahn stehen bleibt.
An sich sind 1200/110 und NSU 1000 ganz zufriedenstellend mit Instrumenten ausgestattet, einschließlich Zeituhr ist alles übliche vorhanden. Prinz 1000 TT, NSU TT und TTS haben dazu einen für diese Wagen durchaus notwendigen Drehzahlmesser, der sich aber auch in die anderen Modelle einbauen läßt.

Der Scheibenwischer

Fangen wir, der Reihe nach, auf dem Armaturenbrett links an. Dort sitzt der Knopf für Scheibenwischer und Scheibenwascher. Linksdrehung setzt den Scheibenwischer in 2 verschiedenen Geschwindigkeiten in Gang, Rechtsdrehung schaltet ihn aus – aber nicht sofort. Das Wischerblatt läuft weiter bis zur sogenannten Endstellung. Das bewirkt nicht etwa eine Rückholfeder oder dergleichen, sondern eine raffinierte Schaltung, die an den 3 Kabeln zwischen Wischermotor und Schalter erkennbar ist.
Die ganze Wischeranlage wird über Sicherung Nr. 5 mit Strom versorgt (schwarzes Kabel zum Wischerschalter). Streikt der Scheibenwischer einmal, Hupe betätigen (sie hängt an der gleichen Sicherung). Tönt die Hupe auch nicht, ist die Sicherung Nr. 5 durchgebrannt; tönt sie, liegt es an Wischermotor oder Schalter.
Beim Einschalten erhält der Wischermotor Strom über Leitung 54 d. Beim Ausschalten wird im Motorgetriebe eine Schaltung wirksam, die sich Strom von Klemme 54 holt.
Sowie die Wischerblätter das Blickfeld frei gemacht und die Endstellung erreicht haben, unterbricht ein Schleifkontakt die Stromzufuhr von Klemme 54 und der Motor bleibt stehen. Wenn Ihr Scheibenwischermotor also beim Abschalten sofort und in jeder Stellung der Wischerblätter stehen bleibt, müssen Sie nachprüfen, ob Klemme 54 am Wischermotor (Kabel schwarz-lila, linker Steck-Kontakt) bei eingeschalteter Zündung dauernd Strom hat (12-Volt-Lämpchen zwischen Steck-Kontakt und Masse halten). Wie man an den Wischermotor gelangt, ist umseitig beschrieben.

Wischerblätter nicht anhalten

Wenn die Scheibenwischerblätter mit der Hand oder durch Vereisung außerhalb ihrer Endstellung angehalten werden, dann bleibt der Wischermotor, auch wenn Sie nachträglich den Scheibenwischerknopf nach rechts drehen, also abschalten, doch unter Strom, solange die Zündung eingeschaltet ist.

Das ist aus der Erläuterung des letzten Abschnittes erklärlich. Durch diesen Hilfsstrom über Klemme 54 werden Anker und Spulen des Wischermotors stark überlastet, weil sie den Strom nicht durch Ankerdrehung ausgleichen können, so daß sie nach kurzer Zeit durchschmoren können. Diese Gefahr besteht vor allem bei starkem Schneegestöber, wenn die Wischerblätter stecken bleiben. Dagegen ist das Stehenbleiben der Wischerblätter außerhalb ihrer Ruhestellung beim Ausschalten der Zündung ungefährlich, weil dadurch Klemme 54 ebenfalls stromlos wird.
Ebenfalls beachten: Scheibenwischer soll wegen des erhöhten Widerstandes nicht auf trockener Scheibe laufen. Im Winter beim Abfahren erst prüfen, ob die Wischerblätter nicht angefroren sind. Gegebenenfalls diese erst lösen, sonst brennt beim Anschalten der Wischermotor durch.

Wischermotor ausbauen

■ 1200/110: Kombi-Instrument aus dem Armaturenbrett ausbauen (siehe Seite 118), Kugelgelenke des Wischergestänges mit einem Schraubenzieher abzwängen und Schrauben am oberen Haltewinkel des Wischermotors lösen. Danach Kabel von den Steckern ziehen und Sechskantschrauben und Haltelasche von der Kofferraumrückwand her abschrauben.
■ NSU 1000: Im Kofferraum hintere Abdeckpappe herausnehmen, Kabelstecker am Wischermotor abziehen, Wischergestänge aushängen und die Halteschrauben der Wischermotorbefestigung lösen.
Der Wischermotor arbeitet im Prinzip genau wie die Lichtmaschine. Verschleißteile sind die Kohlebürsten und der Kollektor. Wer einen Lötkolben besitzt, um die Anschlußlitzen der alten Kohlebürsten ab- und die neuen anzulöten, kann sich an diese Arbeit wagen. In der Regel wird aber ein defekter Scheibenwischermotor als Austauschteil ersetzt.
Beim Zusammenbau der Wischeranlage erhalten alle Gelenke einen Tropfen Öl und die Wischerwellen werden leicht eingefettet. Besonders ist darauf zu achten, daß beim Einbau die Verbindungsstangen zu den Wischerarmen nicht verbogen werden. Wurden auch die Scheibenwischerwellen ausgebaut, müssen beim Einbau die beiden Sechskantmuttern der Wellenlagerung an den betreffenden Karosseriebohrungen gut angezogen werden; sonst können die lockeren Lager das Karosserieblech einreißen.

Wischerschalter ausbauen

Der Knopf funktioniert als Drehschalter für den Wischermotor und als Wasserpumpe für die Scheibenwaschanlage. Funktioniert er aber so oder so nicht mehr, muß er ausgebaut werden. Das geschieht in zwei Stufen, zuerst als Wascherpumpe, dann als Elektroschalter. Siehe Bild rechts oben.

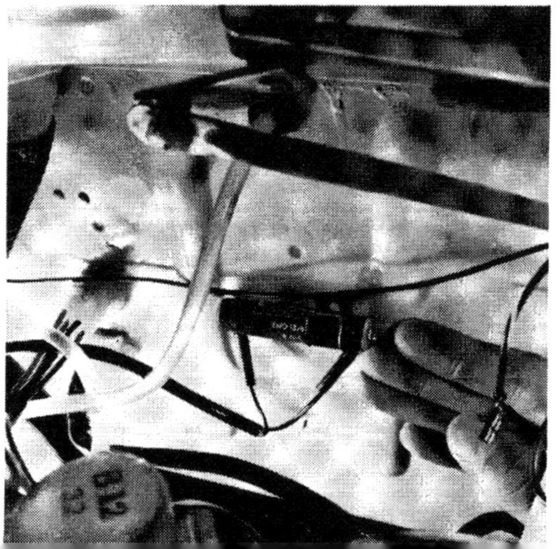

Bei Ihrer Arbeit an der Scheibenwischeranlage werden Sie auch ein beidseitig mit schwarz-lila Kabel angeschlossenes Teil sehen, dessen Markenzeichen Ihnen vielleicht sonst nur von gutem Porzellan her bekannt ist. Diese Spule ist ein drahtumwickelter Vorschalt-Widerstand, welcher bewirkt, daß der Scheibenwischer auf Schalterstellung 1 nur mit vermindertem Tempo dreht. Will der „1. Gang" des Scheibenwischermotors nicht, muß dieser Vorschaltwiderstand ausgetauscht werden.

Der Scheibenwischerschalter hat einerseits den Scheibenwischermotor ein- und auszuschalten und dient andererseits der Scheibenwascherbetätigung. Durch Griff hinter das Armaturenbrett läßt sich der Pumpenknopf nach vorne herausschieben. Der Motorschalter kann danach mit einem entsprechend breiten Stück Blech, das beidseitig in die Ringschlitze eingreift, herausgeschraubt werden.

Wischerblätter pflegen

Jahreszeit-Inspektion

Die Wischerblätter erfordern Sorgfalt. Nur selten bringen sie ein wirklich einwandfreies Wischfeld zustande. Das liegt einmal daran, daß die Windschutzscheibe nur selten mit Sidol (siehe Seite 147) und statt dessen mit einem verfetteten Fensterleder beim Tanken und bei der Wagenwäsche geputzt wird. Und zum anderen nützen sich die Wischerblätter selbst auch ab, verhärten und werden spröde. Wenigstens einmal im Jahr, möglichst im Herbst vor seiner Schwerarbeiter-Saison, soll deshalb zumindest das Wischerblatt vor dem Fahrer erneuert werden. Das alte Blatt kommt vor den Beifahrersitz (wo gute Sicht zwar angenehm, aber nicht zwingend ist), das seinerseits weggeworfen wird. Zum Austausch der Wischerblätter werden die Wischerarme zurückgekippt, das Wischerblatt nach rückwärts umgeklappt, die Federzunge im Wischerblattgelenk zusammengedrückt und das Wischerblatt zuerst zurückgeschoben und dann nach oben abgezogen. Beim Einsetzen des neuen Wischerblattes muß die Haltefeder einwandfrei einrasten. Wenn sich die Wischerarme verstellt haben, so daß sie beim Anhalten des Wischermotors auf dem Karosserieblech aufliegen oder nach oben stehen, müssen sie zurückgekippt werden. Dann lassen sich die Sechskantschrauben am Spannstück (SW 6) leicht lösen und in der richtigen Einstellung wieder fest anziehen.

Die Scheibenwaschanlage

Jahreszeit-Inspektion

Ein Druck auf den linken Knopf auf dem Armaturenbrett fördert das Scheibenwaschwasser aus den Spritzdüsen in der Mitte vor der Windschutzscheibe. Der Vorratsbehälter, der etwa einen halben Liter faßt, hängt im Kofferraum schräg neben Ersatzrad und Vorderwand des Wagens. Wenn der Druck auf den Pumpenknopf keinen Erfolg hat, ist entweder dieser Behälter leer oder vielleicht hat sich ein Schlauch an der Rückseite des Pumpenknopfes gelöst. Wie der Pumpenknopf ausgebaut wird, ist bereits in diesem Kapitel im Abschnitt „Wischerschalter ausbauen“ erklärt. Wie das Scheibenwaschwasser frostfest gemacht wird, ist im Kapitel „Winterschutz“ erläutert. Wollen Sie dem Scheibenwaschwasser ein Frostschutz- oder Scheibenreinigermittel zusetzen, dann sollten Sie den Wasserbehälter aushängen, befüllen und danach noch einmal tüchtig durchschütteln, damit die Reinigungszugabe auch wirklich mit dem Wasser gemischt ist. Milchige Scheibenputzmittel nicht zusetzen, denn diese enthalten zumeist Putzkreide, die am Ventilaustritt antrocknet und die Spritzdüsen verstopft.

Sind die Spritzdüsen einmal verstopft, mit einem dünnen Drähtchen, wie sie z. B. zum Befestigen der Ölwechselanhänger dienen, die Öffnungen aufbohren. Eine starre Nadel nützt dabei meist nicht viel. Spritzen die Düsen jedoch in die falsche Richtung, Nadel in die Düsenöffnung stecken und den Kugelkopf mit der Düsenöffnung entsprechend zurechtdrehen.

Armaturen ausbauen

Beim NSU 1000 und 1000 TT sind Tachometer (mit den Kontrollampen), Kraftstoffanzeige und Zeituhr einzeln in das Armaturenbrett montiert, im 1200/110 sind diese Instrumente in einer gemeinsamen Instrumentenplatte zusammengefaßt. Da die Rückseiten der Instrumente beim NSU 1000 vom Kofferraum aus leicht zugänglich sind (nach Wegnahme der rückseitigen Abdeckpappe) und dadurch die einzelnen Haltevorrichtungen (Rändelschrauben mit Haltelaschen) gut erkennbar sind, können wir uns eine Ausbaubeschreibung ersparen. Im übrigen gelten für die Instrumente im NSU 1000 sinngemäß die nachfolgenden Hinweise zum 1200/110.

Die Zusammenfassung der verschiedenen Instrumente in einer Instrumentenplatte entspricht moderner Montage-Rationalisierung. Sie vermeidet überdies durch ihre sogenannten „gedruckten" Schaltungen weitgehend Kabelverwechslungen, Kurzschlüsse und erspart das sonst übliche bunte Kabelgewirr hinter den Instrumenten. Denn fast alle Kabel sind in zwei unverwechselbare „Mehrfach-Stecker" zusammengefaßt und der Strom kann in den „aufgedruckten" Metall-Linien nur den vorgeschriebenen Weg finden.

Die Instrumentenplatte wird auf der Armaturenbrett-Rückseite von beidseitig je einer Rändelschraube gehalten, die ihrerseits eine an jeder Geräteseite entlangführende Halteklammer fixiert (siehe rechts unten). Um die Lage dieser beiden Rändelschrauben genau feststellen zu können, ist ein hinter das Armaturenbrett gehaltener Handspiegel sehr nützlich, denn es ist kaum möglich, den Kopf hinter das Armaturenbrett zu bringen, um die Schrauben direkt sehen zu können. Zuvor sollte aber das Minus-Kabel der Batterie gelöst werden, damit beim Hantieren kein Kurzschluß entstehen kann. Sodann die beiden Rändelschrauben mit einer Kombizange lockern, weiter mit der Hand abdrehen, Halteklammern beiseite schwenken und die Instrumentenplatte etwas nach vorne aus dem Armaturenbrett drücken. Das wird nur wenige Zentimeter möglich sein, denn die weitere Beweglichkeit wird von der Tachowelle gehemmt, die rückseitig an das Tachometer angeschraubt ist. Deshalb, wie im untenstehenden Bildtext beschrieben, verfahren.

Wenn Sie die Instrumentenplatte nach Lösen der beidseitigen Rändel-Halteschrauben (siehe Text oben) gelockert haben, wird sie noch von der Tachowelle gehalten. Diese ist rückseitig am Tachometer mit einer großen gerändelten Überwurfmutter aufgeschraubt. Diese mit der Hand abschrauben, danach die beiden Mehrfachstecker (rechtes Bild, Nr. 10 und 11) und drei Einzelkabel abziehen. Nun läßt sich die Instrumentenplatte abnehmen.

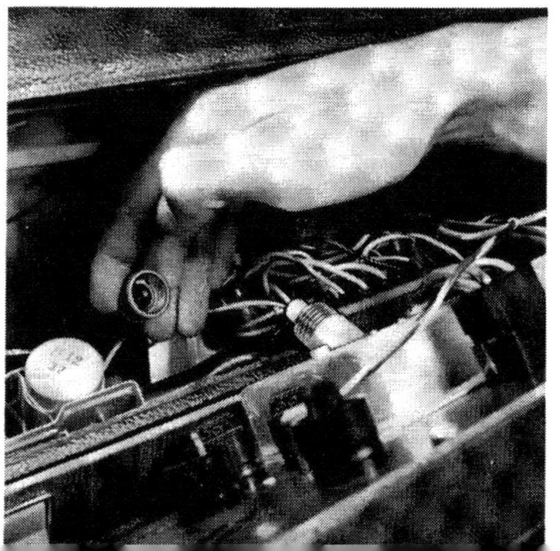

Die Kontroll- und Beleuchtungslämpchen

Das Instrumentenbrett braucht nicht unbedingt ausgebaut zu werden, wenn nur ein defektes Beleuchtungs- oder Kontroll-Lämpchen ausgetauscht werden muß. Es genügt, wenn Sie sich an Hand der Bilder dieses Kapitels und des Schaltplanes klar machen, wo die betreffende Lampe sitzt, und unter dem Armaturenbrett durchgreifend mit „schlanker Hand" nach der betreffenden Lampenfassung tasten und sie, wie auf Seite 108 gezeigt, austauschen.

Anzeigelampe in Reserve

Vielleicht haben Sie sich schon einmal gefragt, was in der Reihe der farbigen Kontroll-Lämpchen unten im Instrumentenbrett Ihres 1200/110 eigentlich das am weitesten links liegende weiße Lämpchen bedeuten soll. Es brennt niemals. Wenn Sie jedoch die betreffende Lampenhülse ausbauen, finden Sie darin ein einwandfrei funktionierendes Glühlämpchen. Es handelt sich da sozusagen um ein „zukunft-weisendes" Kontroll-Lämpchen, denn wenn Sie den Schaltplan in der hinteren Buchklappe und an Ihrem Wagen den für dieses Lämpchen zuständigen weißen Mehrfachstecker prüfen, können Sie feststellen, daß im Mehrfachstecker eine der vier Führungshülsen ohne Kabel ist. Anscheinend hat mit „drei-rechts – drei-links" das Armaturenbrett den NSU-Leuten besser gefallen oder was immer sie sich dabei gedacht haben, Sie jedenfalls können dieses Lämpchen entweder als Ersatzstück für ein durchgebranntes Kontroll-Lämpchen benutzen oder Sie können sich dort ein Zusatz-Kontroll-Lämpchen ohne Umstände zum Leben erwecken, wenn Sie sich beispielsweise die seit Mitte 1966 zugelassene zusätzliche Nebel-Schlußleuchte (helles rotes Licht seitlich der Heckleuchten mit stärkerer Durchdringungskraft für dichten Nebel) oder die Schaltvorrichtung für eine Warnblinkleuchte (alle Blinker leuchten gleichzeitig rhythmisch auf) einbauen. Das weiße Abdeckplättchen müssen Sie dann entsprechend farbig ersetzen.

Kontrollampe für den Starterzug

Strom vom allgemeinen „Plus-Strom"-Anschluß für die Kontroll-Lampen, braunes Kabel über schwarzen Mehrfachstecker zum Starterklappenzug auf dem Mitteltunnel neben dem Fahrersitz.

Daß sich NSU nicht zu dem sehr fragwürdigen Schnickschnack der Startautomatiken am Vergaser verlocken ließ, sondern seinen Fahrern zutraut, daß sie die Starterklappe auch mit einem Handzug vernünftig betätigen können, ist sehr zu loben. Besonderes Lob verdient aber dazu, daß diese Starterklappenbetätigung zusätzlich von einem gelben Kontroll-Lämpchen im Armaturenbrett überwacht wird.

Brennt das Lämpchen nicht, wird es natürlich zuerst selbst geprüft. Seine

Die Rückseite der Instrumentenplatte. Es bedeuten: 1 – weißes Kontroll-Lämpchen für zusätzlichen Anschluß, 2 – gelbe Kontrolle des Starterhebels, 3 – orangefarbene Blinker-Kontrolle, direkt darunter Steck-Kontakt für schwarz-weißes Kabel zum Blinker-Relais, 4 – blaue Fernlicht-Kontrolle, dicht daneben weiß-schwarzes Kabel zum Fernlichtschalter, 5 – grüne Öldruckanzeige, 6 – rote Ladekontrolle, 7 – Instrumentenbeleuchtung, 8 – Tachometerwellen-Anschluß, 9 – Zeituhr, 10 – schwarzer Mehrfachstecker, 11 – weißer Mehrfachstecker, 12 – Kabelklemme, 13 – Rändelschrauben zur Befestigung der Instrumentenplatte im Armaturenbrett.

Stromzuführung ist in Ordnung, wenn die Lämpchen für Öldruck und Ladekontrolle, die über das gleiche Kabel „Plus-Strom" bei eingeschalteter Zündung erhalten, brennen. Ist das Lämpchen selbst in Ordnung – in einer anderen Lampenhülse zur Kontrolle brennen lassen –, muß der Fehler am Starterhebel selbst liegen. Wie er ausgebaut wird, ist auf Seite 51 beschrieben. Am Hebelgriff für die Starterklappe ist das braune Kabel zur Kontroll-Lampe angeklemmt. Kabelstecker abziehen, Zündung einschalten und den Kabelstecker gegen blankes Karosserieblech drücken. Jetzt muß das Kontroll-Lämpchen aufleuchten, wenn das Kabel in Ordnung ist. In diesem Falle Kontakt am Hebelgriffstück untersuchen und blank reiben.

Gelegentlich kann auch das gelbe Kontroll-Lämpchen ständig brennen, einerlei, wie der Starterklappenzug eingestellt ist. Dann hat sich wahrscheinlich der Kabelstecker am Griffstück gelöst und berührt irgendwo im Mitteltunnel das Karosserieblech, wodurch der Stromkreis geschlossen ist. Abhilfe: Griffstück ausbauen und Kabelstecker fest aufdrücken.

Blinker-Kontrolle

Schwarz-weißes Kabel zum Blinker-Relais an dessen Klemme C. Das Kabel ist an einer besonderen Klemme zwischen den linksseitig sitzenden Lampenhülsen auf der Rückseite der Schaltplatte angesteckt (Bild, Seite 119).

Das Blinker-Kontroll-Lämpchen erhält seinen Strom vom Blinker-Relais im Gegentakt zu den eingeschalteten Blinkern. Der Stromkreis wird durch Masse-Anschluß am Instrumentengehäuse geschlossen.

Fernlicht-Kontrolle

Das blaue Lämpchen erhält seinen Strom über ein weiß-schwarzes Kabel, das beim 1200/110 fest mit der Instrumentenplatte verbunden ist und neben dem Tachometergehäuse (siehe Bild auf Seite 119) durch die Schaltplatte führt. Das Kabel ist mit seiner Klemme an Sicherung Nr. 4 angesteckt, an die auch die Fernlicht-Fäden der Scheinwerfer angeschlossen sind. Der Stromkreis wird für das blaue Kontroll-Lämpchen durch Masse-Anschluß an der Instrumentenplatte geschlossen.

Öldruck-Kontrolle

Die grüne Öldruck-Kontrolle erhält ihren „Plus-Strom" über den allgemeinen Instrumenten-Anschluß. Sie kann also nur brennen, wenn über den schwarzen Mehrfach-Stecker, das daran angeschlossene hellblau-grüne Kabel und den geschlossenen Öldruck-Schalter der Stromkreis geschlossen ist. Dieser Stromschluß zur Masse ist im Öldruckschalter dann hergestellt,

Der Öldruckschalter sitzt unten hinten auf dem Ölfiltergehäuse. Ohne Öldruck sind die Kontakte geschlossen und die grüne Kontrolllampe im Armaturenbrett brennt. Bei kaltem und entsprechend zähem Öl ist der Öldruck zum Trennen der Kontakte schnell erreicht, bei heißem und dadurch dünnflüssigem Öl sind höhere Motordrehzahlen erforderlich. Wenn die Öldruck-Kontrolle nach Einschalten der Zündung nicht brennen will, Kabelstecker, wie hier gezeigt, von seiner Klemme abziehen und Kabelstecker gegen „Masse" tippen. Wenn nun die grüne Lampe brennt, ist der Öldruckschalter defekt.

wenn kein Öldruck die Kontakte im Schalter auseinander drückt. Sowie der Öldruck bei laufendem Motor zum Trennen der Kontakte im Öldruckschalter ausreicht, muß also das grüne Lämpchen verlöschen. Siehe Bild links unten.

Brennt das grüne Lämpchen während der Fahrt, so ist dies ein Alarmzeichen. Natürlich kann der Anlaß auch ganz harmlos sein, weil der Öldruckschalter defekt ist. Aber zuerst besteht einmal der Verdacht, daß der Öldruck zur Schmierung aller Motorteile nicht aufgebaut wird, manche Teile ohne Öl laufen und bei sorgloser Weiterfahrt schwere Schäden im Motor entstehen können. Zuerst beim Aufleuchten des grünen Lämpchens den Ölpeilstab ziehen. Ebenso kann aber auch ein Kurbelwellenlager usw. schadhaft sein, so daß das Motoröl ohne Widerstand aus dem defekten Lager läuft. Auch die Ölpumpe kann defekt sein, was allerdings nur sehr selten vorkommt. Einen Motorschaden, der die Öldruckkontrolle aufleuchten läßt, kann in der Regel nur die Werkstatt feststellen, wenn nicht das betreffende Lager bereits lautstark vor sich hinklappert. Damit Sie sich aber unterwegs nicht unnötig ins Bockshorn jagen lassen, zuerst noch als Gegenprobe das hellblau-grüne Kabel vom Öldruckschalter abziehen. Die grüne Lampe muß darauf verlöschen, sonst hat das Kabel selbst Masseschluß.

Natürlich ist es genauso fehlerhaft, wenn die grüne Lampe überhaupt nicht aufleuchtet. Auch das muß möglichst bald in Ordnung gebracht werden.

Es hat keinen Sinn, den eventuell defekten Öldruckschalter ausbauen zu wollen. Reparieren kann man daran nichts, und ohne eingeschraubten Öldruckschalter können Sie nicht zur Werkstatt fahren, weil sonst das ganze Motoröl ausläuft. Unterwegs, wenn der Öldruckschalter defekt ist oder der Öldruck im Motor offensichtlich fehlt, muß der Wagen notgedrungen zur nächsten Werkstatt abgeschleppt werden. Auch vorsichtiges Fahren hilft nichts, der Kolbenfresser droht! Und das kostet bestimmt viel Geld.

Störungsbeistand

Öldruckanzeige

Die Störung	— ihre Ursache	— ihre Abhilfe
A Lampe leuchtet beim Einschalten der Zündung nicht auf	1 — Steck-Kontakt locker	Kabel überprüfen
	2 — Sicherung Nr. 5 durchgebrannt?	Neue Sicherung einsetzen
	3 — Kontroll-Lampe defekt	Lampe austauschen
	4 — Öldruckschalter defekt	Öldruckschalter austauschen lassen
B Lampe leuchtet während der Fahrt auf	1 — Ölmangel	Motoröl auffüllen
	2 — Kurzschluß am hellblau-grünen Kabel zwischen Lampe und Öldruckschalter	Kabel auf Scheuerstellen untersuchen. Anderes Kabel zwischenschalten.
	3 — Ölkreislauf unterbrochen	Zur nächsten Werkstatt.
	4 — Öldruckschalter undicht	Schalter auswechseln lassen
C Lampe verlischt erst bei Vollgas	Öldruck zu niedrig Ölpumpe schadhaft	Zur nächsten Werkstatt. Untersuchen lassen
D Lampe leuchtet bei heißem Motor im Leerlauf auf	Ansprechdruck des Öldruckschalters etwas zu hoch	Heißes, dünnflüssiges Motoröl bringt weniger Druck als kaltes und zähes Öl. Aufleuchten, wie beschrieben, kein Grund zur Sorge

Die Tachowelle ist im linken Vorderrad angeschlossen. Sie endet in einem Vierkant-Zapfen, der durch ein Vierkantloch in der Radnabenkappe angetrieben wird. Zum Austausch der Tachowelle Sicherungssplint am Vierkant lösen, Radnabenkappe abklopfen und auf der Rückseite der Bremsträgerplatte die Tachowellenhülse lösen. Darauf läßt sich die Welle nach rückwärts herausziehen.

Die Ladekontrolle

„Nicht immer hält das rote Licht dem Wandersmann, was es verspricht", behauptet ein alter Sinnspruch. Das gilt auch für die rote „Ladekontrolle" im Armaturenbrett. Nach Volksmeinung zeigt ihr Verlöschen an, daß nun die Batterie aufgeladen wird, denn ihre Bezeichnung läßt dies durchaus vermuten. Allein dem ist nicht so, und in Wirklichkeit zeigt dieses Lämpchen durch sein Verlöschen nur an, daß die Spannung der Lichtmaschine jene der Batterie erreicht und der Reglerschalter umgeschaltet hat. Ob nun die Leistung der Lichtmaschine auch noch zum Laden der Batterie ausreicht, ist durchaus nicht erkennbar. Mehr darüber auf Seite 73.

Die Ladekontroll-Lampe erhält einerseits „Plus-Strom" über den allgemeinen Instrumenten-Anschluß von Sicherung Nr. 5 und ist andrerseits über den schwarzen Mehrfachstecker durch ein grünes Kabel (am NSU 1000 hellblau-weiß) mit der Klemme D+/61 des Reglerschalters verbunden.

Störungsursachen an der roten Ladekontrolle sind bereits im „Störungsbeistand" auf Seite 67 beschrieben.

Das Tachometer

Das Tachometer besteht aus dem Geschwindigkeitsmesser und dem Kilometerzähler. Zwar wird es nicht elektrisch betrieben, doch beruht die Wirkung des Geschwindigkeitsmessers auf einem ringförmigen Magneten, der durch die biegsame Antriebswelle Wirbelströme erzeugt, die ihrerseits wieder eine darüber gestülpte Metallglocke mit sich zu ziehen versuchen. An dieser Metallglocke ist der Geschwindigkeits-Zeiger befestigt.

Wenn die Tachonadel zittert oder gar nichts mehr anzeigt, liegt der Fehler in der Regel an einer beschädigten oder gebrochenen Tachowelle. Der Austausch ist nicht ganz einfach, aber mit einiger Vorsicht durchführbar: Hinter dem Armaturenbrett, wie auf Seite 118 beschrieben, die dicke schwarze Tachowelle von der Rückseite des Tachometers losschrauben.

Darauf linke Vorderradkappe abnehmen. Dort ist auf der Mitte des Radnabendeckels ein vierkantiger Stift mit Splint zu sehen, der die Drehbewegung des Rades auf die Tachowelle überträgt. Er ist im Bild oben gezeigt.

Sie müssen sorgsam darauf achten, daß die neue Tachowelle niemals mit Gewalt irgendwo durchgeschoben oder gezerrt werden darf. Sie könnte dabei knicken, und die Ursache für einen neuen Tachowellenschaden wäre bereits gegeben. Sie muß an allen Stellen in möglichst weitem Bogen ohne Knickstelle verlegt werden.

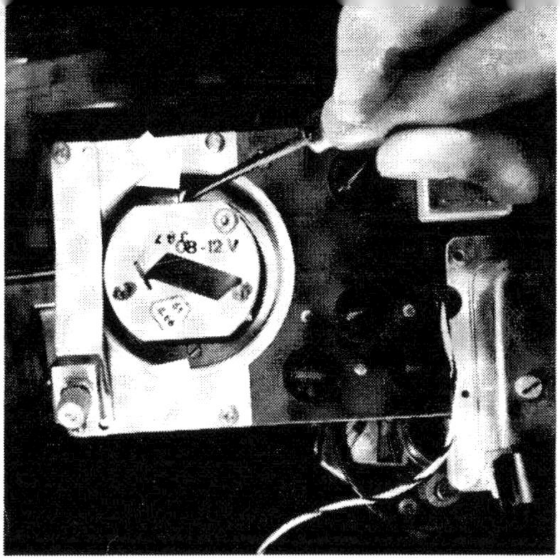

Nach Ausbau der Instrumentenplatte läßt sich die Zeituhr ohne Schwierigkeit nach Lösen von zwei Schrauben demontieren. Eine defekte Uhr kann beim VDO-Dienst eingetauscht oder in Ordnung gebracht werden. Vor Ablauf der Garantiezeit sollten Sie jedoch den Austausch der Uhr der Werkstatt überlassen – bei Verletzung der plombierten Schrauben verlischt nämlich die Garantie.

Tachometer ausbauen

Zeigt das Tachometer offensichtlich falsch an, obgleich die Tachowelle in Ordnung ist, kann die Ursache Fett oder Öl sein, das über die Tachowelle an den Ringmagneten geraten ist und dort zu Störungen führt. Zum Ausbau, wie auf Seite 119 beschrieben, die Instrumentenplatte des 1200/110 demontieren und auf der Rückseite des Tachometergehäuses die beiden Querschlitzschrauben lösen, die das Tachometer in der Instrumentenplatte halten. Am Tachometer selbst können Sie nichts reparieren, es muß bei einem VDO-Dienst – Adresse im Telefonbuch – in Behandlung gegeben oder bei einer NSU-Werkstatt umgetauscht werden. Denken Sie daran, daß das Tachometer eine Urkunde ist und beim Austausch die Werkstatt schriftlich bestätigen sollte, bei welchem Kilometerstand das Tachometer ausgetauscht wurde.

Kraftstoffanzeige

Je nach der Füllung des Tanks soll der Zeiger in der Meßuhr im Instrumentengehäuse zwischen der vollen Füllung rechts (der letzte Markierungsstrich unter „1/1“) und der linken Marke (unter „0“) für die Kraftstoff-Reserve anzeigen. Wenn der Zeiger den letzten Markierungsstrich neben der „0“ erreicht, sollen noch 6 Liter Kraftstoff im Tank sein. Doch erfahrungsgemäß zeigen diese Kraftstoffanzeiger nur selten genau an, da der Geber des Instrumentes in der Regel nicht sehr präzise justiert im Tank eingebaut ist. Sie sollten deshalb einmal nachprüfen, wieviel Kraftstoff tatsächlich noch im Tank ist, wenn der Zeiger auf der linken Marke steht, d. h. wie viele Kilometer die Reserve tatsächlich reicht.

Die Kraftstoffanzeige, die aus dem Geber im Tank und der Meßuhr im Instrumentengehäuse besteht, wird elektrisch betrieben. Deshalb verbindet die beiden Teile ein hellblaues bzw. hellblau-schwarzes Kabel. Über den allgemeinen Instrumenten-Anschluß erhält die Meßuhr den Strom, der über den Geber im Tank zur Masse geleitet wird.

Ob Kraftstoff-Meßuhr und Geber richtig arbeiten, ist an dem Zeigerausschlag bei leerem und vollem Tank ohne weiteres zu erkennen. Wenn die Zeigerausschläge nicht stimmen oder die Meßuhr gar nichts anzeigt, sollten zuerst die Kabelsteckverbindungen überprüft werden. Ist daran nichts zu entdecken, müssen nacheinander Meßuhr und Geber überprüft werden. Das kann jedoch nur die Werkstatt, wenn nicht gleichartige Geräte zum Vergleich zur Verfügung stehen. Der Ausbau des Gebers der Kraftstoffanzeige aus dem Tank ist nicht schwierig und auf Seite 46 im Bild gezeigt.

Schuhpflege

Die in unserem Buch besprochenen NSU-Modelle sind serienmäßig mit unterschiedlichen Reifengrößen ausgestattet. Die 3 serienmäßigen Reifengrößen gehören dazu noch unterschiedlichen Reifenarten an, wie im nächsten Abschnitt beschrieben wird. Schließlich kann man, wie im folgenden Kapitel über die „Reifenwahl" gezeigt ist, an seinem NSU noch mancherlei andere Reifenexperimente versuchen. Das ist also ein Gebiet, auf dem sich mancher „Reifen-Fan", solche Leute gibt es, munter tummelt (soweit der TÜV nichts dagegen hat!). Betrachten wir uns aber zuerst einmal das, was wir auf unserem frischgekauften NSU auf den Felgen gefunden haben.

Was bedeutet die Reifengröße?

Prinz 1000 L/S, NSU 1000/1000 C: 5.50 – 12

Nach international gültigen Regeln werden die Reifen und dazugehörigen Felgen vorzugsweise in englischen Zoll gemessen. 1 Zoll (Kurzzeichen: ") entspricht 25,4 mm. Der Reifen des Prinz 1000 in der Größe 5.50 – 12 ist also $5^1/_2$ Zoll breit (= 140 mm), und die Felge hat an der Auflage für den Reifenwulst einen Durchmesser von 12 Zoll (= 305 mm). Alle anderen Abmessungen und die Belastbarkeit bei den unterschiedlichen Reifendrücken sind genormt, so daß alle Reifen mit dieser Größenangabe ohne Rücksicht auf die Reifenmarke darin völlig gleich sind. Unterschiede von Marke zu Marke gibt es deshalb nur im Profil und in der Qualität des Reifens. Die Reifengröße 5.50 – 12 gehört zur Sorte der Niederquerschnitt-Reifen, welche die früheren Superballon-Reifen abgelöst haben, d. h. im Querschnitt des Reifens betrachtet, ist beim Niederquerschnitt-Reifen die Breite der Reifenwölbung größer als die Höhe. Dadurch liegt der Reifen verhältnismäßig breit auf der Fahrbahn auf, wodurch die Straßenlage verbessert wird.

Prinz 1000 TT, NSU TT/TTS: 135 SR 13

Neben der Reifen-Normung in Zoll-Größen gibt es, von der französischen Reifenindustrie ausgehend, noch ein anderes Maßsystem, das in Millimetern oder gemischt in Millimetern und Zoll rechnet. Einen Reifen in solch gemischter Größenangabe haben wir im 135 SR 13. Er ist (theoretisch) nur 135 mm breit, hat dafür aber einen Felgendurchmesser von 13 Zoll (= 330 mm). Das „R" in der Mitte bedeutet in diesem Falle, daß es sich um einen Radial- oder Gürtel-Reifen handelt. Was es damit besonders auf sich hat, wird im Kapitel „Die Reifenwahl" beschrieben. Jedenfalls ist der Gürtel-Reifen der Reifen der Zukunft, er verträgt höhere Geschwindigkeiten und ist daher auf den flotten 1000 TT und TTS schon serienmäßig montiert.

Typ 110 C/S/SC, NSU 1200/1200 C: 6.15/155 – 13

Auf den serienmäßigen Reifen des 1200/110 finden wir die Doppelbezeichnung 6.15 – 13 und 155 – 13. Das ist ein Reifen der neuesten Entwicklungsstufe, dem sogenannten Super-Niederquerschnitt-Reifen. Sein Querschnitt ist also noch niedriger beim Vergleich von Höhe und Seite, worin er etwa den Abmessungen eines Gürtel-Reifens entspricht, aber doch von der Konstruktion her keiner ist. Deshalb fehlt auch das „R" in der Zoll-Größenangabe. Dieser Reifen ist auf die genau gleiche Felge wie beim 1000 TT montiert, aber die Größenangabe zeigt, daß dieser Reifen breiter auf der Straße aufliegt als der Gürtel-Reifen des 1000 TT.

Die Felgen-Abmessungen

Der NSU 1000 muß, entsprechend den Reifengrößen, 12-Zoll-Felgen und der 1000 TT sowie 1200/110 13-Zoll-Felgen haben. Die genaue Bezeichnung lautet für den Prinz 1000 Tiefbettfelge 4.50×12 und für den 1200/110 sowie 1000 TT Tiefbettfelge 4½ J×13. Die Größenbezeichnungen der Felgen bedeuten dabei:

4.50 bzw. 4½ = 4½ Zoll Felgenmaulweite
J = Formung des Felgenhornes nach Norm-Vorschrift
× = Zeichen für Tiefbettfelge
12 bzw. 13 = Felgendurchmesser in Zoll von Wulst zu Wulst

Auch verschiedene Ford- und Opel-Wagen haben die Felgengröße 4½ J×13. Trotzdem können Sie diese Felgen mit der gleichen Größenbezeichnung niemals an Ihrem 1200/110 montieren. Denn die Größenbezeichnungen der Felgen umfassen nach der Normvorschrift nur die für den Reifen wichtigen Felgenabmessungen, also Gesamtdurchmesser und Felgenmaulweite, jedoch nicht die Art der Felgenbefestigung, die Zahl der Radmuttern, die Einpreßtiefe der „Felgenschüssel" und dergleichen. Am NSU haben Sie beispielsweise 5 Radmuttern, am Opel Kadett mit scheinbar gleicher Felge nur 4. Dagegen lassen sich die NSU-Felgen auch in verschiedenen Größen ohne weiteres, wenn es sein muß, untereinander austauschen, denn ihre Befestigungsweise an Bremstrommel oder Felgenflansch ist gleich.

Reifen-Abmessungen nach Norm-Vorschrift

Die Größenangaben der Reifen darf man übrigens als Maßangaben nicht zu genau nehmen, denn die für jede Reifengröße zuständigen Normblätter geben zumeist etwas andere Maße als die wirklichen Abmessungen an. Diese „Falschangaben" haben in den zahllosen Reifenkonstruktionen der zurückliegenden Zeit ihre Ursache. Manche „echten" Größenangaben waren da schon „besetzt" und man mußte auf benachbarte Größen ausweichen.

Zu den Reifengrößen finden sich in den Norm-Vorschriften noch einige Angaben, die einer Erklärung bedürfen. Sie sind beispielsweise bei der Eichung des Tachometers, bei der Berechnung des zurückgelegten Weges und dergleichen von Bedeutung:

Reifen-größe	Gesamt-durch-messer mm	Reifen-breite mm	Halbmesser statisch mm	Halbmesser dynamisch mm	Abroll-umfang mm
5.50–12	552	148	263	268	1664
135 SR 13	550	137	250	263	1675
6.15–13/155–13	581	157	273	278	1746

Der Gesamtdurchmesser wird am liegenden und voll aufgepumpten Reifen gemessen. Der statische Halbmesser ist jedoch geringer als die Hälfte des

Gesamtdurchmessers, denn er wird am stillstehenden, höchstbelasteten Fahrzeug bei entsprechendem Luftdruck von der Felgenmitte aus zum Boden gemessen. Da sich bei der Belastung der Reifen eindrückt (besonders stark drücken sich die Gürtelreifen wegen ihrer weichen Seitenflanken ein), muß der statisch wirksame Halbmesser kleiner als der halbe Reifendurchmesser sein. Etwas größer ist der dynamisch wirksame Halbmesser, denn er wird bei 60 km/h Geschwindigkeit aus der zurückgelegten Wegstrecke zurückgerechnet. Bei dieser Geschwindigkeit wölbt sich der Reifen wieder etwas auf, aber noch nicht zu seinem vollen Gesamtdurchmesser, so daß auch der dynamisch wirksame Halbmesser bei 60 km/h kleiner als die Hälfte des Gesamtdurchmessers sein muß. Bei höheren Geschwindigkeiten wächst er entsprechend. Der dynamisch wirksame Halbmesser ist die Grundlage der Tacho-Eichung, die sich jeweils nach dem Reifen der serienmäßigen Ausstattung richtet. Da diese Eichung eine gewisse Voreilung haben darf und zumeist auch in der Praxis hat, ist es also möglich, daß bei den etwas größeren „Winter-Reifen" das Tachometer plötzlich echte Werte anzeigt.
Da die Abmessungen unserer Tabelle natürlich nur für den neuen Reifen gelten, ändert sich die Tachoanzeige bei zunehmendem Abrieb der Reifenlauffläche auch etwas: Das Tachometer zeigt bei abgefahrenen Reifen etwas mehr an, denn eine Radumdrehung, die es registriert, bedeutet weniger zurückgelegte Wegstrecke als beim neuen Reifen. Das gute Auto wird also nicht mit der Zeit schneller – das Tacho schwindelt das nur vor –, sondern die Reifen werden dünner.

Luftdruck und Tragfähigkeit

Wartungsdienst Nr. 23

Alle Reifengrößen sind für eine höchste Tragfähigkeit bei einem bestimmten Luftdruck ausgelegt. Bei geringerem Luftdruck sinkt die Tragfähigkeit. Diese gegenseitige Abhängigkeit ist in den Normvorschriften für die einzelnen Reifengrößen festgelegt. Daraus ergibt sich der von NSU empfohlene Luftdruck:

Luftdruck in atü	NSU/Prinz 1000		Prinz 1000 TT NSU TT/TTS		NSU 1200/110	
	vorne	hinten	vorne	hinten	vorne	hinten
mit 2 Personen	1,2	1,6	1,4	2,0	1,1	1,4
mit 4 Personen	1,4	1,9	1,4	2,0	1,1	1,4
voll beladen	1,4	1,9	1,4	2,0	1,3	1,6

Richtiger Luftdruck ist für eine lange Lebensdauer der Reifen von entscheidender Bedeutung. Das bedeutet nun nicht, daß der Reifendruck ständig geänderter Fahrzeugbelastung angepaßt werden müßte, maßgebend ist jene Luftdruck-Empfehlung, die für die hauptsächliche Fahrzeugbeanspruchung gilt. Zur gleichmäßigen Kontrolle empfiehlt sich die Anschaffung eines eigenen Handluftprüfers (Preis zwischen 5 und 15 DM). Sein Skalenbereich sollte zur genauen Ablesbarkeit nicht über 3 atü hinausgehen.

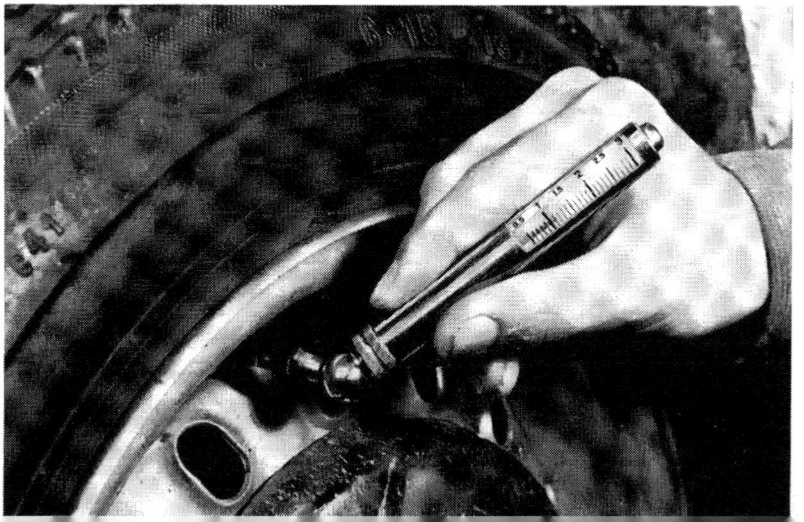

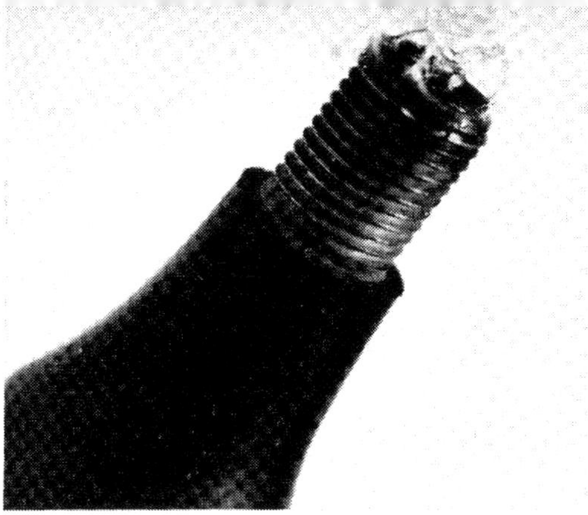

Wenn aus einem Reifen Luft entweicht, muß nicht gleich ein Loch Schuld daran sein. Es kann auch am Ventil liegen. Versuchen Sie es deshalb zuerst einmal mit Spucke auf dem Ventil. Treibt es, wie auf unserem Bild, kleine Blasen, ist das Ventil undicht. Eine neue Ventilnadel muß eingeschraubt werden.

Diese Reifendrücke sind für die Lebensdauer der Reifen sehr bedeutungsvoll. Der stets für volle Belastung passende Luftdruck ist übrigens kein Fehler, wenn man seinen NSU auch oft alleine fährt. Der Wagen läßt zwar etwas mehr die Fahrbahnoberfläche spüren, aber die Reifen halten wesentlich länger, wenn vorsorglich stets der erhöhte Luftdruck für die volle Belastung gefahren wird. Bei fixer Autobahnfahrt soll man sogar noch jeweils 0,2 atü zulegen.

Kalte Luft ist maßgebend

Der Reifendruck wird stets am kalten Reifen gemessen. Da der Druck schon nach wenigen Kilometern zügiger Fahrt um 0,2 oder sogar 0,4 atü ansteigen kann, wäre es falsch, beim nächsten Halt an einer Tankstelle den Luftdruck entsprechend zu erniedrigen. Denn diese Druckerhöhung durch Erwärmung ist von den Reifenkonstrukteuren bereits einkalkuliert. Um den Reifendruck am kalten Reifen zu messen, ist deshalb der Erwerb eines eigenen Luftdruckmessers überaus empfehlenswert.

Beachten: Wichtig ist die Reifendruck-Differenz vorn/hinten. Da der NSU hecklastig ist, muß der Druck hinten entsprechend der Vorschrift stets höher sein als vorn, sonst übersteuert er in der Kurve zu stark (heckschleudern). Für ausgesprochen sportliche Fahrweise kann man den Reifendruck versuchsweise bis auf 1,5/1,9 atü vorn/hinten erhöhen.

Wenn man keinen besonderen Verdacht auf mangelnden Luftdruck hat, ist es keinesfalls notwendig, täglich den Luftdruck zu prüfen. Alle 1 oder 2 Wochen genügt es, denn ein moderner Reifen darf in 6 bis 8 Wochen nur etwa 0,1 atü verlieren. Schnellerer Druckverlust bedeutet einen Defekt. Man darf sich dabei allerdings nicht durch schnelle Temperaturstürze und Aufenthalt in sehr unterschiedlichen Höhenlagen irritieren lassen. Auch sie haben Einfluß auf die Luftdruckmessung. Das häufige Druckprüfen an den Tankstellen hat sogar auf die Dauer einen Nachteil. Bei dieser Tankstellenprüfung wird jedesmal zuerst ein kleiner Luftstoß in den Reifen gegeben. Dadurch wird zwangsläufig Kondenswasserdunst, Schmutznebel und Öldunst aus dem Gerät durch das Reifenventil gepreßt, wodurch auf die Dauer die Ventilnadel eine Schmutzkruste erhält und ihre Dichtfähigkeit nachläßt. Ein so oft kontrollierter Reifen muß schließlich alle paar Tage wieder geprüft werden, weil er dauernd Luft verliert, ohne schadhaft zu sein.

Wenn aber bei wöchentlicher regelmäßiger Prüfung mit dem stets gleichen eigenen Gerät Druckverluste festgestellt werden, muß der Reifen näher betrachtet werden. Die Felge kann an einer Bordsteinkante angeschlagen sein; vielleicht haben sich Fremdkörper zwischen Felgenhorn und Reifenwulst geklemmt; oder in der Reifendecke sitzt ein Nagel. Jedenfalls muß man der Ursache des Druckverlustes nachspüren und nicht einfach Luft nachpumpen.

Hier wird der Wert des richtigen Reifendruckes sichtbar. Links fehlt es daran: Der Reifenabdruck zeigt, daß sich die Profilmitte nach innen wölbt, die Reifenschultern werden vorzeitig verschlissen. In der Mitte stimmt der Luftdruck: Gleichmäßige Auflage über die ganze Reifenbreite. Rechts zu hoher Luftdruck: Die Profilmitte wird vorzeitig abgenutzt.

Reifenverschleiß prüfen

Wartungsdienst Nr. 11 und Jahreszeit-Inspektion

Nicht nur beim 7500-km-Wartungsdienst sollte man auch einmal nach dem allgemeinen Zustand der Reifen sehen. Die beste Möglichkeit ergibt sich, wenn der NSU zur Pflege oder einer Unterwagenwäsche in der Tankstelle auf den Wagenheber genommen wird.
Sie können sehr zufrieden sein, wenn alle Reifen über den gesamten Reifenumfang und über die gesamte Profilbreite gleichmäßig abgenutzt sind. Zeigt sich jedoch eine einseitige Abnutzung oder hat das Profil wellige Vertiefungen in regelmäßigen Abständen, dann ist am Fahrgestell oder am Rad selbst etwas faul. Nur der wirkliche Fachmann kann allerdings an dieser ungleichen Reifenabnutzung genau erkennen, ob es sich um zu viel oder zu wenig Luftdruck, um unausgewuchtete Räder, um unwirksame Stoßdämpfer, um ausgeschlagene Gelenke, um Fehler in Vorspur oder Radsturz handelt. Alle diese zahlreichen Fehlerquellen hinterlassen nämlich ihre individuellen Spuren auf dem Reifenprofil. Unter Umständen muß die betreffende Achse vermessen werden, und das ist mit eigenen Hilfsmitteln ja nicht möglich.

Räder nicht austauschen

In den NSU-Betriebsanleitungen ist das regelmäßige Reihum-Austauschen der Räder empfohlen. Damit kann man zwar gleichmäßig schnelle Abnutzung aller 5 Reifen erreichen, aber die eben erwähnten Ursachen möglicher erhöhter Reifenabnutzung haben dann nicht genügend Zeit, ihre Kennmarken auf dem Reifenprofil zu hinterlassen. Wenn sich die Reifen also im Profil in sich gleichmäßig abnutzen, soll man sie lassen, wo sie sind. In der Regel nützen sich die angetriebenen und schwerer belasteten Hinterräder am Prinz schneller als die nur mitlaufenden und lenkenden Vorderräder ab. Das schadet nichts, denn dadurch tut man sich finanziell leichter, wenn zuerst nur die abgefahrenen beiden Hinterräder ersetzt werden müssen – zum Anfang hilft sogar noch das unbenutzte und daher neue Ersatzrad mit –, anstatt sofort einen kompletten Satz mit 4 Reifen auf der Rechnung zu haben. Anders ist es allerdings, wenn man seinen NSU nach Verschleiß des ersten Reifensatzes mit Gürtel-Reifen ausstatten will. Darauf kommen wir noch im Kapitel „Reifenwahl" zu sprechen.

Schutz vor Lichteinwirkungen

Bei längerem, tagelangem Parken sollen Reifen möglichst nicht der ständigen prallen Sonne ausgesetzt werden. Wer im Urlaub zu Fuß die Berge erklimmt und derweil seinen NSU rasten läßt, sollte die Reifen völlig abdecken, denn die Höhensonne und die ultraviolette Strahlung an der See lassen den Reifengummi altern; er bekommt feine Haarrisse und wird spröde. Auch abmontierte Reifen dürfen nicht in hellem Licht aufbewahrt, sondern müssen in dunklen, staubfreien Räumen gelagert werden. Die Temperatur eines solchen Raumes soll zwischen – 10° C und + 20° C liegen; mehr oder weniger ist schädlich. Aber auch ein dunkler, wohltemperierter Raum ist ungünstig, wenn darin ein Elektromotor läuft. Dieser bildet nämlich am Kollektor oft Ozon, das ebenfalls für den Reifengummi nachteilig ist. Nichtbenutzte Reifen können gelegt werden, wenn sie auf Felgen montiert und mäßig aufgepumpt sind. Nicht montierte Reifen stellt man besser senkrecht und dreht sie alle paar Wochen ein Stückchen weiter, damit sie sich keinen einseitigen Plattfuß stehen.

Felgen pflegen

Die Felgen erwarten gelegentlich einen prüfenden Blick. Anfahren an große Steine oder Bordsteinkanten kann zu Beschädigungen am Felgenhorn führen. Der schlauchlose Reifen kann undicht werden. Als Gegenmaßnahme legt man, falls die Beschädigung der Felge nur so gering ist, daß keine Gefahr des Abspringens für den Reifen besteht, einen Schlauch der gleichen Größe in die Decke ein. Dazu muß erst das „schlauchlose Ventil" aus der Felge ausgebaut werden. Damit beim Aufpumpen die Luft zwischen Reifendecke und Schlauch entweichen kann, muß das Ventil des Schlauches locker und ohne Gummidichtung im Felgenloch sitzen. Nach Unfällen müssen Felgen genau überprüft werden, ob alle Schweißnähte in Ordnung sind und die Felge in sich nicht verbogen ist. Wenn die Felge nach Höhe oder Seite um mehr als 1,5 mm „eiert", muß sie ausgetauscht werden.

Der Radwechsel

Fachleute aus der Reifenindustrie haben herausgefunden, daß durchschnittlich nur noch alle 1½ Jahre eine Reifenpanne vorkommt. Wer Glück hat, dem passiert es nie. Andernfalls muß man sich zu helfen wissen. Denn mit einem Plattfuß weiterfahren, bringt den vielleicht noch sehr guten Reifen nach wenigen hundert Metern auf den Müllhaufen. Er ist dann im Gewebe so verwalkt, daß er sich nicht mehr reparieren läßt. Man muß also in den sauren Apfel beißen und das Rad sofort wechseln. Auch wenn es in Strömen regnet. So geht es am besten:

- Handbremse anziehen.
- Räder der gegenüberliegenden Fahrzeugseite mit Steinen oder Holz gegen Abrollen blockieren.
- Radkappe mit Kralle des Drehdorns für den Radmuttersteckschlüssel durch kräftigen Handballenschlag auf das Dorn-Ende abdrücken. Kralle dabei dicht neben einem der drei Haltenocken für die Radkappe einsetzen.
- Radmuttern mit Radmuttersteckschlüssel etwas lockern.
- Beidseitig am unteren Rand des Karosserieblechs und dem Außenrand des Wagenbodens befinden sich am 1200/110 vor dem Hinterrad und hinter dem Vorderrad je eine Einsetzpfanne für den Wagenheber. Am NSU 1000 und 1200 C ist es eine fingerbreite Längsfuge, in die die obere Nase des Wagenhebers in der Nähe des defekten Rades eingesetzt werden muß. Dabei Wagenheber so auf dem Boden abstellen (möglichst Brett unterlegen), daß die Mitte der Bodenplatte genau senkrecht unter der Stütznase des Wagenhebers steht (siehe Bild auf Seite 31).
- Wagen nur so hoch kurbeln, daß defektes Rad gerade frei hängt. Das erleichtert das Aufstecken des Ersatzrades.
- Radmuttern lösen und Rad abnehmen.
- Reserverad auf die Radbolzen stecken und Radmuttern andrehen (abgeschrägte Seite zum Rad). Über Kreuz mit Steckschlüssel leicht anziehen.

■ Wagenheber herunterdrehen.

■ Radmuttern über Kreuz festziehen. Nicht mit Gewalt „anknallen", weil dadurch Bremstrommel verzogen werden kann.

■ Radkappe aufsetzen und mit Handballenschlag festdrücken.

■ Defektes Rad und Werkzeug verpacken.

Beim Aufsetzen der Radmuttern müssen Sie sorgsam darauf achten, daß sie richtig herum, nämlich mit dem Konus der Muttern (das ist die kleine schräge Kante an der einen Seite der Radmuttern) zur Felge hin angeschraubt werden. Der Konus greift in die gleichartig abgeschrägten Felgenlöcher ein und zentriert dadurch die Felge genau.

Reifenreparatur

Der defekte Reifen sollte schon an der nächsten Tankstelle repariert werden. Sonst hat man, wenn es der Teufel will, einen zweiten Platten und kein Ersatzrad. Die Reparatur eines schlauchlosen Reifens, an dem sich der Anlaß der Plattheit erkennen läßt – ein eingedrungener Nagel etwa –, ist eine Arbeit von nur wenigen Minuten: Das Einstichloch wird aufgebohrt, gereinigt, mit Vulkanisierlösung eingerieben und ein Gummi-Pilz eingeführt, der sich im Reifen spreizt und das Loch dicht verschließt. Die eigenhändige Reparatur hat nur dann Sinn, wenn man eine Luftpumpe zur Hand hat.

Bei einem Loch in der Seitenwand oder gerundeten Schulter des Reifens ist diese Reparatur mit einem Gummi-Pilz übrigens nicht zweckmäßig, denn durch das starke Walken des Reifens in diesen Teilen des Reifens während der Fahrt wird der Gummi-Pilz doch wieder herausgetrieben. Ein derart beschädigter Reifen muß sachkundig vulkanisiert werden.

Wer mit seinem NSU durch Afrika kreuzt, wo es besonders finster ist, wird gescheiterweise eine Fußpumpe dabei haben. Dann geht's sogar noch einfacher, wenn das Loch am angehobenen und frei drehenden Rad schnell entdeckt wird. Es kann mit dem Reifenflickzeug und der Fußpumpe direkt wieder in Ordnung gebracht werden. Voraussetzung ist aber, daß sich der Reifenwulst noch nicht von der Felge gewalkt hat, sonst schafft man mit einer Fußpumpe nur schwer den ersten kräftigen Luftstoß, der zum Anpressen des schlauchlosen Reifens notwendig ist. Als Hilfsmaßnahme kann man aber das Abschleppseil mehrfach rund um den Reifen schlingen und mit einem Knebel stramm ziehen. Dann spreizen sich (hoffentlich) die Reifenwulste in die Felge.

Reifenwechsel

Und wenn der Reifen montiert werden muß? Womit sich, auch wenn man ihn dann nicht selbst aufpumpen kann, pro Rad etwa 2,50 DM sparen lassen.

Läßt sich der Wulst des defekten Reifens nicht vom Felgenhorn lösen, bedarf es einer Roßkur: Man fährt mit dem Hinterrad seines Wagens „tangential" über die Reifendecke, aber erstens nicht dort, wo das Ventil sitzt und zweitens nur so knapp, daß die Außenkante des Hinterrad-Reifens nicht die Felge berührt. Das Gewicht des Wagens wird den Reifen von der Felge zwingen.

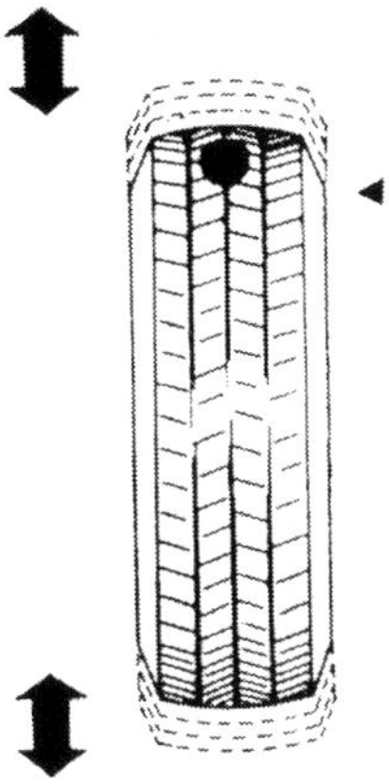

Unser Skizze erläutert die Auswirkungen der Unwucht:
Die **statische** Unwucht erkennt man, wenn ein freihängendes, drehendes Rad immer mit der gleichen Stelle zu Boden sinkt und sich allmählich auspendelt. Folge: Das Rad hüpft während der Fahrt.

Die **dynamische** Unwucht ist durch Auspendeln des Rades nicht zu erkennen, denn sie liegt irgendwie schräg zur Radachse, so daß das schnellaufende Rad flattert und wackelt. Unausgewuchtete Räder führen zu schnellem Reifenverschleiß, unruhiger Lenkung und vorzeitiger Abnutzung der Radlager.

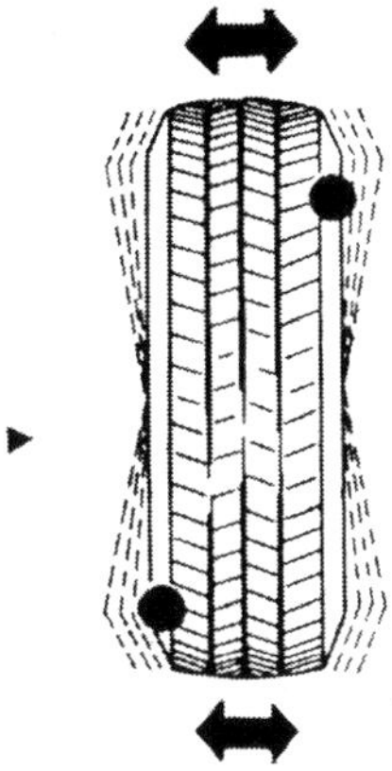

Dann werden als Werkzeug zwei möglichst lange Montiereisen mit abgerundeten Kanten ohne jeden scharfen Grat benötigt. Der schlauchlose Reifen will sich nur schwer von der Felge trennen, wenn er nicht mit einigen Metern platter Fahrt heruntergewalkt wurde. Man legt ihn deshalb auf den möglichst sauberen Boden – sauber, damit kein Schmutz, Kies und Sand mit einmontiert wird! – und tritt mit den Absätzen möglichst dicht am Felgenhorn auf die Reifenwand. Bei lang montierten Reifen hilft nur festes Draufspringen, bis sich der Reifenwulst vom Felgenhorn löst. Erst dann treten die Montiereisen in Aktion. Dabei darf keine scharfe Spannung auf einzelne Stellen des Reifens ausgeübt werden, sonst wird der Dichtgummi beschädigt.
Beim Montieren eines neuen Reifens muß der rote oder blaue Punkt auf der einen Reifenseite direkt an das Ventil zu liegen kommen. Der Punkt bezeichnet die leichteste Stelle des Reifens, die durch das Gewicht des Ventils wieder ausgeglichen werden soll.
Der zu montierende Reifen rutscht leichter über das innere Felgenhorn, wenn er am Wulst eingeseift wird. Die Seife bewirkt allerdings mit der Zeit Rostansatz am Felgenhorn.

Was ist Unwucht?

Gelegentlich überholt man andere Fahrzeuge, an denen ein Rad oder mehrere ständig wackeln oder springen, obgleich die Fahrbahn eben ist. Das kann seine Ursache an einem defekten Stoßdämpfer haben, der nicht mehr in der Lage ist, das Springen des federnden Rades zu verhindern. Zumeist liegt dies jedoch an ungleicher Gewichtsverteilung an dem betreffenden Rad. Diese ungleichmäßige Gewichtsverteilung nennt man Unwucht, von der es zwei Arten gibt: die statische und die dynamische.
Die Kräfte, die an unausgewuchteten Rädern auftreten, sind recht beachtlich. Eine ungleiche Gewichtsverteilung von 100 Gramm bringt bei hoher Geschwindigkeit leicht eine einseitige Zugkraft von 10 Kilogramm zustande. Die Kosten für das Auswuchten der Räder lohnen sich schon wegen des dadurch verhinderten Verschleißes der Reifen. Vor allem runderneuerte Reifen müssen sorgsam ausgewuchtet werden. Die Systeme der Auswuchtmaschinen sind sehr unterschiedlich. Trotzdem ist schnell zu erkennen, wie sie eine Unwucht anzeigen, so daß man durch kritisches Zuschauen die Qualität der Auswuchtarbeit wesentlich unterstützen kann. In manchen Werkstätten stellt man nämlich die jüngsten Lehrlinge an diese Maschinen, wobei es den unerfahrenen Jungen auf 20 Gramm mehr oder weniger oftmals nicht ankommt.

Schuhe nach Maß

Es kommt nicht von heute auf morgen, daß die Beine Ihres Wagens neues Schuhwerk brauchen. Es sei denn, ein Reifen ist plötzlich geplatzt oder durch ein sonstiges außergewöhnliches Ereignis unbrauchbar geworden. Normalerweise bemerkt man nur von Monat zu Monat, wie sich die Profiltiefe des Reifens der amtlich noch zugelassenen 1-mm-Mindestgrenze nähert.
Sie haben also Zeit, sich die Wahl des neuen Schuhwerks für Ihre Räder sorgsam zu überlegen und die notwendigen Moneten bereit zu legen. Es gibt nämlich eine Reihe verschiedener Reifentypen, abgesehen von den unterschiedlichen Reifenmarken, die für diese oder jene Beanspruchung Ihres Wagens besonders geeignet und daher näherer Betrachtung wert sind.
Es sind dies:

- Diagonal-Reifen
- Radial-Reifen
- Runderneuerte Reifen
- M+S-Reifen
- Eis-Reifen

Wie lange müssen Reifen halten?

Bei dieser Gelegenheit wollen Sie sicher gerne wissen, ob die Reifen der Erstausstattung eigentlich lange genug gehalten haben. Diese Frage ist jedoch keineswegs mit einer Kilometerstrecke zu beantworten, denn zu viele Einzelheiten wirken dabei mit. Bei Reifen gleichen Typs spielen dabei die Unterschiede von Marke zu Marke übrigens keine so große Rolle wie die Einwirkungen des Fahrwerks und vor allem die Sorgfalt des Fahrers. Wer mit allem Dampf um die Kurven fegt, Gas- und Bremspedal stets bis zum Bodenbrett durchtritt, braucht sich nicht zu wundern, wenn abgeriebene Gummikrümel seine Fahrspur markieren. Noch stärker wirkt sich erhöhter Reifenverschleiß durch zu niedrigen Luftdruck aus. Auch die Außentemperatur macht sich beim Reifenabrieb bemerkbar: Im Hochsommer können sich durch scharfe Fahrt heißgefahrene Reifen dreimal so schnell verschleißen als in gemächlicher Fahrt bei Frostwetter. Schließlich müssen Lenkung, Stoßdämpfer, Sturz, Spur und Nachlauf der Räder in Ordnung sein. Fehler in dieser Beziehung sind am außergewöhnlichen und einseitigen Reifenverschleiß vom Fachmann zu erkennen.
Unterschiedliche Kilometerleistungen erbringen natürlich auch die verschiedenen Reifentypen. Am schnellsten verschlissen sind die modernen Eis-Reifen für den Winter mit eingesetzten Stahl-Spikes (was besonders unschön ist, weil gerade diese für den Winter so nützlichen Reifen bereits pro Stück wesentlich teurer als Normal-Reifen sind). Danach kommen die winterlichen M+S-Reifen, deren dicke und grobe Stollen verhältnismäßig bald abgerutscht sind, trotz der abriebgünstigen Jahreszeit, in der sie gefahren werden. Die durchschnittlichen Kilometerleistungen zeigen die serienmäßig auf den NSU 1000 und 1200/110 montierten Diagonal-Reifen. Da gibt es, wie wir hören, NSU-Besitzer, die bereits nach 3000 km zu neuen Reifen greifen müssen, wogegen es andere mit den gleichen Reifen auf 40 000 km oder

noch mehr bringen. Das ist also eine weite Spanne, die mehr im Fahrer als in der Reifenmarke ihre Ursache hat. Die längste Haltbarkeit zeigen die sogenannten Gürtel-Reifen, serienmäßig montiert auf den 1000 TT und TTS, die zumeist auf die doppelte Kilometerstrecke der Normal-Reifen kommen.

Beste Montagezeit im Herbst

Vielleicht überrascht es Sie, daß neue Reifen (auch frische runderneuerte) eingefahren werden müssen. Sie werden nämlich erst nach rund 500 bis 1000 km wirklich rutschfest, wenn die vorher vom Vulkanisieren sehr glatte Reifenoberfläche angerauht ist. Auch können bei neuen Reifen die noch hohen Profilstollen (bei Rundschulter- und Gürtel-Reifen etwa 8 mm, bei Winter-Reifen etwa 12 mm) unter gewissen Fahrbedingungen „umkippen", so daß auch hierdurch die Rutschfestigkeit geringer ist.
Die beste Montagezeit ist für alle Reifen der Herbst. Im heißen Hochsommer werden die noch dicken Profilstollen vor allem bei scharfer Fahrt sehr heiß, was sich in erhöhtem Abrieb bemerkbar macht. Im Herbst laufen sich dagegen die Reifen unter günstigen Temperaturbedingungen ein und der erste Abrieb wird durch die Kälte vermindert. Solche Reifen haben bis zu 30 % längere Lebensdauer.

Umrüstung auf andere Reifengröße

Noch eine Frage bewegt viele Autofahrer beim Reifen-Ersatzbedarf: Könnte man sein Auto nicht auf eine andere Reifengröße stellen? Man hört da so viel von verbesserter Straßenlage, Benzinersparnis, mehr Kilometer und schnellerer Kurvenflitzerei. Ganz recht, das gibt es und das Problem wird noch durch die Austauschbarkeit der an den NSU verwendeten 12-Zoll- und 13-Zoll-Felgen, sowie die gleiche Geräumigkeit der Radkästen, in denen sich die Räder drehen, erleichtert.
Aber nun kann man sich nicht jede beliebige „Schwarte" auf die Felgen zwängen, denn bei dieser ganzen Angelegenheit hat der TÜV ein wesentliches Mitspracherecht. Kraftfahrzeughersteller und Reifenindustrie haben eine gemeinsame Liste aufgestellt, welche Reifengrößen an welchem Auto-Typ ohne weiteres gefahren werden können, und nach dieser Liste richten sich die TÜV-Prüfer. Die Reifenumrüstung basiert auf folgenden Überlegungen:

■ Reifen von geringerer Tragfähigkeit und Leistung zu montieren, ist gesetzlich nicht erlaubt. Im Kraftfahrzeugschein ist die Reifen-Mindestgröße vermerkt, die nicht unterschritten werden darf. So dürfen Sie an den 1000 TT nicht den serienmäßigen Reifen 5.50—12 des NSU 1000 montieren, weil dieser Reifen für die Spitzengeschwindigkeit des 1000 TT nicht zugelassen ist. Und beim 1200/110 würde dessen Tragfähigkeit nicht ausreichen. Doch kann es – etwa beim sportlichen Einsatz dieser größeren Typen – Vorteile bringen, wenn anstatt der serienmäßigen 13-Zoll-Reifen entsprechend voluminösere 12-Zoll-Reifen (es müssen dann aber Gürtel-Reifen sein) montiert werden.

■ Das wichtigste Maß beim Umrüsten auf eine andere Reifengröße ist der Abrollumfang des beabsichtigten Reifens im Vergleich zum serienmäßigen Reifen. Denn nach dessen Abrollumfang ist das Tachometer geeicht und die Getriebe-Übersetzung berechnet. Hätte der ins Auge gefaßte Reifen z. B. einen um etwa 8 % größeren Abrollumfang, zeigte auch das Tachometer 8 % weniger Geschwindigkeit an, der Kraftstoffverbrauch würde (allerdings nur scheinbar!) um 8 % größer, weil auch der Kilometerzähler weniger zählt. Dazu verliert der Wagen durch die größeren und schwereren Reifen an Temperament, es dauert länger, bis er auf echte 100 km/h kommt und Überholvorgänge werden länger. Auch die echte Spitzengeschwindigkeit – man müßte dann sowieso seinen Tacho neu eichen (siehe Seite 18) – kann etwas geringer sein. Dagegen würde man mit dem größeren Reifen wegen seines größeren Volumens wesentlich weicher fahren, unter anderem, weil man außerdem den Luftdruck um vielleicht 0,2 atü senken kann, die Straßenlage wird durch den auflagebreiteren Reifen verbessert, der langsamer drehende Motor geschont, und außerdem erreicht man wegen der geringeren Inanspruchnahme des größeren Reifens eine wesentlich höhere Kilometerleistung. Aber 8 % größerer Abrollumfang wären entschieden zu viel und darum läßt der TÜV solche Reifen nicht ohne weiteres zu.

■ Ist der Abrollumfang des neuen Reifens kleiner als der des serienmäßigen, schwindelt das Tachometer eine um entsprechende Prozente höhere Spitzengeschwindigkeit vor. Sie kann auch in der Tat – es kommt auf den Charakter des Motors an – ein wenig höher liegen. Das Temperament des Wagens erhöht sich jedoch zweifellos, da die kleineren Räder vom Motor leichter und schneller in Schwung gebracht werden. Auf der Kehrseite der Medaille steht jedoch die Gefahr, daß der Motor durch diesen geringeren Widerstand vom Reifen her leicht überdreht und damit übermäßig strapaziert wird. Dem erhöhten Motorverschleiß kann man nur sicher mit einem stets im Auge behaltenen Drehzahlmesser begegnen.

Diagonal-Reifen

Die Standard-Reifen der Reifenhersteller sind heutzutage die Diagonal-Reifen und auch unsere NSU – mit Ausnahme der schnellen TT und TTS – sind serienmäßig damit ausgestattet. Ihren Namen haben sie von der Lage der Gewebefäden im Reifenunterbau, der Karkasse. Beim Diagonal-Reifen überkreuzen sich diese Gewebefäden in bezug auf die Laufrichtung diagonal, im Gegensatz zum Gürtel- oder Radial-Reifen, bei dem die Gewebefäden „Radial" zur Laufrichtung in der Karkasse liegen. Lassen Sie sich nun durch die auf Seite 124 erläuterten Begriffe „Niederquerschnitt-Reifen" (z. B. die Größe 5.50–12 für den NSU 1000) oder „Super-Niederquerschnitt-Reifen" (z. B. die Größe 6.15/155–13 für den 1200/110) nicht verwirren. Auch das sind unterschiedliche Reifentypen, wenn man so will. Aber bei diesen Begriffen „Super-Ballon", „Niederquerschnitt" und „Super-Niederquerschnitt" ist nur die Reifendimensionierung bezüglich des Verhältnisses Querschnittbreite zu Querschnitthöhe gemeint. Dagegen erläutern die Begriffe „Diagonal"- und „Gürtel"-Reifen dessen technischen Zusammenbau. Die Diagonal-Reifen kosten nach Aufhebung der Preisbindung etwa:

In der Erstausstattung ist der NSU 1000 und 1200/110 mit Diagonal-Reifen ausgestattet. von denen das obere Bild ein Beispiel zeigt. Die abgerundete Profilkante dieses Reifentyps sorgt für gute Straßenlage auch beim scharfen Kurvenfahren und für geräuscharmen Lauf.

Längere Kilometer-Laufleistungen erreicht man mit Gürtel-Reifen. Auch spart er durch geringeren Rollwiderstand ein wenig beim Benzinverbrauch und macht den Wagen ein bißchen schneller. Dafür muß man allerdings stärkere Fahrgeräusche in Kauf nehmen. Auf unserem Bild der Dunlop SP.

(Preise in DM)	Reifen schlauchlos	Reifendecke (für Schlauch)	Schlauch
5.50–12 6.15/155–13	62,94 76,93	72,60 67,27	9,66 (H 12) 10,66 (J 13)

Keiner der genannten Reifen ist für den NSU 1000 TT erlaubt, denn Normal-Reifen in der 12-Zoll-Größe sind nur für eine Spitzengeschwindigkeit von 135 km/h zugelassen, und die 13-Zoll-Größe für den 1200/110, der mit seiner erlaubten Höchstgeschwindigkeit von 150 km/h an sich ausreichen würde, ist für den vorderen Radkasten des 1000 TT zu hoch.
Für den NSU 1200/110, 110 S und 110 SC kommt unter den Diagonal-Reifen keine andere Größe als 6.15/155–13 in Frage.

Gürtel-Reifen

Dieser Reifen unterscheidet sich durch den Aufbau seiner Karkasse, also des Unterbaues des Reifens unter der Lauffläche, von den üblichen Reifen. Während im Diagonal-Reifen verschiedene Gewebeeinlagen mit schrägem Fadenlauf zueinander eingebettet sind, hat der Gürtel-Reifen unter seiner Lauffläche einen ziemlich stabilen Gürtel aus feinen Stahl- oder Textilfäden, deren wichtigste quer zur Laufrichtung des Rades liegen.
Dieser Gürtel kann sich in seinem Durchmesser kaum verändern, so daß sich die Lauffläche nicht, wie bei den Normal-Reifen, mit wachsender Geschwindigkeit aufbaucht. Dadurch gibt es in der Lauffläche bei der Berührung der Fahrbahn keine Querbewegungen, wodurch eine besonders gute Bodenhaftung entsteht, der Bremsweg verkürzt und der Abrieb sehr gering gehalten wird. Dieser Gürtel-Reifen gibt hauptsächlich in den weichen Reifenflanken nach, so daß die Reifen oft den Eindruck machen, es fehle am richtigen Luftdruck. Trotzdem ist der Rollwiderstand geringer, wodurch der Gürtel- oder Radial-Reifen, wie er auch genannt wird, etwas Benzinersparnis bringt. Ferner ist er im Winter wesentlich wirkungsvoller als der Normal-Reifen, so daß er in vielen Fällen die Anschaffung besonderer Winter-Reifen erspart.

Besondere Fahreigenschaften

Aber der Gürtel-Reifen hat auch Nachteile, die auf dem NSU manchen Autofahrer stören. Da ist man schon sowieso nicht durch allzu großen Federungskomfort verwöhnt, und besonders die Gürtel-Reifen mit Stahldraht-Karkasse (wie z. B. der Michelin X oder Uniroyal „Rallye") dröhnen dann noch zusätzlich bei niedrigen bis mittleren Geschwindigkeiten auf Kopfsteinpflaster und unebener Fahrbahn, obgleich andrerseits diese Reifen zweifellos besonders abriebfest und wintergeeignet sind. Wir meinen deshalb, daß Gürtel-Reifen mit Textil-Gürtel, wie sie Dunlop, Fulda, Pirelli, Kléber-Colombes und Goodyear (G 800) beispielsweise anbieten, mehr Komfort bieten. Aber auch Michelin hat einen komfortableren Reifen im Michelin zX.
Kein Nachteil der Gürtel-Reifen ist es dagegen, daß sie seitlich scheinbar „schwabbelig" sind. Dieses seitliche Schwingen auf der Fahrbahn, das bei jedem Normal-Reifen ein Alarmsignal für ungenügenden Luftdruck wäre, ist beim Gürtel-Reifen völlig harmlos und nur durch seine weichen Seitenflanken bedingt. Am besten beachtet man dieses scheinbare „Schwimmen" nicht und hat bald festgestellt, daß sie in Wirklichkeit so spurgenau sind, wie ein Reifen nur sein kann. Gürtel-Reifen müssen übrigens besonders sorgfältig ausgewuchtet werden, da sich andernfalls im Lenkrad ein deutliches Vibrieren bemerkbar macht.

Andere technische Daten

Wie im Abschnitt „Umrüsten auf andere Reifengröße" auf Seite 133 bereits erläutert, darf man nicht jede beliebige Radial-Reifen-Größe, die gerade noch auf die 12- oder 13-Zoll-Felge paßt, montieren, sondern in einer Liste wurde für alle deutschen Autotypen festgelegt, welche Reifengrößen ohne Bedenken montiert werden können. Für unsere NSU-Modelle sind dies:

	Prinz 1000 L/S NSU 1000/1000 C	Prinz 1000 TT NSU TT/TTS*	Typ 110/110 S/SC/C NSU 1200/1200 C
Diagonal-Reifen	5.50-12	—	6.15/155-13
Radial-Reifen	145 SR 12	135 SR 13	155 SR 13
oder	135 SR 13	145 SR 12	145 SR 13 (Mich. X)

* Beim schnellen TTS rät NSU vom Michelin X ab, statt dessen kann, wenn es ein Michelin-Reifen sein soll, der Michelin XAS in der Größe 135 SR 13 gewählt werden.

Mit dieser Liste sind andere Reifengrößen noch nicht verboten, aber es bedarf einer umständlichen und kostspieligen technischen Überprüfung – z. B. Tacho-Eichung –, wenn eine andere Reifengröße zugelassen werden soll. Sie muß dann vom TÜV in die Fahrzeugpapiere eingetragen werden. Fährt man mit irgendeiner anderen Reifengröße „schwarz", also ohne TÜV-Abnahme, dann ist damit automatisch die Betriebserlaubnis für das Fahrzeug, die es seinerzeit aufgrund der serienmäßigen Reifenausstattung erhielt, erloschen. Das kann im Falle eines Unfalls allerhand Ärger geben. Das gilt beispielsweise für die Reifengröße 155 SR 12, die nicht selten an NSU 1000 zu sehen ist und auch im Einzelfalle genehmigt werden kann.

In ihren Abmessungen weichen die Radial-Reifen von den Diagonal-Reifen etwas ab. Auch das Stammhaus der Radial-Reifen, die französische Firma Michelin, folgt vielfach noch eigenen Größenfestlegungen, so daß wir die Michelin-Reifen in der nachfolgenden Tabelle gesondert aufführen müssen:

Reifengröße		Gesamtdurchmesser mm	Reifenbreite mm	Abrollumfang mm	Luftdruck bei voller Belastung atü vorne	hinten
5.50-12	Diagonal	552	148	1664	1,4	1,9
5.50 SR 12	Michelin X	552	146	1675	1,4	1,7
145 SR 12	Radial	542	147	1645	1,4	2,0
145 SR 12	Michelin zX	542	152	1650	1,4	1,7
135 SR 13	Radial	548	137	1665	1,4	2,0
135 SR 13	Michelin zX	548	137	1670	1,3	2,0
6.15/155-13	Diagonal	578	157	1746	1,3	1,6
155 SR 13	Radial	578	157	1750	1,3	1,6
155 SR 13	Michelin zX	580	156	1760	1,4	1,7
145 SR 13	Michelin X	582	152	1770	1,4	1,7

Schlauchlose Radial-Reifen nur bei Hump-Felgen

Bei den Diagonal-Reifen sind heute schlauchlose Ausführungen die Regel und dementsprechend sind die serienmäßigen Diagonalreifen an den NSU schlauchlos. Auch schlauchlose Radial-Reifen gibt es von vielen Herstellern. Aber sie dürfen aus Sicherheitsgründen nicht auf „gewöhnliche" Felgen montiert werden, da bei scharfer Kurvenfahrt und zu geringem Luftdruck – kann ja mal vorkommen – der Reifenwulst von der gewöhnlichen Felge abgewalkt werden kann. Und dann ist die restliche Luft allzu schnell weg – und das

Auto auch. Deshalb sind für schlauchlose Radialreifen sogenannte „Hump"-Felgen vorgeschrieben. An diesen hat das Felgenbett, auf dem der Reifenwulst aufliegt, nach der Felgeninnenseite zu einen umlaufenden Steg, der den Reifenwulst fester hält. Diesen Hump-Steg kann man an der unbereiften Felge ohne weiteres erkennen. Die neueren Modelle haben, soweit sie serienmäßig mit der 13-Zoll-Felge ausgestattet sind, diese Hump-Felge. Bei der serienmäßigen 12-Zoll-Felge für den NSU 1000 ist sie seltener, das Vorgängermodell Prinz 1000 hatte sie noch nicht. Bei den neueren Fahrzeugen sind also die Reifengrößen 135 SR 13 und 155 SR 13 in der Regel schlauchlos montierbar, aber man muß trotzdem die Felge vorher prüfen. Die Größe 145 SR 12 wird man sich in der Regel mit Schlauch kaufen müssen, denn es hat wenig Sinn, sich extra neue Hump-Felgen 4.50×12 H (das „H" der Bezeichnung bedeutet „Hump") zu kaufen, nur um schlauchlose Radial-Reifen 145 SR 12 montieren zu können. Bei Felgen-Ersatzbedarf ist es natürlich besser, gleich Hump-Felgen zu kaufen, denn erfahrungsgemäß kommt man mit 5 Felgen an seinem Fahrzeug sowieso nicht aus, schon der Winterreifen wegen.

Gürtel-Reifen-Preise

Es wird immer behauptet, Radial-Reifen seien wesentlich teurer als Diagonal-Reifen. Das trifft schon lange nicht mehr zu, nur bei der Erstbestellung ab Werk muß man für den Sonderwunsch „Umrüsten auf Radial-Reifen" (wenn nicht schon serienmäßig mit Radial-Reifen ausgestattet) einen Zuschlag zahlen. Das liegt daran, daß die Reifenproduzenten Radial-Reifen auch bei Lieferung in großen Mengen nicht so billig an die Kraftfahrzeughersteller verkaufen, wie dies bei Diagonal-Reifen üblich ist. Die Differenz muß natürlich der Autokäufer bezahlen. Die Radial-Reifen-Preise lauten bei den deutschen Reifenherstellern seit Fortfall der Preisbindung etwa wie folgt, Michelin und Kléber verlangen einige Mark mehr, freie Importeure weniger.

Größe	Decke	Schlauch	Schlauchloser Reifen
145 SR 12	67,16 DM	9,44 DM	75,59 DM
145–12 (Michelin X)	67,27 DM	8,99 DM	—
135 SR 13	54,06 DM	9.88 DM	67,65 DM
155 SR 13	79,37 DM	10.66 DM	90,58 DM

Fingerzeig: *Wegen ihrer besonderen Fahreigenschaften, die sich von jenen der Diagonal-Reifen erheblich unterscheiden, sollen Radial-Reifen nicht gemischt mit anderen Reifen gefahren werden. Ebensowenig zu empfehlen, ja geradezu gefährlich ist es, wenn auf den Vorderrädern Radial-Reifen und auf den Hinterrädern M+S-Reifen montiert würden. Die haftfesten Radial-Reifen würden schon unter geringfügig erschwerten Fahrbedingungen das Fahrzeug vorne fest in der Spur halten, während das Heck mit dem wenig griffigen M+S-Reifen ausbricht und eine verheerende Schleuderfahrt einleitet. Wer auf Gürtelreifen umrüsten will, sollte seine seitherigen Diagonal-Reifen untereinander austauschen, bis sie gleichmäßig abgefahren sind und gleichzeitig ersetzt werden müssen. Die einzige verkehrsbrauchbare Mischung sind Radial-Reifen hinten und Diagonal-Reifen vorne.*

Beim Kauf von Radial-Reifen mit Schlauch sollten Sie genau darauf achten, daß die Schläuche vom gleichen Hersteller wie die Reifendecken sind. Vor allem bei Michelin und Kléber weichen die Reifenabmessungen von den Normalabmessungen ab und auch bei den anderen Herstellern sind die Schläuche genau auf die Decken abgestimmt. Nicht genau passende Schläuche können im montierten Reifen Quetschfalten bilden, die mit der Zeit aufscheuern.

Unter den Profilen der M+S Reifen reicht die Brauchbarkeit vom Flachlandschnee bis zur verschneiten Gebirgsstraße. Das hier gezeigte „Labyrinth"-Profil eignet sich besonders für tiefen Schnee. Auf trockener oder nasser Straße haben M+S-Reifen jedoch schlechtere Fahreigenschaften als „Sommer"-Reifen.

Für Schnee und Glatteis sind diese Reifen mit griffigem M+S-Profil und eingesetzten Stahl-Spikes gedacht. Die Hartmetall-Stifte können sich im Eis wirkungsvoll festkrallen. Eis-Reifen, die mehrere Winter aushalten, sollen stets für gleiche Laufrichtung am Wagen montiert werden; das verlängert die Lebensdauer der Spikes. Das untere Bild zeigt einen asymmetrischen Eis-Reifen für besseres Spurhalten auch auf eisfreier Straße.

M+S-Reifen

Die heute noch in Diagonal-Bauweise angebotenen „Matsch- und Schnee-Reifen" können wir nicht mehr empfehlen. Sie sind nur auf frisch gefallenem Schnee und auf Schneematsch wirkungsvoll. Diese Fahrbahnbedingungen sind bei uns aber seltener. Vielfach sind die Straßen mit Auftausalzen gestreut und durch tauenden Schnee und tauendes Glatteis naß. Bei solchen Straßenverhältnissen und bei festgefahrenem Schnee und Glatteis sind M+S-Reifen durch ihren längeren Bremsweg und ihre schlechtere Bodenhaftung sogar den Diagonal-Sommerreifen unterlegen.
Bessere Fahreigenschaften haben M+S-Reifen in Gürtelbauweise. Ihre Laufflächenmischungen sind auf winterliche Verhältnisse abgestimmt. Zwei solche Reifen auf der Hinterachse dürfen natürlich nicht mit Diagonal-Sommerreifen auf den Vorderrädern kombiniert werden. Die Griffigkeit von M+S-Reifen wird noch besser, wenn man den Luftdruck um 0,2 atü erhöht. Die Luftdruckerhöhung für Autobahnfahrer ist darin allerdings inbegriffen.

Die 6. Felge

Wenn Sie sich mit 2 M+S-Reifen begnügen wollen, empfiehlt sich die Anschaffung einer 6. Felge. Das erspart vor und nach dem Winter das Ummontieren der Reifen auf den vorhandenen Felgen, was ja jedesmal pro Rad einschließlich Auswuchten für eine Saison auf rund 10 DM kommt. Wenn Sie eine 6. Felge besitzen, lassen Sie außerdem die Ersatzradfelge mit einem Winterreifen bestücken. Der kann dann auch im Sommer draufbleiben und, falls Sie einmal einen Plattfuß einhandeln, ohne weiteres ein paar hundert Kilometer auch in der für ihn ungewöhnlichen Jahreszeit am Wagen mitrollen, bis der platte Sommer-Reifen wieder geflickt oder ersetzt ist. Ein Satz M+S-Reifen hält ja mehrere Winter, so daß sich die 6. Felge (billig vom Schrottplatz) schnell amortisiert.

Preise der M+S-Reifen

Bei den Gürtel-Reifen sind die Preise der M+S-Reifen etwa:

(Preise in DM)	Reifen schlauchlos	Reifen Decke
145 SR 12	—	74,60
155 SR 13	99,35	88,25

Auch die besten Winterreifen können auf Glatteis einen Wagen beim Bremsen nicht sicher in der Spur halten. Deshalb wurden Winterreifen mit eingesetzten Hartmetallstiften, den Spikes, entwickelt. Diese Spikes krallen sich in das Glatteis und verringern so den Bremsweg erheblich. Schlechter wird es, wenn kein Glatteis vorhanden ist. Dann kratzen die Spikes beim scharfen Anfahren, Bremsen und beim schnellen Kurvenfahren auf der Fahrbahn. Das gibt dann auf solchen Straßenstellen erhöhten Abrieb, während auf ebenen Strecken, wo wenig hart gebremst und beschleunigt wird, der Spikes-Reifen nicht der Hauptschuldige für die Fahrbahnabnutzung ist.

Eis-Reifen

Wer mit seinem NSU bei Eis und Schnee unterwegs sein muß, wird ohne solche Reifen nicht auskommen. Der Entschluß zu Eisreifen fällt allerdings schwer, denn es müssen vier Reifen montiert werden. Was für die normalen M+S-Reifen gesagt wurde, gilt auch für die Spikes-Reifen: Nur solche in Gürtel-Bauweise besitzen gute Fahreigenschaften. Der höhere Preis wird durch längere Lebensdauer, leiseres Abrollgeräusch und sicheres Fahrverhalten ausgeglichen. Spikes-Reifen auf Gürtelreifenbasis haben auf Eis einen bis zu 30 Prozent kürzeren Bremsweg als derartige Diagonalreifen.
Für einen Reifen in der Größe 145–12 müssen Sie rund 105 DM rechnen. Nicht alle Reifenhersteller bieten in dieser Größe Winterreifen an. Dagegen ist das Angebot an Reifen der 13 Zoll-Größe wesentlich reichhaltiger.
Ein Reifen 135 SR 13 kostet etwa 90 DM, in der Größe 155 SR 13 muß man mit rund 118 DM rechnen. Schlauchlose Reifen, sofern erhältlich, kosten etwa 10 bis 12 DM mehr.

Fingerzeig: *Erfahrungen mit Eis-Reifen haben gezeigt, daß Spikes nicht so leicht verlorengehen, wenn der Reifen immer in der gleichen Drehrichtung läuft. Deshalb beim Demontieren der Spikes-Reifen nach der winterlichen Eiszeit mit Ölkreide einen Pfeil auf die Reifenwand malen, der die gehabte Laufrichtung des Reifens markiert. Dann kommt der Reifen im nächsten Winter wieder auf die gleiche Wagenseite. Zur Erreichung eines gleichmäßigen Abriebes ist natürlich der Austausch des Vorderrades mit dem Hinterrad der gleichen Wagenseite empfehlenswert.*

Besondere Felgen für den Winter

Was über den Vorteil einer 6. Felge schon gesagt wurde, gilt auch für eine 7. und 8. Felge, wenn mit 4 M+S-Reifen oder Eis-Reifen gefahren wird. Man hat dann zwei komplette Reifensätze und kann auch während des Winters ohne viele Umstände seine Winter-Reifen gegen Sommer-Reifen austauschen, wenn für längere Zeit milde Lüfte wehen und von Schnee und Eis weit und breit nichts zu sehen ist. Denn M+S-Reifen und erst recht die Eis-Reifen sind zu teuer, um sie auf trockener Straße abzuradieren.

Runderneuerte Reifen

Ganz zu Unrecht stehen runderneuerte Reifen bei vielen Autofahrern in schlechtem Ansehen. Es gibt namhafte Betriebe, die sich fabrikmäßig mit der Runderneuerung abgefahrener Reifen befassen und auf diese Arbeit vertrauenswürdige Garantie geben. Solche Großbetriebe sind beispielsweise Reifen-Holert, der in ganz Norddeutschland Niederlassungen besitzt, Peters Pneu Renova mit Annahmestellen im ganzen Bundesgebiet, Hammesfahr in Essen und bei Heidelberg, ebenfalls mit Geschäftsverbindungen im ganzen Bundesgebiet, Vergölst im Rhein-Main-Gebiet und Gummi-Mayer, Landau/ Pfalz, der vor allem in Süd- und Südwestdeutschland vertreten ist, sowie

Die 3 Arten der Runderneuerung: 1. von Wulst zu Wulst, die beste und teuerste Methode. 2. von Schulter zu Schulter; einwandfreie Reifenwände sind dazu Voraussetzung. 3. Laufflächen-Besohlung, ein billiges Verfahren, das auch für Diagonal-Reifen wenig geeignet ist. Neue und die meisten runderneuerten Reifen besitzen an bestimmter Stelle einen roten Punkt (oder auch zwei). An dieser Stelle soll bei der Montage das Reifenventil liegen. Der rote Punkt bezeichnet die leichteste Stelle des Reifens.

Gummi-Reiff in Reutlingen. Die Fachleute guter Runderneuerungsbetriebe nehmen einen Reifen zur Runderneuerung erst nach gründlicher Inspektion an. Wenn Gewebebrüche, bis auf das Gewebe abgefahrene Profile, Durchschläge und mürbe Seitenwände festgestellt werden, lehnen sie die Runderneuerung der Karkasse, so nennt sich der Unterbau des Reifens, ab.

Auch wenn mit einem runderneuerten Reifen nicht mehr ganz die Kilometerleistung wie zuvor erreicht wird, so rentiert sich das Runderneuern durch den verhältnismäßig niedrigen Preis doch noch. Diese runderneuerten Reifen lassen sich ohne weiteres auf die Vorder- oder Hinterachse montieren und man braucht damit nicht ängstlich zu fahren, wenn die Arbeit in einer vertrauenswürdigen Firma gemacht wurde und Garantie gewährt wird.

Es gibt drei Verfahren mit entsprechenden Preisunterschieden:

■ Besohlen. Hierbei wird nur ein Laufstreifen auf die aufgerauhte Karkasse vulkanisiert. Dieses Verfahren war früher allgemein im Gebrauch, wird aber heute vielfach abgelehnt. Bei entsprechender technischer Einrichtung hat es jedoch den Vorteil, daß die Reifenwand nicht zum zweiten Mal aufgeheizt werden muß, was für ihre Dauerhaftigkeit vorteilhaft ist.

■ Runderneuern von Schulter zu Schulter. Über den Laufstreifen hinaus wird bis zur Seitenwand des Reifens neuer Gummi aufvulkanisiert. Diese Sache ist schon etwas teurer, dafür aber auch solider.

■ Runderneuern von Wulst zu Wulst. Es ist die teuerste und beste, aber immer noch preiswerte Runderneuerung, bei welcher der gesamte Reifen eine neue Oberflächenschicht erhält. Alterungsrisse und kleine Beschädigungen der Reifenwände werden damit wieder in Ordnung gebracht.

Einige Preisbeispiele

Die Preise für Runderneuerung weichen stark voneinander ab; jeder Betrieb kalkuliert da für sich, so daß die Preisbeispiele unserer Tabelle nur Mittelwerte darstellen, die bis zu 4 DM nach oben oder unten abweichen können. Werden Ihnen allerdings wesentlich niedrigere Preise genannt, dann besteht der Verdacht, daß in Wirklichkeit eine Qualitätsstufe niedriger geliefert wird oder die Reifen allenfalls noch für einen Ackerwagen brauchbar sind.

Gut für die Gesundheit

Nicht jedermann steht der Selbsthilfe am Auto positiv gegenüber. Beispielsweise warnt man davor, sich mit der Bremsanlage zu befassen, weil von deren gutem Funktionieren die eigene Gesundheit und die anderer abhängt. Gerade deswegen, meinen wir, sollte man ein scharfes Auge auf sie werfen, wobei es durchaus Dinge gibt, die sich auch der Laie ohne weiteres zutrauen kann, ja, sich sogar näher damit befassen sollte. Wir meinen die reinen Sichtprüfungen.

Alles, was über die Sichtprüfung hinausgeht, sollte man aber der Werkstatt überlassen, insbesondere alles, was mit der Hydraulik zusammenhängt, also Arbeiten am Haupt- oder an den Radbremszylindern bzw. an den entsprechenden Verbindungsleitungen. Wer einigermaßen praktisch veranlagt ist und gewissenhaft arbeitet, könnte sich hingegen auch mit Nachstell-Arbeiten befassen. Diese folgen dann im zweiten Teil des Buches, im Praktiker-Teil. Hier nun eine Reihe von Maßnahmen, die wichtig sind, die aber ohne jedes Werkzeug durchgeführt werden können.

Bremsleitungen auf Dichtheit und Zustand prüfen

Wartungsdienst Nr. 6 und Jahreszeit-Inspektion

Verfolgen Sie bei trockener Wagen-Unterseite (unter den Wagen kriechen, ihn hochbocken oder Hebebühne) den Verlauf der Bremsschläuche: sie müssen trocken und dürfen nicht aufgequollen sein. Anschluß- und Verbindungsstellen besonders beachten. Bremsflüssigkeit kriecht auch durch den Schmutz. Wo der Schmutz schwarz wird, kann auf Undichtigkeit geschlossen werden. Feuchtdunkle Stellen innen am Bremsträger? Radzylinder könnte undicht sein, Werkstatt. Sind Scheuerspuren an den Schläuchen vorhanden? Bremsschläuche vertragen kein Benzin, Petroleum, Dieselkraftstoff oder Fett. Sie dürfen auch nicht lackiert werden. Weil Absprühöl natürlich Öl enthält, sollte es von den Bremsschläuchen ferngehalten werden. Das bedeutet praktisch: Wagen-Unterseite nicht einsprühen lassen. Bremsschläuche auch auf Beschädigung durch Steinschlag oder Korrosion untersuchen.

Die Bremsleitungen liegen beim NSU gut geschützt, das ist nicht bei jedem Fabrikat der Fall. Immerhin läßt winterliches Streusalz die verzinkten Leitungen nach einigen Jahren rosten und dünner werden. Daraufhin sollte man die kurzen ungeschützten Leitungsabschnitte prüfen.

Bei den Vorderrädern sollte kontrolliert werden, ob die Schlauchleitungen nicht zu nahe an den Federn stehen. Der kleinste Abstand darf nicht weniger als 10 mm betragen! Ist der Abstand zu klein, wird in der Werkstatt mit Dorn und Hammer die jeweilige Befestigungslasche nachgerichtet.

Wichtiger Hinweis: Man hüte sich davor, bei Undichtigkeiten oder bei nicht einwandfreier Lage von Bremsleitungen selbst Hand an die Anschlüsse zu legen. In diesem Fall muß der Werkstatt Bescheid gesagt werden.

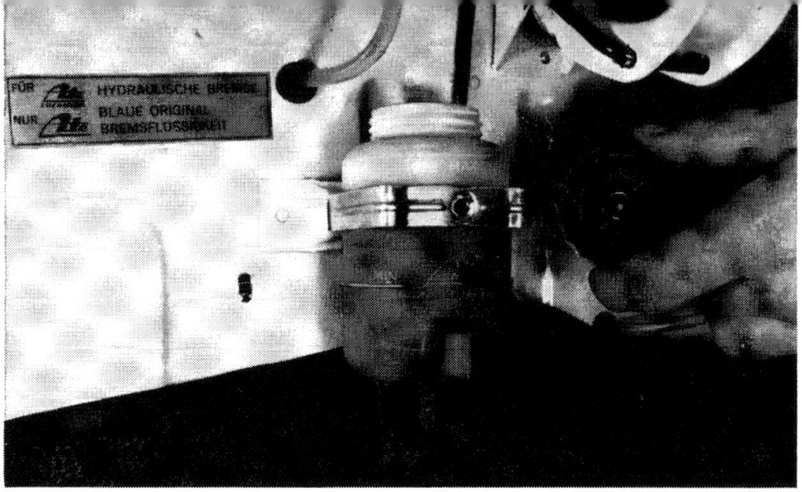

Der Bremsflüssigkeitsbehälter sitzt im Kofferraum an der Spritzwand zum Innenraum. Da er aus durchsichtigem Kunststoff besteht, muß nicht der Deckel zum Überprüfen des Flüssigkeitsstandes abgeschraubt werden, der Stand zwischen Minimum- und Maximum-Markierung ist auch von außen erkennbar. Der Flüssigkeitsbehälter beim 1200/110 hat ein Zwei-Kammer-System, da er gleichzeitig die hydraulische Kupplungsbetätigung bedient.

Bremsflüssigkeitsstand prüfen

Wartungsdienst Nr. 21 und Jahreszeit-Inspektion

Sie wissen, warum die Bremsanlage Flüssigkeit braucht? Weil sie den Druck auf das Bremspedal gleichmäßig weiterleitet. Früher geschah das mit Bremsseilen – wie jetzt noch an der Handbremse – aber es war immer schwierig, mit Seilübertragung eine gleichmäßige Bremswirkung zu erzielen. Die Flüssigkeit soll sich mit ihrer Oberfläche zwischen der Maximum- und Minimum-Markierung bewegen. Stellt man bei einem Wagen mit Scheibenbremsen fest, daß die Flüssigkeit relativ schnell weniger wird, so ist nicht unbedingt eine Undichtigkeit vorhanden, worauf man bei einem Wagen mit allseitigen Trommelbremsen schließen könnte. Dies ist eine Eigenart der Scheibenbremsen: Die im Durchmesser relativ großen Kolben der Scheibenbremsen-Radzylinder wandern entsprechend der Abnutzung der Bremsbeläge immer weiter aus dem Zylinder heraus, wodurch mehr Flüssigkeit nachfließen muß als bei Trommelbremsen. Schnelles Absinken der Flüssigkeit bei reiner Trommelbremsanlage: Werkstatt aufsuchen.

1200/110: Die Flüssigkeit im Behälter dient gleichzeitig auch zur Reserve für die hydraulische Kupplungsübertragung (siehe Kapitel „Die Kupplung"). Wenn man die Abdeckmatte im Kofferraum zurückschlägt, sieht man, daß zwei verzinkte Leitungen von ihm wegführen: eine zum Hauptbremszylinder am Bremspedal und die andere zum sogenannten Geberzylinder am Kupplungspedal. Üblicherweise gab es bisher dafür immer zwei getrennte Behälter, aber die NSU-Lösung hat einen Pfiff: Läuft Flüssigkeit aus, dann merkt man dies zuerst daran, daß die Kupplung nicht mehr trennt – eine Warnung für die Funktion der Bremsanlage. Für letztere ist in einer asymmetrischen Ausbuchtung unten am Behälter dann immer noch eine Sicherheitsrestmenge vorhanden.

Der Deckel des Behälters besitzt einen kleinen Durchlaß. Dieser dient zum Belüften, damit sich über der Flüssigkeit kein Vakuum bildet, welches das „Atmen" der Anlage bzw. das Nachfließen von Flüssigkeit behindern könnte. Das Loch darf also nicht verschmutzt und verstopft sein, wie überhaupt jede Verunreinigung vom Behälter ferngehalten werden sollte. Im Behälter befindet sich noch ein Sieb, das beim Nachfüllen etwaige Fremdstoffe zurückhalten soll. Das Sieb ist durch kleine Kunststoffwarzen gesichert. Sinkt der Flüssigkeitsstand ab, empfiehlt sich vor dem Nachfüllen eine Bremsdruckprobe: Bremspedal ca. 1 Minute niedergedrückt halten. Es darf in dieser Stellung nicht angeben, sonst irgendwo Undichtigkeit. Werkstatt!

Zum Nachfüllen nur blaue Original ATE-Bremsflüssigkeit bzw. solche mit der Bezeichnung SAE J 1703 a verwenden. Auf keinen Fall, auch nicht als

Notbehelf, darf Motorenöl verwendet werden. Bremsflüssigkeit ist ein synthetischer Stoff, der auch bei Kälte oder Hitze nicht dick- oder dünnflüssiger werden darf. Motorenöl zersetzt die Gummiteile. Bremsflüssigkeit gibt es im Zubehörhandel. Sie ist leicht giftig, greift den Lack an, daher gegebenenfalls beim Hantieren damit aufpassen.

Fuß- und Handbremse prüfen

Bremsen müssen gleichmäßig ziehen. Deswegen sollen Bremsen so gut eingefahren sein wie der Motor. Bremsbelag und Bremsfläche müssen sich aneinander gewöhnen. Sie müssen eine möglichst große Oberfläche gemeinsam haben. Wenn der Belag nur auf wenigen Quadratzentimetern „trägt", ist die Bremswirkung schlechter, und noch schlimmer, sie ist ungleichmäßig. Den Wagen verreißt es beim scharfen Bremsen. Deshalb empfiehlt es sich, hin und wieder eine scharfe Bremsung einzulegen, vorausgesetzt, man ist allein auf der Straße. Auch weiß man dann, wie sich der Wagen im Notfall verhält. Aber lose Sachen im Wagen vorher sichern!
Bremsproben sollten damit beginnen, daß man zunächst aus mäßiger und dann aus höherer Geschwindigkeit abbremst. Das gleiche wiederholt man mit losgelassenem Lenkrad. Das gibt – auf ebener, nicht gewölbter Straße – Aufschluß, ob der Wagen beim Bremsen einseitig wegzieht. Entsprechende Beanstandungen: siehe Störungstabelle im 2. Bremsenkapitel.
Wagen nur mit Trommelbremsen: Wird eine Notbremsung bei kalter Bremse vorgenommen, also wenn man vorher eine längere Fahrtstrecke nicht gebremst hat, neigt praktisch jeder trommelgebremste Wagen zum Ausbrechen. Der Grund: Die plötzliche Bremsung läßt unvermittelt „Temperaturblitze" durch die starke Reibung entstehen, die unterschiedliche Bremswirkung hervorrufen. Der Bremsbelag, der ja aus verschiedenen Stoffen (Asbest, Metallpulver, Kunststoffe u. a.) zusammengesetzt ist, reagiert nämlich nicht gleichmäßig auf diese Temperatur-Erhöhungen.
Noch ein Vorschlag: Bremsen Sie einmal den Wagen nur mit der Handbremse ab. Hier ist noch größere Vorsicht am Platz, weil das Wagenheck – je nach Ausgangsgeschwindigkeit – schlagartig wegschleudern kann. Immerhin wissen Sie dann, wie Sie sich zu benehmen haben, wenn die hydraulische Fuß-Bremsanlage ausfällt und Sie noch zur nächsten Werkstatt fahren wollen. Alles schon dagewesen.
Die angezogene Handbremse darf den Wagen im Gefälle nicht vorwärts oder rückwärts ablaufen lassen. Wie gut ihre Wirkung ist, läßt sich auch feststellen, wenn man mit angezogener Handbremse anfährt. Hierbei müßte eigentlich der Motor abgewürgt werden, aber das wird einem kaum gelingen. Aber Vorsicht bei diesem Versuch: Wagen macht Bocksprünge.

Bremsbacken auf Verschleiß prüfen

Pflegearbeit Nr. 38

Dies betrifft Trommelbremsen und kann als Sichtprüfung durchgeführt werden. Allerdings ist zuvor das jeweilige Rad abzunehmen.
Über den Radbolzen sind fünf kleine Sichtfenster angebracht, durch die man – gegebenenfalls mit einer Taschenlampe – die Bremsbeläge erkennt. Während dieser Prüfung muß man die Bremstrommel etwas drehen, damit man die ja sich nicht mitdrehenden Beläge auf den Bremsbacken besser erkennen oder mit einem kleinen Schraubenzieher zur besseren Sicht sauberkratzen kann. Beläge unter ca. 1,5 mm müssen ausgewechselt werden.

Die linke vordere Scheibenbremse beim 1200/110. Das Rad ist abgenommen. Man sieht die Lage des Bremssattels, der nach vorn weist. Die Zahlen bedeuten: 1 – Gummikappe für Fettdauerfüllung für das obere Kugelgelenk der Radaufhängung, 2 – Hülle für Tachometer-Antriebswelle, 3 – Bremsflüssigkeitsschlauch, mündet im rechten Bremszylinder des Bremssattels, 4 – Bremsflüssigkeitsleitung vom rechten zum linken Radbremszylinder.

Hinausschieben des Neubelegens von Bremsen ist gefährlich und teuer: Unkontrollierte ungleichmäßige Bremswirkung, wenn Beläge zu weit abgenützt. Freiliegende Nieten beschädigen die Trommel. Bei NSU ist es üblich, die Bremsbacken neu zu belegen. Man findet bei verschiedenen anderen Fabrikaten die Gepflogenheit, gleich die ganzen Backen auszutauschen. Wichtig ist, daß immer alle Beläge einer Achse — also jeweils immer vier, weil in jedem Rad zwei Bremsbacken vorhanden sind — gemeinschaftlich ausgewechselt werden. Das ist keine Geldschneiderei, sondern wichtig für gleichmäßige Bremswirkung.

Fingerzeige: *Bei Nebelfahrt hin und wieder bremsen, um die Stopplichter aufleuchten zu lassen. Das warnt — weil sie stärkere Birnen als die Schlußleuchten besitzen — noch wirksamer die Hintermänner.*

Man sollte nicht direkt nach einer scharfen oder längeren Bremsung (Gefällefahrt) beim Anhalten die Handbremse anziehen. Sofern die Bremstrommeln sehr heiß geworden sind, entstehen bei den hinteren Bremstrommeln beim Abkühlen und dem damit verbundenen Zusammenziehen Spannungen, weil der Widerstand der gespreizten Bremsbacken überwunden werden muß. Dabei können sich die Bremstrommeln verziehen, was später ungleichmäßige Bremswirkung hervorruft.

Wenn die Bremswirkung bei längeren Abfahrten im Gebirge nachläßt, hat es keinen Zweck, das Bremsen durch wesentlich erhöhten Fußdruck zu erzwingen. Damit werden nur die Bremsbeläge verdorben. Besser ist es, eine Abkühlungspause für die Bremsen einzulegen und mehr als vorher die Bremswirkung des Motors im 2. oder gar im 1. Gang auszunützen.

Wird der Wagen im Freien abgestellt, empfiehlt es sich, morgens gleich auf den ersten hundert Metern ein paarmal zu bremsen. Damit sollen Rostspuren von den Bremsbelägen entfernt werden, was bei einer plötzlichen Bremsung zu „giftiges" Ansprechen und ungleichmäßiges Ziehen hervorrufen könnte. Beläge enthalten pulverförmige Eisenanteile, die bei manchen Belag-Fabrikaten zum Rosten neigen.

Scheibenbremsen: Scheiben können nach längerer Standzeit Rost ansetzen (z. B. bei Sonntagsfahrern). Wird der Wagen wieder in Betrieb genommen, zunächst Probebremsungen ausführen.

Schwamm drüber

Regelmäßige Wagenpflege ist kein zweckloser Zeitvertreib. Sie hilft dem Lack in seinen beiden Aufgaben: schön zu sein und die Karosserie gegen Rost und Korrosion zu schützen. Man kann aber den Lack seines Wagens auch zu Tode pflegen. Es kommt nämlich nicht auf die aufgewendete Mühe und Zeit an, sondern vielmehr auf das „Gewußt wie". Falsche Mittel sind genauso wenig wie Übereifer geeignet, den strahlenden Glanz des Wagens möglichst lange zu erhalten.
Der erste Schritt der Wagenpflege ist die sachgemäße Wagenwäsche. Es gibt zwei Verfahren, als Selbstpfleger das Fahrzeug zu waschen:

- Die Schlauchwäsche mit fließendem Wasser
- Die Eimerwäsche mit dem Schwamm

Wenn die entsprechenden Voraussetzungen bestehen, ist der Wagenwäsche mit fließendem Wasser aus dem Schlauch unbedingt der Vorzug zu geben. Auch der Tankwart wäscht den Wagen mit dem Wasserschlauch, damit das ununterbrochen fließende Wasser den Schmutz abschwemmt. Der Schmutz darf nämlich nicht abgerieben werden, sondern die Schlauchbürste oder der Schwamm darf ihn nur lockern, so daß ihn das strömende Wasser abschwemmen kann. Reibt man den Schmutz statt dessen mit wenig Wasser ab, dann schmirgeln seine Staub- und Sandkörnchen über den Lack und zerkratzen ihn unvermeidbar. Nach der ersten Mißhandlung dieser Art ist zwar noch nicht viel zu sehen, aber wenn der Lack auf diese Weise eine Zeitlang behandelt wurde, ist sein Glanz restlos hin. Deutlich ist vor allem im Sonnenlicht zu erkennen, wie die Lackoberfläche mit Spinnwebfäden überzogen zu sein scheint – es sind die Kratzspuren der Staubkörnchen. Deshalb: Viel und noch mehr Wasser bei der Wagenwäsche!

Waschen ohne Wasser?

Vielleicht haben Sie schon davon gehört oder in Pflegemittel-Anzeigen gelesen, daß man seinem Wagen auch ohne Wasser „zu strahlendem Glanz" verhelfen könne. Angeblich sollen die Mittel die Staubkörnchen einhüllen, damit sie dem Lack nichts schaden – soll man glauben. In Wirklichkeit werden beim Abreiben damit feinste Rillen in den Lack gezogen, die aber sogleich mit dem gelösten Wachs des Wundermittels wieder ausgefüllt werden, so daß man von dem Schaden nichts sieht. Die Rechnung kommt spätestens nach einem Jahr, wenn man brav dem Wunder glaubte: Der Lack ist hin. Daher: Wer sein Auto liebt, nimmt Wasser.

Waschen mit dem Schlauch

Bei der Schlauchwäsche muß trotz der Forderung nach viel Wasser nicht die nächste Umgebung zum Teich werden. Wenn nicht gerade die Radkästen ausgespritzt oder Teile des Fahrgestells gereinigt werden, braucht der Wasserhahn gar nicht weit aufgedreht zu sein. Ein mäßig und ohne Druck aus dem Schlauch fließender Wasserstrom ist gerade richtig. Damit wird zuerst die ganze Außenhaut des Wagens „eingeweicht". Auch dazu ist selbst bei starker Verschmutzung kein Hochdruckwasserstrahl notwendig: er schadet nur.

Ist die Karosserie, d. h. der auf ihr haftende Schmutz mit sanft fließendem Wasser „eingeweicht", kommt als zweiter Arbeitsgang die eigentliche Wäsche mit der Schlauchbürste, dem Waschhandschuh oder dem Schwamm. Besonders praktisch ist ein Waschhandschuh, den man sich selbst aus einem langhaarigen Stück Pelz schneidern kann, oder den es auch als langhaarigen Perlon-Waschhandschuh für etwa 8 DM zu kaufen gibt. Dieser Wasch-Fausthandschuh wird über die eine Hand gestülpt, die andere Hand hält den Schlauch mit dem sanft fließenden Wasser. Beide Hände ziehen gemeinsam leicht über den Lack, alles starke Reiben wird vermieden.

Natürlich geht diese Arbeit auch mit einem Schwamm, am besten mit einem großporigen Naturschwamm, der allerdings in der Regel über 10 DM kostet. Auch grobporige Viskoseschwämme sind nicht schlecht – sie kosten nur 2 bis 3 DM. Weniger geeignet sind feinporige Gummischwämme – sie schmirgeln bereits, weil sie den Schmutz stärker festhalten.

Wagen abledern

Ist der Schmutz restlos beseitigt, kommt als dritter Arbeitsgang das Trocknen des Wagens mit dem Waschleder. Nichts anderes ist zum Trocknen des Wagens besser geeignet als ein großflächiges Ziegen- oder Rehleder. Und in diesem Fall müssen Sie einmal tüchtig in den Geldbeutel greifen, denn ein echtes Ziegenleder kostet mindestens 12 DM! Sie können sich statt eines teuren Waschhandschuhes einen billigen Viskoseschwamm kaufen, aber am Waschleder ist nichts zu sparen; alle Kunst- und Ersatz-Fensterleder taugen nicht viel. Sie sind auch zu klein, denn Ihr Waschleder soll mindestens 50 auf 50 cm groß sein. Nehmen Sie's auf die Haushaltskasse, denn die Hausfrau wird schnell dahinterkommen, daß sich mit solch einem echten Fensterleder auch die Wohnungsfenster viel leichter und besser putzen lassen.

Das Trocknen des Wagens läßt sich nur bei Regenwetter sparen, denn das von der Luft angetrocknete Waschwasser würde mit der Zeit unvermeidbar einen grauen Film oder Tropfenflecken auf den Lack bringen. Das ist besonders ärgerlich bei dunklem Lack. Es liegt daran, daß im Leitungswasser immer mehr oder weniger Kalk enthalten ist.

Nach jeder Wagenwäsche muß der Wagen unbedingt „abgeledert" werden, sonst bilden die Kalkrückstände, die in jedem Leitungswasser sind, einen grauen Film auf dem Lack. An der Qualität des Waschleders sollten Sie nicht sparen. Es muß für gute Arbeit mindestens 50 auf 50 cm groß sein. Nehmen Sie diese Ausgabe auf die Haushaltskasse, denn die Hausfrau wird schnell dahinter kommen, daß sich mit solch einem Fensterleder auch die Wohnungsfenster viel leichter und besser putzen lassen.

Zum Trocknen des Wagens wird das Fensterleder zuerst angefeuchtet, sonst nimmt es kein Wasser an. Dann zieht man es Zug um Zug breit über die Karosserie, auf dem Dach beginnend, wringt und wäscht es zwischendurch immer wieder aus, bis alle Wassertropfen weggewischt sind. Jetzt braucht man mit dem Reiben auch nicht mehr so ängstlich zu sein, denn schmirgelnde Sandkörnchen gibt es ja nicht mehr auf dem Lack. Das teure Waschleder wird natürlich nicht zum Austrocknen der Radfelgen oder Stoßstangen-Innenseiten benutzt. Dazu reicht ein altes, degradiertes Fensterlederstück oder ein Lappen.

Fingerzeige: *So wenig die erfahrene Hausfrau schafwollene Socken oder Pullover auf der Heizung trocknet, genauso wenig darf man ein echtes Fensterleder bei starker Hitze trocknen – es würde hart, spröde und bald unbrauchbar.*
Ein stark verschmutztes echtes Fensterleder darf zur Reinigung – denken Sie an Schafwolle! – keinesfalls gekocht werden. Handwarmes Wasser, dazu etwas Kernseife oder ein faserschonendes Feinwaschmittel, schärfer darf die Reinigung nicht sein. Vor allem ist Benzin das allerungeeignetste Reinigungsmittel für Leder. Es wäre schade um das teure Stück.

Sorgfalt bei der Windschutzscheibe

Natürlich müssen auch die Scheiben des Wagens getrocknet werden. Diesbezüglich wissen Tankwarte, daß man dazu nicht das Waschleder, das zum Trocknen der Karosserie dient, nehmen soll, weil sonst unweigerlich Spuren von Lackpflegemitteln auf die Windschutzscheibe übertragen werden. Das ist wichtig, denn bei Regen gibt es dadurch üble Schlierenbildung, die unter den Scheibenwischern alle Sicht nimmt. Aber Tankwarte haben mehrere Fensterleder und können dementsprechend ein neues nur für die Windschutzscheibe nehmen. Doch Sie besitzen nur eines, und außerdem sollten Sie sowieso ganz zum Schluß der Windschutzscheibe eine Abreibung geben, die alle eventuellen Pflegemittel- und Dieselqualm-Niederschläge wieder beseitigt. Dazu dient das schon von Großmutter gelobte Messingputzmittel Sidol – nicht zu verwechseln mit dem in diesem Falle nicht wirksamen Sidolin, das nur für Fensterscheiben bestimmt ist. Dieses Sidol, mit einem Lappen auf der Windschutzscheibe verrieben und dann blank poliert, ist das einfachste und wirksamste Mittel selbst gegen die sogenannte „Silikonpest". Silikon wird in manchen Lackpflegemitteln in Spuren verwendet.

Die Windschutzscheibenreinigung allein mit Wasser genügt auf die Dauer nicht, denn auf ihr setzt sich öliger Dunst von Motorabgasen und eventuell auch etwas Silikon aus Lackpflegemitteln ab. Auch das Waschleder ist nie ganz fettfrei. Dieser Rückstand läßt sich am besten mit Großmutters Messingputzmittel Sidol beseitigen. Es ist billiger, aber mindestens so wirkungsvoll, wie viele andere für diesen Zweck angebotene moderne Spezialmittel.

Bei der „Eimerwäsche" müssen mindestens zwei Eimer zur Hand sein – am besten Kunststoffeimer und keine Zinkeimer, damit es nicht sofort Kratzer gibt, wenn man einmal damit gegen den Wagen stößt. Im einen Eimer wird der schmutzige Schwamm ausgewaschen, im anderen der saubere Schwamm mit Wasser vollgesogen und damit Zug um Zug, bei ständigem Auswaschen, der ganze Wagen von oben nach unten gereinigt. Und immer wider frisches Wasser herbeischleppen!

Die Eimerwäsche

Nicht jeder Autobesitzer kann in Hof, Garten oder auf dem Platz vor der Garage einfach einen Schlauch an die Wasserleitung anschließen. Viele müssen, wenn sie ihren Wagen waschen wollen, zum Eimer greifen. Wenn, dann sollten Sie aber nach mindestens zwei Eimern greifen, denn mit einem Wascheimer ist das nichts. Für die Eimer-Wäsche gilt das gleiche wie für die Wäsche mit dem Wasserschlauch: viel Wasser! Da nämlich in einem Eimer die Waschbrühe schnell trübe ist, schmirgelt man bei dieser falschen Sparsamkeit immer wieder den darin schwebenden Sand und Staub über den Lack. Wie wenig dies dem Lack bekommt, haben wir schon beschrieben. Zuerst wird der ganze Wagen mit Wasser aus dem Eimer übergossen, damit der Schmutz aufweicht. Also auf keinen Fall sofort mit dem nassen Schwamm auf dem trockenen Schmutz herumfummeln!

Nicht am Fluß waschen

Manche Leute gehen, damit sie das Wasser in den Eimern nicht zu weit zu schleppen brauchen, an einen Fluß oder Bach, um dort ihrem Wagen wieder Glanz zu verleihen. Aus Gründen des Gewässerschutzes ist das grundsätzlich verboten, aber in manchen Fällen schaut die Polizei nicht so genau hin, weil an dem betreffenden Gewässer doch nichts mehr zu schützen ist. Das bedeutet aber, daß sich darin Abwässer befinden, deren Einfluß auf den Lack nicht unbedingt vorauszusehen ist. Deshalb nicht dort waschen.

Nicht in der Sonne waschen

Auch bei der Eimerwäsche wird zum Schluß mit dem großen Waschleder getrocknet. Wenn man das der Sonne überläßt, sind Wasserflecken unvermeidbar. Die Folge: Der Selbstwäscher muß das Fahrzeug schleunigst in den Schatten schieben, noch einmal Wasser darüber schwemmen und im Schatten abledern, damit der Lack wieder Glanz erhält. In schattenloser Gegend zuerst die im Schatten liegende Wagenseite waschen und abledern, dann den Wagen drehen und die andere, nunmehr im Schatten liegende Seite reinigen. Trotzdem wird es auf dem Wagendach Flecken geben, wenn das Karosserieblech durch die Sonneneinstrahlung stark erwärmt ist. Auch die Haube über dem heißen Motor braucht viel Feuchtigkeit, damit sie nachhaltig abkühlt und das Wasser nicht antrocknet.

Fingerzeige: *Wenn Sie den Motor oder fettverschmierte Teile reinigen wollen, sollten Sie einen der in Spraydosen angebotenen Motor-Reiniger (Aral, Shell, Teroson) und kein Benzin nehmen. Letzteres hinterläßt nämlich einen grauen, unansehnlichen Film und ist außerdem sehr giftig (Bleitetraäthyl).*

Mit Glanz und Gloria

Die richtige Lackpflege beginnt mit der Wagenwäsche. Nicht umsonst empfehlen wir, daß der Schmutz dabei mit möglichst viel Wasser abgeschwemmt werden muß und nicht abgerieben werden darf. Sonst ergibt sich mit der Zeit unvermeidbar eine häßliche „Mattierung" des Lackes.

Die reine Wasserwäsche ist ausreichend, solange das Wasser in Tropfen über den Lack perlt. Je steiler die Ränder der Wassertropfen sind, um so besser ist der Lack noch geschützt. Das ist allerdings nur ein Anhaltspunkt, denn diese Wasserperlen bilden sich auch, wenn man den Lack mit Petroleum einreibt, was wirklich keine als Lackpflegemittel geeignete Flüssigkeit ist. Es kann sich auch fettiger Industrie-Ruß auf dem Lack abgesetzt haben, der ebenfalls das Wasser wunderbar abperlen läßt. Trotzdem muß dieser Schmutz schleunigst beseitigt werden (was allerdings nicht mit klarem Wasser möglich ist), bevor er den Lack chemisch angreift.

Vor gar nicht langer Zeit galt übrigens noch die Spielregel, daß der Lack eines neuen Autos in den ersten Wochen nur mit klarem Wasser gewaschen werden dürfte, da er noch nicht restlos ausgehärtet sei. So steht's auch in der Betriebsanleitung des NSU. Das galt zweifellos noch bei dem früher verwendeten Nitrolack. Die Kunstharzlacke sind aber so robust geworden, daß solche Rücksicht nicht mehr notwendig ist. Müssen sie doch schon in ihrer zartesten Jugendzeit eine Übersprühung mit billigem Konservierungsmittel aus oftmals recht zweifelhaften Bestandteilen über sich ergehen lassen, bevor sie vom Herstellerwerk zum Autohändler transportiert werden, und bald darauf rückt man dem frischen Lack dort mit recht radikalen Entkonservierungsmitteln zu Leibe. Wenn der Lack das überstanden hat, schreckt ihn nichts mehr. Ein gutes Auto-Shampoo schadet ihm dann auch in den ersten Wochen nichts, wenn es unbedingt notwendig ist, weil etwa der Lack durch Industriedunst stark verschmutzt ist.

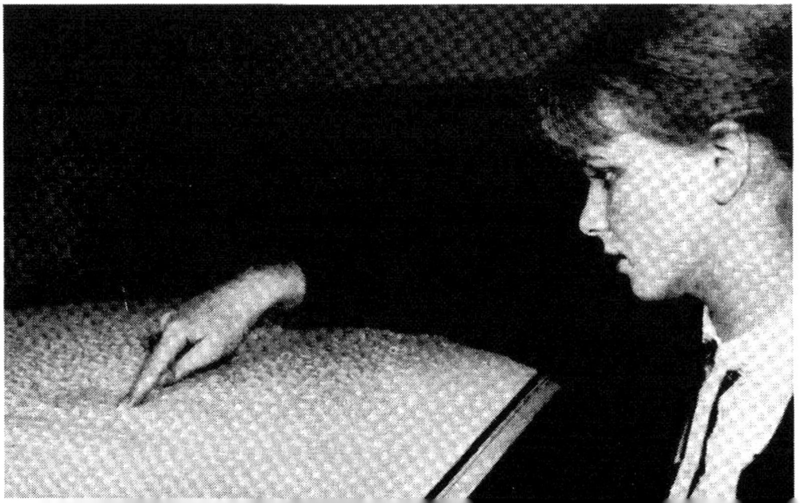

Das ist die einfache Kontrolle, ob der Lack ein Pflegemittel braucht: Perlt das Wasser, wie hier, in kleinen Tropfen über den Lack, ist weiterhin reine Wasserwäsche ausreichend. Wenn jedoch das Wasser „teigig" und ohne Ränder verläuft, wird auf jeden Fall Lackpflege fällig. Irrtum ist bei dieser Probe möglich, denn auch bei Petroleum und Öl auf dem Lack „perlt" das Wasser. Trotzdem ist in diesem Falle Lackpflege dringend erforderlich.

Nicht zu Tode pflegen

Die eigentliche Lackpflege mit irgendeinem Mittel soll also erst dann angewendet werden, wenn die Wäsche mit klarem Wasser nicht mehr ausreicht. Besorgte Heimpfleger tun da zumeist zuviel des Guten. Wer immer wieder mit einem Poliermittel an seinem Auto herumfummelt, wird eines Tages die hauchdünne Lackschicht durchpoliert haben. Wenn erst die Grundierung herausschaut, wird eine teure Neulackierung fällig. Deshalb gilt bei der Lackpflege der Grundsatz, daß man an seinem Lack um so länger Freude hat, je sparsamer man mit Pflegemitteln umgeht und stets nur jenes nimmt, das gerade noch die angestrebte Wirkung zeigt.

Keine Haushalts-Spülmittel verwenden

Ganz besonders müssen Sie sich davor hüten, etwa anstatt eines speziellen Auto-Shampoos eines der im Haushalt durchaus bewährten Spül- und Reinigungsmittel im Wagenwaschwasser zu verwenden, auch wenn auf dem Etikett nebenbei irgend etwas von Autopflege steht. Was nämlich zur Reinigung von Glas, Porzellan und Eßbestecken sehr wirkungsvoll ist, taugt für den stets porösen und geschmeidigen Autolack gar nicht. Die Oberfläche von Glas und Porzellan ist hart und selbst für scharfe Reinigungsmittel unangreifbar. Nicht so der Lack.

Frage nach der Qualität ist wichtig

Unter den speziellen Autopflegemitteln ist die Auswahl nicht leicht, zumal es für jeden einigermaßen schlauen Drogisten ein Kinderspiel ist, in seiner Waschküche recht fragwürdige „Auto-Pflegemittel" zusammenzurühren.

Natürlich gibt es auch kleine, weniger bekannte, aber strebsame Betriebe, die ausgezeichnete Autopflegemittel herstellen, weil sie mit deren Qualität ins Geschäft kommen wollen. Aber wenn man sich in solchem Falle nicht auf den Rat eines fachkundigen Tankwarts oder eines routinierten Selbstpflegers stützen kann, sollte man sich besser an die bekannten Marken dieser Branche halten, die einen Namen zu verlieren hätten, wenn sie Schund verkaufen würden. Wir denken dabei an die Marken

- 1 Z
- Teroson
- Pingo
- Polifac
- Johnson
- Rex

Auch die Aral-, Shell- und Esso-Tankstellen bieten unter ihren Benzinmarken ein reichhaltiges Programm von Pflegemitteln für Selbstpfleger an, wobei die Verkaufsprogramme von Caltex und Aral praktisch alles umfassen, was man für sein Auto gebrauchen kann und die Gebrauchsanweisungen auf jeder Packung der Aral-Autopflegemittel wegen ihrer sachlichen und klaren Verständlichkeit hervorzuheben sind. Ebenfalls achten die führenden Kaufhäuser und Versandfirmen darauf, daß die von ihnen vertriebenen Autopflegemittel von einwandfreier Qualität sind.

Fingerzeige: *Kaufen Sie keine sogenannten Universal-Lackpflegemittel, mit denen sich angeblich sowohl neue wie alte Lacke gleichermaßen gut pflegen lassen sollen. Leider gibt es auch unter guten Markennamen solche abzulehnenden Universalmittel. Die können einfach nicht funktionieren, denn was für neuen Lack gut ist, taugt für alten nicht mehr, und umgekehrt sind Pflegemittel für verwitterten Lack auf jungem Lack viel zu scharf.*

Lassen Sie sich kein Autopflegemittel verkaufen, für das mit dem Hinweis „in USA millionenfach bewährt" geworben wird. Wir treiben da keinen antiamerikanischen Nationalismus, sondern es geht einfach darum, daß die USA-Autos heutzutage mit Acrylharzlacken lackiert sind, die wesentlich aggressivere Lackpflegemittel vertragen, welche jedoch sehr oft für die hiesigen Kunstharzlacke schädlich sind.

Lackpflege von Stufe zu Stufe

Auch der beste Lack hält die ihm zugemuteten Strapazen nur eine gewisse Zeitlang aus, wenn man ihm nicht die notwendige Pflege zukommen läßt. Ungepflegter Lack verliert mit der Zeit seine Elastizität, er „altert", indem sich die Poren erweitern, Feuchtigkeit eindringt und die Farbschichten von innen zermürbt. Der im Kunstharzlack enthaltene „Weichmacher", der ihm seine Elastizität verleiht, verflüchtigt sich allmählich, und die einzelnen Farbkörnchen liegen nicht mehr eingebettet im Lack, sondern stehen spröde ab, wodurch er ein stumpfes Aussehen erhält. Im fortgeschrittenen Zustand „kreidet" der gealterte Lack aus, wie die Autolackierer sagen. So weit soll man es aber nicht kommen lassen.

Es ist nun nicht damit getan, daß man zu seiner Tankstelle oder in den Autozubehör-Laden geht und sagt, man möchte ein gutes Lackpflegemittel haben. Der Verkäufer, wenn er fachkundig ist, wird sich zuerst nach dem Zustand des Lackes erkundigen, der behandelt werden soll. Denn darauf kommt es an. Deshalb wollen wir in diesem Abschnitt die ziemlich verwirrenden Begriffe, die auch von den Pflegemittelherstellern manchmal kreuz und quer verwendet werden, zu erklären versuchen.

Auto-Shampoo

Schon zusammen mit der Wagenwäsche gibt es Mittel, die der Lackpflege dienen: die Auto-Shampoos. Sie sollen Schmutz, der sich mit reinem Wasser nicht ohne weiteres entfernen läßt, lösen, dürfen aber nicht scharf fettlösend sein, sonst „magern" sie den Lack aus, der dadurch auf die Dauer spröde wird. Dagegen soll ein gutes Auto-Shampoo, das stets alkalifrei sein muß, dem Lack gewisse „Nährstoffe" zuführen, die ihn frisch und elastisch erhalten; es soll, wie die Experten sagen, „rückfettend" sein. Das geht so vor sich: Ein gutes Auto-Shampoo muß in die feinen Poren und Ritzen des Lackes eindringen, den darin sitzenden Schmutz herauslösen, der dann durch die rückfettenden Substanzen des Shampoos ersetzt wird. So werden die feinen Poren mit schmutzabweisenden Teilchen ausgefüllt und die einzelnen Farbpartikelchen stehen wieder elastisch zueinander. Um die rückfettenden Wirkstoffe eines guten Auto-Shampoos nicht zu verschwenden und sinnlos in den Ausguß zu schütten, soll es nicht, wie oft von den Herstellern empfohlen, im Eimer angerührt und dann auf den Wagen verteilt werden, sondern es ist rationeller, wenn es nur wenig verdünnt mit dem feuchten Schwamm direkt auf den nassen Wagen aufgetragen wird, nachdem das Fahrzeug durch die Vorwäsche vom groben Schmutz gereinigt ist. Das Auftragen geht am besten mit einem kleinporigen Schwamm, wobei sich die preiswerten Viskoseschwämme besonders bewähren. Hier ist also der großporige Naturschwamm, der sonst für die Wagenwäsche so gut geeignet ist, nicht am Platze. Bei dieser Direktauftragung mit dem Schwamm wird mancher den wunderschönen Schaum vermissen, der sich beim Anrühren im Eimer in dicken Flocken zeigt. Aber dieser Schaum ist im wahrsten Sinne des Wortes Schaumschlägerei, die vielen Autofahrern sehr eindrucksvoll vorkommt, aber für den Lack ganz uninteressant ist. Die Werbesprüche, die Schaumflocken hielten die Schmutzteilchen in der Schwebe, halten einer wissenschaftlichen Nachprüfung nicht stand. Oder kann man sich mit der prachtvoll schäumenden Rasiercreme etwa wirkungsvoll die Hände waschen? Sehr viel Wasser ist anschließend zum Abschwemmen des Shampoos notwendig, um so mehr, je älter der Lack ist, damit auch wirklich alle fettlösenden Anteile aus den Ritzen und Poren herausgeschwemmt werden.

Auto-Shampoos benutzt man nicht zu jeder Wagenwäsche – der Lack soll nicht ständig entfettet und gefettet werden, auch das strapaziert ihn.

Wasch-Konservierer

Wasch-Konservierer ist bei manchen Fabrikaten mit Auto-Shampoo kombiniert, dient also sowohl zur Wäsche wie auch der Beschichtung des Lackes mit einem schützenden Wachsfilm. In der Regel wird jedoch der Waschkonservierer erst angewendet, nachdem der Wagen ganz normal mit klarem Wasser gewaschen wurde und sauber ist. Auf einen kleinen Eimer Wasser gibt man zumeist einen Meßbecher Waschkonservierer und überwäscht den Wagen noch einmal mit dem Schwamm – er wird „abgeschwammt", sagt der Wagenpfleger. Danach wird der Wagen, je nach der Gebrauchsanweisung des einzelnen Präparates, im nassen Zustand abgeledert (z. B. bei Rex) oder man läßt ihn von der Luft trocknen (z. B. bei Polifac). Zuletzt mit Poliertuch oder Polierwatte nachreiben. Es bleibt eine feine Wachs-Schutzschicht auf dem Lack zurück. Diese Wasch-Konservierung ist bei gesundem Lack angebracht. Wird sie zu oft, etwa bei jeder Wagenwäsche, ohne andere Lackpflege wiederholt, zeigt sich der Lack nach unseren Erfahrungen nach einiger Zeit milchig-trübe. Dann ist die Wachsschicht mit der Zeit zusammen mit feinstem Staub „zu dick" geworden. Das schadet dem Lack darunter an sich nichts, aber die Schicht sollte zwischendurch mit einem milden Lackreiniger heruntergeputzt werden.

Spezial-Waschmittel

Wer die Insektensammlung eines ganzen Sommerhalbjahres auf der Vorderfront seines NSU sitzen hat oder Flugrost auf dem Wagendach entdeckt, wird mit Auto-Shampoo noch keinen vollen Erfolg haben. Dem speziellen Zweck, besonders hartnäckigen Schmutz aufzulösen, Rostpartikelchen zu beseitigen und der Korrosion auf und unter dem Lack Einhalt zu gebieten, dienen Spezial-Waschmittel, die, im Gegensatz zum Auto-Shampoo, säurehaltig sind. Wir kennen da „Bostik wie neu" (Bostik, Oberursel) und Spezial-Autolackreiniger „abomar" (Vertrieb: Artweger, 8415 Nittenau). „abomar" gibt beispielsweise die Bundesbahn ihren „Auto-im-Reisezug"-Kunden, wenn sie sich über Lackverschmutzung durch den Bahntransport beschweren.
Beide Mittel würden wir nur anwenden, wenn ein Wasserschlauch unbegrenzt Wasser spendet, denn so viel Wasser, wie zum nachträglichen Abschwemmen des etwa 10 Minuten einwirkenden Waschmittels notwendig ist, kann man in Eimern gar nicht herbeischleppen. Was für die normale Wasserwäsche schon gilt, wird hier zum Gesetz: Die Sonne darf nicht zuschauen, das Karosserieblech muß kühl sein, sonst kann es verheerende Lackverfleckungen geben. Praktisch sind das also Lackreinigungsmittel, die nur an regentrüben Tagen und nur bei wirklich hartnäckiger Lackverschmutzung angewendet werden sollten. Dann sind sie allerdings überraschend wirkungsvoll. Man nimmt zum Auftragen dieser Mittel am besten eine breite, weiche Bürste. Zum Schluß darf nicht versäumt werden, den sorgfältig abgelederten Lack mit einem Lack-Konservierungsmittel (siehe folgenden Abschnitt) zu pflegen.

Lack-Konservierungsmittel

Lack-Konservierungsmittel gibt es zumeist unter den Bezeichnungen „Hartglanz", „Autowax". Auch manche „Auto-Polish", die dem Namen nach eigentlich zu den polierenden Lackpflegemitteln gehörten, sind in Wirklichkeit Lack-Konservierer. Das ist die richtige Pflege für einwandfrei gesunden Lack, der nur ein wenig frischen Glanz und eine schützende Wachsschicht benötigt. Er ist in der Wirkung ähnlich wie Waschkonservierer, jedoch auch nach längerer Anwendung ohne milchige Trübung. Es gibt die Lack-Konservierer als Paste oder helle Flüssigkeit und (teuer, aber leicht zu handhaben) in Spraydosen. Nach dem Auftragen je nach Gebrauchsanweisung wird die

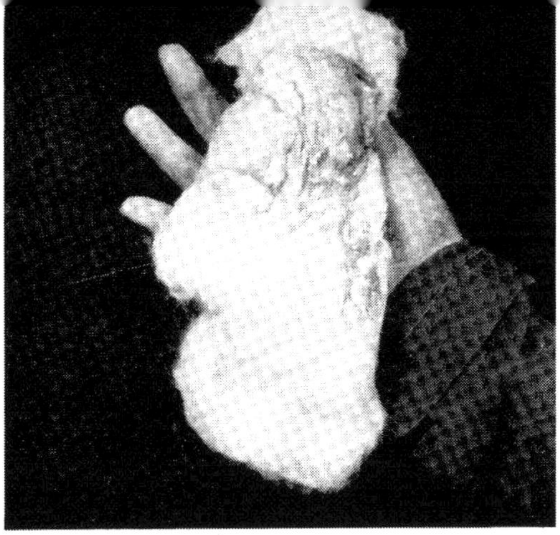

Die Bezeichnungen „Auto-Polish", „Lack-Reiniger", „Reinigungspolitur" und „Lack-Politur" gehen im Zubehörhandel etwas verwirrend durcheinander. Die Polierwatte zeigt, was es wirklich ist: Bei Lack-Konservierungsmitteln und Auto-Polish darf sie keine Lackfarbe annehmen, bei Lack-Reiniger und Reinigungspolitur ein wenig und bei Schleifpaste und Lack-Politur färbt sie sich stärker. Nimmt sie intensiv Farbe an, ist das Pflegemittel bei nur verschmutztem Lack zu scharf und falsch bezeichnet.

Wachsschicht blank gerieben – wir sagen bewußt nicht „poliert", denn das ist etwas anderes und eine Stufe weiter. Beim Blankreiben darf die Watte nichts von der Lackfarbe annehmen, sonst ist es kein echtes Konservierungsmittel, sondern es enthält schleifende oder lacklösende Bestandteile, die in einen Konservierer nicht hineingehören und bei gesundem Lack völlig fehl am Platze sind. Die Lack-Konservierer sind im wesentlichen helle Wachse, entweder Paraffine oder, wenn es besonders hochwertig sein soll, das Wachs der Carnauba-Palme. Sehr oft ist auch Silikon drin. Das ist immer dann der Fall, wenn auf der Verpackung nicht ausdrücklich „ohne Silikon" steht. An sich ist Silikon ein sehr wirkungsvolles Konservierungsmittel, aber man kann darüber streiten, ob es zur Lackpflege am Auto das beste ist, denn vom Lack kommt es unvermeidbar auf die Windschutzscheibe, und dort ist es gar nicht erwünscht. Auch der Lackierer hat es nicht gern, wenn ein Lackschaden ausgebessert werden muß. Ein silikongepflegter Lack muß dann erst umständlich vorbehandelt und geschliffen werden. Sonst gibt es im darüber gesprühten Lack „Fischaugen" durch chemische Zersetzung.

Reinigungspolitur und Lackreiniger

Das ist schon ein schweres Geschütz zur Lackpflege und sollte erst dann angewendet werden, wenn der Lack schon gealtert ist und blind zu werden beginnt. Der Schmutz wird von der Reinigungsflüssigkeit, die es auch unter den Bezeichnungen „Auto-Polish", „Spezial-Politur", „Rapid-Reiniger" usw. gibt, aufgelöst und die Lackoberfläche ganz leicht angeschliffen, wobei die „toten" Farbkörperchen in der Polierwatte hängen bleiben. Deshalb darf sich die Watte, mit der man den Lackreiniger auf dem Lack verarbeitet, auch leicht in der Wagenfarbe färben. Wenn die Watte aber sehr intensiv Farbe annimmt, ist das Mittel bei nur verschmutztem Lack schon zu scharf, es handelt sich dann um eine intensiv schleifende Lackpolitur. Manche Lackreiniger enthalten zugleich Lack-Konservierer, manche nicht. Man muß also die Gebrauchsanweisung studieren, ob bei dem verwendeten Lackreiniger nachträglich noch ein Konservierer aufgebracht werden soll (im Zweifel empfehlenswert) oder ob sich dies erübrigt.

Lackpolitur und Schleifpolierpaste

Das sind die schwersten Geschütze, die nur bei stark verwitterten Lacken und nur sehr selten angewendet werden dürfen. Vor allem Schleifpolierpaste, die fast schon so „grob" wie Handwaschpaste aussieht und von den meisten Lackpflegemittelherstellern gar nicht für Selbstpfleger angeboten wird, sollte nur zum Auspolieren von Schrammen und nach einer Streifberührung mit einem fremden Fahrzeug zum Wegpolieren des fremden

Lackes benutzt werden. An der Farbe, die in der Watte hängen bleibt, sieht man die schnelle und scharfe Wirkung, die manchen Autopfleger verlockt, auch bei geringerem Anlaß zu dieser Brisanzgranate zu greifen. Das ist aber falsch, denn der Lack hält dies nur ein paarmal aus. Vor allem nimmt er die härteste oberste Schicht des Lackes weg, darunter ist der Lack „weicher" und weniger widerstandsfähig, so daß er nach solcher Schleifpolierbehandlung immer wieder nach Politur „schreit". Bis die Grundierung herausschaut. Wenn es sein muß: Fachleute schätzen z. B. die Unus-Schleif-Polierpaste von Ferdinand Kuhn, (8033) Planegg. Auch Polifac bietet Polier-Schleifpaste (Dose mit 220 Gramm 3,30 DM) an.

Fingerzeig: *Bei der Anpreisung von Lackpflegemitteln wird gerne das Wort „mühelos" verwendet. Glauben Sie bloß die Hälfte. Und das ist meist noch zu viel. Lackpflege kostet Schweiß, beim einen Mittel mehr, beim anderen weniger. Aber ganz ohne Mühe geht es nicht. Geht es doch, war eine Lackpflege noch gar nicht notwendig.*

Chrom will gepflegt sein

Jahreszeit-Inspektion

Genau wie der Lack braucht auch die Verchromung Pflege und Schutz gegen Witterungseinflüsse. Chromschutzmittel gibt es ebenfalls in Massen. Man trägt sie auf und poliert sie mit einem weichen Lappen oder Polierwatte aus. Besondere Schwierigkeiten gibt es dabei nicht. Lediglich im Winter erhält die Chrompflege einen besonderen Akzent. Darüber mehr im Kapitel „Winterschutz". Sehr gute Erfahrungen haben wir übrigens bei erstem Rostansatz auf der Verchromung mit Lack-Reiniger gemacht, z. B. mit dem an vielen Tankstellen erhältlichen von 1 Z (grüne Dreiecksflasche).

Teerspritzer und Insekten

Die Kompakt-Bauweise des NSU 1000 und des 1200/110 hat den unschönen Effekt, daß sich die senkrechte Stirnseite des Wagens als Botanisier-Trommel betätigt: Alles, was da durch den lauen Sommerabendwind flattert, hängt dran. Jedoch ist's dann zum Aufpieken im Sammelkasten nicht mehr recht geeignet, sondern muß alsbald entfernt werden. Denn Insektenleichen verätzen mit der Zeit den Lack. Aber grundfalsch ist es, mit Holz oder Fingernagel daran herumzukratzen. Vom Schraubenzieher oder Messer ganz zu schweigen. Da hilft nur warmes Wasser und ein grobporiger Kunststoffschwamm. Lackreiniger ist dagegen hier nicht das rechte Mittel. Zwar gehen die Insekten davon weg, aber der Lack mit der Zeit ebenso.

Abends ein Pack patschnasser Zeitungen auf die Karosserie-Vorderseite ist ein gutes Mittel gegen angetrocknete Insektenleichen. An der senkrechten Vorderfront des NSU werden diese Zeitungen am besten mit einigen Latten angedrückt. Dann ist am nächsten Morgen der ganze Schmutz aufgeweicht und läßt sich leicht abwaschen, besonders wenn man einen Insekten-Spezialschwamm dazu benutzt.

Auch bei Teerspritzern hilft kein Herumkratzen und kein Lackreiniger, sondern ganz simples Petroleum oder ein besonderer Teerflecken-Entferner (ist auch Petroleum, nur teurer). Damit werden die Teerflecken betupft und nach kurzer Zeit mit Watte weggewischt.

Ausbessern von Lackschäden

Frühjahrs-Inspektion

Auf Zeitungsanzeigen oder auf Plakaten in den Schaufenstern von Farbgeschäften sieht man gelegentlich adrette Damen oder Herren, die im Cocktailkleid oder Smoking mit einer Spray-Dose auf ihr Auto zielen: Bessern sie mal eben noch einen Lackschaden an ihrem Wagen aus, bevor sie zur Premiere in die Oper fahren? Weit gefehlt: Sie streuen dem Betrachter Sand in die Augen. Ganz so leicht geht das denn doch nicht, wenn es hinterher einigermaßen ordentlich aussehen soll. Obgleich die dort propagierten Farbsprühdosen auch nach unseren Erfahrungen sehr gut und brauchbar sind. Aber die Lackierung muß kunstgerecht „aufgebaut" werden, damit sie wirklich haltbar ist. Das bedeutet

- beschädigte Karosserieteile zuerst mit Gummihammer, Handfaust und Schlichthammer sorgfältig ausbeulen, leicht überfeilen, mit Schleifpapier trocknen, alle alten Lack-, Grundierungs-, und Spachtelreste von der schadhaften Stelle entfernen, mit Plastik-Füllmasse (aus kleinen Tuben zu 1,50 DM) spachteln, nach Trocknungszeit alle Unebenheiten abschleifen (mit Schleifpapier, das über ein handgroßes, völlig planes Brettstück gespannt ist), Grundierung aufpinseln oder aufsprühen, mit feinem Schleifpapier naß nachschleifen, angrenzende Karosserieteile sorgfältig abdecken und Lackfarbe aus Sprühdose aufsprühen. Übrigens: Die Grundierung darf auf keinen Fall gespart und direkt auf das blanke Blech mit Lackfarbe gespritzt werden. Das „deckt" nicht und das Metall schimmert unfehlbar durch die wolkige Farbe. Haftgrund muß immer dazwischen sein!
- neue, unlackierte Karosserieteile (etwa eine Motorhaube) gründlich entfetten mit reinem Benzin oder „Washprimer" (selbst Fingerspuren vom Transport würden sonst später durch die Lackierung schlagen), eventuelle Transportschäden (auch kleinste!) mit Spachtel und Grundierung einebnen und erst dann Lackfarbe sprühen,
- Roststellen (auch unter dem Lack) bis aufs blanke Blech abschleifen, mit Nitro-Verdünnung sorgfältig entfetten und anschließend mit Zinkchromat-Grundierung (zur Verhinderung weiteren Rostens) überziehen, eventuelle Unebenheiten spachteln, grundieren; naß schleifen und nach sorgfältiger Trocknung lackieren (nur sinnvoll, wenn Blech noch nicht durchgerostet).

Sprühdosen im Original-Farbton

Alle Materialien, die man braucht, bekommt man in Farbgeschäften, von denen sich viele auf „Selbst-ist-der-Mann"-Arbeiten eingestellt haben. Allen Versuchen mit Farbsprühpistolen (wenn nicht entsprechende Ausstattung mit Kompressor usw. zur Verfügung steht) sind die Farb-Sprühdosen vorzuziehen. Man erhält sie in allen gängigen Auto-Farbtönen, genau nach den Farbbestimmungen und Original-Farbbezeichnungen der Autohersteller. Beim NSU ist die werkoffizielle Farbbezeichnung in den Kraftfahrzeugbrief eingetragen. Die müssen Sie vor dem Lackkauf genau beachten, denn es gibt beispielsweise eine ganze Reihe unterschiedlicher NSU-Lackierungen in Rot. Einige Firmen, z. B. Dupli-Color und Auto-K, haben sich auf diese Autolack-Sprühdosen spezialisiert. Auch NSU führt solche Sprühdosen von Dupli-Color in seinem Zubehörgeschäft.

Kühle Betrachtungen

Spätestens an jenem Morgen, an dem sich die Wasserpfützen auf der Straße mit einer leichten Eiskruste überzogen zeigen, hält man in seinem Kleiderschrank nach dem Wintermantel Ausschau. Auch paßt man sich mit allerlei Wollenem der Jahreszeit an. So auch der ans Herz gewachsene NSU, dessen Regungen – oder gelegentliche Störrigkeiten – man sowieso als nachgerade menschlich empfindet. Allerdings ist ihm mit Gestricktem und Gewebtem aus Wolle weniger gedient. Auf daß man es aber ganz genau wisse, was ihm vor dem Winter gut tut, hat NSU einen besonderen Winter-Inspektions-Plan aufgestellt, der noch vor Eintritt der kalten Jahreszeit durchexerziert werden soll. Und weil der Autofahrer mit dem Aufblühen der ersten Frühlingsblumen wieder nach dem Freizeit-Hemd zu schielen beginnt, wird auch dem Wagen selbst eine kleine Frühjahrskur von NSU verordnet.
Diese beiden jahreszeitlichen Inspektionen, auf die wir schon im Kapitel „Wartung, wann und wo" hingewiesen hatten, finden Sie nachstehend nach unserem eigenen Schema zusammengestellt.

Winter-Inspektion

Unter dem Wagen		Nähere Hinweise Seite
T	Motorölwechsel, HD-Öl SAE 10 W einfüllen	34, 157
S/T	Unterbodenschutz nachprüfen, evtl. nachsprühen	162
S/T	(Achsschenkelbolzen durchschmieren; nur Prinz 1000)	43
S/W	Bremsleitungen auf Schäden prüfen	141, 160
S/W	Handbremsseile kontrollieren und einsprühen	226
S/W	Leichtgängigkeit der Heizklappe prüfen	55
Unter der Motorhaube		
S	Starterklappe am Vergaser prüfen	52
S	Luftfilter auf Winterbetrieb umstellen	52
S	Kabelanschlüsse kontrollieren	77
S/T	Zündkerzen prüfen	93
S/W	Unterbrecherkontakte prüfen	88
S/W	Zündzeitpunkt prüfen	90
Im Wagen		
S/T	Batterie prüfen	62
S	Batteriekabel kontrollieren	64
S	Heizung auf Wirksamkeit prüfen	55
Rund um den Wagen		
S	Beleuchtung kontrollieren	100
S/W	Scheinwerfereinstellung prüfen	102
S	Scheibenwischerblätter prüfen	45, 117
S	Scheibenwascherbehälter frostfest machen	117, 157
S/T	Brems- und Kupplungsflüssigkeitsbehälter auffüllen	142
S/T	Bereifungszustand prüfen, evtl. Winter-Reifen montieren	128, 158
S	Chromteile gegen Rost schützen	154, 162
S	Lack pflegen und konservieren	115, 164
S	Türschloß frostfest machen	44, 164
S	Türdichtungen mit Glyzerin einreiben	164

Frühjahrs-Inspektion

Unter dem Wagen		Nähere Hinweise Seite
T	Motorölwechsel, HD-Öl SAE 20 W/20 einfüllen	34, 157
S/T	Unterbodenschutz nachprüfen	162
S/T	(Achsschenkelbolzen am Prinz 1000 schmieren)	43
S/W	Bremsleitungen auf Schäden prüfen	141, 160
S/W	Handbremsseile kontrollieren	226
S/W	Leichtgängigkeit der Heizklappe prüfen	55
Unter der Motorhaube		
S/T	Ölfüllung des Ansaugfilters auf Verschlammung prüfen	42, 52
S	Luftfilter auf Sommerbetrieb umstellen	52
S	Kabelanschlüsse auf Korrosion prüfen	77
S/W	Unterbrecherkontakte kontrollieren	88
S/W	Zündkerzen prüfen, Elektrodenabstand nachstellen	93
S/W	Zündzeitpunkt kontrollieren	90
Im Wagen		
S/W	Batterie prüfen, bei Bedarf nachladen	62
S	Lackschäden unter den Bodenmatten ausbessern	173
Rund um den Wagen		
S	Beleuchtung und deren Kabelsteckverbindungen prüfen	100
S	Scheinwerferspiegel auf Trübung prüfen	102
S	Scheibenwischerblätter prüfen	45, 117
S/T	Kupplungs- und Bremsflüssigkeitsbehälter auffüllen	142
S/T	Bereifungszustand prüfen, Sommer-Reifen montieren	128
S	Chromteile pflegen, Roststellen beseitigen	154
S	Lackpflege	155, 164
S	Türschlösser leicht ölen	44, 164

Jahreszeitlicher Motorölwechsel

Jahreszeit-Inspektion

Besonders im „unterkühlten" Stadt- und Kurzstreckenverkehr wird das Motoröl scharf herangenommen und muß mehr als im Sommer Wassertröpfchen und Kraftstoffkondensat aufnehmen. Das führt zur Ölverdünnung und -verschlechterung. Diese jahreszeitliche Ölwechselempfehlung soll allerdings auch nicht bedeuten, daß das Öl herausgeworfen werden muß, wenn es erst zwei- oder dreitausend Kilometer im Motor war. Wer auch im Winter längere Strecken fährt, die den Motor auf die richtigen Temperaturen bringen, kann ruhig warten, bis die 7500 km nahezu erreicht sind. Allerdings soll er inzwischen beim Nachfüllen das jeweils jahreszeitlich richtige Öl — also im Winter HD-Öl SAE 10 W und im Sommer HD-Öl SAE 20 W/20 — nehmen. Wie der Motorölwechsel vorgenommen wird, siehe Seite 34.

Frostfestes Scheibenwaschwasser

Jahreszeit-Inspektion

Luft kann nicht gefrieren. Und deshalb haben NSU-Fahrer, wenn das Thermometer unter die Null-Linie rutscht, eine Sorge weniger als andere Autofahrer: es gibt kein Kühlwasser im Motor, das einfrieren könnte. Trotzdem gibt es auch im Prinz Ärger mit gefrorenem Wasser. Der Behälter für das Scheibenwaschwasser hängt dort, wo ihn kein warmer Hauch der Heizung erreichen kann: neben dem Ersatzrad hinter der Stirnwand des Wagens. Das Scheibenwaschwasser ist also mindestens so kalt wie die Außentemperatur. Bei Temperaturen um 0° C kann es, selbst wenn es noch aus der Düse vor der Windschutzscheibe spritzt, durch den Fahrwind sofort gefrieren und die Sicht versperren.

Für diesen Zweck gibt es an den Tankstellen eine Fülle von Spezialmitteln, die dem Scheibenwaschwasser beigemischt werden können. Besonders wirkungsvoll, auch gegen Silikon- und Öldunstverschmutzung der Windschutzscheibe, fanden wir „Pingo ice cleaner". Lassen Sie sich aber keine falschen Hoffnungen machen, wenn auf einem kleinen Kunststoffkissen mit

50 ccm Inhalt behauptet wird, das mache bis –10° frostfest. Das ist barer Unsinn, denn die Frostfestigkeit ist eine Frage des spezifischen Gewichtes, und 50 ccm Frostschutzmittel auf ½ Liter Wasser im NSU-Scheibenwaschwasserbehälter schaffen allenfalls 3° C Kälteschutz.
Billiger als die Spezialmittel an den Tankstellen, die allerdings teilweise auch darauf dressiert sind, Öldunst auf der Windschutzscheibe aufzulösen, ist die Mischung des Wassers mit ganz gewöhnlichem Brennspiritus. Wenn man dabei halbe-halbe macht, reicht es bis –35° C! Allerdings gibt es manche Lacke, die Spiritus auf die Dauer nicht gerne mögen, besonders wenn die Sonne durch den angetrockneten Spiritus brennt.

Um Vergaser-Vereisung und Übergangsfehler zu vermeiden, ist bei Dauertemperaturen unter –10° C

- beim NSU TT der Faltenbalg am Kunststoffkasten zu lösen und auf den Luftfilterschnorchel fest aufzuschieben. Somit wird die Verbrennungsluft aus dem Motorraum angesaugt. Schlauchschelle und Schraube aufheben (für Sommer).
- Beim NSU 1000, 1200 und 1200 C ist der Faltenbalg vom Luftfilterschnorchel abzuziehen. Der Schnorchel wird nach hinten gedreht, bis zu einem Abstand von 30 mm vom Balg. Zum Sommerbetrieb wird der alte Zustand wieder hergestellt.

Reifen im Winter

Jahreszeit-Inspektion

Durch die stürmische Reifenentwicklung der letzten Jahre, die gerade in der Winterbereifung beträchtliche Fortschritte zu größerer Sicherheit und Fahr-Erleichterung gemacht hat, ist es gar nicht einfach, sich durch das derzeitige Angebote hindurchzufinden. Wenn Sie sich über die Klimaverhältnisse ihrer Umgebung eingehender informieren wollen, können Sie bei der Dunlop AG, 645 Hanau, kostenlos eine „Glättekarte" anfordern.

Diagonal-Reifen reichen vielleicht aus

Wer im Winter nur zu fahren braucht, wenn die Straßenverhältnisse entsprechend gut sind, kann auch in der kalten Jahreszeit mit den serienmäßigen Sommer-Reifen auskommen, zumal durch Heckbelastung der NSU „winterfreundlich" ist. Auf hartgefrorenem Schnee und Glatteis ist allerdings Kurvenfahren, Bremsen und Anfahren mit diesen glatten Reifen keine reine Freude, und in frischem Schnee ist der Wagen auch bei geringer Steigung kaum noch vorwärts zu bringen. Für Schnee und Glatteis bieten sich aber immer noch Schneeketten an, die sowieso auf Diagonal-Reifen am besten montiert sind und schließlich in ihrer Wirkung doch noch allen Spezial-Winterreifen überlegen sind.

Besser sind Gürtelreifen im Winter

Da die Gürtel-Reifen durch ihren stabilen Lauf-Gürtel nicht in ihrer Aufstandsfläche auf der Fahrbahn walken, haben diese Reifen auf Schnee und Glatteis eine wesentlich bessere Haftfähigkeit als Diagonal-Reifen. Manche Sommer-Gürtelreifen sind sogar den M+S-Gürtelreifen überlegen. Solche wintertauglichen Sommerreifen sind z. B. der Conti TS, der Dunlop SP 57, der Michelin zX und der Phoenix P 2010 S. Wer viel in der Stadt und auf geräumten Fernstraßen unterwegs ist, wird mit solchen Reifen gut durchkommen. Mit einem Satz Gleitschutzketten sind Sie dann auch für starken Schneefall gerüstet. Wegen der nachgiebigeren Reifenflanken empfiehlt es sich, bei aufgelegten Schneeketten verhalten zu fahren.

Mit zwei M+S(= Matsch+Schnee)-Reifen auf der Antriebsachse hielten sich früher die meisten Autofahrer für vorbildlich bereift. Auf keinen Fall sollte man heute noch M+S-Diagonalreifen kaufen. Sie besitzen auf nasser und glatter Fahrbahn schlechtere Fahreigenschaften als normale Sommerreifen. Wesentlich fahrsicherer sind M+S-Gürtelreifen, die man möglichst auf allen vier Rädern montieren sollte. Hat man auf den Vorderrädern Diagonalreifen, so ist die Kombination äußerst gefährlich, da beide Reifenarten sehr unterschiedliche Eigenschaften besitzen. Wer oft auf nicht geräumten Straßen fahren muß, ist mit diesen Reifen gut bedient. Je nach Einsatzzweck gibt es grobe, mittlere und feine Profile.

M+S-Reifen nur als Gürtelreifen empfehlenswert

Alle bisher besprochenen Reifenarten können auf Glatteis den Wagen beim Bremsen und Lenken kaum in der Spur halten. Deshalb wurden Winterreifen entwickelt, deren eingesetzte Spikes sich in das Eis krallen. Vor der Anschaffung solcher Reifen sollte man sich allerdings überlegen, ob diese Reifen überhaupt erforderlich sind. Denn immerhin muß dann ein Satz von vier Reifen montiert werden. Wer also nicht häufig frühmorgens oder spätabends unterwegs ist, oder im Flachland wohnt oder auf gestreuten Landstraßen fährt, kann auf die Nagelschuhe verzichten. Oft ist es auch billiger, einmal mit Bus oder Bahn zu fahren, als die teuren Eisreifen auf trockener Fahrbahn abzuradieren.

M+S-Eis-Reifen gute Lösung

Wer sich Spikes-Reifen anschaffen will, sollte nur Gürtelreifen nehmen. Die sind zwar etwas teurer, aber erstens halten sie länger und zweitens ist der Bremsweg auf Eis bis zu 30% kürzer als mit Diagonalreifen. Gute Erfahrungen haben wir mit dem Dunlop SP M+S-E, dem Goodrich GT 700, dem Metzeler Blizzard MC und dem Pirelli MS 35 (Kletter-Pirelli) gemacht.
Nicht nur die Straße, sondern auch die Reifen schonen Sie, wenn Sie scharfes Anfahren und Bremsen sowie schnelles Kurvenfahren vermeiden. Die Profiltiefe von Winterreifen sollte mindestens 4 mm betragen, um im Schnee gutes Fortkommen zu ermöglichen. Wenn also weit und breit kein Schnee oder Glatteis zu sehen ist, nimmt man die Eisreifen ab und montiert stattdessen die normalen Sommerreifen.

Reifendruck im Winter

Im Winter wird durch etwa 0,2 atü Luftdruckerhöhung der Reifen versteift, die Aufstandfläche verkleinert und somit die Last, die pro Quadratzentimeter auf den Boden, auf Schnee und Eis drückt, erhöht. Dadurch können die Profilstollen und Kanten besser greifen. Die für Autobahnfahrten auch im Sommer empfohlene Luftdruckerhöhung um 0,2 atü ist darin bereits inbegriffen; also 0,4 atü mehr für Winter-Reifen auf der Autobahn wären demnach zu viel des Guten.

Gleitschutzketten

Das schwerste Geschütz gegen Eis und Schnee sind „Schneeketten", die bei Hochgebirgsfahrten und Alpenpässen auch dann noch weiterhelfen, wenn der griffigste M+S-Reifen schon versagt. Den Ausdruck „Schneeketten" mögen die Fachleute nicht, denn diese Ketten sind nicht nur für Schnee das letzte Mittel, sondern auch auf Glatteis und vereistem Schnee wirkungsvoller als die besten Eis-Reifen. Deshalb heißen sie offiziell Gleitschutzketten. Viele Leute schwören deshalb darauf, aber die meisten Autofahrer sind – geben wir es zu – einfach zu faul, die Gleitschutzketten mit frostklammen Fingern immer wieder auf- und abzumontieren. Denn das ist unvermeidbar. Schon noch wenigen Kilometern flotter Fahrt auf trockener

Die 5 Schneeketten-Systeme. Von links: Gummikreuzkette, Leiterkette, Zickzack-Kette, Spurkreuzkette und rechts außen Spurkreuzkette in besonders hochwertiger Chrom-Mangan-Ausführung. Die 3 ersten Kettenarten sind abzulehnen, sie können bei Schneeglätte gefährlich werden, weil ihre ungleichmäßige Kettenauflage auf dem Glatteis den Wagen unkontrolliert rutschen lassen kann. Die Gummikreuzketten haben nur M + S-Effekt, aber keine Wirkung auf Glatteis. Nur die Spurkreuzketten verdienen den Namen Gleitschutz-Ketten.

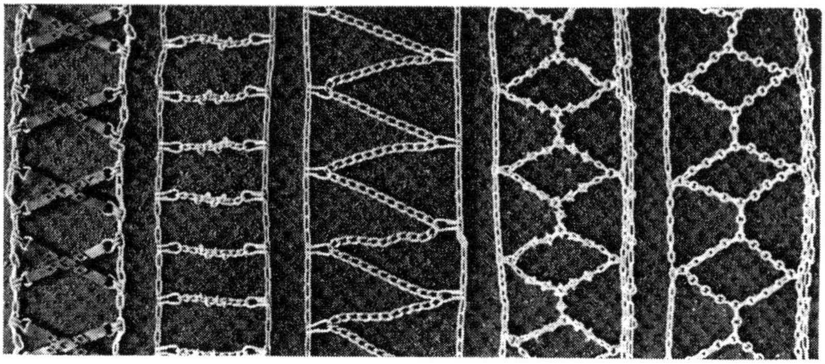

Autobahn können auch an den besten Gleitschutzketten die ersten Fetzen davonfliegen. Und dazu sind sie zu teuer. Auch ist die Fahrgeschwindigkeit mit Gleitschutzketten sehr begrenzt. Mehr als 80 km/h sind nicht drin, sonst wird es gefährlich. Das Montieren kann man sich jedoch, da der Prinz nur ein Paar Gleitschutzketten für die Hinterräder braucht, durch eine 6. Felge einfacher machen. Unter der vorderen Kofferraumhaube stecken dann zwei mit Normalreifen und fertig montierten Ketten bestückte Räder, die bei Bedarf gegen die Hinterräder ausgetauscht werden. Dieses Ummontieren ist nicht so unangenehm wie das Aufmontieren der Gleitschutzketten im Schneematsch. Allerdings muß bei dieser Arbeit der Wagen ganz besonders gut gegen Wegrutschen gesichert werden. Das ist bei dem sehr schräg anzusetzenden NSU-Wagenheber nicht problemlos!

Bei dem Hinweis auf das Ummontieren der Hinterreifen ist es bereits angedeutet: Gleitschutzketten montiert man grundsätzlich nicht auf M+S-Reifen. Die Ketten müssen nämlich so locker auf den Reifen montiert werden, daß sie während der Fahrt dauernd darauf „wandern" können. Sonst gibt es derartig einseitige Spannungen in den Kettenteilen, daß diese reißen oder den Reifen beschädigen. Wegen der hohen Profilstollen der M+S-Reifen können die Ketten aber auf dieser Reifensorte nicht wandern, sondern sie verklemmen sich daran und reißen unter Umständen ganze Profilstollen weg. Wenn Sie an die Anschaffung von Gleitschutzketten denken, dann kommen nur die tatsächlich feingliedrigen „Spurketten" in Frage, vor allem wenn man auf seinen NSU die dickbauchigeren Gürtelreifen montiert hat und nur knapper Platz zwischen Reifen und Radkasten-Innenseite bleibt. Da sich auf NSU 1000 und 1200/110 neben den serienmäßigen Rundschulter-Reifen sehr verschiedene Gürtelreifen-Dimensionen montieren lassen, können wir hier keine Mustergröße nennen. Man muß sie im Fachgeschäft unter Nennung der montierten Reifengröße erfragen. Für ein Paar Gleitschutz-Spurketten müssen Sie etwa 125 DM bereit halten.

Zu Gleitschutzketten gehören als inoffizielles, aber unvermeidbares Zubehör eine Kombizange und eine Rolle besonders zäher Draht, damit man unterwegs etwa losgerissene Kettenglieder wieder anhängen kann.

Bremsschläuche kontrollieren

Jahreszeit-Inspektion

Wenn auf den Reifen Gleitschutzketten gefahren werden, müssen öfter die Bremsschläuche kontrolliert werden, besonders, wenn sich Kettenteile gelöst hatten. Bei zu lockerer Montage oder bei losen Kettenteilen können diese an den Bremsschläuchen und in den Radkästen scheuern und sie beschädigen. Das kann gefährlich werden.

Praktische Hilfen unterwegs

Für Fahrten im Winter nimmt man als kluger Autofahrer noch einige Hilfsmittel mit, die unterwegs sehr nützlich sein können:

■ Eis-Schaber, um vereiste Scheiben zu reinigen. Er muß aus Kunststoff sein, damit die Scheiben nicht verkratzt werden. Manche Mineralölfirmen verschenken an Tankstellen solche Eis-Schaber als Werbegeschenk, man kann ihn aber auch als „Teig-Schaber" – für die Kuchenteigschüssel braucht ihn die Hausfrau – im Haushaltswarengeschäft kaufen.

■ Sandsäckchen, um an vereister Steigung eine Fahrbahn zum Anfahren streuen zu können. Am besten sind dichte Leinen- oder Kunststoffsäckchen mit möglichst scharfem Sand oder feinem Kies.

■ Schneeschaufel, um sich bei starkem Schneefall einen Weg bahnen zu können. Damit es ein auch wirklich brauchbares Gerät ist, kein kleines Handschäufelchen mitnehmen, sondern möglichst eine breite Kohlenschaufel mit kurzem, abnehmbarem Stiel, damit man sich auch durch eine hohe Schneewehe graben kann.

■ 2 alte Teppichstreifen, jeweils etwa einen halben Meter breit und mindestens 1,5 m lang aus einem alten Teppich oder Kokosläufer. Diese Stücke kann man zum Anfahren unter die Hinterräder legen, wenn es auf Glatteis nicht mehr weitergeht. Was für diesen Zweck im Zubehörhandel an Gummimatten usw. angeboten wird, taugt dagegen nicht viel. Wichtig ist, daß an beiden Stücken jeweils eine starke Schnur befestigt ist. Damit wird der Teppichstreifen auf der für ihn zuständigen Wagenseite an die hintere Stoßstange angehängt, bevor man ihn vor den antreibenden Hinterrädern ausbreitet. Wenn der Wagen mit Hilfe der Teppichstreifen nämlich an der Steigung endlich ins Rollen gekommen ist, zieht er die Streifen an der Stoßstange einfach hinterher, bis die Steigung genommen ist. Erst dann anhalten und die Streifen abhängen. Dadurch spart man sich den weiten Rückweg zu Fuß, um die Streifen zu holen.

■ Ein Klarsicht-Tuch, mit dem die Autoscheiben von innen alle paar Tage einmal abgerieben werden. Klarsicht-Tücher sind mit einer Flüssigkeit getränkt, die das Beschlagen der Scheiben verhindert. Solch ein Klarsicht-Tuch ist etwa einen Winter lang brauchbar. Dann wird es ausgewaschen und als normales Staubtuch weiter verwendet.

■ Sprühdose mit Klarsichtmittel gegen vereiste Windschutzscheiben. Damit wird die Windschutzscheibe schnell und nachhaltig eisfrei, wenn man einfach die Scheibe einsprüht und den Rest von den Scheibenwischern besorgen läßt. Klarsichtmittel in der Sprühdose sind allerdings teuer; wesentlich billiger und nahezu ebenso wirkungsvoll geht es mit einfachem Brennspiritus,

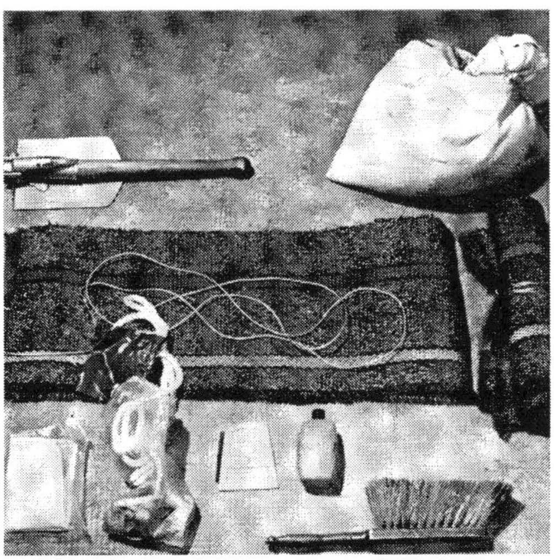

Für alle Winterfälle gerüstet und nicht kostspielig: zusammenklappbarer Spaten, Sandsack, Unterlegmatten aus alten Kokosläufern, Anti-Beschlagtuch, Abschleppseil, Eis-Schaber, Kunststoff-Flasche mit Brennspiritus und Handfeger. Am besten verstaut man alles in einem festen Karton, damit es nicht im Kofferraum des Wagens umherpoltert. Das zusätzliche Gewicht unter der Vorderhaube kommt überdies der Straßenlage des NSU im Winter zugute.

Chromglanz auch im Winter

Jahreszeit-Inspektion

Natürlich läßt sich der Chromschmuck im Winter gegen das aggressive Salzwasser wirksam schützen. Das einfachste Mittel ist eine reine säurefreie Vaseline, aber sie wird durch hart anprallendes Spritzwasser mit der Zeit verdrängt und wirkungslos. Besser ist dann ein wachsartiges Unterbodenschutzmittel, wie etwa Tectyl. Aber diese Mittel verstecken den Chromschmuck unter einer unansehnlichen Fett- oder Wachsschicht.

Verständlich ist es, daß mancher Autofahrer seinen Chromschmuck im Winter glänzen lassen möchte. Dazu gibt es neuerdings Sprühdosen mit einem glasklaren Chromschutzspray, wie ihn beispielsweise Polifac für 4,20 DM anbietet. Das ist ein hauchdünner, aber zäher Wachsfilm, der auch unter noch vorhandene Feuchtigkeit dringt und sich auf Glanz polieren läßt.

Weniger bewährt hat sich nach unseren Erfahrungen der vielfach angepriesene Chromschutzlack (für Halbstarke auch in Farbe!), da vor dessen Aufsprühen oder Aufpinseln das Metall auch in den Poren restlos trocken sein muß. Das ist es aber in der feuchten Herbst- und Winterluft praktisch nie, so daß die unter der Lackschicht eingeschlossene Feuchtigkeit weiterwirkt und unter Umständen böse Rostschäden verursachen kann.

Schutz für das Fahrwerk

Jahreszeit-Inspektion

Weniger auffällig als der Chromschmuck rostet im Winter an vielen Wagen das Fahrgestell vor sich hin, wenn es ungeschützt dem Schneeschmelzwasser und den Auftausalzen ausgesetzt ist. NSU-Fahrer haben es da besser, denn NSU hat sich schon seit Jahren erfolgreich bemüht, serienmäßig die Wagenunterseite gegen diese Einwirkungen zu schützen. Das geschieht durch einen besonders wirksamen zinkstaubhaltigen Zwei-Komponentenlack auf Kunststoffbasis. Er ist besonders aufwendig und NSU läßt sich das zweifellos mehr kosten als andere Kraftfahrzeughersteller.

Trotzdem darf man aber die Wagenunterseite nicht einfach vergessen, weil NSU schon so schön vorgesorgt hat. Nach dem Sinnspruch „Steter Tropfen höhlt die Nase" schaut mit der Zeit auch da und dort mal das blanke Metall heraus. Auch nachträglich angebaute Ersatzteile – Kotflügel und dergleichen – sind nicht mit diesem wirksamen Unterbodenschutz versehen. Was ist also zu tun, um die Wagenunterseite dauernd gegen Rost zu schützen?

Saison- und Langzeitschutz

Wenn Sie Ihren NSU nur ein oder zwei Jahre behalten wollen, so kommt sowohl ein Saison- wie ein Langzeitschutz in Frage. Der Saisonschutz überdauert höchstens einen Winter. Da dieser Schutz aber nicht sehr abriebfest ist, kann schon nach einer Fahrt auf frisch mit Split gestreuter Straße dieser Unterbodenschutz in den Radkästen und an den Unterholmpartien, die im Abspritzwinkel der Räder liegen, durchlöchert sein. Um sicher zu gehen, muß man also öfters den Saisonschutz kontrollieren und, wenn nötig, nachbessern.

Da kann ein Langzeitschutz im Endeffekt billiger sein; er überdauert etwa zwei Jahre. Im Gegensatz zu dem wachsartigen Saisonschutz erfordert der Langzeitschutz (meist auf Bitumenbasis) eine gründlicher gereinigte Wagenunterseite, die möglichst vorher auch entrostet werden sollte. Der Auftrag kostet für den Saisonschutz etwa 30 DM, für einen Langzeitschutz muß man rund 65 DM rechnen. Nachbessern kann man mit den im Handel erhältlichen Sprühflaschen (Bostik M+S, Tectyl von Valvoline, Terotex von Teroson) selbst. Solche Sprühflaschen sind allerdings relativ teuer, deshalb lohnt es sich nicht, die Unterseite des NSU selbst ganz einzusprühen.

Die Lackfabrik Lechler, welche den serienmäßigen Zinkstaub-Zweikomponenten-Lack liefert, hat auch einen „Schutzfilmbildner L" entwickelt, der ebenfalls auf Kunstharzbasis „aufgebaut" ist und von manchen NSU-Vertretungen zum Ausbessern oder vollständigen Erneuern des Unterbodenschutzes verwendet wird. Diese Nacharbeitung ist zwar zweifellos, weil von gleicher Art, die beste, aber auch die teuerste, weil vor dem Aufsprühen der Wagenboden besonders sorgfältig gewaschen, entfettet und getrocknet werden muß. Vor der Auftragserteilung deshalb Kostenvoranschlag erbitten.

Dauerschutz mit Schutzfilmbildner

Sehr gut ist auch der Unterbodenschutz auf Kautschukbasis. Das bekannteste Erzeugnis dieser Art ist Teroson Terotex. Auch damit läßt sich der serienmäßige Unterbodenschutz ausbessern oder ein neuer aufspritzen. Nach unseren Beobachtungen kostet das bei einem älteren Wagen, dessen Fahrgestell dazu sorgfältig entfettet werden muß, mit aller dranhängenden Arbeit etwa 120 DM für einen vollständigen Unterbodenschutz.

Dauerschutz auf Kautschukbasis

Ob man nun den Unterbodenschutz selbst ausgebessert hat oder an der Tankstelle diese Arbeit machen ließ, auf jeden Fall kann der Sprühdunst auch in die Bremstrommeln und damit zwischen Bremsbacken und Trommel bzw. in die Scheibenbremsen geraten sein. Das kann bedeuten, daß beim ersten Tritt auf das Pedal die Bremse wie geschmiert wirkt, nämlich gar nicht. Deshalb sofort durch kräftiges Bremsen feststellen, ob die Bremsen wirksam sind und, falls nicht, die Bremsen während der Fahrt mit dem linken Fuß so lange schleifen lassen, bis Feuchtigkeit und Sprühmittel verdunstet sind. Vor allem Scheibenbremsen, falls vorhanden, müssen vor dem Einsprühen sorgfältig abgedeckt werden.

Bremsprobe nach dem Einsprühen

Hohlraum-Konservierung

Selbst mit dem besten Unterbodenschutz sind Sie allerdings noch nicht gegen den Rostfraß gefeit. In den modernen Autokarosserien befinden sich vielerlei Hohlräume, in denen sich Kondenswasser sammelt. Der Rost arbeitet dabei von innen heraus und eines Tages künden Blasen im Lack den traurigen Tatbestand der Durchrostung an. Zum Schutz dagegen wurde die Hohlraumkonservierung entwickelt. Die Hohlräume werden angebohrt, mit Spezialdüsen wird die Rostschutz-Flüssigkeit eingesprüht und anschließend werden die Bohrungen wieder verschlossen. Das Konservierungsmittel muß kriechfähig sein, vorhandene Feuchtigkeit unterwandern und bereits vorhandenen Rostansatz stoppen können. Es darf nicht wahllos im Blech herumgebohrt werden, sondern dies muß nach einem genauen Arbeitsplan geschehen. Nicht jede Tankstelle oder Werkstatt ist für diese Arbeit eingerichtet. Da die Hohlraumversiegelung rund 120 DM kostet, sollte sie auch bei einem Fachmann durchgeführt werden.

- Suchen Sie einen Betrieb, der für seine Hohlraumkonservierung einen guten Ruf hat. Oft machen Lackier-Werkstätten diese Arbeit. Dort sind die auch sehr sorgfältige Arbeit gewohnt.
- Zu den besten Hohlraumversiegelungsmitteln zählen u. a. Bostik 6071, Dinol ML und Ziebart XL 58. Auffallend preisgünstige Angebote werden oft mit minderwertigen Mitteln durchgeführt.
- Lassen Sie sich bei der Vorbesprechung den genauen Konservierungsplan mit einer Skizze für den NSU zeigen. Ohne Spezialplan kann man die Hohlräume der verschiedenartigen Autotypen nicht kennen.
- Auf kaltem Blech sind manche Mittel weniger kriechfähig. Wagen nicht in kaltem Zustand behandeln lassen. Er sollte zumindest einen halben Tag in der warmen Halle gestanden sein.

Damit im Winter das Türschloß nicht einfriert, spritzt man einige Tropfen Frostschutzmittel – am besten mit einer ausgebrauchten Injektionsspritze vom Hausarzt – tief in das Schloß hinein. Kein Öl dazu verwenden, denn damit verschmiert man sich den Autoschlüssel und – als Folge – die Jackentasche.

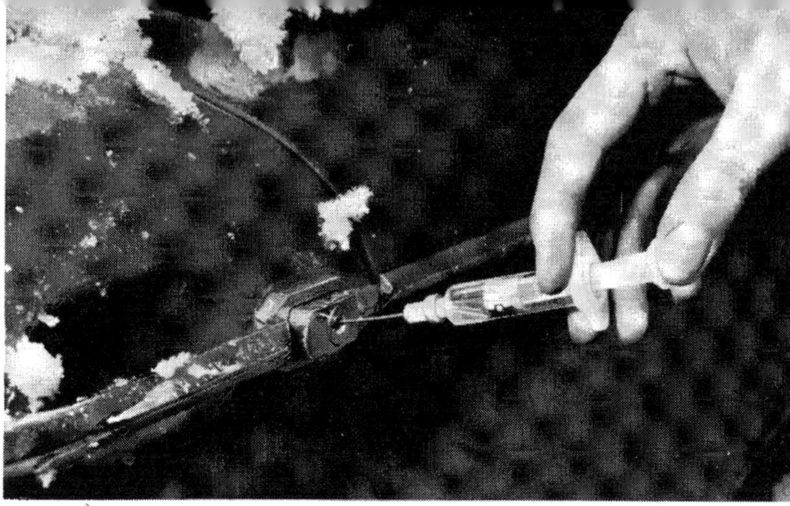

Fingerzeige: *Wenn Sie bei Frost eine Fahrt hinter sich haben, von der die Bremstrommeln noch warm sind, ziehen Sie vorsichtshalber die Handbremse beim Abstellen des Wagens nicht an, sondern legen Sie besser einen Gang ein. Durch die Wärme der Trommeln kann Schwitzwasser entstehen. Wenn dieses friert, frieren auch die Bremsbacken fest. Ist es einmal doch passiert: Handbremse lösen und Wagen hinten auf und nieder schaukeln, bis die Bremstrommeln sich wieder frei drehen lassen.*

Die Gummileisten um die Türen reibt man intensiv mit Glyzerin ein. Dann können sie nicht einfrieren. Festgefrorene und aufgerissene Dichtleisten müssen in der Regel ersetzt werden.

Das eingefrorene Türschloß öffnet man mit dem erhitzten Schlüssel, dessen Spitze über die Flamme des Feuerzeugs gehalten wurde. Das Festfrieren der Türschlösser verhindert Frostschutzmittel, das man an einem dünnen Draht hineinlaufen läßt, wenn man keine alte Injektionsspritze vom Hausarzt hat. Gleiche Dienste leistet Knochenöl, das die Sperren des Schlosses nicht verklebt. Bei der winterlichen Wagenwäsche überdeckt man das Schloß mit einem Streifen Tesa-Film.

Lackpflege im Winter

Jahreszeit-Inspektion

Auch der Lack erfordert im Winter, wenn er im kommenden Frühjahr noch glänzen soll, erhöhte Aufmerksamkeit. Vor der Lackpflege steht allerdings die Wagenwäsche, die aber bei hartem Frost nicht möglich ist, sonst frieren Türen, Schlösser und Hauben zu. Deshalb muß im Winter frostfreies Wetter abgewartet, aber dann möglichst bald der mit Auftausalzen vermischte Schmutz gründlich und mit viel Wasser abgewaschen werden. Der Wagen wird im Winter besonders viel an seiner Schönheit verlieren, wenn man sich mit dem Gedanken tröstet, die Wagenwäsche sei nicht so wichtig, weil der Wagen nach einem Tag schon wieder schmutzig sei. Öfter als im Sommer soll im Winter auch der Lack mit Konservierungsmitteln gepflegt werden. Lackreiniger und polierende, d. h. schleifende Lackpflegemittel verwendet man dagegen im Winter nicht und wartet mit der Aufarbeitung des Lackes bis zum kommenden Frühjahr.

Kompaktes Gehäuse

Die Kompaktbauweise des NSU bedingt, daß man als Heimwerker nicht mit Stahlsäge oder Schweißapparat daran basteln sollte (selbsttragende Karosserie!). Nicht genau nach Werksvorschrift vorgenommene Schweißarbeiten schwächen die Stabilität des Wagens. Außerdem sind zum Anschweißen, etwa eines Heck-Querteiles nach einem Unfall, besondere Meßwerkzeuge, sogenannte »Einbaulehren«, notwendig, die nur die Fachwerkstatt besitzt.
Aber mit Schraubenzieher und Schraubenschlüssel läßt sich trotzdem an der Karosserie manches werkeln und mancher Werkstatt-Groschen sparen. Es ist sogar am NSU besonders einfach, etwa die Stoßstangen, die Hauben und Türen aus- und einzubauen. Voraussetzung ist allerdings, daß nur das betreffende Teil und nicht auch die benachbarten Blechteile ramponiert wurden (was oftmals nicht ohne weiteres erkennbar, sondern erst nach genauen Messungen festzustellen ist).

Klappergeräusche

Wir wollen jedoch nicht gleich an einen Unfall und dadurch zerknittertes Blech denken. Klappergeräusche, die in den Ohren vieler Autofahrer eine schreckliche Musik sind, genügen bereits, um die Aufmerksamkeit auf das Autogehäuse zu lenken. Die Haubendeckel oder Türen können daran schuld sein. Aber auch ein Schlüsselbund im Handschuhkasten! Oder ein Schraubenzieher, der in die Ersatzradwanne gefallen ist. Oft ist es übrigens ein locker hängendes Kabel, das während der Fahrt irgendwo gegen das Autoblech klappert. Wenn ein solches Störgeräusch auftritt, also zuerst alle Kabel abtasten, die in der Geräuschgegend in Frage kommen können und alle lockeren Kabel wieder in ihre Kabelschellen drücken oder mit Klebeband an anderen, festen Kabeln anhängen. Sind die Kabelstränge überprüft und für gut befunden, müssen die Haubendeckel und die Türen auf einwand- und klapperfreien Sitz untersucht werden.

Motorhaube klappert

Beidseitig sitzen je 2 Gummipuffer in der Regensicke des Motorhauben-Ausschnittes der Karosserie. Ebenso hat die Hinterkante der Motorhaube an der Unterseite 2 Gumminoppen. Klappert die Motorhaube, gilt der erste Blick diesen Zwischenstücken, ob sie überhaupt noch da und wenn vorhanden, noch in Ordnung sind. Fehlende, verhärtete oder beschädigte Gummipuffer müssen ersetzt werden. Ihre Montage ist einfach. Mit einem feinen Schraubenzieher in die entsprechenden Stanzlöcher der Regensicke bzw. Hinterkantenverstärkung der Motorhaube drücken.
Läßt sich das Klappern dadurch nicht beseitigen, gilt der nächste Blick dem Führungsbolzen des Haubenschlosses: Sitzt er fest? Und greift er richtig in die Schließplatte auf der Oberseite des Heck-Querteiles ein? Erforder-

lichenfalls die betreffenden Schrauben mit Querschlitz- bzw. Kreuzschlitzschraubenzieher anziehen. Hat der Führungsbolzen bei geschlossener Haube Spiel in der Schließplatte, ist wahrscheinlich die Spiralfeder des Schließbolzens erlahmt und sollte ersetzt werden. Notbehelf: Passende große Unterlegscheiben über oder unter der Spiralfeder einmontieren.

Kofferraumhaube klappert

Statt der Gummipuffer hat die Kofferraumhaube als federnde Auflage eine rundum laufende Gummileiste, die auf die Karosseriekante des Kofferraumausschnittes mit einer federnden Metall-Klemmleiste aufgedrückt ist. Genau wie die Gummileisten der Tür soll diese von Zeit zu Zeit mit Talkum oder Glyzerin (es gibt auch spezielle Gummipfleger in Spraydosen, z. B. von 1 Z) abgerieben werden, damit sie geschmeidig bleibt und im Winter bei eingedrungener Feuchtigkeit nicht an der Kofferraumhaube festfriert. Ist die Gummileiste defekt oder durch Festfrieren teilweise abgerissen, braucht man die Werkstatt nicht zu bemühen, sondern kauft sich ein entsprechendes Stück oder, falls der Gummi auch gealtert und spröde ist, die ganze Gummileiste und drückt sie mit Hilfe der Kombizange selbst in die Karosserieblechkante. Liegt die Klapperursache der Kofferraumhaube im Schloß, ist die Arbeit genau die gleiche wie bei der Motorhaube.

Türschloß justieren

Klappert die Wagentüre oder schließt schlecht, weil sie vielleicht beim Öffnen angestoßen wurde oder mit der Unterkante auf den höheren Bürgersteig aufstieß, müssen Sie zuerst prüfen, ob sie noch einwandfrei im Türrahmen sitzt. Das ist der Fall, wenn der Spalt zwischen Tür und Karosserie vorne und hinten gleich breit ist, wenn die Tür glattflächig in einer Ebene mit der Karosserie liegt und die Zierleiste die genaue Fortsetzung der beiden benachbarten Zierleisten der Karosserie bildet. Stimmt da irgendwo die Richtung nicht, müssen die Türscharniere gelockert oder bei starker Abweichung sogar ausgebaut und gerichtet werden (letzteres Werkstattsache wegen der Einbau-Lehre). Die Türscharniere sind mit großen Kreuzschlitzschrauben befestigt. Die Scharnierbänder haben Schlitzlöcher, so daß sich die Scharniere leicht justieren lassen.

Stimmen nach dieser Grob-Justierung vorderer und hinterer Türspalt, die Planlage der Tür zur Karosserie und die gleiche Höhe der Zierleisten oder war diese Justierung nicht notwendig, erfolgt die Feineinstellung an der Schließplatte des Schlosses im Türrahmen.

Prüfen Sie dabei auch den Zustand des weißen Schließkeiles aus Kunststoff in der Schließplatte. Auch er kann beschädigt und dadurch eine Ursache des

Um das Türschloß zu justieren, werden die beiden Kreuzschlitzschrauben der Schließplatte gelockert und diese etwas nach innen gerückt, so daß der Schließ-Stern des Türschlosses genau in die Sternverschlußraste der Schließplatte einklinkt und darin kein Spiel hat. Die Schließplatte solange verstellen, bis die Tür einwandfrei sitzt und nicht mehr klappert.

Klappergeräusches sein. Oftmals fehlt es aber auch nur an einem Tropfen Öl – nicht mehr als ein Tropfen, damit man sich nicht am Schloß die Kleider verschmutzt! –, um diesen Schließkeil mit seiner Spiralfeder leichtgängig und klapperfrei zu machen. Ist der Schließkeil jedoch beschädigt, muß die ganze Schließplatte ausgetauscht werden, denn der Führungsbolzen des Schließkeiles ist in die Schließplatte fest eingenietet.
Auch bei der Tür kann das Klappern durch spröde gewordene oder beschädigte Gummileisten gefördert werden. Deshalb auch diese Gummileisten prüfen und notfalls neue von der Werkstatt mit Spezialkleber einarbeiten lassen. Selbsteinbau ist in diesem Falle nicht zu empfehlen, denn die geringe Menge Spezialkleber, die man dazu braucht, rentiert nicht die Anschaffung einer Kilo-Dose, und mit anderem Leim geht es kaum oder gar nicht. Außerdem braucht man zu dieser Kleberei einige Erfahrung, sonst funktioniert es auch nicht recht. Wie schon bei der Kofferraumhaube empfohlen, sollen auch die Gummileisten um die Türen von Zeit zu Zeit mit Talkum, reinem Glyzerin oder Spezial-Gummipfleger behandelt werden.

Demontierbare Teile austauschen

Die demontierbaren Teile der Karosserie – Türen, Hauben, Stoßstangen, Zierleisten und Tank – in Selbsthilfe austauschen zu wollen, hat nur Sinn, wenn keine jeweils benachbarten Teile der Karosserie mit beschädigt wurden. Das ist bei einem Unfall selten. Wenn allerdings ein Dachziegel auf die Motorhaube gefallen war, braucht man zum Einsetzen der neuen Haube nicht die Werkstatt aufzusuchen. Dagegen rentiert sich hierbei sehr oft der Besuch eines Autofriedhofes. Das sind nicht immer nur Schrottplätze, sondern zumeist versucht ein findiger Unternehmer, die verwendbaren Teile der Unfallautos und altersschwachen Wagen auszusondern und wieder zu verkaufen. Diese Teile kosten durchweg nur einen Bruchteil des entsprechenden Neupreises, auch wenn sie von einem fast neuen Wagen stammen, der gleich bei seiner Jungfernfahrt Pech hatte. So kommt man unter Umständen billig zu einer einwandfreien Haube, Stoßstange oder – wenn es um die Innenausstattung geht – zu einem einwandfreien Sitzpolster.

Haubenschlösser auswechseln

Die 3 großen Kreuzschlitzschrauben der Schließplatte lösen und diese seitlich herausziehen; Klemmnippel des Seilzuges lockern und diesen aus der Schloßöse ziehen. Führungszapfen mit Schraubenzieher herausdrehen.
Der neben dem Schloß auf der Oberkante des Front-Querteils sitzende Fang-

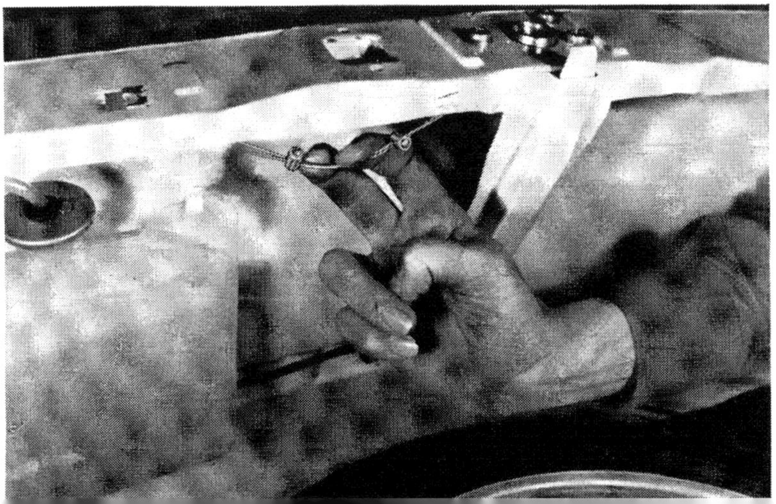

Der Seilzug des Kofferraumhaubenschlosses ist mit zwei Klemmschrauben – also doppelt – gesichert. Fehlt eine Klemmschraube, kann sich das Zugseil lockern, so daß der Schließhebel nicht mehr genügend öffnet und die Haube auch mit keinem Trick mehr zu öffnen ist. Das kann viel Ärger geben. Deshalb gelegentlich diese beiden Klemmschrauben auf festen Sitz prüfen.

Zum Ausbau der vorderen Stoßstange ist eine sogenannte Stecknuß SW 17 mit Gelenkgriff praktisch, da innen im Kofferraum die beiden Halteschrauben etwas versteckt in einem Verstärkungswinkelstück sitzen. Dazu brauchen Sie noch einen weiteren Schraubenschlüssel SW 17 zum Gegenhalten und einen Schlüssel SW 13 zur Demontage der Stoßstangenhörner.

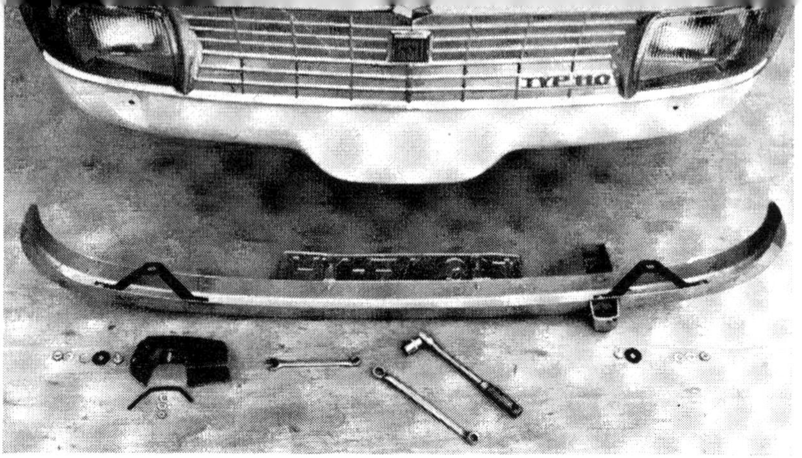

haken wird von einer selbstklemmenden Führungshülse gehalten. Dieser Haken darf nicht fehlen und vernachlässigt werden. Wenn die Haube versehentlich nicht richtig geschlossen wurde oder das Schloß defekt ist, kann die Haube, falls der Fanghaken fehlt oder nicht ordnungsgemäß eingerastet ist, während der Fahrt plötzlich hochfliegen und dem Fahrer vollkommen die Sicht versperren. Das geht nur bei großem Glück ohne Unfall aus.

Kofferraumhaube auswechseln

Die Kofferraumhaube wird beidseitig an den Scharnierbügeln von je zwei Schrauben für SW 10 gehalten. Soll die gleiche Kofferraumhaube wieder eingebaut werden, kann man sich das spätere Justieren der Haube erleichtern, indem neben den Scharnierbügeln Markierungsstriche mit Bleistift oder einer Reißnadel gezogen werden. Wenn Sie beim Einbau die Haube genau nach diesen Markierungsstrichen festschrauben, werden wahrscheinlich die seitlichen Abstände zur Karosserie gleichmäßig stimmen und das Schloß richtig einrasten. Andernfalls muß mit einem Helfer die Haube bei gelockerten Schrauben so lange hin- und hergerückt werden, bis sie sitzt.
Die Haubenscharniere stehen durch Drehstabfedern, welche die geöffnete Kofferraumhaube im Gleichgewicht halten, unter starker Spannung. Sollen diese Drehstabfedern beim Ausbau der Scharnierbügel (etwa, wenn diese durch Unfall verbogen sind) demontiert werden, benötigt man ein abgewinkeltes Rohrstück zum Erfassen der Drehstabenden, aber durch die starke Vorspannung steckt soviel Unfallgefahr in diesen Federn, daß diese Arbeit der Werkstatt überlassen bleiben sollte.

Bei der Motorhaube ist kein Stemmeisen notwendig, wenn das Schloß klemmt. Fahren Sie zur nächsten Tankstelle und lassen Sie Ihren NSU auf den Heber nehmen. Dann von der Wagenunterseite her zwischen Auspufftopf und Karosseriewand hindurch zum Seilzug oder direkt an das Haubenschloß vortasten, um es aufzuziehen. Zur besseren Veranschaulichung haben wir diese Hilfsmaßnahme bei offener Motorhaube fotografiert.

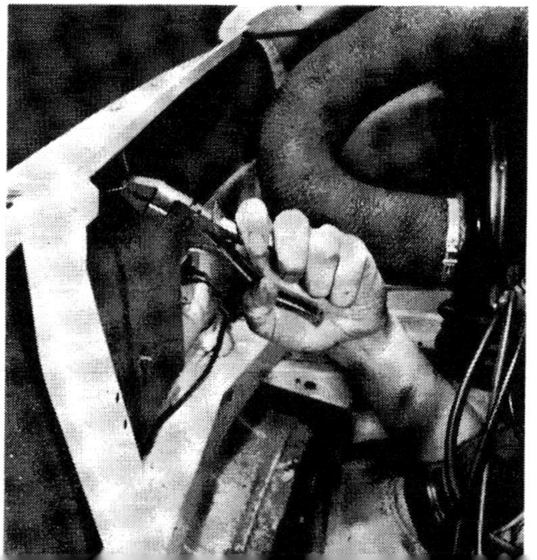

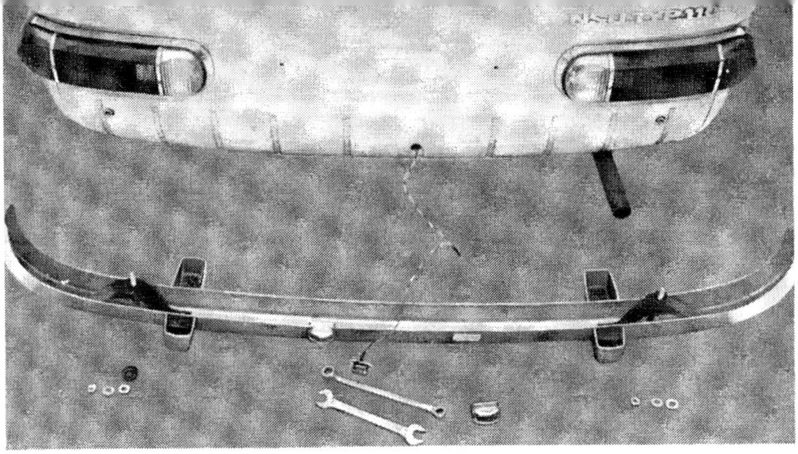

Die hintere Stoßstange läßt sich ohne Schwierigkeit mit zwei Schraubenschlüsseln SW 17 – am besten ein Ring- und ein Gabelschlüssel – demontieren. Wenn Sie auch die Stoßstangenhörner abgenommen haben, müssen Sie beim Zusammenbau darauf achten, daß deren längerer Teil nach unten zeigt, sonst werden die Scheinwerfer und Heckleuchten durch die falsch montierten Stoßstangenhörner teilweise verdeckt.

Motorhaube auswechseln

Die Motorhaube wird von zwei Scharnieren mit je zwei Schrauben für SW 10 gehalten. Aus- und Einbau gleichen den Arbeiten an der Kofferraumhaube.
Nicht ohne Grund ist der Stützbügel für die Motorhaube knallrot lackiert, denn zu leicht wird von unkundigen Leuten dieser Bügel übersehen und die Haube, ohne ihn auszurasten, heruntergedrückt. Wenn dies geschieht, verbiegt sich der Stützhebel. Er läßt sich, wenn es nicht zu oft passiert, wieder zurechtbiegen. Da man ihn am besten im Schraubstock richtet, wird er ausgebaut. Dazu Spannfeder aushängen und den Stützhebel seitlich aus seiner Gelenkführung ziehen.

Stoßstangen auswechseln

Zum Ausbau der vorderen und der hinteren Stoßstange benötigen Sie zwei Schraubenschlüssel SW 17 (den zweiten zum Gegenhalten), am besten für die vordere Stoßstange eine sogenannte Stecknuß mit Gelenkgriffstück. Die obenstehenden Bilder zeigen, wie es gemacht wird.

Zierleisten montieren

Die Zierleisten um die „Gürtellinie" des NSU sind an Halteklammern befestigt, die in den entsprechenden Bohrungen der Karosserieteile sitzen. Bei der Montage wird die Zierleiste riegelartig aufgeschoben, damit die Halteklammern in die Bohrungen seitlich einrasten können. Am vorderen und hinteren Ende ist dann die Zierleiste entweder durch eine kleine Kunststoffschraube oder einen Kunststoff-Stecknippel gesichert. Dort endet der Einbau und beginnt die Demontage. Sind die Halteklammern festgerostet, dann muß die Zierleiste, die man sowieso nur demontieren wird, wenn sie beschädigt ist, vorsichtig mit einem Schraubenzieher, unter den zum Schutz des Lackes gegen Verkratzen ein zusammengedrehter Lappen gelegt wird, von der Karosserie abgehebelt werden.

Innenraum abdichten

Nicht jedermann ist die Freude beschieden, bei Regen in seinem Auto unbedingt im Trocknen zu sitzen. Auch bei einem NSU kommt es gelegentlich vor, daß an den Fensterscheiben, an Schweißnähten, an Türverkleidungen, an der Bodenplatte oder an der Kofferraumhaube irgendwo Wasser eindringt. In der Regel merkt man solch einen Fehler innerhalb der Garantiezeit. Daher sollte man mit dem neuen Wagen unbedingt bald einmal bei Regen fahren, statt ihn dann „schonungshalber" stehen zu lassen.
Aber auch wenn es die sechs Garantie-Monate lang niemals während der Fahrt in Strömen regnete und Sie erst im darauffolgenden Herbst mal mit den Füßen im Nassen stehen, sollten Sie Ihre NSU-Werkstatt baldigst aufsuchen und den Mangel als Kulanzfall anmelden.

Da man, je nach Eindringstelle, verschiedene Dichtungsmittel verwendet (Fensterscheibendichtungskitt, Regenrinnenzement, Karosseriekitt, Kautschuk-Unterbodenschutz, Profilgummi mit Spezialkleber) und es auch einer gewissen Routine bedarf, die Abdichtversuche erfolgreich zu gestalten, sollten Sie das der Werkstatt überlassen.

Die innere Dachverkleidung ist unter dem Türrahmen festgeklemmt, die Zahnleisten fielen 1970 im Zuge der Entwicklung fort.

Türen montieren

Zum Ausbau der Türen sind lediglich die beiden Türscharniere, die von großen Kreuzschlitzschrauben gehalten werden, zu demontieren.

Um an die „Innereien" der Tür, an das Türschloß und den Fensterkurbelmechanismus, zu kommen, muß die Innenverkleidung der Tür abgenommen werden: Zuerst Drehgriff für die Schwenkfenster-Betätigung, der in seiner Mitte von einer kleinen Kreuzschlitzschraube gehalten wird, abschrauben. Danach sind an der Rückseite der Fensterkurbel und des Türschloßhebels je eine sogenannte Lyrafeder mit schmalem Schraubenzieher, Türfederzange oder einem besonderen Hilfswerkzeug herauszudrücken (siehe Bild unten). Nach dem Abbau der Drehgriffe wird die vordere Befestigungsschraube der Armstütze gelöst (tief sitzende Kreuzschlitzschraube in der Armstütze). Die vordere Befestigungsschraube muß nicht herausgedreht werden. Dann die Türverkleidung mit einem dicken Schraubenzieher vorsichtig abstemmen, während eine Hand seitlich unter die Türverkleidung faßt und sie nach außen wölbt. Die Spannung der Innenwölbung hält die Türverkleidung in ihrer oberen Halteschiene. Zuletzt mit beiden Händen Türverkleidung fassen und abziehen.

Um die Rückseite der Türverkleidung gegen das durch den Fensterschlitz ins Türinnere eindringende Wasser zu schützen, ist der Türrahmen mit einer Abdichtfolie überklebt. Diese muß abgezogen werden, um an den Türmechanismus zu kommen. Wenn sie dabei zerreißt, ist es nicht schlimm, denn Sie können vor dem Wiedereinbau der Tür jede beliebige andere Folie dort mit Uhu oder einem anderen Alleskleber einkleben.

Beim Wiedereinbau der Türverkleidung werden die Lyra-Federn zuerst in die Griffschalen eingesetzt und die Hebel erst dann auf ihre Bolzen gesetzt. Dabei auf die richtige Stellung der Drehkurbel achten, damit diese nicht etwa bei geschlossenem Fenster genau gegen das außenstehende Knie des Fahrers bzw. des Beifahrers drückt.

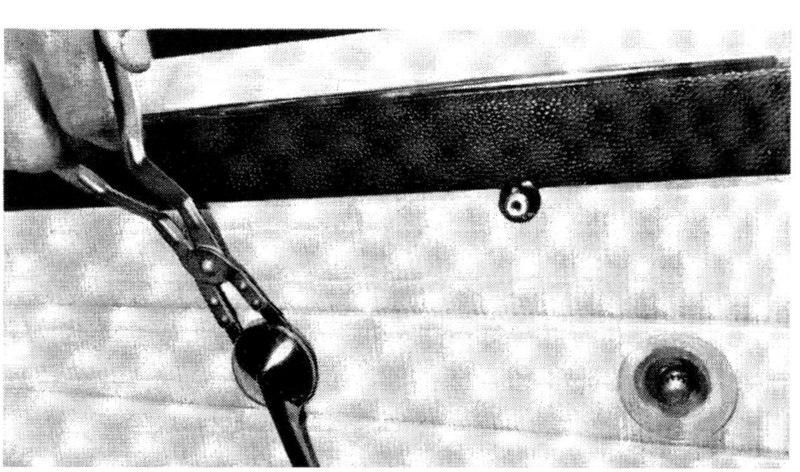

Mit der Türfederzange (Hazet-Werkzeug Nr. 799) wird hinter die Rosetten des Türschloßhebels (rechts im Bild, schon demontiert) und der Fensterkurbel gefaßt und deren Sicherungsfeder („Lyra-Feder") herausgezogen. Geschickte Leute schaffen das auch mit einer abgebrochenen Messerklinge oder einem etwas schief gebogenen dünnen Schraubenzieher. Wenn die Lyra-Feder herausgezogen ist, fallen Türschloßhebel und Fensterkurbel praktisch von selbst von ihren Zahnbolzen.

Die Einzelteile der inneren Türverkleidung und das zum Ausbau benötigte Werkzeug. Beim Zusammenbau darf die hier noch angeklebte, durchsichtige Schutzfolie auf dem Türrahmen auf keinen Fall vergessen werden, sonst dringt Wasser durch den oberen Fensterscheibenritz auf die Rückseite der Türverkleidung, wodurch diese sich zu wölben und zu schimmeln beginnt.

Türschloß aus- und einbauen

Nach dem Ausbau der Türverkleidung wird zuerst die Verbindungsstange zwischen Türschloß und Türschloßhebel ausgehängt. Die Türschloßhebel-Platte, die sogenannte Fernbetätigung, ist mit zwei Kreuzschlitzschrauben im Türrahmen befestigt. Um die Verbindungsstange zwischen Schloß und Innen-Betätigungshebel richtig zu justieren, kann die Platte mit dem Hebelmechanismus in den Langlöchern des Türrahmens zur richtigen Einstellung hin- oder hergeschoben werden. Dazu die beiden Kreuzschlitzschrauben etwas lockern. Nach dem Aushängen der Verbindungsstange das Fenster hochkurbeln, senkrechte Fensterführungsschiene etwas beiseite drücken, Türschloß abschrauben und herausnehmen.

Türgriff ausbauen

Der Türgriff wird von der Türinnenseite her von 2 Kreuzschlitzschrauben gehalten. Die weiter außen sitzende ist am Türfalz oberhalb des Schlosses zu lösen, die innen sitzende kann erst nach Ausbau der Innenverkleidung gelöst werden. Aus dem ausgebauten Türgriff läßt sich auch der Schließzylinder ausbauen. Dazu Betätigungshebel abschrauben, den Schließzylinder herausdrücken und die Einzelteile auseinander nehmen. Zum Einbau des Schließzylinders muß der Türschlüssel zu Hilfe genommen werden.

Fensterheber ausbauen

Der Ausbau des Kurbelmechanismus ist beispielsweise notwendig, wenn das Fenster schwer geht und die gleitenden Teile sorgfältig gereinigt und gefettet werden sollen. Zum Ausbau zuerst, wie bereits beschrieben, die Türinnenverkleidung abnehmen und das Fenster halb öffnen. Darauf die 4 Halteschrauben des Kurbelmechanismus innen am Türgerippe abschrauben und diesen nach unten aus dem Schauloch herausziehen.
Die Ursache eines schwergängigen Fensters kann auch in einer ausgeleierten Fensterführung liegen, wodurch die Scheibe beim Aufwärts- oder Abwärtsdrehen verkantet und klemmt. Dem kommt beim 1200/110 eine nach unserer Meinung zu schwach dimensionierte vordere Fensterführung entgegen, die sich leicht durchbiegen läßt und das Fensterklemmen mit bewirkt. Zur Abhilfe kann man sich schmale Streifen von einer Kunststoffplatte (z. B. von Resopal mit der Stahlsäge) schneiden und in die beiden senkrechten Fensterführungen (oder in nur eine, je nach Bedarf) zwischen diese und die Scheibenkante einlegen. Noch einfacher ist das Einlegen von sogenanntem Bougierrohr mit 5 mm Querschnitt (die Auto-Elektriker verwenden das strohgelbe Bougierrohr zum Zusammenfassen mehrerer Leitungen) zwischen Fensterführung und Scheibenkante.

Die Hand hält hier den ausgebauten Fensterhebermechanismus. Die beiden oberen weißen Pfeile kennzeichnen die Löcher im Türgerippe, durch welche die rechtseitigen Schraubengewindelöcher des Hebermechanismus – ebenfalls durch weiße Pfeile gekennzeichnet – verschraubt werden. Für die beiden linksseitigen Schraubenlöcher sind im Türgerippe zwei Langlochausstanzungen vorgesehen.

Fensterscheiben einbauen

Von dem Ehrgeiz, eine neue Windschutzscheibe oder Heckscheibe einzubauen, halten wir nicht viel. Es steht zu viel Geld auf dem Spiel. Wenn der Werkstatt eine Scheibe beim Einbau zerbricht, was immer wieder mal vorkommt, ist das deren Verlust. Falls man es selbst machen will, hat man das Mehrfache des „Eingesparten" zu zahlen, wenn es Scherben gibt.

Scheiben nicht einschlagen

Es mag Sie interessieren, daß die Scheiben nirgends am Karosserieblech anliegen, sondern kleiner als der Fensterausschnitt der Karosserie sind und nur von dem doppel-T-förmigen Profilgummi gehalten werden. Das bedeutet, daß sich solch eine Scheibe, wenn ihre Öffnung bei einem Unfall mal als Notausgang benutzt werden muß, mit den Füßen, dem Arm oder der Schulter ohne weiteres nach außen drücken läßt. Das ist besser, als sie mit der Faust oder einem harten Gegenstand zerschlagen zu wollen.
Das bedeutet auch, daß Sie, falls Sie unbedingt in ihren verschlossenen NSU rein müssen – Schlüssel verloren; „das eigene Auto stehlen", siehe Kapitel „Die Zündung" –, auf keinen Fall eine Scheibe Ihres Wagens einzuschlagen brauchen; das wird viel zu teuer! Sie brauchen nur an einem der hinteren Seitenfenster den Profilgummi um die Scheibe mit einem Messer zur Hälfte aufzuschneiden, die in den Profilgummi gedrückte verchromte Spreizleiste herauszuhebeln und die unzerbrochene Scheibe mit leichter Hand herauszunehmen, um mit dem Arm nach der inneren Türverriegelung angeln zu können. Die Scheibe wird Ihnen in der Werkstatt wieder für wenige Mark eingesetzt. Und Ihr „Gewußt wie" bewundert!

Türscheiben ausbauen

Weniger problematisch als das Aus- und Einbauen von Windschutz- und Heckscheibe ist die Montage der Türfenster. Zum Ausbau der Fensterscheiben muß zuerst die Innenverkleidung, wie beschrieben, abgenommen werden. Danach Fensterheber, wie auf Seite 171 erläutert, ausbauen, wobei das Fenster halb geöffnet sein muß. Nun Kreuzschlitzschrauben auf der Türinnenseite an den Fensterführungsschienen lösen, die Scheibe zuerst aus der vorderen, dann aus der hinteren Führungsschiene ziehen und nach unten aus dem Türgerippe nehmen.
Zum Ausbau des Schwenkfensters ist nach dem Abnehmen der Türverkleidung bei ganz geöffnetem Fenster zuerst die obere Schwenklagerung abzuschrauben (2 Kreuzschlitzschrauben und eine Querschlitzschraube unter Gummistopfen auf der Türrahmenoberkante). Danach vordere Führungsschiene der Türfensterscheibe oben und unten lösen und Ausdrehapparat

für das Schwenkfenster ausbauen. Um dabei die untere Inbusschraube am Drehapparat zu lösen, ist ein Sechskant-Inbussteckschlüssel notwendig. Vier Kreuzschlitzschrauben halten den Apparat im Türgerippe. Zum Schluß den Ausdrehapparat nach unten und das Schwenkfenster nach oben herausnehmen. Der Gummirahmen um das Schwenkfenster ist mit Halteklammern befestigt. Beim Einbau muß das Schwenkfenster in halb geöffneter Stellung eingefügt und der Ausdrehapparat auf Mittelstellung gestellt werden, bis Mitnehmer am Schwenkfenster einrastet. Um das Schwenkfenster nicht zu leicht- und nicht zu schwergängig zu machen, muß die Bremsschelle oben am Ausdrehapparat entsprechend angezogen werden.

Sauberkeit unter den Bodenmatten

Frühjahrs-Inspektion

Vor allem kommt es im Innenraum auf Sauberkeit an. Wer da mal mitfährt, schaut sich so kritisch um wie zu Hause im Wohnzimmer des Autobesitzers. Deshalb gehört es zu jeder Wagenwäsche, daß die Sitzpolster, am besten mit einem Staubsauger, gereinigt werden, das hintere Ablagebrett und ebenso das Armaturenbrett mit dem Staublappen Bekanntschaft machen und etwa eingelegte Fußmatten herausgenommen, abgewaschen oder ausgeklopft werden und die eigentliche Bodenmatte eine feuchte Abreibung erfährt.

Von Zeit zu Zeit, vor allem nach einer Regenperiode, müssen auch die Bodenmatten heraus, damit ihre eventuell von vielen nassen Schuhen oder eingedrungenem Wasser feucht gewordene Unterseite und der Wagenboden gut trocknen kann. NSU schreibt diese Besichtigung des Wagenbodens nicht umsonst für die Frühjahrs-Inspektion vor. Wer sich nicht um diesen Pflegepunkt kümmert, darf sich nicht wundern, wenn es da unten wie in einem muffigen Kartoffelkeller riecht und die asphaltartige Schutzschicht auf dem Bodenblech faulige Stellen zeigt. Dann muß an einem sonnentrockenen Tag der Boden bei herausgenommenen Matten mit viel Wasser gewaschen und danach stundenlang luftgetrocknet werden. Zeigt die Bodenschutzschicht faulige Stellen, muß geprüft werden, ob das Bodenblech darunter Rost angesetzt hat. In diesem Falle die schadhafte Stelle herausschneiden, den groben Rost abkratzen, den feinen Rost und das blanke Metall mit Rostumwandler (Bostik Antirost, Ferro-Bet von Dupli-Color, Rostumwandler von Aral oder Caltex) einpinseln, bis zum nächsten Tag durchtrocknen lassen und zuletzt dick mit Unterbodenschutz (Rostokal von Teroson, Tectyl von Valvoline usw.) überschichten oder mit guter Farbe mehrfach lackieren.

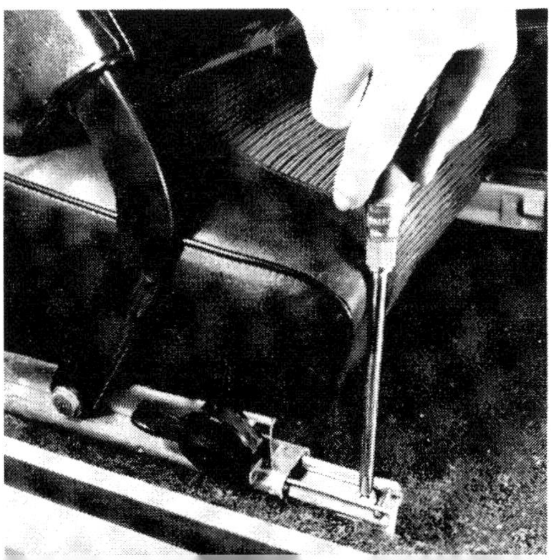

Die Vordersitze werden zusammen mit ihren Führungsschienen ausgebaut. Dazu Sitze je einmal nach vorne und nach hinten schieben und die jeweils beidseitigen starken Kreuzschlitzschrauben in den Enden der Führungsschienen aus dem Wagen gehoben. Wenn die Sitze nicht mehr leicht in ihren Schienen gleiten, können Sie die dazwischensitzenden Rollenlager am herausgenommenen Sitz leicht ölen und von äußerem Schmutz reinigen.

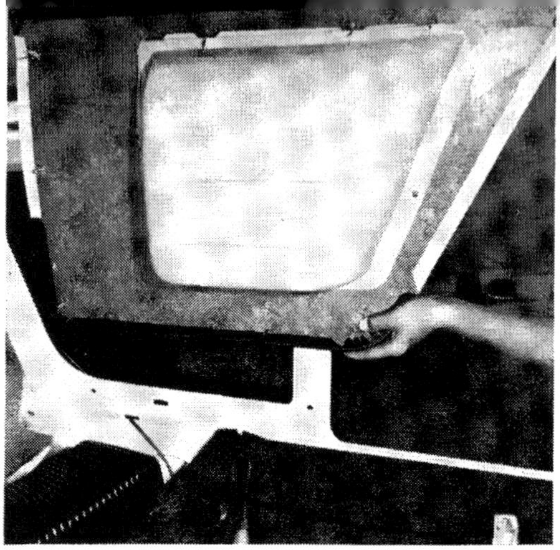

Die beidseitigen Seitenwandverkleidungen unter den hinteren Seitenfenstern sind vor allem mit Federklammern in entsprechenden Bohrungen des Karosseriebleches gehalten. Die Oberkanten der Seitenverkleidungen sitzen in Halteschienen. Zum Herausnehmen zuerst eine Kreuzschlitz-Blechschraube am hinteren Ende der Seitentasche lösen. Darauf nach Ausbau der hinteren Sitzbank und Rückenlehne mit lumpenumwickeltem großem Schraubenzieher die Seitenverkleidung heraushebeln.

Einbau von Sicherheitsgurten

In der NSU-Betriebsanleitung ist neuerdings über Sicherheitsgurte beschrieben, wo die Befestigungsmöglichkeiten für diese schon vom Werk vorgesehen sind. Da findet man z. B. neben der vorderen unteren Ecke der hinteren Seitenscheiben beidseitig je einen scheinbar sinnlosen Gummistopfen im Fensterholm. Das ist der obere Befestigungspunkt für Sicherheitsgurte. Und wenn Sie die Bodenmatten vor den Rücksitzen anheben, sehen Sie eine Handbreit vor den Rücksitzen im Wagenboden dicht neben dem Mitteltunnel eine rechteckige Aussparung im Bodenschutzbelag, aus der zwei kleine Wulste hervorragen. Dies sind zwei von Dichtmasse und Wagenlack überdeckte Gummistopfen, die beidseitig je zwei Öffnungen im Wagenboden verschließen: die unteren Befestigungspunkte für Sicherheitsgurte. Bei den verschiedenen NSU-Typen ist die Befestigung an unterschiedlichen Punkten vorgesehen.

Damit ist der Einbau von sogenannten Schrägschultergurten vorgesehen, die es von den namhaften Sicherheitsgurtherstellern (z. B. Klippan) in spezieller Ausführung für den NSU gibt. Die Zubehörteile und Gurtlängen sind damit auf diese Befestigungspunkte ausgerichtet. Die Blechbohrungen können natürlich allein den starken Zug eines Sicherheitsgurtes beim Zusammenprall nicht aushalten. Deshalb müssen von den Lochrückseiten her (oben nach Herausnahme der hinteren Seitenverkleidung) Verstärkungslaschen beigeschraubt werden, die der Sicherheitsgurtpackung für den NSU bereits beiliegen. Ebenfalls ist solchen Spezialpackungen ein Merkzettel mit Einbauhinweisen im NSU 1000 und 1200/110 beigefügt.

Schrägschultergurte sind nicht der Weisheit letzter Schluß. Man kann bei einem Zusammenprall darunter durchrutschen und sich die Knie zerschlagen. Besser sind also die sogenannten Dreipunktgurte (z. B. von Römer), für die allerdings noch ein dritter Befestigungspunkt unten außen im unteren Wagenholm notwendig ist. Den sollte man sich von der Fachwerkstatt einarbeiten lassen, obgleich auch der Sicherheitsgurtpackung die entsprechenden Einbauhinweise für diesen unteren Außenpunkt beigegeben sind. Dreipunktgurte, das ist ihr Vorteil, halten bei einem Zusammenprall sowohl den Oberkörper wie auch das Becken fest.

Für die Mitfahrer auf der hinteren Sitzbank sind keine Sicherheitsgurte vorgesehen, denn erfahrungsgemäß sind sie weniger gefährdet.

Seid nett zueinander

Zwei Seiten Kleingedrucktes hingen hinten an dem Kaufantrag, den Sie zum Erwerb Ihres neuen NSU unterschrieben haben. Natürlich haben Sie das alles ganz genau gelesen – oder? Hoffentlich sind Sie dann klaglos über das „Allgemeine", den Preis, die Zahlungs-, Liefer- und Übernahmebedingungen gekommen. Falls nun Ihr Wagen noch im jugendfrischen Alter unter 6 Monaten steht und auch noch keine 10 000 km auf dem Zähler hat, bleibt der letzte Abschnitt, die Gewährleistung, für Sie interessant.

Stand der Technik

„Das Lieferwerk gewährleistet eine dem jeweiligen Stand der Technik entsprechende Fehlerfreiheit in Werkstoff und Werkarbeit", heißt es da. Mit diesem „Stand der Technik" ist keinesfalls die trotz Weltraumfahrt und Wirtschaftswunder an sich bedauerliche Tatsache gemeint, daß fast bei jedem Neuwagen – einerlei von welcher Marke – dieser und jener kleine oder große Mangel noch nachträglich beseitigt werden muß. Diese Fehlerfreiheit, wenn auch nachträglich, herzustellen, verpflichtet sich das Werk. Dagegen entspricht es noch nicht dem Stand der Technik, daß beispielsweise eine Zündkerze oder eine Scheinwerferlampe 10 000 km Fahrzeit auf jeden Fall aushält. Auf solche Teile, die sogenannten „Verschleißteile", erstreckt sich also der Buchstabe der Gewährleistung nicht. Welche Einschränkung der Gewährleistung sich ansonsten hinter dem „Stand der Technik" verbirgt, ist dem Käufer zumeist unbekannt, so daß dieser Satz mehr oder weniger ein „Gummi-Paragraph" ist, bei dessen eventuell notwendiger Anwendung es auf Verhandlungsgeschick ankommt.

Wer muß was bezahlen?

Aber auch wenn das Werk einen Gewährleistungsanspruch anerkennt, ist es, wieder nach dem Buchstaben des Vertrages, nur zur Reparatur des beanstandeten Teiles oder dessen Ersatz verpflichtet. Man kann aber nicht verlangen, daß nachträglich der Kaufpreis gesenkt oder das Auto gar zurückgenommen wird.

Garantie-Ausschlüsse

In mehr Sätzen und Nebensätzen als einem beim ersten Blick auffällt, sind jene Gründe genannt, die den Anspruch auf Gewährleistung ausschließen oder erlöschen lassen. Das sind unter anderem: Verkauf des Wagens innerhalb der Garantiezeit, unsachgemäße Behandlung, also nicht genaues Beachten der Betriebsanleitung, Einbau fremder Teile und Übergehen der Inspektionen bei km-Stand 500, 2 500 und 7 500. Schon um diesen Anspruch nicht zu verlieren, wird man diese ersten Inspektionen brav und terminmäßig bei der NSU-Vertretung absolvieren müssen. Auch hinsichtlich der Reifen und der Batterie übernimmt NSU keine Garantie, sondern man muß sich, über seinen NSU-Händler, an den betreffenden Hersteller wenden. Wenn beispielsweise bei einem Reifen die Karkasse bricht oder sich die Lauffläche teilweise ablöst, ersetzt die Reifenfirma den Prozent-Wert, den nach dem normalen Abrieb der Lauffläche der Reifen noch hätte. Das gilt übrigens auch für später gekaufte Ersatz-Reifen.

Schadenersatz

Wenn es Ihnen passieren sollte, daß durch den Bruch eines Teiles Ihr Wagen an einen Baum rollt oder ein anderer Autofahrer zu Schaden kommt, dann ist das Werk nur zum Ersatz des gebrochenen Teiles verpflichtet, aber Schadenersatz wird nicht gewährt. Auch nicht, wenn Sie beispielsweise durch garantiepflichtigen Schaden eine vielversprechende Geschäftsreise abbrechen oder den Wagen für Ihr teures Geld abschleppen lassen müssen. Das steht so schwarz auf weiß, juristisch formuliert, in den Gewährleistungsbedingungen. Man kann also da ganz schön in die Tinte geraten.

Bezahlung bei Garantieansprüchen

Nach all diesem dürfen Sie sich nicht wundern, wenn die NSU-Werkstatt nach Beseitigen des Schadens zuerst einmal von Ihnen Geld haben möchte, und zwar so viel, als hätten Sie überhaupt keinen Anspruch. Denn über den Anspruch entscheidet das Werk, und erst dann wird Ihnen der entsprechende Betrag zurückerstattet oder gutgeschrieben.

Kulanz als mildes Pflaster

Nun wird, Gott sei Dank!, vieles, was in Verträgen steht, nicht so heiß gegessen, wie es juristisch gekocht wurde. Denn schließlich kann es einem Automobilwerk auch nicht gefallen, wenn einer, der ohne eigenes Verschulden draufzahlen mußte, landauf, landab das betreffende Werk mies macht und jedem, der es hören will, sein Mißgeschick klagt. So wird man nicht mit aller Härte verfechten, daß NSU nach dem Buchstaben der Gewährleistungsbedingungen nur dem Erstkäufer verpflichtet sei und ein Gebrauchtwagenkäufer auch in den ersten 6 Monaten keinerlei Ansprüche stellen könne. Bei ganz eindeutigen Garantieansprüchen wird also der Vertragshändler den Rechnungsbetrag vielleicht stunden, bis das Werk entschieden hat, auch wird die obere Grenze von 6 Monaten und 10 000 km in der Regel nicht so genau genommen, wenn es im Grunde kein strittiger Fall ist. Es kommt da auf das persönliche Verhandlungsgeschick an, und meistens ist zähe Liebenswürdigkeit erfolgreicher als cholerisches Auf-den-Tisch-Schlagen. Auch die Aussicht, in Ihnen einen zukünftigen Autokäufer zu sehen, wenn der jetzige Wagen verkauft oder verbraucht ist, wird den NSU-Händler zur Unterstützung Ihrer Ansprüche anspornen. Nur Schadenersatz, der mit dem Fehler des Fahrzeuges mittelbar oder unmittelbar zusammenhängt, den werden Sie aus grundsätzlichen Erwägungen aller Autoproduzenten nie erwarten können. Man will da keine Musterfälle schaffen. Im übrigen brauchen Sie aber auch bei km-Stand 18 000 keineswegs ganz hoffnungslos zu sein, wenn etwa die Kurbelwelle zum Teufel geht — vorausgesetzt, Sie haben regelmäßig das Motoröl gewechselt und immer genügend Öl nachgefüllt.

Umgang mit der Werkstatt

Es ist eine Zeitkrankheit, daß nahezu alle Kraftfahrzeug-Werkstätten überlastet sind. Auch bei Audi-NSU-Werkstätten kommen übergroßer Andrang und dadurch bedingte lange Anmeldefristen vor. Das macht Werkstattchef und Mechaniker genauso nervös wie den auf seinen Wagen wartenden Kunden, und nur gegenseitiges Verständnis erspart unfruchtbare Auseinandersetzungen. Zur Entschärfung des Problems deshalb einige Ratschläge:

■ Wartungsdienste und voraussehbare Reparaturen möglichst früh persönlich oder telefonisch anmelden und Termin vereinbaren.
■ Möglichst morgens zwischen 7 und 8 Uhr vorfahren; zu dieser Zeit werden die Arbeiten für den Tag eingeteilt. Notfalls den Wagen am Vorabend hinbringen.
■ Ganz klaren Reparaturauftrag geben (dieses Buch soll dazu helfen). Ölwechsel ja oder nein? Welches Öl?
■ Den Annehmer der Werkstatt um möglichst genaue Auskunft über die vermutlichen Kosten bitten. Dazu eindeutig erklären, daß man Sie anrufen oder auf Ihr Wiederkommen warten müsse, wenn der Betrag um soundso viel höher komme. Sie wollen ja nicht von einer Bombenrechnung, die Ihren Monats-Finanzplan über den Haufen wirft, überrascht werden.
■ Eigene Telefon-Nummer hinterlassen. Wichtig für Rückfragen wegen zusätzlicher Arbeiten, die der Werkstatt empfehlenswert erscheinen. Zusätzliche Reparaturen können Sie übrigens nicht ablehnen, wenn ohne diese das Fahrzeug nicht mehr verkehrssicher ist.
■ Ausgebaute oder ersetzte Teile wandern auf den Schrotthaufen. Lassen Sie auf dem Auftrag vermerken, daß man sie Ihnen in den Kofferraum legt oder zur Hand hält. Dadurch haben Sie eine gewisse Kontrolle der Werkstattarbeit und lernen Ihr Fahrzeug besser kennen.
■ Allgemeiner Werkstatt-Brauch: Wagen-Auslieferung nach der Reparatur nur gegen Barzahlung. Auch von Schecks will man in vielen Werkstätten nichts wissen, es sei denn, Sie sind dort gut bekannt.
■ Wenn Sie anderer Meinung als die Leute von der Werkstatt sind, toben Sie nicht durch die Werkhalle – Sie erheitern dadurch nur die Lehrlinge –, sondern sprechen Sie sachlich und ruhig mit dem Chef. Lassen Sie sich seine Gründe so erklären, daß Sie sie verstehen können.
■ Auch bei Reparaturen haben Sie Garantieansprüche, wenn die Arbeit unsachgemäß erledigt wurde oder sich ein Materialfehler herausstellt. Bei Fahrlässigkeit haben Sie sogar in diesem Fall Anspruch auf Schadenersatz.
■ Bei Uneinigkeiten mit der Werkstatt wende man sich an eine der über die BRD verteilten Schiedsstellen. Ein Anschriftenverzeichnis ist vom Zentralverband des Kraftfahrzeughandwerks, 53 Bonn 1, Kaiserplatz 18, von der Kfz-Innung, von der Industrie- und Handelskammer, von den Automobilclubs oder vom DAT erhältlich.
■ Unterwegs sollten Sie immer einen kleinen Block und Bleistift mit sich führen, damit Sie nicht vergessen, was Sie dem Werkstattmann mitteilen wollten.

Austauschteile oder Neuteile

Es müssen nicht immer gleich neue Ersatzteile sein, die Sie in Ihren Wagen einbauen lassen. NSU bietet für Motor und Fahrwerk ein reichhaltiges Programm sogenannter Austausch-Teile an, die weitaus billiger als Neuteile sind. Vielfach handelt es sich dabei sogar um Neuteile (z. B. Stoßdämpfer), die aus „optischen" Gründen in das Austauschteile-Programm mit einbezogen wurden. Voraussetzung ist dabei lediglich, daß das defekte Alt-Teil abgegeben wird.
Läßt wesentlich zu hoher Ölverbrauch und Leistungsabfall (Kompressionsdruckprüfung!) weiterreichende Maßnahmen geraten erscheinen, muß nicht unbedingt ein Tauschmotor fällig werden. Es wird fast immer wirtschaftlicher sein, wenn man nur einzelne Aggregate – z. B. Zylinder mit Kolben oder Getriebe – auswechselt. Bei hohem km-Stand – 70 000 bis 80 000 km – wird man allerdings mit einem Tauschmotor besser dran sein.

Im übrigen sind Austausch-Teile sorgfältig im Werk überarbeitet, und für sie gibt es Garantie von 3 Monaten oder 6000 km. Um diesen Garantieanspruch nicht zu verlieren, muß man natürlich seine Werkstattrechnungen sorgfältig aufbewahren und bei der Entgegennahme beachten, daß der Kilometerstand des eigenen Wagens richtig eingetragen ist.

Werkstattkosten

Mit den Kosten für die Austausch- oder Ersatzteile ist es alleine leider nicht getan. Natürlich kann man sich als gewandter Heimwerker manches Teil selbst einbauen. In der Werkstatt kommen bei den meisten Reparaturen noch erhebliche Arbeitskosten hinzu. Sie sind in den NSU-Werkstätten nicht überall gleich, obwohl sie sich alle nach einer gemeinsamen Basis, nach der von NSU herausgegebenen Arbeitsrichtzeiten-Liste richten. Das ist für den Rechnungsschreiber der Werkstatt einfach, denn er braucht nicht festzustellen, wie lange der Monteur gebraucht hat, sondern er nimmt diese Liste zur Hand. Allerdings kalkuliert jede Werkstatt ihre Stunde Arbeitszeit nach ihren eigenen Durchschnittslöhnen, Unkosten, Abschreibungen usw. usw. Das ist der sogenannte Stunden-Arbeitspreis, mit dem der Chef die Richtzeit multipliziert.

Über den Daumen gepeilt muß man heute mit durchweg 22 DM für die Werkstatt-Stunde rechnen, bei manchen geht es bis zu 28 DM, andere bescheiden sich noch mit 19 DM. Es lohnt sich also, bei größeren Arbeiten unter Umständen aufs Land zu gehen, wo der Werkstattchef weniger Unkosten hat und weniger Geld pro Stunde fordert.

Prüfen vor der TÜV-Kontrolle

Bekanntlich muß man nach § 29 der Straßen-Verkehrs- und Zulassungs-Ordnung alle 2 Jahre bei einem beliebig gewählten Technischen Überwachungsverein (TÜV) vorfahren, um den Wagen auf Verkehrssicherheit untersuchen zu lassen, was etwa 15 DM kostet. An Hand des bisher in diesem Buch Gesagten wird man selbst schon vorher eine ganze Reihe von Funktionen durchprüfen können, damit es keine Beanstandungen gibt. Dennoch ist es nicht ausgeschlossen, daß der Prüfer etwas Negatives findet. Um das zu vermeiden, ist es aber nicht unbedingt zu empfehlen, vorher eine Werkstatt aufzusuchen, um dort zu erklären: „Ich muß zum TÜV, schaut mal nach, ob alles in Ordnung ist!" Damit hat man nämlich der Werkstatt sozusagen einen Blanko-Auftrag gegeben. Man darf sich hinterher nicht wundern, wenn man eine große Rechnung präsentiert bekommt, wie es gelegentlich vorgekommen ist. Denn irgend etwas findet man bekanntlich immer.

Besser ist es, so meinen wir, wenn man es darauf ankommen läßt, daß der TÜV-Prüfer etwas findet. Das streicht er auf seinem Befund an und nur diese Fehler läßt man beheben. Dann fährt man eben zum zweitenmal zum TÜV und zahlt für die Nachprüfung rund 6 DM. In der Regel wird man billiger dabei wegkommen. Unter Umständen kann man dem Prüfer gleich von vornherein sagen, daß man auf Grund des Obengesagten vorher nicht zur Werkstatt gegangen ist. Das wird kaum auf Unverständnis stoßen. Übrigens ist zu raten, dem Wagen vor der Durchsicht eine Oben- und Untenwäsche zu gönnen. Das macht einen besseren Eindruck.

Die TÜV-Prüfung muß nicht am Zulassungsort erfolgen, und der Wagenbesitzer braucht auch nicht selbst vorzufahren, sondern er kann einen anderen damit beauftragen. Bei einigen Prüfstellen kann ein Termin vereinbart werden; Wartezeiten ergeben sich im Frühjahr, vor Feiertagen, vor Ferientagen und vor Ferien.

Sportlich und lebendig

Am Motor selbst – also außer an Elektrik, Vergaser, Kraftstoffpumpe oder Schmierung – läßt sich für die meisten Eigenpfleger nicht viel an Wartung ausrichten. Doch läßt sich das Überprüfen oder Einstellen des Ventilspiels erlernen. Die Kontrolle läßt sich auch ohne Hilfsmittel ausführen.
Weil es der Motor verdient, wollen wir ihn nachstehend zunächst etwas näher vorstellen. Wer ihn dabei besser kennenlernt, kann sich auch bei Gesprächen im Reparaturfall etwas intensiver beteiligen.

Der Steckbrief des Motors

Es wird wohl kaum einen Fahrer dieser NSU-Modellreihe geben, der nicht weiß, daß der Motor im Heck quer zur Fahrtrichtung eingebaut ist. Er wurde nach hinten geneigt, damit er in der Höhe untergebracht werden konnte. Äußerst geschickt kombinierte man Schaltgetriebe und Achsantrieb/Differential mit dem Motorblock. Dabei sind das Getriebegehäuse und der Motorblock mit einer Grundplatte verschraubt, so daß sie einzeln ausgebaut werden können. Auch die Kupplung kann ohne Motorausbau repariert oder ausgewechselt werden. Das ergibt Vorteile in bezug auf kurze Arbeitszeiten. NSU gibt dazu folgende Zeiten für Aus- und Einbau an: Motor 100 Minuten, Kupplung 39 Minuten, Getriebe 48 Minuten.
Die Grundplatte ist hinten mit einer Traverse verbunden, die ihrerseits an beiden Seiten über ein Gummilager an der Karosserie aufgehängt ist. In Fahrtrichtung vorn liegt der dritte Punkt für die Motoraufhängung. Wie nachgiebig und damit geräusch- und schwingungsisoliert letztere ist, merkt man, wenn man im 4. Gang den Schalthebel anfaßt und Gas gibt und wegnimmt: Der Schalthebel, der über ein Gelenk fest mit dem Antriebsaggregat verbunden ist, bewegt sich dabei deutlich nach hinten und vorn.
Die Motoraufhängung wurde im Laufe der Serie geändert, um den Schalthebel zu „beruhigen“ und um Kupplungsrupfen und Blech-Einrisse zu verhindern. Letzteres konnte nach harten Starts („Kavalierstarts“) eintreten. Auch ist der „Geräuschpegel“ dadurch gesunken, denn die Motorvibrationen werden vom Karosserieblech ferngehalten.
Die Grundplatte, das darauf verschraubte Kurbelgehäuse und die beiden Zylinderköpfe – je einer für zwei Zylinder – bestehen aus Leichtmetalldruckguß. Die vier wegen der Luftkühlung verrippten Zylinder sind aus Grauguß und weisen gehärtete Kolbenlaufbahnen auf.
Die gegossene Kurbelwelle ist, was sich für einen solchen sportlich ausgelegten Motor versteht, fünffach gelagert, so daß sie sich nicht durchbiegt und schwingungsfrei läuft. Sie wiegt ca. 11 kg. Die auf den Kurbelzapfen gelagerten Pleuel sind geschmiedet. Mit den Pleueln sind die aus Leichtmetall gegossenen Kolben verbunden. Während die Kurbelwelle für alle drei

Diese Seite – die vordere – bekommt man normalerweise vom Motor nicht zu sehen. Man erkennt links die Lichtmaschine, rechts daneben den Anlasser mit dem Magnetschalter für das Anlasserritzel, das in die Schwungradverzahnung eingreift. Unter dem Anlasser das Gehäuse für Achsantrieb und Differential. (Die beiden Antriebswellen sind hier ausgebaut.) Rechts unten das Getriebe-Gehäuse, darüber der Einlaß für Kühl- und Heizluft, der aus Kunststoff besteht. Über diesem der Zündverteiler, angetrieben von der verlängerten Nockenwelle.

Motoren (NSU 1000, NSU 1000 TT und 1200/110) gleich ist, da sie ja alle drei gleichen Hub aufweisen, sind die Kolben verschieden. Einmal wegen des kleineren Zylinderdurchmessers für den 1000er-Motor gegenüber den beiden anderen und wegen der unterschiedlichen Verdichtung für alle drei Motoren, weswegen die Kolben verschieden hoch sind.
Die verschiedenen Leistungsstufen wurden also nicht nur durch größeren Hubraum für den 1000 TTT und den 1200/110 erzielt, sondern auch durch jeweils höhere Verdichtungsverhältnisse (je höher der Kolben, um so höher auch das Verdichtungsverhältnis).

Die Ventilsteuerung

Das zum jeweils richtigen Zeitpunkt erfolgende Öffnen und Schließen der Ein- und Auslaßventile nennt man auch Steuern des Gaswechsels. Alle Teile, die das bewirken, sind Steuerteile. (Die Steuerung des Wagens nennt

Blick auf die rechte Seite des Motors mit dem Antrieb der obenliegenden Nockenwelle. Die Zahlen bedeuten: 1 – Öleinfüllstutzen, 2 – Nockenwellenrad, 3 – Saugrohr mit Vergaserflansch, 4 – Spannrad für die Zahnkette des Nockenwellenantriebes, 5 – Nachstellschraube dafür, 6 – Lichtmaschine, 7 – Anschluß für Schaltstange, 8 – Ölwanne, 9 – Keilriemenrad, 10 – Ölfiltergehäuse, 11 – Kraftstoffpumpe, 12 – Gehäuse für Steuerkette (Gehäusedeckel abgenommen).

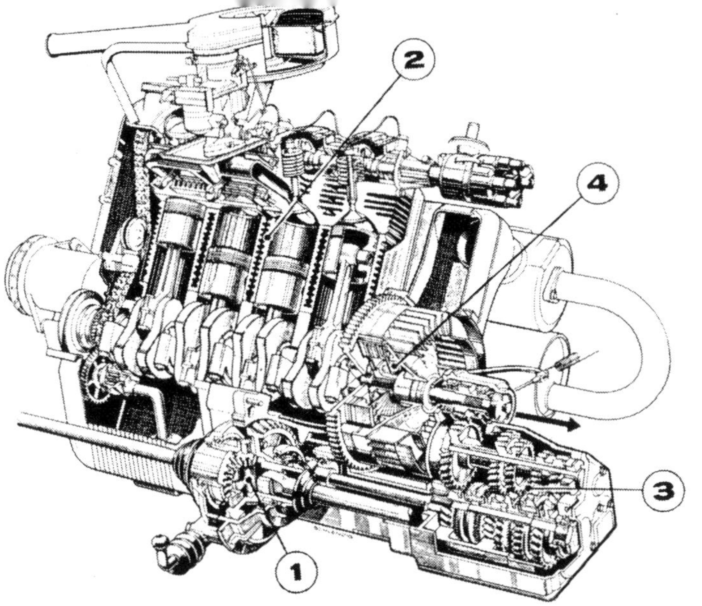

In der gleichen Ansicht, wie das Bild links hier ein Motorschnittbild. Ganz links Antriebskette (Steuerkette) für die Nockenwelle mit Kettenspanner. Darunter die Ölpumpe. Nicht zu übersehen die Kurbelwelle, auf deren Verlängerung das Schwungrad sitzt. Mit diesem ist die Kupplung (4) verbunden. Über ein Stirnradpaar fließt die Motorkraft zum Getriebe (3) und von dort zum Achsantrieb und Differential (1). Der Haken davor ist das Gelenk für die Schaltstange. Oben im Zylinderkopf die Nockenwelle, darunter die einzelnen Zylinder (2).

der Fachmann Lenkung. Aber man muß sich dieser Ausdrucksweise nicht unbedingt anschließen.)

Wie beim Motor des NSU Prinz 4 liegt auch hier die Nockenwelle im Zylinderkopf – das äußere Zeichen eines hochdrehenden Motors mit sportlicher Note. Die Nockenwelle ist übrigens das erste Teil der Ventilsteuerung. Denn durch deren ovalförmigen Nocken wird die Ventilbewegung eingeleitet. Beim Prinz 4 wurde jedoch die Nockenwelle durch zwei exzentrisch gelagerte Schubstangen von der Kurbelwelle in Drehung versetzt („Lokomotivsteuerung"!). Dieses System hat man hier verlassen und nimmt nach bewährter Weise eine Doppelkette. Wenn man den Öleinfüllstutzen abschraubt, sieht man sie. Die Kette, sagt man bei NSU, ist trotz der notwendigen Spannvorrichtung (siehe Bild links unten) billiger, auch lassen sich notfalls Vergrößerungen des Kolbenhubs leichter mit der Kette verwirklichen. Sie dürfte außerdem bei der doppelten Anzahl der Ventile weniger Leistung schlucken. Die Nockenwelle ist dreifach gelagert (in Lagerbüchsen). Weil es wegen des Wärmeverzugs schwierig wäre, sie in den beiden gesonderten Zylinderköpfen fluchtgenau zu lagern, ist sie im linken Zylinderkopf (von hinten gesehen) nicht gelagert, sondern nur im rechten Kopf (zweifach) an der Steuerkettenseite und einmal ganz links im angeschraubten Flansch für den liegend angeordneten Zündverteiler. Letzterer wird also direkt von der verlängerten Nockenwelle angetrieben.

Wenn man sehen will, wie die Nockenwelle arbeitet, muß man einmal einen der Ventilkammerdeckel abnehmen (mit Schraubenzieher Drahtbügel abhebeln). Jeder Nocken der Nockenwelle drückt von unten gegen einen Kipphebel und dieser mit seinem anderen Ende auf den Ventilschaft. Damit wird das Ventil gegen die Kraft der Schließfeder von seinem Sitz gedrückt und geöffnet. Die Nockenwelle ist gegossen und gehärtet, die Kipphebel geschmiedet und mit hartverchromten Kontaktflächen versehen.

Erwähnt sollte noch werden, daß die Ventile V-förmig (im Winkel von 66°) im Zylinderkopf hängen, also Einlaß (in Fahrtrichtung vorn) und Auslaß (hinten) auf verschiedenen Seiten des Zylinderkopfes angebracht sind. Auch das ist das Zeichen eines fortschrittlich konstruierten Motors. Das Gas wandert also auf direktem Wege ohne Umlenkung durch den Zylinder, was günstig

für beste Zylinderfüllung, Verbrennung und Verbrauch ist. Gute Zylinderfüllung bedeutet neben guter Leistung auch gute Durchzugskraft bei niedrigen Drehzahlen. In der Praxis sieht man dies besonders beim Motor des 110, der enorm gut auch im niedrigen Drehzahlbereich durchzieht.
Damit kein Öl über die Ventilführungen in den Brennraum sickert, sind die Ventilschäfte durch Gummimanschetten abgedichtet. Die Auslaßventile sind wegen der höheren Wärmebeanspruchung gepanzert. Wegen der möglichen hohen Drehzahlen ist jedes Ventil mit zwei Ventilfedern ausgerüstet. Durchmesser Einlaßventilteller: 35 mm, Auslaßventil: 32,3 mm (für alle Motoren).

Steuerkette prüfen

Pflegearbeit Nr. 33

Wie schon erwähnt, wird die im Zylinderkopf liegende Nockenwelle von der Kurbelwelle aus durch eine Doppelkette angetrieben. Damit die Kette, die übrigens aus 96 Gliedern zusammengesetzt ist, bei hohen Drehzahlen nicht peitscht und rasselt, wird sie auf der Zugseite (hinten) durch eine Gleitschiene geführt und gegenüber durch eine federbelastete Rolle gespannt. Die Rolle ist mit Kunststoff belegt. Diese Spannvorrichtung kann bei Kettenlängung nachgestellt werden, was durch eine Stellschraube geschieht. Diese findet sich rechts außen am Kettenkasten. Die Schraube (SW 13) wird zunächst gelockert. Dann wird der Motor durchgedreht (Wagen im 4. Gang ein Stück vorwärtsschieben) und die Schraube wieder angezogen.

Ventilspiel prüfen

Pflegearbeit Nr. 18

Bleiben wir noch einmal oben im Zylinderkopf bei den Ventilen. Der Begriff „Ventilspiel" taucht bei allen technischen Daten und Anweisungen auf. Wie wichtig ist es eigentlich? Es ist von lebenswichtiger Bedeutung für die Lebensdauer der Ventile und damit für die gleichbleibende Motorleistung. Zwischen den Teilen der Ventilbetätigung – also Nocken, Kipphebel und Ventilschaft-Ende – muß etwas Luft oder „Spiel" vorhanden sein, damit die unterschiedlichen Wärmedehnungen dieser Teile sowie des Zylinderblocks oder -kopfes ausgeglichen werden können. Zu den wichtigsten Wartungsmaßnahmen gehört daher die Kontrolle auf richtiges Ventilspiel.
Man sollte sich dabei nicht auf sein Ohr verlassen, um etwa das Klappern bei zu großem Ventilspiel zu erkennen. Was man nicht hört und was wesentlich kritischer ist: zu kleines Ventilspiel.

Das Nachspannen der Steuerkette (siehe Bild Seite 180 unten) ist nur am ausgebauten Motor so gut zu zeigen. Zuerst mit Ringschraubenschlüssel SW 13 die Spannrollen-Stellschraube ein wenig lockern. Dann den Wagen bei eingelegtem 4. Gang etwas vorwärts rucken, damit sich die Steuerkette auf der Spannrollenseite entspannt. Die federnde Spannrolle folgt der nachgebenden Steuerkette, spannt sie straffer und muß in dieser Stellung wieder durch Anziehen der Feststellschraube, wie mit dem Schraubenschlüssel gezeigt, gesichert werden.

Auch als Nichtfachmann sollte man über die wichtigsten Teile im Motorraum Bescheid wissen. Es sind: 1 – Obere Befestigung für linken Stoßdämpfer, 2 – Einlaß-Kasten für Kühl- und Heizluft, 3 – Zündspule, 4 – Regler für Lichtmaschine, 5 – Saugrohr, 6 – Vergaser, 7 – elektromagnetisches Leerlauf-Abschaltventil, 8 – Kurbelgehäuse-Entlüftungsschlauch (mündet im Luftfilter, dieser ist abgenommen), 9 – Benzinschlauch Kraftstoffpumpe-Vergaser, 10 – Befestigung für rechten Stoßdämpfer, 11 – Öleinfüllstutzen, 12 – Gehäuse für Steuerkette, 13 – Unterdruckdose für Zündverstellung, 14 – Luftschlauch, 15 – Zündverteiler, 16 – Heizlufteinlaß für Wärmetauscher, 17 – Kabel für Zündkerzen, 18 – Zündkerze, 19 – Abgas-Austritt, 20 – Schmierölleitung zur Nockenwelle, 21 – Abdeckblech für Ventilkammer, 22 – Kraftstoffpumpe, 23 – Ölpeilstab, 24 – Heizluftschlauch.

Zu kleines Ventilspiel: Gefahr, daß Ventile und Ventilsitze verbrennen (Ventile liegen nicht satt auf Ventil-Sitzring auf, wodurch Kühlung ungenügend), Verziehen der Ventile, schlechte Leistung durch verringerte Kompression, veränderte Steuerzeiten.

Zu großes Ventilspiel: Schlechtere Zylinder-Füllung, also geringere Leistung, Veränderung der Steuerzeiten, ungleichmäßiger Lauf, höherer Verschleiß, größeres Geräusch.

Vorgeschriebenes Ventilspiel: 0,2 mm für Ein- und Auslaßventile (kalter Motor).

Gebraucht werden: Schlüssel 14 mm, 32 mm, Schraubenzieher, Fühlerlehre.

Diese Prüfung, die auf keinen Fall aufgeschoben werden sollte, setzt schon etwas praktische Veranlagung voraus, aber sie ist absolut kein Hexenwerk. Wer es nicht selbst machen will, sollte sich dennoch ein paar Punkte einprägen. Zum Beispiel: Das Ventilspiel darf nur bei völlig kaltem Motor überprüft bzw. eingestellt werden. Man sollte also nicht die Werkstatt bitten – selbst wenn sie es gerade könnte – „schnell einmal nach dem Ventilspiel zu schauen". Der warmgefahrene Motor sollte zwei Stunden Zeit zum Abkühlen haben. Man sollte auch nicht auf solche Mechaniker hören, die das Ventilspiel bei noch warmem Motor durch selbstgefundene „Maßzuschläge" ausgleichen wollen.

Doch nun zur Arbeit selbst. Zunächst hebelt man mit einem kräftigen Schraubenzieher die Drahtbügel auf den Kipphebelkammern ab (insgesamt deren acht). Obere Reihe: Einlaßventile, untere Reihe: Auslaßventile.

Das Ventilspiel kann nur dann an den betreffenden Ventilen gemessen werden, wenn diese geschlossen sind, wenn also der Druck der Ventilfedern

Während man bei der Ventilspiel-Prüfung sonst das betreffende Fühlerlehrenblatt („Spion“) zwischen Ventilschaft und Kipphebel-Ende führt, kommt man beim NSU-Vierzylinder besser heran, wenn es zwischen Nocken und Kipphebel-Ende gesteckt wird, und zwar von der gegenüberliegenden Ventilkammer aus. Die Kammerdeckel sind abgenommen.

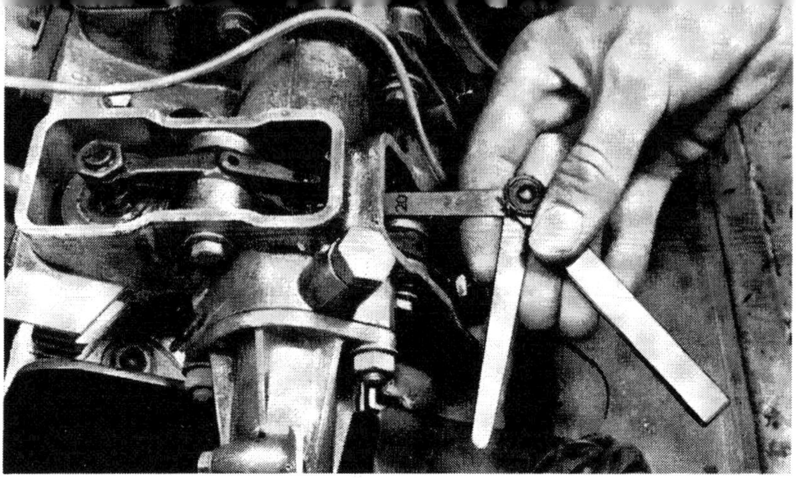

nicht mehr auf den Kipphebel wirkt. Das ist der Fall, wenn der Kolben seinen oberen Totpunkt (Umkehrpunkt) erreicht hat, dann ungefähr also, wenn gezündet wird. Mit dem 32-mm-Schlüssel dreht man die Kurbelwelle zu diesem Zweck durch, und zwar an der Mutter der Keilriemenscheibe rechts unten am Motor (von unten ansetzen). Nicht vergessen, den Schalthebel auf neutrale Stellung zu bringen.

Einfacher als von unten die Keilriemenscheibe durchzudrehen ist es, den 4. Gang einzulegen und den Wagen jeweils etwas anzuschieben. Durch die kleine Übersetzung im 4. Gang läßt sich der Motor verhältnismäßig leicht durchdrehen, wodurch auch die Nockenwelle und damit die Ventile betätigt werden.

Um zu ermitteln, welche Ventile jeweils geschlossen sind, nimmt man die kleine Gummiabdeckung ab, die sich rechts neben dem Lufteinlaß-Schacht befindet (über dem Schwungrad). Dann dreht man den Motor durch, bis in diesem Schauloch die OT-Markierung (oberer Totpunkt = Kolben hat höchste Stellung erreicht; siehe Bild auf Seite 91) erscheint. Dann stehen die Kolben im 1. und im 4. Zylinder im oberen Totpunkt. (Beim NSU-Vierzylinder sind jeweils immer zwei Kolben im oberen Totpunkt.) Um festzustellen, welcher von beiden Zylindern jetzt zünden würde – da nur dessen Ventile geschlossen sind und geprüft werden können – dreht man die Kurbelwelle noch etwas weiter. Am Zylinder, an dem sich jetzt die Kipphebel nicht mehr bewegen, ist das Spiel zu prüfen. Beim anderen Zylinder bewegen sich die Kipphebel (Ventile „überschneiden“).

Hat die oben im Bild gezeigte Prüfung ergeben, daß das Ventilspiel neu einzustellen ist, wird zuerst mit einem Schlüssel die Kontermutter der Einstellschraube gelöst. Mit dem Schraubenzieher dann das Spiel berichtigen. Drehen der Schraube nach links: Spiel wird größer. Drehen nach rechts: Spiel wird kleiner. Kontermutter wieder festziehen.

Man spürt geschlossene Ventile auch durch Handprobe: Die Kipphebel an den betreffenden Zylindern müssen etwas Spiel aufweisen, also locker sein. Zwischen Kipphebel und Nocken steckt man nun das Lehrenblatt mit der Markierung 0,20. Läßt es sich nicht dazwischenschieben, ist das Spiel zu knapp. Geht es gut dazwischen, probiert man das nächst stärkere Blatt mit 0,25 mm. Geht auch dieses dazwischen, ist das Spiel zu groß.
Stimmt das Spiel nicht mehr, Sechskant-Gegenmutter der Einstellschraube lösen (am besten mit Ringschlüssel). Spiel durch Drehen der Einstellschraube mit dem Schraubenzieher nach der Lehre korrigieren. Einstellschraube mit Schraubenzieher festhalten und Gegenmutter anziehen. Hierbei ist etwas Fingerspitzengefühl nötig, damit durch das Anziehen der Kontermutter die Einstellschraube nicht wieder verstellt wird. Natürlich ist das Spiel hinterher wieder mit der Lehre zu prüfen. Das gleiche ist sinngemäß für die Ventile der anderen Zylinder zu wiederholen. Dazu muß die Kurbelwelle wieder mit dem Schlüssel weitergedreht werden.
Welche Zylinder gerade zünden, also welche Ventilpaare geschlossen sind, sagt uns die Zündfolge: 1–3–4–2. (Mit diesen Zahlen sind die Zylinder in ihrer Reihenfolge numeriert.) Zylinder Nr. 1 ist der Zylinder ganz rechts (von hinten in Fahrtrichtung gesehen). Es stehen, wie gesagt, bei jeweils immer zwei Zylindern die Kolben im oberen Totpunkt, nämlich die Zylinder 1 und 4 und die Zylinder 2 und 3.
Bei Gelegenheit der Ventilspiel-Überprüfung sollte man gleich kontrollieren, ob die Schrauben für die Kipphebelwellen fest sind. Beim Aufsetzen der Kammerdeckel kann nichts verkehrt gemacht werden, sie sind unsymmetrisch, passen also nur in einer bestimmten Stellung auf die Gehäuse. Das Werk empfiehlt den Werkstätten, vor dem Wiederaufsetzen der Deckel neue Dichtungen zu verwenden – das gehört zu den Kleinteilen, die man so häufig auf der Rechnung findet.

Kompressionsdruck prüfen

Gebraucht werden: 1 Kerzenschlüssel, 1 Druckprüfgerät und ein hilfreicher Freund, der das Gaspedal durchtritt und den Motor durchdrehen läßt. Mit dieser Kontrolle soll vorbeugend oder im Bedarfsfalle geprüft werden, ob Kolben und Ventile gut abdichten, ob also die Kompression in den Zylindern noch hoch genug ist. Voraussetzung: das Ventilspiel muß richtig eingestellt sein.

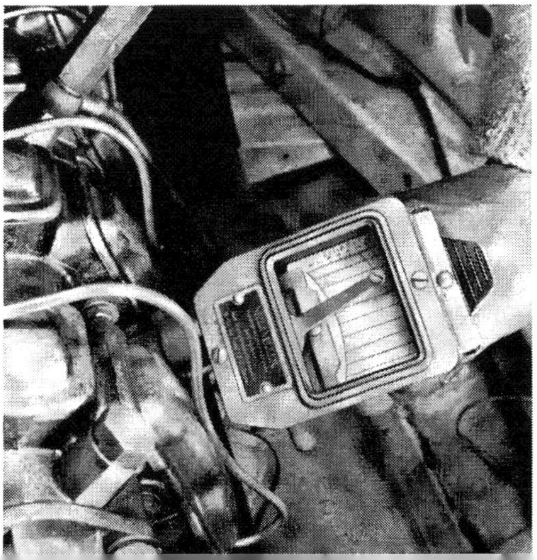

Die Kompressionsdruck-Prüfung gibt Aufschluß über den Zustand von Kolben, Kolbenringen, Zylindern, Ventilen und Ventilführungen. Zusätzliche Kontrolle durch Einträufeln von Öl ins Kerzenloch (Kolben werden dadurch abgedichtet). Ist der Druck nach nochmaliger Prüfung immer noch mangelhaft, sind die Ventile undicht. Diese Möglichkeit, insbesondere bei den Auslaßventilen, ist am wahrscheinlichsten.

Zur Prüfung wird von der Werkstatt ein Kompressions-Druckschreiber benutzt, in den ein Meßkärtchen eingelegt wird. Der Druckschreiber wird auf das Kerzenloch gesetzt. Der Motor sollte betriebswarm sein, doch sieht es in der Praxis oft so aus, daß er kalt ist, bis er zur Prüfung kommt. Ein Helfer drückt das Gaspedal ganz durch, damit die Zylinder ihre größte Füllung erhalten, und dreht den Motor mit dem Anlasser einige Male durch. Für jeden Zylinder zeichnet der Druckschreiber nach Weiterschalten eine flache Kurve auf das gewachste Papier, deren Endpunkt den höchsten Druck anzeigt. Wichtig für den gesunden Motor ist nicht die absolute Höhe des Druckes, sondern dessen Gleichmäßigkeit bei allen Zylindern. Druckunterschiede bis zu 0,5 kg/cm^2 sind unerheblich, sie sollen aber nicht mehr als 1 kg/cm^2 betragen. Der gemessene Druck bei warmem Motor liegt höher als bei kaltem Motor, da bei diesem die Abdichtung durch die Kolbenringe und das Öl noch nicht so hoch ist.

Zu niedriger Druck kann bedeuten: Schäden an den Ventilen, z. B. durch verbranntes Auslaß-Ventil (durch zu knappes Ventilspiel) oder klebendes („hängendes") Ventil, durch zu viel Rückstandsbildung am Ventilschaft und in dessen Führung, ferner Kolben- und Kolbenring-Verschleiß oder festsitzende Kolbenringe, unrunde Zylinder, Folgeerscheinungen von Kolbenklemmern. In den weitaus meisten Fällen liegt jedoch mangelnder Kompressionsdruck und damit verringerte Motorleistung an undichten Ventilen, meistens Auslaß-Ventilen. Deren Einschleifen bringt Abhilfe, wenn sich nicht wegen zu hoher Motor-Laufstrecke ohnehin ein Tauschmotor empfiehlt.

Bei ganz neuen Motoren: Wenn der Druck noch nicht hoch ist, keine Sorge! Kolben und Kolbenringe müssen sich erst einfahren, also einschleifen! Erst nach einer gewissen Einlaufzeit dichten sie gut ab.

Ist die Motorleistung trotz hohem und gleichmäßigem Kompressionsdruck schlecht, liegt der Fehler vermutlich an der Zündanlage.

Ungefähre Werte: Gutes Ergebnis je nach Motorentyp 8,5–10 kg/cm^2, Messungen unter 7 kg/cm^2 lassen auf schlechten Motorzustand schließen. Vergleichbar sind nur Messungen, die mit demselben Meßgerät ausgeführt sind, da diese voneinander immer etwas abweichen. Lassen Sie sich gegebenenfalls das Meßkärtchen geben, wenn es nicht schon der Rechnung beigefügt wurde. Schreiben Sie sich Datum und km-Stand auf.

Zylinderkopfausbau

Während der Motorausbau reine Werkstattsache ist, könnte sich der Praktiker schon eher an den Zylinderkopfausbau wagen, obwohl wir auch davon abraten möchten. Die Zylinderköpfe müssen mit einem vorgeschriebenen

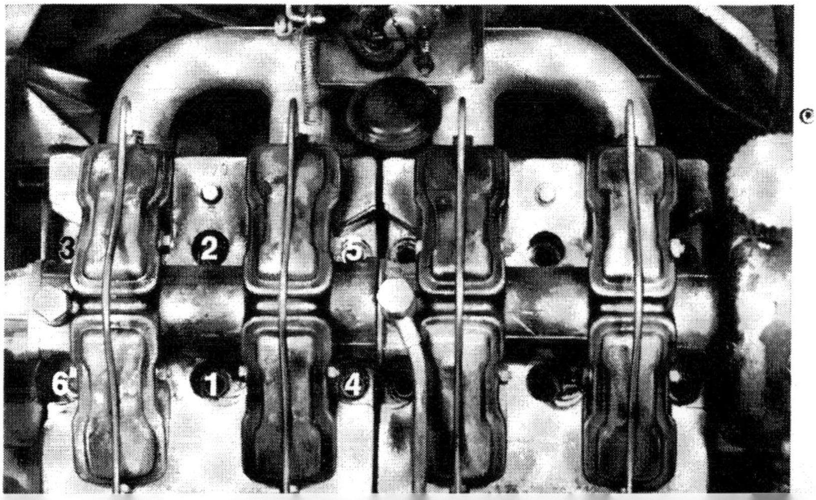

Die vier Zylinder des NSU-Motors haben zwei Zylinderköpfe. Wurden sie demontiert, müssen sie sorgfältig wieder festgeschraubt werden, um Verzug zu verhindern. Die sogenannten Bundmuttern werden über Kreuz angezogen, die mittleren zuerst, dann die äußeren. Die Ziffern auf dem Zylinderkopf kennzeichnen die Reihenfolge. Jeder Kopf ist mit sechs Muttern (SW 14) auf sechs Bolzen befestigt.

Drehmoment sachgemäß festgeschraubt werden, wenn man Zylinderverzug (unrunde Zylinder) mit der Gefahr von Kolbenklemmern oder zu hohem Ölverbrauch vermeiden möchte. Ausbau der beiden Zylinderköpfe kann notwendig werden, um gebrochene Ventilfedern zu ersetzen, Ventile einzuschleifen, bei Reinigungs- oder Frisierarbeiten.
Hier die Reihenfolge der Arbeiten: Zündkabel abziehen, Verteiler abbauen, Kerzen herausschrauben, Ventileinstellschrauben lockern, Deckel für Kettenkasten abschrauben (vorher Schraube für Kettenspanner lösen), Kettenrad der Nockenwelle lösen (zentrische Schraube) und mit Kette abnehmen. Zylinderköpfe nach Lösen von insgesamt 12 Bundmuttern komplett mit Nockenwelle vorsichtig abnehmen. Bei der späteren Montage auf gleichmäßiges Anziehen der Muttern achten (Anzugsdrehmoment 3,2 mkg).

Ventil-Einschleifen

Bei nicht ausreichend hohem Kompressionsdruck (nachlassende Leistung mit höherem km-Alter) bringt Nachfräsen des Ventilsitzes oder Ventil-Einschleifen wieder Besserung. Voraussetzung ist, daß die kegelige Ventilsitzfläche nicht zu große Verschleiß- oder Verbrennungsspuren aufweist. Beim Einschleifen wird der Ventilkegel mit Schleifpaste (im Zubehörhandel) bestrichen und das Ventil in seine Führung im Zylinderkopf gesteckt. Letzterer ist ausgebaut. In der Werkstatt wird dann ein Spezial-Handgriff auf den Ventilschaft gesteckt und das Ventil unter leichtem Anziehen und wechselweisem Hin- und Herdrehen auf seiner Sitzfläche eingeschliffen. Es gibt auch Gummisauger mit Handgriff, die man auf den Ventilsteller setzt. Der Griff wird dann wie ein Quirl zwischen den Handflächen unter leichtem Druck hin- und hergedreht, wobei auch rhythmisch das Ventil vom Sitz abgehoben wird (Zylinderkopf wird umgekehrt aufgestellt). Mit einer Drahtbürste können Ventile vorsichtig von Rückständen gesäubert werden. Die Ventilführungen sollten ebenfalls auf Verschleiß geprüft werden. Falls erforderlich, mit Reib-Ahle aufreiben und Ventile mit Übermaß einbauen.

Kolbenklemmer

Durch unsachgemäße Behandlung kann man auch den Motor eines Rolls-Royce ruinieren, dazu gehört nicht viel. Man muß nur lange genug in den unteren Gängen mit Überdrehzahlen fahren. Eine andere Möglichkeit, frühzeitig zu Motorschäden durch klemmende oder festgehende Kolben zu kommen, besteht darin, lange Zeit nur im Stadtverkehr dahinzuschleichen und dann plötzlich – was kostet die Welt! – den Wagen übergangslos auf der Autobahn mit Vollgas zu hetzen. Daran ist schon manche sommerliche Urlaubsreise auf den ersten hundert Kilometern gescheitert. Also: Nach vorwiegenden Bummelfahrten den Motor zunächst langsam wieder auf höhere Betriebstemperatur bringen, damit auch die inzwischen gebildeten Rückstände so weit wie möglich wieder zum Auspuff hinausgeblasen werden.
Klemmende Kolben kündigen sich durch lauter werdenden Motor an, natürlich läßt durch die höhere Reibung auch die Leistung nach. Auf jeden Fall sollte man nunmehr niedrigtouriger fahren, ohne jedoch den Motor zu quälen. Werkstatt aufsuchen!
Ursachen für Kolbenklemmer: Der schon genannte übergangslose Wechsel vom Stadtverkehr zu hoher Motorbelastung auf der Autobahn, Ölmangel, minderwertiger Kraftstoff (in bestimmten Ländern), falscher Zündkerzen-Wärmewert, falsche Kerzen-Gewindelänge (siehe Kapitel „Die Zündanlage"), Nebenluft (undichte Saugwege, dadurch abgemagertes Gemisch) oder falscher Zündzeitpunkt. Bei zu viel Spätzündung wird beispielsweise der Motor heißer als sonst.

Dieser Blick von hinten auf die rechte untere Motorpartie läßt den Antrieb für die Ölpumpe erkennen. 1 – Kurbelwelle, 2 – Stößel (exzentrisch gelagert) für Kraftstoffpumpen-Antrieb, 3 – Ölpumpe, 4 – Ölansaugsieb in der Kurbelwanne. Die Ölpumpe besteht aus zwei ineinander kämmenden Zahnrädern, durch die Öl angesaugt wird.

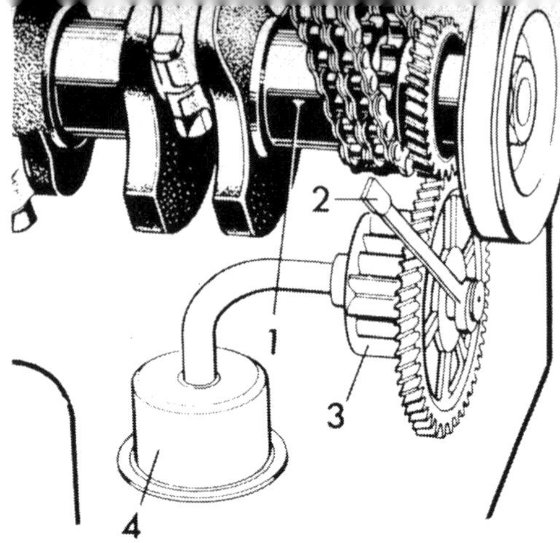

Die Schmierung

Die hierzu erforderlichen Wartungsarbeiten – Wechsel des Motoröles und des Ölfilter-Einsatzes – wurden schon anfangs des Buches in dem Kapitel erklärt, das alle Schmierarbeiten zusammenfaßt. Man sollte aber noch über einige andere Punkte Bescheid wissen. Wenn der Ölkreislauf nicht in Ordnung ist, stellt der Motor unter Zerstörungserscheinungen seine Arbeit ein. Immerhin ist er so freundlich und gibt vorher eine Warnung: die Öldruck-Kontrollampe leuchtet grün auf. Das bedeutet, daß hinter dem Öl nicht mehr genug Druck sitzt, um es zu den vielen Schmierstellen fließen zu lassen.

Beim NSU, wie praktisch bei jedem anderen Personenwagen, wird die Druckumlauf-Schmierung angewendet. Mit Hilfe einer Zahnradförderpumpe, die rechts im Kurbelgehäuse sitzt und die über Zahnräder von der Kurbelwelle angetrieben wird, erfolgt die Zufuhr des Öles zu den einzelnen Schmierstellen im Motor. Eine separate Druckleitung bringt Öl auch zu den Nockenwellen- und Kipphebellagern (der Ansatz oben auf der Ölleitung zum Zylinderkopf dient der Schwingungsdämpfung).

Das Öl wird durch ein feinmaschiges Sieb angesaugt und durch das Ölfilter zu den einzelnen Schmierstellen gedrückt. Die Ölpumpe braucht keinerlei Wartung, sie schmiert sich sozusagen selbst.

Die Verunreinigungen im Öl werden durch ein im Hauptstrom liegendes Ölfilter herausgesiebt. Für den Fall, daß sich der Filter-Einsatz so verstopft, daß kein Öl mehr hindurchtreten kann, wird durch ein Kugelventil eine Nebenschlußleitung geöffnet, so daß die Schmierung auch unter diesen Umständen gesichert wird. Trotzdem sollte der Austausch des Filtereinsatzes nicht über die vorgeschriebenen Laufzeiten hinausgeschoben werden.

Nicht allgemein bekannt ist, daß sich im Kurbelgehäuse durch Frisch- oder Altgas, das immer etwas an den Kolben vorbei bläst, und durch Öldämpfe ein so starker Überdruck bilden würde, der das Kurbelgehäuse zersprengen kann. Daher muß für eine Entlüftung gesorgt werden. Damit diese Gase aus Gründen der Atemluft-Hygiene nicht an die Außenluft gelangen, werden sie heute bei fast allen Motoren wieder dem Motor zugeführt. Hier gelangen sie zunächst in den Kettenkasten und von dort in das Luftfilter und damit zur Mitverbrennung in den Brennraum. Weniger angenehm dabei ist, daß durch diese Gase nun der Vergaser innen verschmutzt wird.

Wenn das Kontrollämpchen während der Fahrt grün aufleuchtet, sofort anhalten, wenn der Wagen nicht schon steht. Sonst Gefahr für den Motor. Dann: Ölpeilstab ziehen und Ölstand kontrollieren. Ist dieser unterhalb der unteren Markierung abgesunken, wäre die Ursache schon gefunden. Wenn

Sie jetzt weiterfahren, auch wenn es sehr schonend geschieht, nehmen Sie ein erhebliches Risiko für den Motor auf sich. Sie müssen genau wie bei Benzin-Mangel versuchen, sich von der nächsten Tankstelle oder Werkstatt Öl zu beschaffen! Den Störungsbeistand für die Öldruck-Kontrolle finden Sie auf Seite 121.

Ölverbrauch

Bis zu einer Laufstrecke von rund 8000 km hat sich der Ölverbrauch noch nicht endgültig stabilisiert, und man kann höhere Verbrauchswerte erreichen. Zwar bestehen keine speziellen Einfahr-Vorschriften für den neuen Wagen, doch brauchen die aufeinandergleitenden Motorteile (in Lagern und Zylindern) Zeit, um sich gegenseitig einzuschleifen und anzupassen. Die NSU-Vierzylinder, zumal der des 1200, verbrauchen im allgemeinen weniger Öl als der Motor des Prinz 4.
Nach einer Periode des gleichmäßigen Ölverbrauchs — falls der Wagen zwischendurch nicht ausgesprochen gejagt wird — steigt der Ölkonsum mit wachsendem Motoralter wieder an. Das kann ab 30 000 km, manchmal auch erst ab 50 000 km der Fall sein. Durch den Verschleiß von Kolben, samt seinen Ringen und der Zylinderwand sowie der Ventilführungen, verbrennt dann auch mehr Öl.

Motor und Getriebe auf Dichtheit prüfen

Pflegearbeit Nr. 3

Dies ist eine reine Sichtprüfung. Es kommt darauf an, festzustellen, ob irgendwo Öl aus Flanschen oder Dichtflächen austritt. In Frage kommen dafür beim Motor die acht Kipphebelkammerdeckel; der Flansch für die Kraftstoffpumpe; der Kettenkastendeckel, bei dem gegebenenfalls die Schrauben nachzuziehen sind (SW 10, Steckschlüssel), die Kurbelgehäusewanne und die Anschlüsse für die Öldruckleitung zum Zylinderkopf. Je sauberer der Motor ist, um so besser erkennt man Undichtigkeiten, insbesondere nach der Fahrt, da dann das Öl wärmer und damit dünnflüssiger ist.
Das Getriebe sitzt von hinten gesehen links unten am Motor. Hier sind alle Trennfugen zu prüfen, insbesondere links die Dichtigkeit des Getriebegehäusedeckels (SW 10). Zu diesen Prüfungen darf man sich nicht scheuen, auch einmal unter den Wagen zu kriechen. Aber Hände weglassen von der nach hinten weisenden Nachstellschraube in Gehäusemitte.
Während man zwar etwaigen größeren Ölverlust im Motor am Peilstab erkennen kann, ist der Stand des Getriebeöles nicht ohne weiteres prüfbar (siehe Kapitel „Schmierung aller Teile"). Deswegen lohnt es sich, in dieser Beziehung ein aufmerksames Auge zu haben.
Es hat nichts mit Öldichtigkeit zu tun, aber bei dieser Gelegenheit auch prüfen, ob das Massekabel (links im Motorraum) nicht locker ist. Geheimnisvolle Störungen haben ihre Ursache oft in einem lockeren Massekabel.

Der Auspuff

Auspuffrohre und Auspufftopf sind dem frühen Verschleiß ausgesetzte Teile. Rost durch Spritzwasser und Korrosion von innen und außen (durch Streusalz im Winter) lassen das Blech schnell dünner werden. Steinschlag oder Aufsetzen auf ein Hindernis tun ein übriges zur Beschädigung. Schon nach 2 Jahren — meistens unabhängig von der km-Leistung — kann der Topf undicht werden. Man hört es am dumpferen Auspuff-Geräusch. Bei vorherrschendem Stadtverkehr korrodiert die Auspuffanlage früher als bei Überlandverkehr. Grund: Bei kalter Betriebsweise entstehen mehr saure Verbrennungsprodukte. Reparieren, z. B. durch Schweißen, kann man in den meisten Fällen nichts. Auch das Anpinseln mit irgendwelcher Schutzfarbe ist zwecklos.

Farbe der Auspuffgase

Die Farbe der Auspuffgase läßt einige Schlüsse zu:

- Schwärzliche Gase: unvollständige Verbrennung durch Luftmangel oder Kraftstoff-Überschuß. Oder Leerlauf zu fett eingestellt.
- Blaue Gase: verbranntes Öl durch schlechte Kolbenabdichtung (verschlissene, verklebte, falsch eingesetzte Ringe), ausgeschlagene Ventilführungen.
- Weiße Gase: Das ist Wasserdampf als chemisches Verbrennungsprodukt, der bei Kälte kondensiert. Unerheblich.
- Gase, die man nicht sieht: Gift bei geschlossener Garage.
- Bei Stadtverkehr wird der Auspuff-Stutzen innen schwarz gefärbt sein – ein Zeichen, daß man im Kurzstreckenverkehr nicht die nötige Betriebstemperatur erreicht und durch viel Leerlauf meistens Kraftstoff-Überschuß vorliegt. Nach Überlandfahrten soll der Stutzen innen hellgrau sein.

Muttern der Auspuffanlage nachziehen

Pflegearbeit Nr. 5

Diese Arbeit wird deswegen nötig: Durch die Schwingungen und Vibrationen des weich in Gummi aufgehängten Motors können sich die Befestigungsschrauben lockern. Beim Auspuff vor allem noch deswegen, weil sich unter dem Einfluß der entstehenden Motorwärme Dichtungen verziehen oder schrumpfen können, so daß Schrauben locker werden. Welche Schrauben oder Muttern – auch für Spannbänder und Schellen – für die Prüfung in Frage kommen, sieht man, wenn man sich die gesamte Auspuffanlage einschließlich Wärmetauscher (über dem Geräuschdämpfertopf) ansieht.
Ein Ausbau bzw. Auswechseln der Auspuffanlage in eigener Regie ist möglich. Vor dem Ausbau vergewissere man sich, wie die Teile zusammengehören und wie insbesondere die Bolzen für die Spannbänder zur Befestigung des Schalldämpfers am Wärmetauscher gesichert sind.

Fingerzeige: *Auch wenn keine Einfahrvorschriften seitens des Werkes bestehen: 5000–7000 km muß man rechnen, bis die volle Katalogleistung realisierbar ist. Bis dahin: Zu hohe Wärmebelastungen und Überdrehzahlen tunlichst vermeiden.*
Generell sollte man den Motor nicht bei zu niedrigen Drehzahlen „quälen". Die Kurbelwellenlager brauchen ein Schmierpolster (Schmierkeil), das sich nur bei höheren Drehzahlen bildet.
Im Interesse seines Motors vermeidet man Autobahnfahrten mit Dauervollgas. Am besten immer etwas „Reserve" im Gaspedal lassen. Man schützt sich dadurch vor Pleuelschäden.
Um einen Motor Typ 110 auf einen 60 PS-1200 ccm-Motor umzubauen, braucht man Neuteile wie Kurbelgehäuse, Zylinder und Kolben, 2 Zylinderköpfe, Pleuellagerschalen, Vergaser, Pleuel mit Spritzdüse, insgesamt etwa DM 1100. Zusätzlich für den NSU 1000 sind noch Ansaugleitung und Luftfilter nötig mit rund DM 60. Arbeitszeitaufwand etwa 8 Stunden.
Die 40 PS des „Spar-1000ers" ab Februar 1967 streuen eher nach oben in Richtung des 43 PS-Normalmotors als nach unten.

Fast wie die städtische Gasanstalt

Bevor wir uns im nächsten Kapitel über eine ganze Reihe von praktischen Maßnahmen am Vergaser unterhalten, sollte man ihn erst einmal etwas näher kennenlernen. Selbst wenn man nicht die Absicht hat, sich an ihm die Finger schmutzig zu machen, sollte man sein Innenleben kennen. Es wird dann manches verständlicher in Beziehung auf Start, Leerlauf, Beschleunigen und Normalbetrieb, nicht zuletzt hinsichtlich des Verbrauchs. Die Aufgabe des Vergasers: Benzin mit Luft zu einem Nebel zerstäuben, und zwar in einem solchen gegenseitigen Verhältnis, daß es entflammbar ist. Enthält der Nebel zuviel oder zuwenig Kraftstoff (das Gemisch ist zu fett oder zu mager), ist es nicht zündfähig.

Des Vergasers Innenleben

Wir beschreiben hier den Vergaser Solex 34 PCI, jenen also, der auch beim Prinz 4 verwendet wird. Er kommt sowohl beim Prinz 1000, 1200/110 als auch beim 1000 TT zum Einsatz.
Der Solex PCI ist ein sehr universell verwendeter Vergaser, den man – in wenig abgewandelter Form – auch bei verschiedenen Autos anderer Fabrikate verwendete. Er genügt (vorläufig) sogar noch den 1970 erlassenen Abgas-Vorschriften. Seit dem zeichnet sich aber der Vergaser durch exaktere Bohrungen und Passungen aus, und die im Werk vorgenommenen Einstellungen sollen tunlichst beibehalten bleiben.
Aus der Bezeichnung „34" geht also, wie bei Solex üblich, schon die auf den Vergaserdurchlaß abgestimmte Saugrohrweite von 34 mm hervor. Die Luft tritt von oben her in den Vergaser ein (Fallstromvergaser). Das Vergaser-Gehäuse vereinigt Mischkammer und Schwimmerkammer und nimmt

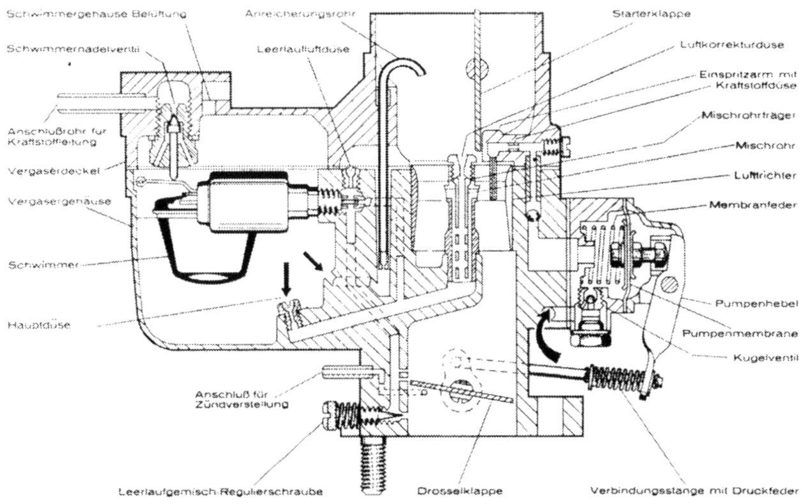

Dieser Schnitt durch den Vergaser Solex 34 PCI läßt die wichtigsten Teile erkennen. Es handelt sich um einen schematischen Schnitt, um diese Teile gut sichtbar zu machen. In Wirklichkeit liegen einige Details anders. Man beachte, daß die Hauptdüse unten schräg in der Schwimmerkammer sitzt, also erst nach Ausbau von Vergaserdeckel und Schwimmer zugänglich ist.

Blick von hinten auf den Vergaser Solex 34 PCI, der für alle NSU-Vierzylinder gleich im Aufbau ist. Die Zahlen bedeuten: 1 – Vergaser-Einlaß (Luftfilter sitzt darauf), 2 – elektromagnetische Leerlauf-Abschaltdüse (soll Nachdieseln verhindern), 3 – Verbindung Drosselklappenwelle zur Beschleunigungspumpe, 4 – Beschleunigungspumpe, 5 – Befestigungsschraube für Vergaser-Oberteil, 6 – Unterdruck-Anschluß für Leitung zur Zündverstellung am Zündverteiler, 7 – Kraftstoff-Einlaß zur Schwimmerkammer.

alle Teile für die Vernebelung des Kraftstoffes und den Schwimmer auf. Das Gehäuse wird mit seinem Flansch auf das Saugrohr des Motors geschraubt. Oberhalb des Flansches liegt die Drosselklappenwelle mit der Drosselklappe. Eine Verbindungsstange betätigt die Beschleunigungspumpe. Auf dem Gehäuse sitzt der Vergaserdeckel mit dem Anschluß für die Kraftstoffleitung. Im Deckel eingeschraubt befindet sich das Schwimmernadelventil, das den Kraftstoffzufluß regelt. Und zwar drückt der Schwimmer mit einem Hebel auf das Ventil und sperrt es ab oder öffnet es, je nach Kraftstoffstand in der Schwimmerkammer.

Der Start

Oben im Vergaser-Einlaß sitzt drehbar die Starterklappe, die normalerweise offen (senkrecht) steht. Zieht der Fahrer den Starterhebel, schließt sie sich. Da die Starterklappe durch eine Stange mit der Drosselklappe in Verbindung steht, wird dabei die Drosselklappe etwas geöffnet. Dadurch wird der unter der geschlossenen Starterklappe entstehende starke Unterdruck wirksam und saugt Kraftstoff aus den Bohrungen des Mischrohrträgers.
Die Welle der Starterklappe ist frei beweglich gelagert, steht aber unter dem Einfluß von zwei Rückdrehfedern. Die stärkere von diesen liegt zwischen Gehäuse und Starterklappenhebel und hält die Klappe stets offen.

Der Vergaser, wie oben abgebildet. Hier zeigt er sich von der linken Seite. Es bedeuten: 1 – Kraftstoff-Einlaß zur Schwimmerkammer, 2 – Schwimmerkammer, 3 – Halteschraube für Lufttrichter, 4 – Anschlagschraube, 5 – Leerlaufgemisch-Regulierschraube, 6 – Leerlauf-Einstellschraube, 7 – Drosselklappenhebel (mit Gaszug verbunden), 8 – Verbindung Starterklappe–Drosselklappe, 9 – Starterklappenwelle.

Wenn der Starterhebel betätigt wird, schließt die Klappe. Da sie aber zugleich unter der Spannung der schwächeren Rückdrehfeder steht, ist selbsttätiges Öffnen der Klappe gegeben. Die zur Bildung des Startgemisches erforderliche Luft wird also durch ein schnelles Spiel zwischen Öffnen und Schließen der Starterklappe zugeführt.

Der Leerlauf

Der Kraftstoff wird für den Leerlauf aus dem Hauptdüsensystem entnommen, durch die Leerlaufdüse dosiert und mit der durch die Leerlaufdüse eintretenden Luft zu einer zündfähigen Mischung vermengt. Diese Mischung wird abwärts zu drei kleinen Bohrungen nahe der Drosselklappe geführt. Der Ausfluß aus der untersten kann durch die Leerlaufgemisch-Regulierschraube reguliert werden, so z. B. bei der Leerlauf-Einstellung (siehe nächstes Kapitel). Die beiden anderen kleinen Bohrungen (Bypaß-Bohrungen) dienen dazu, je nach Öffnung der Drosselklappe, einen guten Übergang zwischen Leerlauf und Normalbetrieb zu sichern.

Normalbetrieb

Aus der Schwimmerkammer fließt das belebende Naß durch die darin eingeschraubte Hauptdüse in den Mischrohrträger, der inmitten des auswechselbaren Lufttrichters steht. Von oben her ist in den Mischrohrträger das Mischrohr eingesetzt, das durch eine darüber eingeschraubte Luftkorrekturdüse festgeklemmt wird. Unter dem Einfluß des im Saugkanal herrschenden Unterdrucks wird Kraftstoff durch die Bohrungen des Mischrohrträgers abgesaugt und mit der Luft vermischt. Sinkt mit steigendem Unterdruck der Kraftstoffstand, tritt durch die Luftkorrekturdüse Ausgleichsluft ein, die sich mit dem Kraftstoff vermischt und das Gemisch abmagert.

Beschleunigung

Ein besonderes Pumpensystem ist mit Kraftstoff gefüllt, der aus der Schwimmerkammer nachfließt. Im Ruhezustand wird eine elastische Membrane durch eine Feder nach außen gedrückt. Wird die Drosselklappe durch die Fußbewegung des Fahrers geöffnet, überträgt sich diese Bewegung durch ein Hebelgestänge und drückt die Membrane nach innen. Dadurch wird zusätzlicher Kraftstoff durch den Einspritzarm in die Mischkammer gespritzt, was für guten Übergang und Beschleunigung sorgt. Ein im Pumpeneinlaß liegendes Kugelventil (von unten mit Sechskant-Verschlußschraube eingesetzt) kümmert sich darum, daß bei diesem Druckhub der Pumpe nichts in die Schwimmerkammer zurückfließen kann. Eine Kugel im Pumpenauslaß (senkrechte Bohrung) sorgt dafür, daß beim Saughub keine Luft aus dem Saugkanal in das Pumpensystem einströmen kann. So ist an alles gedacht.

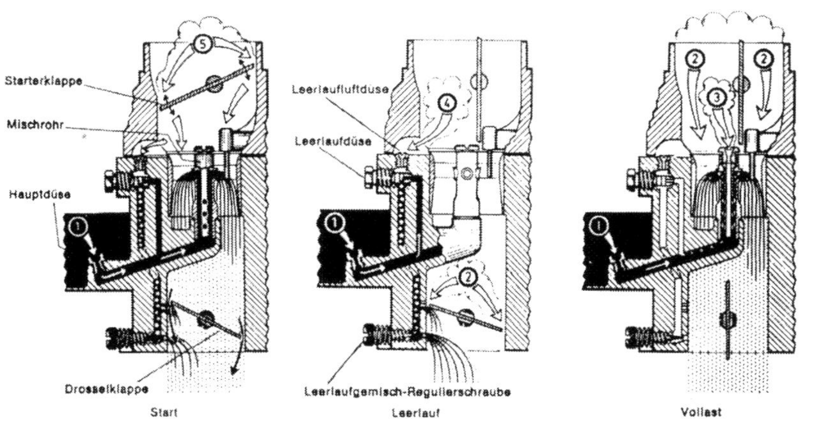

Diese Schnitte durch den Vergaserdurchlaß veranschaulichen die im Text näher beschriebenen Betriebsbereiche Start, Leerlauf und Vollast (bei Höchstleistung). Die Zahlen bedeuten: 1 - Kraftstoffzufluß durch die Hauptdüse, 2 - Hauptluft, 3 - Ausgleichsluft, 4 - Leerlaufluft, 5 - Startluft.

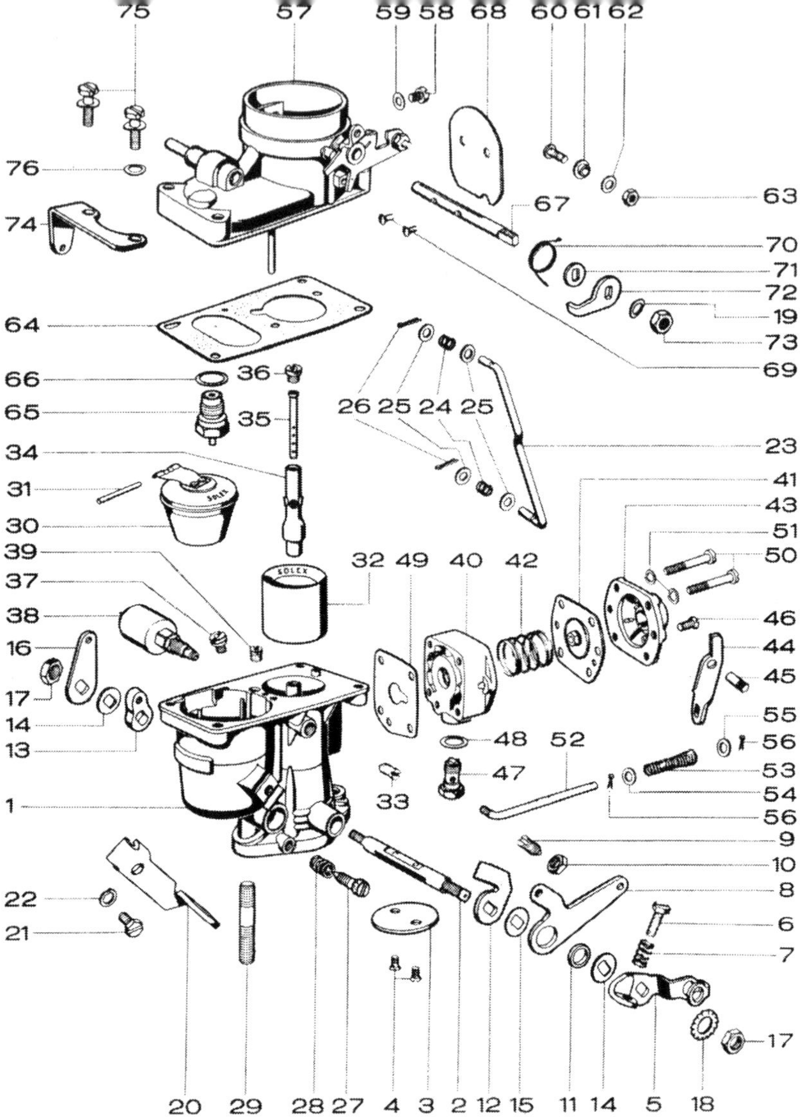

Für den versierten Bastler wird diese Teile-Darstellung des Vergasers Solex 34 PCI (für Prinz 1000, 1000 TT und 110) nützlich sein. Die Zahlen bedeuten: 1 – Vergasergehäuse, 2 – Drosselklappenwelle, 3 – Drosselklappe, 4 – Schrauben, 5 – Drosselklappenhebel, 6 – Leerlaufeinstellschraube, 7 – Druckfeder, 8 – Mitnehmerhebel, 9 – Anschlagschr., 10 – Mutter, 11 – Distanzring, 12 – Anschlaghebel, 13 – Übertragungshebel, 14 – Distanzscheibe, 15 – Unterlegscheibe, 16 – Hebel, 17 – Mutter, 18 – Fächerscheibe, 19 – Federscheibe, 20 – Anschlagblech, 21 – Schraube, 22 – Federring, 23 – Verbindungsstange (zwischen Mitnehmerhebel und Starterklappenh.), 24 – Feder, 25 – Unterlegscheibe, 26 – Splint, 27 – Leerlaufgemischregulierschraube, 28 – Druckfeder, 29 – Schraube, 30 – Schwimmer, 31 – Achse, 32 – Lufttrichter, 33 – Halteschraube, 34 – Mischrohrträger, 35 – Mischrohr, 36 – Luftkorrekturdüse, 37 – Hauptdüse, 38 – Leerlaufabschaltventil, 39 – Leerlaufluftdüse, 40 – Unterteil (f. Beschleunigungspumpe), 41 – Membrane, 42 – Membranfeder, 43 – Deckel, 44 – Pumpenhebel, 45 – Achse, 46 – Schraube, 47 – Kugelventil, 48 – Dichtring, 49 – Dichtung, 50 – Schraube, 51 – Federring, 52 – Verbindungsstange, 53 – Feder, 54 – Scheibe, 55 – Scheibe, 56 – Splint, 57 – Vergaserdeckel, 58 – Schraube, 59 – Dichtring, 60 – Klemmschraube, 61 – Buchse, 62 – Unterlegscheibe, 63 – Mutter, 64 – Dichtung, 65 – Schwimmernadelventil, 66 – Dichtring, 67 – Starterklappenwelle, 68 – Starterklappe, 69 – Schraube, 70 – Rückdrehfeder, 71 – Scheibe, 72 – Mitnehmerhebel, 73 – Mutter, 74 – Federhalteblech, 75 – Schraube, 76 – Federscheibe.

Noch ein kleines, aber wichtiges Detail: Ein Pumpenventil mit einer kleinen eigenen Feder ist derart in den Austritt der Pumpe eingesetzt, daß die Dichtfläche seiner Ventilplatte außen liegt, d. h. auf der Seite des Vergasergehäuses. Bei Beschleunigung öffnet es sich unter dem von der Pumpenmembrane erzeugten Druck. Wenn nach der Beschleunigung die Drosselklappe im Teillastbereich steht, schließt es sich wieder durch die Spannkraft der Ventilfeder. Wenn dagegen die Drosselklappe im Vollastbereich geöffnet ist, bleibt auch das Pumpenventil offen, weil dann ein Membranstößel gegen das Ende des Ventilschaftes drückt. Entsprechend dem am Austritt des Einspritzarms herrschenden Unterdruck wird so ein Kraftstoffzusatz aus dem Pumpensystem geliefert, der das Gemisch im Vollastbereich anreichert (anreichernde Pumpe).

Halb so schwer, wie man denkt

Im allgemeinen bringt der Autofahrer dem Vergaser und seinem Innenleben zu viel Respekt entgegen. Gewiß, das Einstellen eines Vergasers – wenn man von der Serieneinstellung abgeht – ist problematisch. Aber das Beheben von Störungen oder das Reinigen einzelner Teile ist nicht so schwer, wie man denkt, zumal der Vergaser einigermaßen gut zugänglich ist. Man muß freilich wissen, welchen Zweck diese Teile erfüllen. Dieser Aufklärung diente das vorhergehende Kapitel.

Am besten ist es, wenn man einmal in Ruhe den Vergaser betrachtet, z. B. wenn man einmal ins Grüne gefahren ist. Und wer sich noch nie an den Vergaser getraut hat, möge dann einmal das folgende tun, um seine Hemmungen zu verlieren: Motor laufen lassen, Motorhaube öffnen, Schraubenzieher nehmen und ihn auf die sogenannte Leerlauf-Einstellschraube setzen. Wo diese sitzt, zeigen die Bilder dieses Kapitels. Nun die Schraube etwas nach rechts drehen. Was passiert? Die Motordrehzahl steigt etwas an, man kann es hören. Dieser Handgriff könnte z. B. notwendig werden, wenn der Motor im Leerlauf immer stehen bleibt. Nun die Schraube wieder um den gleichen Betrag zurückdrehen – der Leerlauf wird wieder niedriger.

Noch ein „Ermutigungshandgriff" für Neulinge: Den Drosselklappenhebel ins Visier nehmen. Mit ihm wird die Drosselklappe bewegt, wenn man mit dem Fuß Gas gibt. Er sitzt in Fahrtrichtung hinten am Vergaser. Wenn man ihn nicht findet, läßt man jemand Gas geben und schaut bei geöffneter Haube, was sich am Vergaser dabei bewegt. Nun drückt man den Drosselklappenhebel von Hand auf: Der Motor nimmt Gas an und wird schneller – man hat mit der Hand Gas gegeben! Eine Rückzugfeder holt die Drosselklappe wieder in die geschlossene Stellung zurück. Bei Störurngen kann man so den Motorlauf prüfen. Aber den Motor im Stand nicht zu sehr hochjagen. Man wird zugeben, daß diese beiden Handgriffe nicht schwer waren.

Leerlauf einstellen

Auch diese Arbeit kann sich der Laie zutrauen, sofern er sich vorher etwas mit der Funktion des Vergasers und seinen Teilen bekannt gemacht hat. Warum ist diese Maßnahme notwendig?

Der Leerlauf, selbst wenn er richtig eingestellt wurde, bleibt auf die Dauer selten, wie er ist. Die Leerlauf-Einstellschraube, welche auf dem Drosselklappenhebel sitzt, schlägt sich mit der Zeit ein, setzt sich und kann sich durch die Motorvibrationen verstellen. Letzteres ist auch bei der federgesicherten Leerlaufgemisch-Regulierschraube möglich. Auch reagiert der Motor auf Gemischveränderung durch verschiedene Beschaffenheit der Außenluft (Feuchtigkeit, Temperatur). Diese ist zu jeder Jahreszeit verschieden. Der Leerlauf ist nicht nur für den Standlauf von Bedeutung, sondern auch wegen seines Einflusses auf den Verbrauch bis zu mittleren Drehzahlen. Stimmt er nicht, so kann sich daraus ein Mehrverbrauch von mehr als 0,5 Liter je 100 km ergeben. Zu hoher Leerlauf ist auch deswegen von Nachteil: Wenn Sie während des Fahrens das Gas wegnehmen, bremst der Motor nicht so stark, da er noch zuviel Kraftstoff zur Verbrennung erhält. Der Unterschied gegenüber dem richtig eingestellten Leerlauf ist beträchtlich.

Was und wie reguliert wird

Erforderlich sind ein Schraubenzieher und ein gutes Gehör. Die Einstellung ist auch für ungeschulte Leute kein Problem.

Reguliert wird die Drehzahl des Motors im Leerlauf und die Höhe der Kraftstoff-Zuleitung beim Leerlauf (abmagern bzw. fetter einstellen).

■ Die Drehzahl des Motors wird durch die Verstellung der Leerlauf-Einstellschraube (auch Leerlauf-Anschlagschraube genannt) dosiert: leichtes Öffnen oder Schließen der Drosselklappe.

■ Der Kraftstoff wird durch Hinein- oder Herausdrehen der Leerlaufgemisch-Schraube dosiert. (Nicht ganz hineindrehen, Beschädigung möglich.)

Beim Einstellen des Leerlaufes soll das Luftfilter auf dem Vergaser sitzen. Er fehlt auf den beiden untenstehenden Bildern nur, um den Einstellvorgang besser sichtbar zu machen.

Bevor man an die Arbeit geht: Das Luftfilter muß aufgesetzt und der Motor muß betriebswarm sein. Deshalb also schon vorher den Wagen einigermaßen warm fahren; der Motor muß ohne gezogene Starterklappe im Leerlauf drehen. Denn vom Standlauf wird der Motor nicht so warm, wie er sein muß. Beide Einstellschrauben sind von links erreichbar (siehe Bilder).

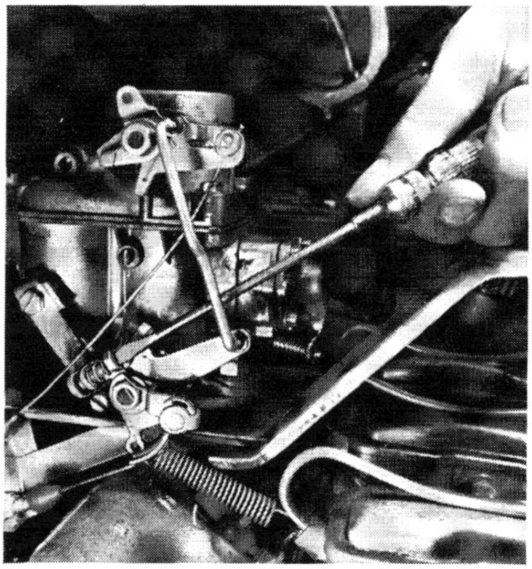

1. Handgriff: Zunächst wird die Leerlauf-Einstellschraube (der Schraubenzieher ist darauf angesetzt) etwas nach rechts gedreht, um den Leerlauf geringfügig zu erhöhen. Der Motor spricht dadurch besser auf den 2. Handgriff an. Bei diesem 1. Handgriff wird die Drosselklappe etwas geöffnet. Die Leerlauf-Einstellschraube erreicht man von der linken Vergaserseite.

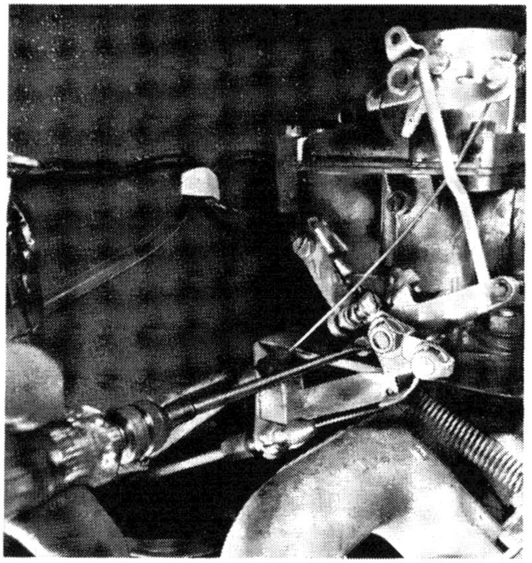

2. Handgriff: Die Leerlaufgemisch-Regulierschraube (der Schraubenzieher ist darauf angesetzt) jetzt langsam so weit nach rechts drehen, bis Motor zu stottern beginnt. Durch diese Maßnahme wird der Zufluß des Leerlaufgemisches verringert (abgemagert). Der Motor kann dabei ins Schütteln geraten, so daß es schwer wird, den Schraubenzieher fest in den Querschlitz zu drücken.

3. Handgriff: Leerlaufgemisch-Schraube langsam so weit wieder nach links drehen, bis Motor gleichmäßig rund läuft. Öffnet man die Schraube zu weit, läuft der Motor ebenfalls unrund, weil das Gemisch jetzt zu fett wird. Die richtige Einstellung muß „in der Mitte" zwischen zu mager und zu fett liegen.

4. Handgriff: Falls Leerlauf-Drehzahl nun zu hoch ist, Anschlag-Schraube

wieder etwas lösen (nach links drehen). Der Leerlauf darf andererseits nicht zu niedrig sein, weil der kalte Motor sonst stehenbleibt.
Es kann sein, daß das Verdrehen der Gemisch-Schraube ohne Einfluß auf die Leerlaufdrehzahl ist. Die Ursache: Das Leerlaufsystem ist verstopft.
Das Einstellen des 2-Vergasermotors (TT) bzw. der beiden Doppelvergaser (TTS) geschieht am besten mit einem sogen. Synchrotester (Fa. Motometer, Stuttgart, Heilbronner Straße 67), damit der Luftdurchsatz der verschiedenen Vergaserdurchlässe aufeinander abgestimmt wird.

Vergaser reinigen

In Düsen, Bohrungen oder in der Schwimmerkammer können sich Fremdstoffe abgelagert haben, insbesondere dadurch, daß durch die heute übliche Kurbelgehäuse-Entlüftung in das Luftfilter die Ansaugluft mit Dämpfen von Öl und Brenngasen, die am Kolben vorbei ins Kurbelgehäuse gedrungen sind, angereichert ist. Klebrige Anteile können sich in Düsen und Bohrungen des Vergasers absetzen und deren Durchlässe verengen.
Auch Schwitzwasser aus dem Tank kann sich in der Schwimmerkammer unten absetzen. Da sich Wasser nicht mit dem Zinkspritzguß des Vergasers verträgt, entstehen Abblätterungen. Diese müssen entfernt werden.
Es kann außerdem nichts schaden, wenn man die Vergaserbefestigung am Saugrohr, den Vergaserdeckel (Schlitzschrauben) und die 4 Schrauben an der Beschleunigungspumpe auf festen Sitz überprüft. Lockere Vergaserschrauben haben schon oft zu Störungen (Nebenluft!) geführt. Auch die Schwimmernadel kann in ihrem Sitz ausgeschlagen sein. (Das Schwimmerventil kann nur als Ganzes ausgewechselt werden.)
Zur Vergaser-Reinigung ist folgendes zu raten:

■ Sämtliche Vergaserteile in Kraftstoff oder Spiritus reinigen. Die Teile auf sauberem Tuch ablegen. Evtl. Schmutz in der Schwimmerkammer entfernen.

■ Düsen, Bohrungen und Schwimmerkammer mit mäßigem Preßluft-Druck ausblasen, auch Handluftpumpe ist geeignet. Düsen können notfalls auch mit dem Mund durchgeblasen werden (aber möglichst ohne Spucke). Auf keinen Fall mit hartem Draht reinigen, geeignet ist jedoch eine Borste aus einer Bürste. Düsen sind aus weichem Metall (Messing), daher auch beim Anschrauben schonend behandeln.

■ Drossel- und Starterklappenwelle auf zu großes Spiel an den Lagerungen untersuchen. Dort könnte Nebenluft Start und Leerlauf verschlechtern.

■ Leerlaufgemisch-Regulierschraube darf keine verbogene oder abgebro-

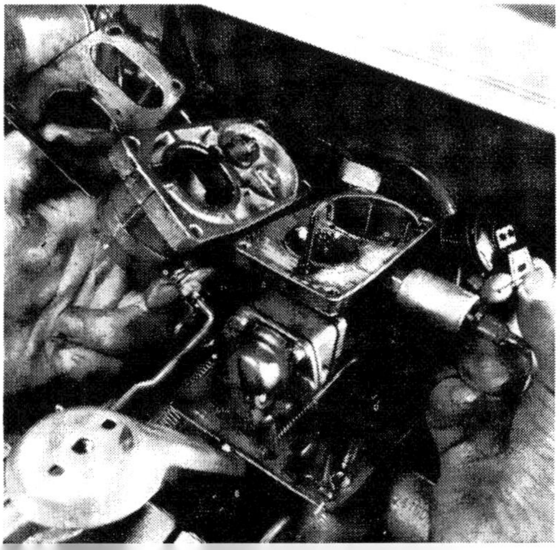

Wer nur etwas praktisch veranlagt ist, kann ohne weiteres im Vergaser nach dem Rechten sehen. Es genügt, wenn, wie hier im Bild, das Vergaser-Oberteil abgenommen wird. Auf dem Unterteil sieht man das Einspritzröhrchen für die Beschleunigungspumpe, das beim Demontieren nicht beschädigt werden darf. In der rechten Hand der Kunststoff-Schwimmer, ganz links am Daumen die Dichtung.

chene Spitze aufweisen. Schon eine kleine, ringförmige Druckstelle kann unsauberen Leerlauf ergeben; gegebenenfalls auswechseln.
Ohne Vergaserzerlegen können von außen erreicht werden die von rechts erreichbare Leerlaufdüse bzw. Leerlaufabschaltdüse (siehe Kapitel „Kraftstoff-Anlage"), die links sitzende Leerlaufgemisch-Regulierschraube und die Verschlußschraube für das Kugelventil (evtl. reinigen) unten im Gehäuse für die Beschleunigungspumpe.

Vergaser zerlegen

Zunächst Luftfilter abnehmen. Kraftstoffschlauch oben am Vergaser abziehen. Die vier Schlitzschrauben des Vergaserdeckels herausschrauben. Hier ist ein kurzer Schraubenzieher (oder Winkelschraubenzieher) am Platz, da der Raum nach oben beengt ist. Läßt sich der Vergaserdeckel nicht ohne weiteres lösen, dann ist er an seiner Dichtung festgeklebt: Mit Schraubenziehergriff dagegen klopfen. Den Deckel nach hinten (in Fahrtrichtung gesehen) vorsichtig abklappen, da ein Röhrchen von der Einspritzpumpe darin sitzt.
Jetzt sieht man die mit Benzin gefüllte Schwimmerkammer. Aber die Hauptdüse! Sie ist schwer zugänglich. Um sie zu entfernen, muß erst der Schwimmer herausgenommen werden. Dazu die Schwimmerwelle mit kleinem Schraubenzieher vorsichtig aus der Nut heraushebeln. Die Hauptdüse sitzt nach vorn geneigt in der Schwimmerkammer. Man kann sie nicht sehen, der Kopf paßt nicht zwischen Vergaser und obere Motorraumbegrenzung. Tip: Taschenspiegel über Schwimmerkammer halten, dann hat man wenigstens einen Eindruck, wohin man mit einem kurzen Schraubenzieher zielen muß, wenn sie herausgeschraubt werden soll. Mit den Fingern der linken Hand fühlt man ihren Schlitz und führt den Schraubenzieher.
Den Schwimmer – er besteht übrigens aus Kunststoff – kontrolliert man, ob er dicht ist (schütteln und gegen das Ohr halten). Auch muß die Schwimmerhebelwelle gut gängig in der Nut liegen. Der Hebel besteht aus sehr dünnem Blech. Aufpassen, daß man ihn nicht verbiegt. Im Vergaserdeckel, von unten eingeschraubt, findet sich das Schwimmernadelventil. Ist es nicht locker? Die Ventilnadel muß einwandfrei beweglich sein. Gegen sie drückt von unten der Hebel des Schwimmers. Das gesamte Ventil ist mit Steckschlüssel SW 14 herauszuschrauben, falls es defekt ist. Falls der Schwimmerhebel durch die Ventilnadel ausgeschlagen ist, sollte die Vertiefung vorsichtig mit einer feinen Feile und Polierleinen geglättet werden. Besser ist Auswechseln, damit die Ventilnadel nicht klemmt.
Ob die Beschleunigungspumpe einspritzt, erfährt man, wenn man den Drosselklappenhebel betätigt, so als würde man Gas geben. Die Pumpe im Vergaser muß dann durch das nach unten gerichtete Röhrchen einspritzen. Bei abgenommenem Deckel sieht man im Vergasergehäuse die Luftkorrekturdüse, die oben auf dem Mischrohr sitzt, und die Leerlaufluftdüse (siehe Position 39, Seite 194). Sie lassen sich nur mit einem kurzen Schraubenzieher herausschrauben, aber dabei dürfen sie nicht beschädigt werden. Sie bestehen aus Messing, also einem weichen Metall. Auch der Lufttrichter ist gut im Vergasergehäuse zu erkennen. Meistens ist er schon schwarz gefärbt, das Resultat der Kurbelgehäuse-Entlüftung, die in das Luftfilter geführt wird.
Den Vergaser vom Saugrohr-Flansch abzuschrauben (2 Schrauben SW 12) ist normalerweise nicht nötig, da man an alle wichtigen Teile herankommt. Eine neue Dichtung nehmen, wenn er abgeschraubt wurde.
Nach wieder aufgeschraubtem Vergaserdeckel prüfen, ob Starterklappe einwandfrei öffnet und schließt. Dazu muß der Starterhebel vorn im Wagen betätigt werden. Wichtig ist auch, ob die Starterklappe gut beweglich ist, sie

muß nämlich – in Zusammenarbeit mit einer Rückdrehfeder – beim Startvorgang in Schwingungen geraten können (siehe Abschnitt „Start" in „Vergaserbeschreibung"). Zu leicht darf die Klappe wiederum auch nicht beweglich sein, dann ist die Feder ausgeleiert und muß erneuert werden.

Vergaser-Drahtzüge

Die Kontrolle ist auch auf die Drahtzüge von Starterklappe und Drosselklappe auszudehnen. Sie müssen beide bei Nichtbetätigung von Starterhebel bzw. Gaspedal noch etwa 1 bis 2 mm Spiel haben. Starter- und Vergaserzug sind mit Klemmschrauben (SW 8 und 7) am Vergaser befestigt.
Ein Tropfen Öl auf alle beweglichen Teile und Gelenke, insbesondere auf Starter- und Drosselklappenwelle, wirken für das fein dosierte Gasgeben Wunder. Auch die Drahtzüge können etwas Öl gebrauchen. (Siehe Seite 49.)
Bei allen Arbeiten ist auf Sauberkeit zu achten, alle Teile sind auf sauberen, nicht fasernden Lappen abzulegen. Unterlegscheiben dürfen beim Zusammenbauen nicht vergessen werden. Auch für das Luftfilter ist ein Dichtungsring oben am Vergaserstutzen vorhanden. Unter einer der vorderen Deckelschrauben sitzt ein Blechfähnchen mit einer Typen-Nummer.
Auch die an dieser Schraube befestigte Rückzugfeder darf nicht übersehen werden. Wenn sie einmal während der Fahrt brechen sollte, muß das Gaspedal irgendwie mit dem Fuß zurückgeholt werden. Notbehelf: Schnur daran befestigen und Pedal mit der Schnur zurückziehen, wenn Gas weggenommen werden soll. Nach Zusammenbau eines zerlegten Vergasers bzw. nach Entfernen von Düsen muß der Leerlauf wieder einwandfrei eingestellt werden.
Wem die Gaspedalbetätigung zu stramm geht, wie es beim 1000er verschiedentlich empfunden wird, kann die Rückzugfeder etwas weicher machen, indem er einen Ring aus Stahldraht zwischen Feder und Öse hängt.

Gerissener Gaszug

Der Gaszug ist mit einem Nippel in das Gasgestänge am Vergaser eingehängt. Bei den ersten Serien der Prinzen 1000 und des Typ 110 war dies ein aufgepreßter Stahlnippel. Wenn er, was auch uns passierte, knapp am Ende des gedrillten Drahtseiles abbrach, mußte ein neuer Gaszug eingezogen werden. Der kostet zwar nur 4 DM, aber das Einfädeln bis zum Gaspedal ist eine so „fummelige" Arbeit, daß sie in der Regel dem Werkstattmann überlassen bleiben muß. Und das Ganze kostet dann rund 20 DM.
Da dies etwas viel für ein Stahlnippelchen ist, trat an dessen Selle inzwischen ein Schraubnippel. Wenn der einmal abbricht, kann er am etwas weiter herausgeschraubten Drahtzug wieder neu verschraubt werden.
Abhilfe unterwegs bei gerissenem Gaszug: Abschleppwagen ist nicht notwendig. Leerlauf-Einstellschraube am Vergaser (siehe linkes Bild Seite 196) so weit wie möglich hinein drehen. Wem dieser erhöhte Leerlauf für die Fahrt nicht ausreichend genug ist, der nimmt vorher die Schraubenfeder unter der Leerlauf-Einstellschraube heraus und dreht diese entsprechend weiter hinein. Gas kann man dann nicht mehr geben, aber man kommt mit gleichmäßig surrendem Motor ohne weiteres zur nächsten Werkstatt.
Noch eine Lösung: Ende des abgerissenen Gaszuges zur Öse umbiegen und entsprechendes Drahtstückchen zum Vergasergestänge anflicken. Dann kann man sogar wieder Gas geben – wenn die Bastelei hält.
Wenn man sich im Ersatzteillager einen neuen Gaszug kauft und ihn selbst auswechseln will: Unter dem Wagen ist der Gaszug vorn an einem Betätigungshebel eingehängt, der mit einer Federklammer gesichert ist. Der alte

Vor dem Gaszug mit Stahlnippel (zu sehen oben an der Rückzugfeder, er ragt hier aus dem Klemmbolzen des Drosselklappenhebels heraus) zeigen wir einen behelfsmäßig reparierten Gaszug, dem der Stahlnippel an seinem Ende abgebrochen war und der durch einen gebogenen Haken aus kräftigem Draht an seinem zusammengedrillten Ende wieder gebrauchsfähig gemacht wurde. So kann man sich unterwegs helfen. Wenn solche Reparaturversuche nicht gelingen, kann man sich auch durch Hineindrehen der Leerlauf-Anschlagschraube bis zum „geht-nicht-mehr-weiter" unterwegs behelfen.

Gaszug wird nach hinten herausgezogen und der neue dort hineingesteckt. Beim 1000er ist diese Arbeit ewas umständlicher.

Verändern der Vergaser-Einstellung

Auf diesem Gebiet aktiv zu werden, setzt fachliche Kenntnisse voraus. Die vom Werk festgelegte Vergasereinstellung (siehe technische Daten) in bezug auf Düsenbestückung, Lufttrichter und Funktion seiner verschiedenen Systeme ist erst nach langwieriger Arbeit gefunden worden. Man wird kaum einen besseren Kompromiß zwischen bester Leistung, gutem Übergang und geringstem Verbrauch finden.

Auch bei Übergang von Normal- auf Super-Kraftstoff oder umgekehrt ist von einer Änderung der Düsen abzuraten. Änderungen zugunsten der Leistung gehen immer zu Lasten des Verbrauchs. Ein nicht fachgerechtes Auswechseln der Düsen kann Gefahren bergen. Es gibt Leute, die unbedingt durch eine kleinere Hauptdüse weniger verbrauchen wollen. Das solcherart abgemagerte Gemisch führt zu heißem Motor und dieser zu einem Kolbenfresser, zu durchgebrannten Ventilen oder Kolbenböden.

Fanatiker von Mindest-Verbrauch-Rekorden sollten berücksichtigen: Auch die beste Neueinstellung kann nicht so günstigen Verbrauch bringen wie die entsprechende Kontrolle der eigenen Fahrweise. Diese ist immer entscheidend. Für den, der sich dennoch an die Veränderung der Serienherstellung wagt, nachstehend stichwortartig einige Hinweise. Verändert können vornehmlich werden: Lufttrichter, Hauptdüse und Luftkorrekturdüse. Das Mischrohr lasse man, wie es ist. Hier das prinzipielle Schema für die Änderungen bei der Vergaser-Einstellung:

- Kleinere Hauptdüse: Kleinerer Verbrauch, kleinere Leistung
- Größere Hauptdüse: Größerer Verbrauch, evtl. verbesserte Beschleunigung aus mittlerer Drehzahl
- Kleinere Luftkorrektur-Düse: Höherer Verbrauch
- Größere Luftkorrektur-Düse: Kleinerer Verbrauch, weniger Leistung
- Größerer Lufttrichter: Bessere Leistung bei höheren Drehzahlen
- Kleinerer Lufttrichter: Bessere Beschleunigung im unteren Drehzahlbereich, verringerte Höchstgeschwindigkeit

Im allgemeinen ist für ein ausgeglichenes Fahrverhalten – so wird von Solex empfohlen — derjenige Lufttrichter zu wählen, mit dem die Höchstleistung (Höchstgeschwindigkeit auf ebener Meßstrecke) geringfügig kleiner ist als diejenige, welche der Vergaser mit einem größeren Lufttrichter abgibt. Zu große Lufttrichter führen zu Übergangsschwierigkeiten („Löcher" im Vergaser!). Anhaltspunkt für die Wahl des Durchmessers des Lufttrichters: Innere Vergaserwerte (Saugrohrinnendurchmesser am Vergaserflansch) mal 0,8. Im vorliegenden Fall ist der Innendurchmesser 34 mm (34 PCI!). Multipliziert mit 0,8 ergibt 27,2 mm. Tatsächlich beträgt er aber beim NSU 1000 nur 26 mm. Woraus hervorgeht, daß man zugunsten besseren Durchzugsvermögens aus niedrigen Drehzahlen den Lufttrichter etwas enger gewählt hat. Aber wie gesagt, diese Faustformel ist ja auch nur ein erster Anhaltspunkt. Für die beste Wahl der Hauptdüse läßt sich folgende Faustformel geben: Ihre Größe sollte möglichst den 5fachen Wert des Durchmessers des Lufttrichters betragen. (Wird in der Serieneinstellung davon abgegangen, so tut man dies meistens aus Gründen eines verbesserten Motorlaufes bzw. günstigeren Verbrauches.) Die Luftkorrekturdüse sollte etwa gleich der Größe der Hauptdüse plus 60 sein. (Die Zahlenwerte gelten für Solex-Vergaser.) Auch hier gibt es Abweichungen zur Serien-Einstellung. Aber entscheidend ist immer das Verhalten auf der Straße.

Hier noch einige andere Anhaltswerte: Vergrößerung oder Verkleinerung der Hauptdüse verändern den Verbrauch in fast dem gesamten Drehzahlbereich nahezu gleichmäßig. Im Gegensatz dazu wirkt sich eine Änderung der Luftkorrekturdüse mehr bei höheren als bei kleinen Drehzahlen aus.

Ändert man die Menge des beim Beschleunigen eingespritzten Kraftstoffes, muß man beachten, daß sich dies auch für den Einsatzpunkt der Anreicherung auswirkt. Die Einspritzmenge kann durch die Veränderung der wirksamen Länge der Verbindungsstange Drosselklappe/Beschleunigungspumpe dosiert werden.

Störungsbeistand

Vergaser

Die Störung	– ihre Ursache	– ihre Abhilfe
A Kraftstoff-Verbrauch zu hoch	1 Düsen stimmen nicht	Herausschrauben, eingeschlagene Bezeichnungen mit Tabelle Seite 234 vergleichen. Evtl. korrigieren
	2 Schwimmernadelventil schließt nicht. (Fremdstoffe? Beschädigt?)	Säubern. Evtl. auswechseln
	3 Leerlauf-Gemisch zu fett	Gemisch-Regulierschraube etwas hineindrehen, aber Leerlauf muß einwandfrei bleiben
	4 Leerlaufdüse locker	Eventuell anziehen
	5 Leerlauf zu hoch	
	■ Unrichtige Einstellung	Neu einstellen
	■ Starterklappe öffnet nicht ganz	Luftfilter abnehmen, in den Vergaser sehen, evtl. Drahtzug richtig einstellen
	6 Luftfilter nicht gereinigt	Reinigen, Ölfüllmenge darf 150 ccm nicht übersteigen
	7 Undichter Schwimmer	Auswechseln
	8 Fehlerhafte Flanschdichtungen	Nachprüfen. Eventuell auswechseln
	9 Stimmt Druck der Kraftstoffpumpe?	Korrigieren (Werkstatt)
	10 Siehe andere Möglichkeiten Seite 17	

Die Störung	— ihre Ursache	— ihre Abhilfe
B Motor springt nicht an	1 Zündung nicht einwandfrei	Kontrollieren (siehe vordere Buchklappe und Kapitel Zündung)
	2 Tank leer	Auftanken
	3 Vergaser leer	Siehe vordere Buchklappe
	4 Haupt- oder Leerlaufdüse verstopft	Reinigen, durchblasen
	5 Nadel in elektromagn. Leerlaufdüse hängt oder Anschlußkabel gelöst	Auswechseln, Kabel anschließen
	6 Starterklappenzuhaltung nicht in Ordnung (Klappe geht zu schwer oder zu leicht)	Vorgeschriebenes Drehmoment in Werkstatt prüfen, evtl. korrigieren oder neue Rückdrehfeder
	7 Schwimmer oder Schwimmernadelventil hängt	Mit Schraubenzieher-Holzgriff gegen Gehäuse klopfen, evtl. Deckel abnehmen, prüfen
C Leerlauf ungleichmäßig Motor bleibt stehen	1 Leerlauf falsch eingestellt	Neu einstellen
	2 Leerlaufdüse verstopft	Düse durchblasen
D Ungleichmäßiger Lauf und Auspuff-Rußen bei niedriger Leerlauf-Drehzahl, stärkeres Rußen bei höherem Leerlauf. Kerzen verrußen, deswegen Zündaussetzer	1 Zu hoher Druck auf Schwimmernadelventil	Kraftstoff-Pumpen-Druck prüfen, evtl. erniedrigen
	2 Schwimmernadelventil schließt nicht	Ventil prüfen, eventuell erneuern
	3 Schwimmer undicht (Siehe auch A 2)	Auswechseln
E Schlechte Übergänge beim Gasgeben	1 Beschleunigungs-System arbeitet nicht	Luftfilter abnehmen, prüfen, ob eingespritzt wird, wenn Gaszug betätigt wird
	■ Pumpenkanal oder Einspritzrohr verstopft	Reinigen; prüfen, ob Kugel hängt
	■ Membrane defekt (Vergaser patscht bei plötzlichem Gasgeben)	Auswechseln
	2 Falsch eingestellter Leerlauf	Richtig einstellen
F Vergaser patscht	Leerlauf zu mager eingestellt	Regulier-Schraube etwas herausdrehen. Leerlauf muß aber einwandfrei bleiben. Ist Saugrohr dicht?

Erst saugen und dann drücken

Wo sitzt überhaupt die Kraftstoffpumpe? Verfolgen Sie den rechts vom Vergaser wegführenden, mit Metallgewebe umwickelten Schlauch: Er führt oben am Motor entlang nach rechts unten zur Kraftstoffpumpe.
Im Kapitel „Die Kraftstoff-Anlage" erläuterten wir schon das Reinigen des Filtersiebes der Kraftstoffpumpe. Sollte eine Prüfung nach unserem Störungsbeistand in der vorderen Buchklappe die Gewißheit ergeben, daß die Pumpe defekt ist, kann es sich um folgende Störungen handeln: festsitzendes (klebendes) Saug- oder Druckventil oder beschädigte Pumpenmembrane.

Die Wirkungsweise

Das Gehäuse-Oberteil der Pumpe enthält Saug- und Druckventil, das Unterteil die Betätigungs-Einrichtungen. Dazwischen liegt die Membrane. Letztere ist die Hauptperson: Wird sie nach unten gezogen, saugt sie über das Saugventil Benzin aus dem Tank, wird sie nach oben gedrückt, stößt sie es über das Druckventil in den Vergaser. Ihren Antrieb erhält die Pumpe durch eine Stößelstange (Bild S. 188). Diese sitzt exzentrisch auf der Welle eines Zahnrades, welches von einem anderen, und zwar auf der Kurbelwelle gelagerten Zahnrad angetrieben wird. Die exzentrische Lagerung bewirkt, daß die Stößelstange hin und her gleitet und damit die Membrane bewegt. Beim Saughub der Pumpe (Benzin wird aus dem Tank gesaugt) wird die Membrane gegen den Druck der Membranfeder (siehe Bild) nach unten bewegt. Die Aufwärtsbewegung der Membrane erfolgt jedoch nicht zwangsläufig, sondern durch den Druck der Membranfeder. Das ist der sogenannte „Freilauf" der Pumpe. Braucht der Motor keinen Kraftstoff, ist also das Schwimmernadelventil im Vergaser geschlossen, kommt die darauf in ihrer Spannung abgestimmte Membranfeder gegen diesen Druck nicht an. Die Membranbewegung kommt zum Stillstand. Dadurch wird die Pumpenfördermenge automatisch dem notwendigen Verbrauch des Motors angepaßt.

Die Teile der Kraftstoffpumpe, von rechts nach links: Abschlußdeckel mit Befestigungsschraube (wird zum Reinigen des Siebes gelöst), Kunststoff-Sieb, Dichtring, Pumpenoberteil mit dem birnenförmigen Saugventil (durch dieses strömt der Kraftstoff von oben ein) und dem Ansaug- (rechts) sowie Auslaufröhrchen (links, nach oben zeigend). Rundherum die Befestigungsschrauben für das Pumpenoberteil, dann Membrane, Membranfeder (sie bewirkt den Druckhub) und Pumpenunterteil. Die Membrane zieht ein hier nicht gezeigter Betätigungsstößel an (Saughub), der exzentrisch auf der Welle eines von der Kurbelwelle angetriebenen Zahnrades sitzt.

Durch die Saug- und Druckbewegung der Membrane werden die im Pumpenoberteil sitzenden Ventile – sogenannte Flatterventile – betätigt. Beide Ventile sind nicht ausbau- und austauschbar. Sind sie defekt, muß das Pumpenoberteil ausgewechselt werden.

Ausbau und Zerlegen

Diese Arbeit ist für den Eigenpfleger kaum zu empfehlen. Man kommt schlecht an die Pumpe heran.
Für die Unentwegten: Den vom Tank zur Pumpe führenden Schlauch abziehen und abklemmen oder mit Schraube M 7 verstopfen. Zwei Schlitzschrauben lösen, Pumpe um 90° drehen und herausheben. Beim Einbau Kurbelwelle so drehen, daß Antriebsstößel in höchster Stellung steht und Pumpe nach dem Aufsetzen wieder um 90° drehen.
Soll die Pumpe zerlegt werden: Gehäuseoberteil und -unterteil durch gemeinsamen Ritzer mit dem Schraubenzieher markieren, damit sie später richtig wieder zusammenkommen. Saug- und Druckventil sind bei Gelegenheit des Zerlegens der Pumpe auf gute Beweglichkeit zu prüfen. Diese Prüfung auf gute Funktion der Ventile ist von einiger Wichtigkeit, weil davon der richtig dosierte „Kraftstoff-Nachschub" für den Vergaser abhängt. Das Saugventil (Einlaßventil) ist ein metallisches Plättchen. Man fährt vorsichtig mit einer feinen Schraubenzieherklinge unter das freistehende Ende des Plättchens und probiert, ob es gut beweglich ist. Das Druckventil (Auslaßventil in Richtung Vergaser) liegt schräg gegenüber in einer kreisrunden Vertiefung und besteht aus elastischem Material. Dessen Beweglichkeit prüft man besser mit einem stumpfen Gegenstand, um das Ventil nicht zu beschädigen.
Schrauben beim Zusammenbau über Kreuz anziehen.

Fingerzeig: *Die am Pumpenoberteil sichtbaren Schrauben gelegentlich mit Schraubenzieher auf festen Sitz prüfen. Oft sind sie locker, und Undichtigkeit ist zusammen mit erhöhtem Verbrauch die Folge.*

Störungsbeistand

Kraftstoffpumpe

Die Störung	– ihre Ursache	– ihre Abhilfe
A Pumpe fördert nicht oder nicht ausreichend (Prüfung: Zuleitung am Vergaser lösen und Anlasser betätigen lassen)	1 Tank leer	Auftanken
	2 Leitungen zur Pumpe undicht oder unterbrochen	Leitung erneuern, notfalls abdichten
	3 Pumpensieb verstopft	Herausnehmen, reinigen
	4 Pumpe undicht	
	a) Schrauben des Pumpenoberteils locker	Schrauben über Kreuz anziehen
	b) Verschlußkappe undicht	Dichtung erneuern
	c) Membrane eingerissen, durchlässig oder nicht geschmeidig	Membrane ersetzen
	5 Ventile klemmen	Pumpe zerlegen, Ventile gängig machen oder Pumpenoberteil auswechseln
	6 Pumpendruck schwach	Pumpendruck in Werkstatt prüfen und richtig einstellen
B Zu hoher Verbrauch	1 Pumpe undicht	Siehe A 4
	2 Pumpendruck zu hoch	Pumpendruck in Werkstatt prüfen und einstellen

Pflegt die Verbindung

Die Kupplung verdient angesichts der großen Verkehrsdichte, die auch zu einem wesentlich häufigeren Kuppeln und Schalten zwingt, mehr Aufmerksamkeit als in früheren Jahren. Das betrifft sowohl eine einwandfreie Bedienung als auch eine regelmäßige Überwachung des Kupplungsspieles.

Wie die Kupplung arbeitet

Was die Kupplung soll, das wissen Sie: Je nachdem, was man gerade mit dem Wagen vorhat – Anfahren, Beschleunigen, Bergfahren –, muß im Getriebe eine andere Übersetzung verwendet, müssen also andere Zahnradstufen miteinander verbunden werden. Das geht nur, wenn die Kupplung das Getriebe vom laufenden Motor trennt. Dafür ist zwischen Motor und Getriebe eine sogenannte Einscheibentrockenkupplung eingebaut.
Die Schwierigkeit bei der Kupplung besteht darin, daß eine stehende Betätigungseinrichtung gegen ein rotierendes Teil der Kupplung gedrückt werden muß, um den Federdruck der Druckplatte gegen die Kupplungsscheibe zu lösen, mit anderen Worten: um auszukuppeln. Das geschieht mit einem längs verschiebbaren Drucklager, hier ein Kugellager (wartungsfrei).
Die Bewegung beim Auskuppeln wird durch das Kupplungspedal eingeleitet und – beim NSU 1000 und 1000 TT – durch den Kupplungszug auf einen kleinen Ausrückhebel übertragen. Wird dieser knieförmige Hebel angezogen (man sieht ihn unten links im Kühlluftschacht), zieht er gleichzeitig an einem Ausrückbolzen und damit an dem schon genannten Drucklager.
Bei 1200/110 verwendete man bis 1969 eine andere Art der Betätigung des Ausrücklagers, nämlich durch eine hydraulische Leitung, ähnlich wie bei der Bremsanlage. Inzwischen wurde die Kupplungs-Betätigung wieder auf mechanischen Betrieb umgestellt.

Diese Teile ergeben zusammen den kompletten „Kupplungskörper". Dieser kann, was Arbeitsstunden spart, ohne Motorausbau demontiert werden. Teil Nr. 1 gehört allerdings noch zum Motor, es ist das Schwungrad. An dieses geschraubt ist die Gegenplatte (2) und mit ihr verbunden ist die Druckplatte (4) und das Gebläserad (5). Die Kupplungsscheibe (3) wird durch die Kraft der Scheibenfeder der Druckplatte gegen die Gegenplatte gepreßt (eingekuppelt).

Durch die weichere Motoraufhängung des Motors beim 110 wäre man vermutlich mit einer starren Kupplungsübertragung in Verlegenheit gekommen. Außerdem ist der 110 länger und die Pedale sind anders gelagert (hängende Pedale), weswegen man den erforderlichen hydraulischen Betätigungszylinder unterbrachte. Auch wird mit einer hydraulischen Übertragung eine gewisse Geräuschisolierung vom Motor zum Innenraum gewonnen (ein Seil wirkt vibrationsübertragend).

Für die hydraulische Übertragung ist am Kupplungspedal ein hydraulischer Geber-Zylinder – ähnlich dem Hauptbremszylinder – und hinten an der Kupplungsbetätigung ein sogenannter Nehmer-Zylinder nötig. In letzterem wird ein Kolben betätigt, der mit einer Kolbenstange verbunden ist. Diese wirkt dann über einen Ausrückhebel auf das eigentliche Kupplungsausrücklager. Auf dem Nehmer-Zylinder sitzt, durch eine Gummikappe geschützt, ein Entlüftungsventil (zum Entlüften nach Neuauffüllen oder Reparaturen).

Wenn man übrigens den dicken Luftschlauch abnimmt, der den Wagen-Innenraum entlüftet und der von hinten in den Kühlluftschacht führt (Klemmband mit Kreuzschlitzschraube), läßt sich der Ausrückhebel sehen.

Erwähnt soll noch werden, daß bei allen Modellen die Druckplatte durch eine sogenannte Teller- oder Scheibenfeder (auch Membranfeder genannt) gegen die Kupplungsscheibe gepreßt wird (sie wird z. B. auch bei Opel verwendet). Die Scheibenfeder ist eine Metallscheibe, die innen sektorenförmig wie bei einer Torte aufgeschnitten ist. Dadurch bilden sich einzelne Zungen mit federnder Wirkung. Der Vorteil dieser Kupplung besteht darin, daß sie räumlich besser untergebracht werden kann, als es bei einer Druckplatte mit mehreren kleinen Anpreß-Schraubenfedern der Fall ist. Auch wird die Fußkraft mit zunehmendem Pedalweg kleiner. Bei hohen Drehzahlen neigt sie nicht zum Durchrutschen, denn die sonst üblichen waagerecht liegenden Schraubenfedern können sich unter der Wirkung der Fliehkraft aufbiegen, was ihre Anpreßkraft vermindert.

Wissen sollte man vielleicht noch, daß die gesamte Kupplung eine Einheit für sich darstellt, die fix und fertig an das Schwungrad geschraubt wird. Die Kupplungsscheibe wird also durch die Druckplatte nicht direkt, wie sonst üblich, an die Schwungscheibe gepreßt, sondern an eine gesonderte Platte (Gegenplatte), die an die Schwungscheibe geschraubt ist.

Das Kupplungsspiel

Zwischen Ausrücklager und Druckplattenbetätigung muß nun – und damit kommen wir endlich zum Kern der Sache – in eingekuppeltem Zustand etwas Luft oder „Spiel“ vorhanden sein. Wäre das nicht der Fall, würden die Druckplatten-Anpreßfedern schon etwas entspannt werden und die Kupplungsscheibe könnte schleifen. Das muß man ihr ersparen, sonst dankt sie frühzeitig verschlissen ab. Ist andererseits das Spiel zu groß, geht „Kupplungsweg“ verloren, d. h. die Kupplung wird beim Auskuppeln nicht richtig zum Trennen gebracht. Die Folge: Schaltschwierigkeiten.

Der übliche Werdegang besteht darin, daß mit voranschreitendem Verschleiß, also dünner werdender Kupplungsscheibe, die Druckplatte „nachwandert“ und somit das Spiel kleiner wird. Damit wird aber die Neigung zum Schleifen der Kupplungsscheibe größer, was durch Wiederherstellen des Spieles vermieden wird. Und was ein Kupplungsseil betrifft: es dehnt sich etwas mit der Zeit, was ebenfalls den Kupplungsvorgang beeinflußt, nämlich wie zu großes Spiel wirkt.

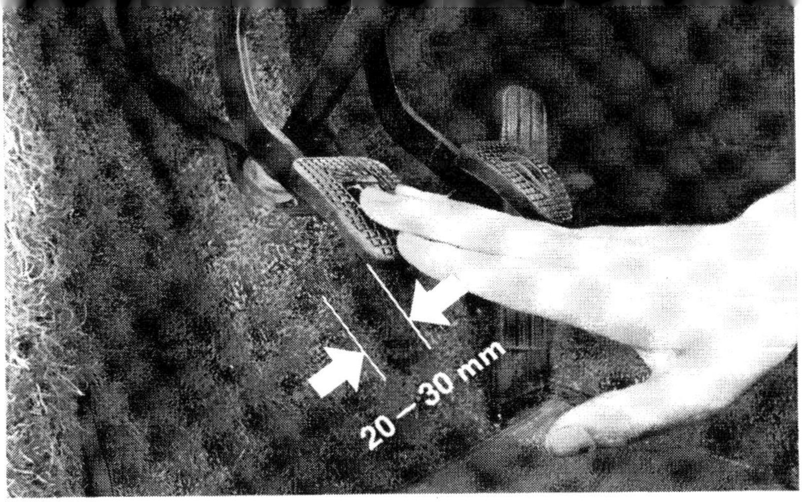

Das Kupplungspedal muß sich um 20 bis 30 mm durchdrücken lassen, bevor die Kupplungsbetätigung selbst anspricht. Mit dem allmählich erfolgenden Belagverschleiß wird dieser wichtige Leerweg immer kleiner. Damit nun die Kupplung nicht schleift und noch schneller verschleißt, muß das Kupplungsspiel nachgestellt werden. Die Prüfung des Pedalspieles ist mit der feinfühligen Hand besser als mit der Fußspitze.

Kupplungs-unarten

Zwei Unarten kann sich also eine Kupplung im Laufe ihrer Betriebszeit aneignen: Sie fängt an durchzurutschen oder sie trennt nicht mehr richtig (sie bleibt nicht „stehen"). In den meisten harmlos gelagerten Fällen liegt es an nicht einwandfreiem Kupplungsspiel. Das läßt sich selbst überprüfen.

Eine rutschende Kupplung – bei zu kleinem Kupplungsspiel – bedeutet, daß die Kupplung bei hoher Motorbelastung nicht mehr „faßt", also nicht mehr einwandfrei verbindet. Es läßt sich feststellen, wenn man nach Wechsel vom 1. in den 2. Gang und schnellem Einkuppeln bei gleichzeitig kräftigem Gasgeben den Motor aufheulen hört, ohne daß der Wagen beschleunigt. Rutschende Kupplung ist eine Folge zu kleinen Spieles und führt zu raschem Verschleiß der Kupplungsbeläge. Oder sie ist verschmiert, verölt.

Wenn eine Kupplung nicht richtig trennt, dann kratzt oder kracht es beim Schalten. Aber dazu müssen Sie die Probe mit einem nichtsynchronisierten Gang machen. Den haben Sie nämlich auch an Ihrem „vollsynchronisierten" Wagen. Es ist der Rückwärtsgang. Lassen Sie den Motor laufen, kuppeln Sie aus, warten Sie etwa eine Sekunde und legen Sie den Rückwärtsgang ein. Kratzt es, trennt die Kupplung nicht sauber. Es kann auch daran liegen, daß das Kupplungsspiel zu groß ist.

Eine recht wirksame Methode, die Beläge frühzeitig zu verschleißen, ist das Anfahren mit zu hoher Motordrehzahl, landläufig als Kavalierstart bekannt. Technisch gesehen bekommt man tatsächlich vom Halt weg eine größere Anfangsbeschleunigung, wenn man mit höherer Drehzahl und länger schleifender Kupplung anfährt (die Motordrehzahl sinkt beim Einkuppeln nicht so schnell ab). Sinnvoll allenfalls bei sportlicher Betätigung.

Der stärkere Verschleiß rührt von der höheren Reibungswärme her, die sich dann bildet. Diese Wärme entsteht bis zu einem gewissen Grade immer beim Aus- und Einkuppeln, denn der Belag schleift ja stets, bevor die Kupplung faßt. Er schleift auf der einen Seite gegen die Reibfläche der Gegenplatte, auf der anderen Seite gegen die Druckplatte selbst.

Hydraulische Flüssigkeit kontrollieren

1200/110

Wie schon erwähnt, wurde der 1200/110 mit einer hydraulischen Kupplungsbetätigung ausgerüstet. Für die hydraulische Flüssigkeit muß natürlich eine Reserve vorhanden sein. An diese hat man auch gedacht: Sie findet sich – vereint mit der Bremsflüssigkeit – im Flüssigkeitsbehälter unter der Vorderhaube hinten an der Abschlußwand. Weil dieses blaue Naß also auch der Bremsanlage dient, haben wir alles Nähere darüber schon im 1. Bremsenkapitel im Abschnitt „Bremsflüssigkeit" beschrieben.

Kupplungsbetätigung auf Dichtheit prüfen

Pflegearbeit Nr. 7 (1200/110)

Aus der Beschreibung der hydraulischen Kupplungsbetätigung geht ja schon hervor, wo deren Teile sitzen. Da ist zunächst der Flüssigkeitsbehälter, über den, wie gesagt, schon im 1. Bremsenkapitel alles Nötige gesagt wurde. Der Geberzylinder ist durch die Kolbenstange direkt mit dem Kupplungspedal verbunden. Zur Prüfung mit dem Kopf in den Fußraum tauchen und den Anschluß und den Zylinder auf Flüssigkeitsspuren untersuchen.
Die durchsichtige Übertragungsleitung mündet hinten links unten im Motorraum (am Kühlluftschacht) und ist auf den Nehmerzylinder aufgesteckt. Hier ebenfalls auf verdächtige Feuchtigkeit achten. Bei dieser Gelegenheit kann man ja einmal eine willige Hilfskraft das Kupplungspedal niedertreten lassen. Dann sieht man, wie die Kolbenstange aus dem Zylinder gleitet.

Kupplungsspiel prüfen, evtl. nachstellen

Pflegearbeit Nr. 12

Das Spiel wird am Kupplungspedal geprüft. Es wird mit der Hand niedergedrückt, bis Widerstand fühlbar wird. Der Pedalweg soll dabei 20–30 mm betragen, gemessen am oberen Rand des Pedals.
Ist das Kupplungsspiel zu knapp geworden – was meistens der Fall ist –, muß es wiederhergestellt werden.
Das Nachstellen gleicht sich im Prinzip bei allen Modellen. Es ist eine Nachstellmutter und eine sie fixierende Kontermutter vorhanden (SW 13). Die Nachstellmutter sitzt jeweils näher zum Ausrückhebel hin. Mit einem Schlüssel wird die Kontermutter gelöst und mit dem anderen die Nachstellmutter gehalten. Dann wird letztere soweit verdreht, bis das Spiel am Kupplungspedal wieder etwa 20–30 mm beträgt.
An sich hört es sich an, als wäre das Nachstellen der Kupplung eine sehr einfache Sache. Wegen der schlechten Zugänglichkeit zu den Nachstellschrauben wird dies besser aber die Werkstatt machen. Es sei denn, daß unterwegs die Kupplung wegen zu starkem Verschleiß durchrutscht (man merkt es beim Beschleunigen: der Motor dreht hoch, ohne daß der Wagen schneller wird) und daß die nächste Werkstatt noch fern ist. Auch wenn die Kupplung nicht trennt (es kracht beim Schalten), kann man sich notfalls durch Nachstellen selbst helfen.
Beim 110 kommt man – obwohl man die Nachstellvorrichtung vom Motorraum aus sehen kann – besser von unten an die Nachstellschrauben heran.
Der Sechskant am Bolzen vor der Gummikappe ist keine Einstellmutter, er dient zum Festhalten der Kolbenstange, damit sich diese nicht verdreht.

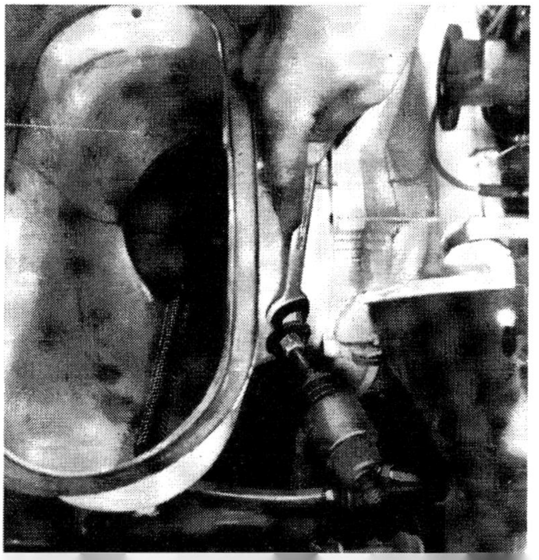

Hier wird beim 1200/110 die Kupplung nachgestellt. Links im Bild das Ansauggehäuse für die Kühl- und Heizluft. Der 1200/110 hat eine hydraulische Kupplungsübertragung. Wird die Kupplung getreten, wird eine hydraulische Flüssigkeit unter Druck gesetzt. Diese schiebt in dem unten erkennbaren „Geberzylinder" eine Kolbenstange heraus, wodurch die Kupplung ausgerückt wird.

Wenn mehr Kupplungsspiel erforderlich ist, was meistens der Fall ist, in dem Sinne Einstellmutter drehen, daß sich Kolbenstange „verkürzt". Das Spiel an der Kolbenstange soll ca. 5 mm betragen, fühlbar durch Drücken der Stange zum Ausrückhebel.
Bei den 1000er-Modellen kommt man am besten von oben an die Einstellmuttern heran (vor dem Luftschacht). Einstellen wie beim Prinz 4.
Obwohl die Kupplung ständig getreten wird, ist sie eines der anspruchslosesten Teile im Auto, jedoch auch beim Treten kommt es auf das Wie an: Wer sich des Pedals nur bedient, wenn er wirklich schaltet, wird ihr zu hoher Lebenserwartung verhelfen. Die anderen Leute sind die „Kupplungsfahrer": Sie mogeln sich vor dem Einbiegen in eine andere Straße oder vor dem Passieren einer Kreuzung um das Schalten herum, indem sie die Kupplung so lange treten, bis sie wieder Gas geben. Resultat: Die Kupplung schleift, das heißt, die Kupplungsflächen reiben unter Hitze-Entwicklung.
Verschleiß des Kupplungsbelages läßt sich nur bis zu einem gewissen Grad durch Nachstellen ausgleichen. Unweigerlich kommt aber der Punkt, wo man die Kupplungsscheibe auswechseln muß.

Defekte Kupplungsbetätigung

Dieser Abschnitt betrifft den Fall, daß entweder der Kupplungszug reißt oder die hydraulische Übertragung nicht mehr funktioniert (klemmt oder ganz ausfällt).
Wenn die Übertragung ausfällt, während Sie schalten, also kuppeln wollen, bleiben Sie möglichst so lange in dem Gang, den Sie gerade drin hatten (wenn Sie ihn noch nicht mit dem Schalthebel bei der mißglückten Kuppelei herausgedrückt haben, was meistens der Fall ist), bis Sie dort sind, wo Sie hinfahren wollten oder notgedrungen (beispielsweise wegen Rotlicht) anhalten müssen. Kurz vor dem Anhalten mit einem kurzen Stoß des Schalthebels den Gang herausnehmen. Unsicherer und für den Motor nicht angenehm ist es, den Wagen mit eingeschaltetem Gang abzubremsen und dabei den Motor abzuwürgen. (Wenn man es aber auf diese Weise machen will: wenige Meter vor dem Anhalten Zündung ausschalten, aber Zündschlüssel nicht zu weit zurückdrehen, sonst ist die Lenkung blockiert!)
Zum „kupplungsfreien" Anfahren muß zunächst der erste Gang eingelegt werden. Dann Anlasser betätigen, und mit Rucken und Holpern wird sich der Wagen in Bewegung setzen. Das Herz wird Ihnen im Leibe brechen. Aber Sie wollen ja zur nächsten Werkstatt fahren. „Alte Hasen" schaffen es allerdings, mit viel Gefühl und feinem Gehör das Getriebe auch ohne Kupplung zu schalten. Der Trick ist dabei, den nächsten Gang möglichst schnell einzuschalten, wenn das Gas weggenommen wird, was allerdings beim Aufwärtsschalten leichter ist. Wer dies vermag, fährt natürlich nach kunstvollem, kupplungsfreiem Schalten am besten im 3. Gang, weil er dadurch andere Verkehrsteilnehmer nicht durch Schrittgeschwindigkeit behindert, einigermaßen flott vorwärts kommt, den Motor schont und gegenüber einer Fahrt nur im 1. oder 2. Gang Kraftstoff spart.
Selber ein Kupplungsseil auszuwechseln ist nicht zu empfehlen, es ist zu umständlich. Auch an der hydraulischen Kupplungsbetätigung läßt sich in Eigenhilfe nichts machen. Dennoch sollte man, wenn letztere ausfällt, auf jeden Fall nach dem Flüssigkeitsbehälter unter der Vorderhaube sehen. Ist dieser leer, weiß man, wo der Hund begraben liegt: Nachfüllen, und das sofort! Der nächste Akt besteht nämlich darin, daß nun auch bald die Bremse nicht mehr funktioniert. Den Werkstattbesuch auf keinen Fall aufschieben, denn man muß wissen, warum die Flüssigkeit versickert ist.

Kupplung ausbauen

Nur für echte Praktiker: Seilzug für Kupplung aushängen bzw. Kolbenstange und Kupplungshebel trennen, Rückzugfeder am Kupplungshebel aushängen, Halteklammern für Luftschacht lösen und diesen herausnehmen, Ausrückhebel entfernen (Haltefedern herausziehen), Sprengring und Verschlußdeckel herausnehmen, Verschluß-Schraube herausdrehen (Inbus-Schlüssel SW 10), Kupplungswelle durch hineingedrehte M 8-Schraube und darunter gehebelten Schraubenzieher herausdrücken, Haltbleche für Abdeckblech herausschrauben, Abdeckblech herausziehen, 6 Inbus-Schrauben herausschrauben (diese halten Kupplungskörper am Schwungrad und sind nicht mit jenen drei mit „K" markierten zu verwechseln, welche die Kupplung zusammenhalten), Kupplung anheben und schräg herausnehmen.
Beim Einbau beachten: Motor durchdrehen, bis der Paß-Stift im Schwungrad oben ist, dann Kupplung einsetzen und verschrauben.

Fingerzeig: *Schadet es der Kupplung, wenn man mit getretenem Pedal im 1. Gang vor Rotlicht wartet? Direkter Schaden entsteht nicht, doch wird ein Längsdruck auf die Kurbelwelle ausgeübt, was sie mehr beansprucht. Abzuraten ist, bei getretener Kupplung den Motor hochzujagen.*

Störungsbeistand

Die Störung	— ihre Ursache	— ihre Abhilfe
A Kupplung rupft	1 Druckplatte abgenutzt	Auswechseln
	2 Kupplungsscheibe hat Schlag	Korrigieren oder auswechseln
	3 Verschmierte Kupplungsscheibe	Neu belegen oder auswechseln. Dichtring in Getriebe auswechseln
B Kupplung trennt nicht	1 Zu großes Kupplungsspiel	Korrigieren
	2 Pedal, Seilzug oder Ausrückeinrichtung schwergängig	Reinigen
	3 1200/110: Hydraulische Übertragung defekt	
	a) Flüssigkeit fehlt	Nachfüllen
	b) Kolben klemmt	Werkstatt
	4 Kupplungsscheibe hat Schlag	Richten oder auswechseln
	5 Beläge gerissen	Neu belegen oder Scheibe auswechseln
C Kupplung rutscht (zu früher Verschleiß)	1 Kupplungsspiel zu gering (Beläge zu stark abgenutzt)	Korrigieren, Scheibe auswechseln
	2 Kupplungsscheibe verschmiert	Beläge erneuern oder Scheibe auswechseln, Dichtring prüfen
	3 Klemmendes Pedal	Gängig machen
	4 Kupplungsfederdruck zu schwach	Erneuern
	5 Ausrückbolzen klemmt	Gängig machen (schmieren)
	6 1200/110: Hydraulische Übertragung defekt (siehe B 3)	
	7 Seil angerissen	Auswechseln

Die Zähne zeigen

Wie die Kraft fließt

Die hinten querliegende Kurbelwelle mündet links im Schwungrad. An diesem ist der Kupplungskörper verschraubt. Wenn die darin sitzende Kupplungsscheibe von der gegen sie gepreßten Druckplatte, also von der Schwungscheibe, mitgenommen wird, läuft die Kraft an der Kupplungswelle aus der Kupplung heraus zu einem Zahnradsatz (siehe Zeichnung). Dieser bringt die Motorkraft zu dem etwas tiefer sitzenden Schaltgetriebe, nämlich zur Getriebe-Eingangswelle. Dieser sogenannte Primärtrieb, bestehend aus 2 schrägverzahnten Stirnrädern, ist bei bestimmten Lastzuständen etwas laut, was aber noch keinen Defekt darstellt.
Hier werden durch die jeweiligen Synchron-Einrichtungen die gerade gebrauchten beiden Gangzahnradpaare miteinander verbunden. Damit gelangt die Kraft zur Getriebe-Ausgangswelle, die bis in die Mitte des Wagens reicht. Hier kann die Kraft durch ein kleines Zahnrad (schrägverzahntes Stirnrad) auf ein großes weitergegeben werden. Statt der sonst üblichen Ritzel und Kegelrad haben wir beim NSU also einen etwas robusteren Stirnradsatz.
Innerhalb des großen Zahnrades sitzt das Differential, und von diesem führt links und rechts eine Antriebswelle zu den beiden Hinterrädern.
Das Schaltgetriebe, die Ausgangswelle zum Differential und letzteres selbst sind in einem getrennten Leichtmetallgehäuse untergebracht, sind aber so miteinander verbunden, daß eine gemeinsame Ölfüllung zur Schmierung möglich wird. Ebenso wie die Kupplung läßt sich also auch das Getriebe oder das Differential einzeln ausbauen, was Arbeitszeit spart.

Das Synchronisieren

Das Synchronisieren, also das Herstellen des Gleichlaufes zwischen zwei Zahnrädern, erfolgt, was gar nicht so sehr bekannt ist, durch Reibung. Und zwar wird ein innen kegeliger Synchronring durch den Schalthebel gegen

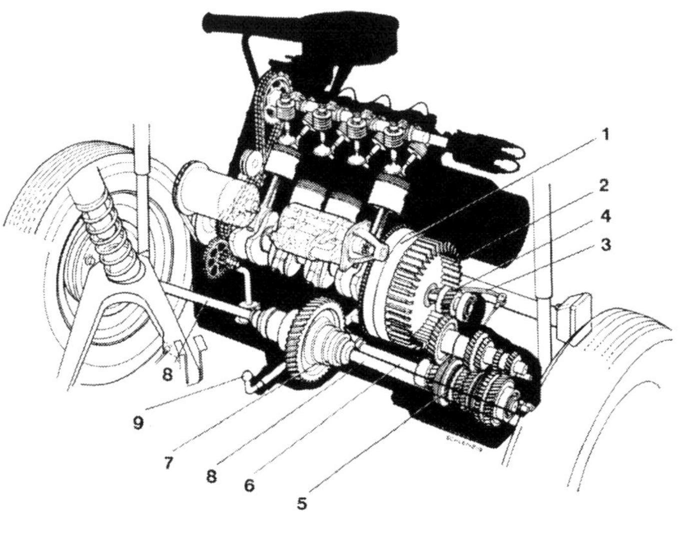

Der Weg der Kraft von der Kurbelwelle bis zu den Antriebsrädern. Man blickt von vorn auf das Triebwerk. Nach der Kurbelwelle ist die erste Station die Kupplung (1). An dieser ist das Kühlgebläserad (2) verschraubt. Nach dem Einkuppeln mittels des Kupplungshebels (3) geht es über den Zahnradsatz (4) zum Schaltgetriebe (5). Dann fließt die Kraft über die Welle (6) und einen Zahnradsatz zum Differential (7) und von diesem über die Halbwellen (8) zu den Rädern. Der Anschluß für die Schaltstange sieht man bei (9).

das betreffende Gang-Zahnrad gedrückt. Da dieses ebenfalls eine kegelige Fläche (Gegenkonus) besitzt, wird es dadurch abgebremst. Falls die entsprechenden Zahnräder im Getriebe nicht gleiche Drehzahl haben, „sperrt“ eine sinnreiche Einrichtung die Weiterbewegung des Schalthebels. Das merken Sie am Widerstand während der Schaltbewegung. Erst wenn Gleichlauf (Synchronisation) erfolgt ist, werden die beiden Zahnräder der betreffenden Gangstufe miteinander verkuppelt. Das eine Zahnrad jeder Gangstufe wird durch die mit ihm verbundene kleine Reibungskupplung (Konus und Gegenkonus) jeweils abgebremst (beim Heraufschalten) und beschleunigt (beim Herunterschalten). Bei einwandfreier Kupplung machen sich schadhafte Synchronringe durch Kratzen oder Krachen beim Schalten bemerkbar. Werkstatt aufsuchen.

Zwischengas geben?

Beliebte Frage: Schont man mit Zwischengas das synchronisierte Getriebe? An sich ist Zwischengasgeben bei üblicher oder auch zügiger Fahrweise nicht erforderlich, denn die Gangzahnräder bringen sich, wie gesagt, von selbst auf Gleichlauf. Allerdings werden beim sehr frühen Herunterschalten (sportliches Fahren) durch die dann auftretenden hohen Drehzahlunterschiede die Synchronringe durch die Reibung stark strapaziert. Auch muß die Kupplungsscheibe den beträchtlichen Drehzahlunterschied durch eine meist heiße Reibphase ausgleichen. Auch das bedeutet zusätzlichen Verschleiß. Zwischengasgeben hat also auch beim Synchron-Getriebe einen guten Einfluß, aber, wie gesagt, lohnt es sich nur – denn es kostet höheren Kraftstoffverbrauch – bei echt sportlichem Fahren.

Schrauben an Antriebswellen und Bremsträgern nachziehen

Pflegearbeit Nr. 13

Zu dieser Arbeit muß man entweder unter den Wagen kriechen oder ihn aufbocken und einwandfrei gegen Abrollen absichern.
An jeder der beiden Antriebswellen sitzt außen ein Klemmstück, das die Antriebswelle mit dem elastischen Gummigelenk (Sternkupplung) verbindet. Jedes Klemmstück ist durch zwei Befestigungsschrauben gehalten, die man auf festen Sitz überprüfen sollte. Die Gummigelenke (früher Kreuzgelenke) haben den Zweck, geräuschmindernd zu wirken und Antriebs- und Bremsstöße aus der Kraftübertragung fernzuhalten. Man sieht sie auf der Zeichnung S. 217 im nächsten Kapitel. Die Gummikupplungen weisen ebenfalls Schrauben auf, die zu prüfen sind. Die gleiche Kontrolle gilt den Befestigungsschrauben für die Bremsträger (hintere Trommelbremsen), die der Innenseite des Wagens zugewandt sind. Sie sind nicht mit den Nachstellschrauben (liegen auf halber Höhe) für die Bremsbacken zu verwechseln.

Schalthebel justieren

Wenn man nicht ganz glücklich über die etwas indirekt und manchmal weich wirkende Schaltung ist, zumal wenn sich nicht immer gleich der gewünschte Gang einlegen läßt, muß man sich vor Augen halten, daß die Schalterei bei Heckmotorwagen immer etwas problematisch ist. Immerhin muß ja ein weiter Weg zu dem im Heck liegenden Schaltgetriebe überbrückt werden, wobei die Schwierigkeit darin besteht, daß die heute übliche weiche Motoraufhängung nicht zu der mehr oder weniger starren Schaltstangenführung paßt.
Wir möchten raten, bei Schaltschwierigkeiten die Werkstatt aufzusuchen, da man schon sehr viel Erfahrung haben muß, um hier selbst etwas ausrichten zu können. Für die Praktiker sei eine Möglichkeit, zu etwas besseren Ver-

hältnissen zu kommen, wenn sich ein Gang nicht einlegen läßt, nachstehend kurz beschrieben.

Soweit sich die Schalthebelstellung unmittelbar auf die Getriebefunktion auswirkt, läßt sich der Schalthebel neu justieren. Abdeckblech unten am Wagen abschrauben, beim NSU 1000 Heizschlauch entfernen, um an das Klemmstück für die Schalthebel-Justierung heranzukommen.

Längeneinstellung der Schaltstange: Schalthebel muß in Leerlaufstellung genau senkrecht stehen bei gleichem Spiel. Ist dieses nicht gleichmäßig, Klemmstück lösen und soweit verschieben, bis das gleiche Längsspiel um die Mittelstellung erreicht ist. Danach Klemmstück festziehen.

Schalthebel-Führungsplatte (innen im Wagen) in der vorgeschriebenen Leerlaufstellung nach links bis zum Anschlag schieben. Dann 2. Gang einlegen. Der Schalthebel muß dabei senkrecht stehen, Spiel nur nach rechts, wobei sich eine leichte Neigung des Hebels nach rechts ergibt. Alle Gänge einschließlich Rückwärtsgang müssen sich leicht einlegen lassen. Läßt sich z. B. der Rückwärtsgang aus der Grundeinstellung nicht ohne weiteres einlegen, Führungsplatte nach Lösen der beiden Befestigungsschrauben etwas nach rechts schieben. Dabei neigt sich dann der Schalthebel im 2. Gang noch mehr nach rechts.

Fingerzeige: *Man schont die Synchronisation des Getriebes, wenn man in der kalten Jahreszeit auf den ersten Kilometern den Schalthebel nicht durchreißt. Das Getriebeöl, das ja auch zwischen den Teilen der Synchroneinrichtung zirkuliert, ist dafür noch zu dickflüssig.*

Weil das Synchronisieren auf Reibung beruht, sind fremde Ölzusätze für das Getriebeöl nicht angebracht. Diese Zusätze sollen meistens die Reibung herabsetzen, was genau entgegengesetzt dem Prinzip der Synchronisation ist. Andererseits können durch Ölzusätze die Synchronringe verkleben, was ebenfalls die Leistungsfähigkeit der Synchronisation beeinträchtigt oder sogar aufhebt.

Bleibt man im Schnee oder Morast stecken, ist es schädlich für die Zahnräder im Differential, wenn man ein Hinterrad zu lange im Stand durchdrehen läßt. Pause einlegen bzw. Versuch früh genug abbrechen. Evtl. hilft es für besseres Anfahren, die Handbremse dabei leicht zu ziehen.

Die Selektiv-Automatik

Offiziell ab Juni 1970 – bei einigen Exemplaren schon früher – wurde beim NSU 1200 C eine Getriebeautomatik eingeführt, bei der allerdings ein Weiterschalten der einzelnen Fahrstufen (Gänge) von Hand vorgenommen werden muß. Deswegen bezeichnet man sie auch als Halb- oder Wahlautomatik. Das Kupplungspedal fehlt bei den mit einer Automatik ausgerüsteten Wagen. Die Funktion der Kupplung wird durch einen hydrodynamischen Drehmomentwandler ersetzt, der auch den 1. Gang im Getriebe überflüssig macht. Das Getriebe mit Wahlautomatik besteht also praktisch nur aus 3 Gängen.

Die Funktionsweise ist folgende: Fest verbunden mit dem Motor ist ein sogenanntes Pumpenrad (eine Art Propeller), das sich in einem Gehäuse mit Automatik-Flüssigkeit befindet. Beim Starten des Motors beginnt sich das Pumpenrad zu drehen. Die dadurch in Drehbewegung versetzte Flüssigkeit versucht nun, ein zweites in dem Gehäuse untergebrachtes Flügelrad – Turbinenrad – mitzunehmen und zu drehen. Dieses Turbinenrad ist über das Zahnradgetriebe mit den Antriebsrädern verbunden.

Da die Drehkraft oder besser das Drehmoment des Pumpenrades allein zum Bewegen des Turbinenrades und der Antriebsräder nicht ausreicht, ist zwischen Pumpen- und Turbinenrad noch ein drittes, sogenanntes Leitrad angeordnet, das Drehmoment zu verstärken. Damit wäre jedoch eine vollständige Trennung von Motor und Getriebe – für das Schalten einer gewünschten Fahrstufe – nicht möglich. Deswegen ist noch eine herkömmliche Reibungskupplung vorhanden, die den Kraftfluß so lange unterbricht, wie geschaltet wird. Zum Anfahren ist diese Kupplung nicht nötig, das übernimmt der hydraulische Drehmomentwandler. Die Kupplung ist nur zum Trennen beim Schalten da. Die Kupplungsfußkraft wird durch ein Unterdruckgerät („Servomotor") ersetzt. Der Unterdruck wird über eine Schlauchleitung dem Saugrohr des Vergasers entnommen, woraus hervorgeht, daß diese Anlage nur bei laufendem Motor funktioniert.

Wenn man bei laufendem Motor eine der Fahrstufen (1-2-3 oder R) einschaltet, wird über einen elektrischen Kontakt im Griff des Schalthebels der Servomotor betätigt und die Reibungskupplung trennt den Kraftfluß zwischen Motor und Getriebe. Lassen Sie nach dem Einlegen der Fahrstufe den Wählhebel los, wird der Kraftfluß geschlossen.

Die Fahrstufe 1 benötigt man nur zum Anfahren am Berg bzw. um die volle Bremswirkung des Motors an steilen Gefällen zur Verfügung zu haben. Sie reicht bis 54 km/h; der 2. Fahrbereich ist bis 97 km/h ausnutzbar. Beim Parken muß die Handbremse fest angezogen werden, da der Leerlauf des Motors einen gewissen Kraftfluß in dem Automatik-Getriebe verursacht und der Wagen „kriechen" würde.

Die Getriebeübersetzungen in der Selektiv-Automatik:

1. Stufe 2,995:1	3. Stufe 1,095:1
2. Stufe 1,679:1	Rückw. 3,845:1

Die Leerlaufdrehzahl soll – bei der Ausrüstung mit Selektiv-Automatik – 960 U/min ± 50 U/min betragen.

Getriebeölwechsel

Entgegen dem Inspektionsplan im Kundendienst-Paß, der für den NSU 1200 C-Automatik einen Ölwechsel in dem Selektiv-Getriebe für alle 15 000 km vorschreibt, ist ein noch etwas kürzerer Turnus zweckmäßig. Empfehlenswert ist ein Ölwechsel etwa alle 10 000 km. Die Gesamtölmenge in der Automatik beträgt 4 Liter, die Wechselmenge jedoch nur 2 Liter. Es darf nur Hypoidgetriebeöl SAE 80 MIL – L – 2105 verwendet werden.

Störungen bei der Selektiv-Automatik

Ist die Funktion der Getriebe-Automatik am NSU 1200 C gestört, wird man in den meisten Fällen eine Werkstatt aufsuchen müssen. Hier einige Störungsmöglichkeiten und ihre Ursachen:

- Kupplung kuppelt nicht ein. Masseschluß der Leitung zum Wählhebel; oder Kontakt im Wählhebel verschmort; evtl. Steuermagnet defekt (austauschen).
- Kupplung rutscht beim Beschleunigen. Kupplungsgestänge falsch eingestellt.
- Kupplung trennt nicht einwandfrei. Wählhebelkontakt falsch eingestellt; oder Unterdruckleitung undicht (oder deren Anschlüsse). Letzteres kann auch zu Stillstand des Motors führen.

Weitere Störungsquellen: Ölmenge im Wandlerkreislauf zu gering; Wandleröl-Umlauf gestört; Sicherung defekt oder oxydiert.

Vier Räder mit guter Führung

Das Fahrwerk des Wagens ist, was das Abschmieren betrifft, für den 1200/110 völlig wartungsfrei. Beim NSU 1000 sind noch zwei Schmierstellen für die Achsschenkelbolzen der Vorderräder zu versorgen. Sonst werden im Rahmen des vom Werk empfohlenen Wartungsdienstes nur noch sämtliche Schrauben auf festen Sitz überprüft.

Die Vorderachse

An dieser hat sich im Laufe der Zeit immer wieder etwas geändert. Geblieben ist jedoch die grundsätzliche Anordnung der sogenannten Radführung oder auch Radaufhängung genannt. Jedes Rad ist an zwei übereinanderliegenden Querlenkern aufgehängt. Die Abfederung geschieht durch eine Schraubenfeder, die unten über einen Federteller mit dem unteren Querlenker und oben mit dem schwanenhalsgleich heraufgezogenen Vorderachsquerrohr verbunden ist. In der Feder steht der Stoßdämpfer. Ab 1965: Die Feder steht auf einem Federteller des Stoßdämpfers (Federbein). Während ganz früher der obere Querlenker gegen einen warzenförmig herausragenden Gummipuffer anstieß, wenn ganz eingefedert wurde, ist dieser später über den Stoßdämpfer gesetzt worden. Das Dämpferrohr legt sich oben gegen das Gummi, wodurch einmal ein Endanschlag entsteht und zum anderen noch eine Zusatzfederung gebildet wird.

Mit dem Typ 110 wurde die aufwendige und wartungsbedürftige Achsschenkellagerung der Vorderräder aufgegeben. Bei dieser Lagerung verband ein senkrecht stehender Achsschenkelbolzen den oberen und unteren Querlenker mit der Radnabe. Beim 1200/110 treten an Stelle des Achsschenkelbolzens oben und unten je ein wartungsfreies Kugelgelenk. Diese haben verschleißfeste Kunststoffschalen, in denen der Kugelkopf beweglich ge-

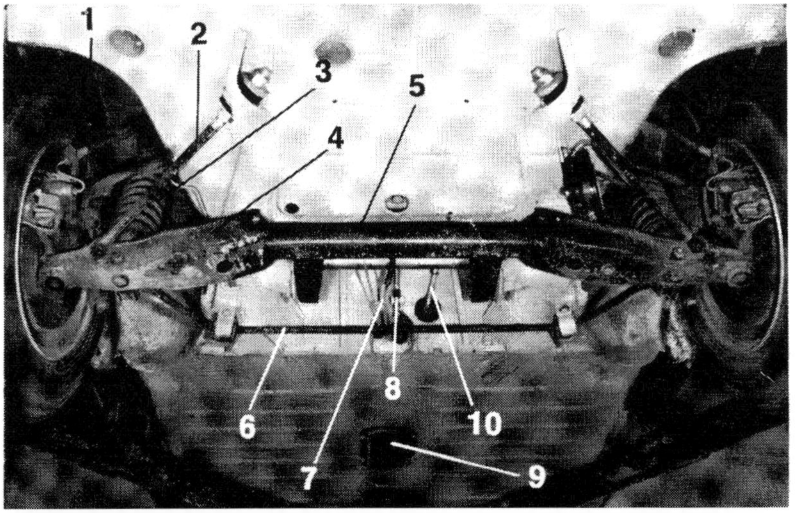

Die Vorderachse des Typ 110 (siehe auch Zeichnung S. 223). Die Zahlen bedeuten: 1 - Bremsschlauch zur Scheibenbremse, 2 - Zugstrebe für unteren Querlenker, 3 - Schraubenfeder für Abfederung, 4 - unterer Querlenker, 5 - Vorderachstragrohr, 6 - Querstabilisator, 7 - Kraftstoffschlauch, 8 - Gaszug-Betätigung, 9 - Abdeckblech für Getriebe, 10 - Kupplungsbetätigung. Die Vorderachse der 1000er-Typen ist im Prinzip gleich, doch sind unterer und oberer Querlenker durch Achsschenkelbolzen verbunden, die abzuschmieren sind. Bei den 1000ern fehlt auch die Zugstrebe (2), da die unteren Querlenker breiter sind.

lagert ist. Eine Fettdauerfüllung sorgt für Schmierung und Abdichtung gegen Nässe. Beim genauen Hinsehen wird man Gummischutzkappen entdecken, die das Fett festhalten sollen. Dieses Gummi darf nicht beschädigt werden. Wenn die Vorderachse beim Federn oder Lenken knarrt oder quietscht, kann dies an defekten Kugelgelenken (Traggelenken) oder Spurstangengelenken liegen. Zu reparieren ist dabei nichts, die Gelenke müssen ausgetauscht werden.
Geändert wurde beim 1200/110 auch die Lage der Zahnstangenlenkung, die hinter dem Vorderachsrohr liegt. Ferner erhielt der untere, wegen der Karosserieänderungen schmäler gewordene Querlenker eine zusätzliche Strebe, die schräg nach vorn verläuft und die Vorderradführung angesichts der höheren Fahrleistungen stabiler machen soll.

Der Stabilisator

Beim 1200/110 wanderte der Stabilisator hinter den Vorderachskörper. Warum überhaupt Stabilisator? Er erfüllt einen wichtigen Zweck. Er soll bei der Kurvenfahrt die stärker belastete kurvenäußere Feder verstärken helfen. Das kurvenäußere Rad federt nämlich ein und das kurveninnere hebt sich aus den Federn, dadurch wird das eine nach vorn gebogene Ende des Stabilisators nach oben und sein anderes Ende nach unten gedrückt. Ergebnis: Der Stab wird verdrillt. Deswegen nennt man ihn gelegentlich auch Torsionsstabilisator. Bei der Geradeausfahrt tritt er nicht in Aktion, wenn beide Kurbelenden gleichzeitig auf- und abschwingen. Durch den Stabilisator wird die Querneigung in Kurven vermindert und das Übersteuern – Nachaußendrängen des Wagenhecks – reduziert.

Schrauben und Muttern der Vorderachse nachziehen

Pflegearbeit Nr. 26

Die Befestigung des zu beiden Seiten hochgezogenen Vorderachstragrohres an der Karosserie muß geprüft werden. Dazu im vorderen Fußraum vorn die Abdeckmatten zurückschlagen. Dann werden vier Befestigungsschrauben sichtbar, die auf festen Sitz zu prüfen sind. Gemeinsam ist allen Typen die Befestigung des Tragrohres mit je zwei Schrauben innen oben im Radkasten. Desgleichen sind auch alle anderen erreichbaren Schrauben und Muttern an der Vorderachse zu kontrollieren, also die von den Querlenkern, Stoßdämpfern, Stabilisator und Zugstrebe (1200/110).
Auch die einwandfreie Versplintung zur Sicherung der Kronenmuttern darf man nicht übersehen, diese sind je nach Modell an verschiedenen Stellen zu finden. Beim 1200/110 z. B. an den Kugelgelenken für den Achsschenkel (Traggelenke). Auch die Befestigung für das Signalhorn bei dieser Gelegenheit prüfen.

Radlager auf Lauf und Spiel prüfen

Pflegearbeit Nr. 37

Den Wagen entsprechend hochbocken, damit das Vorderrad frei laufen kann. Rad mit Hand drehen und laufen lassen. Sind auffallende mahlende Geräusche hörbar? Ist das der Fall, sollte man der Werkstatt Bescheid sagen. Etwaiges nicht einwandfreies Lagerspiel muß beim NSU 1000/TT durch Erneuern der Radlager (nicht einstellbares Radiax-Lager) beseitigt werden. Man soll das Rad ferner oben und unten (nicht seitlich) packen und prüfend hin- und herkippen. Auf diese Weise läßt sich Lagerspiel feststellen, doch kann „Lagerluft“ auch von schon ausgeschlagenen Spurstangen-Gelenken herrühren. Zu dieser Prüfung gehört also schon einschlägige Erfahrung, zumal

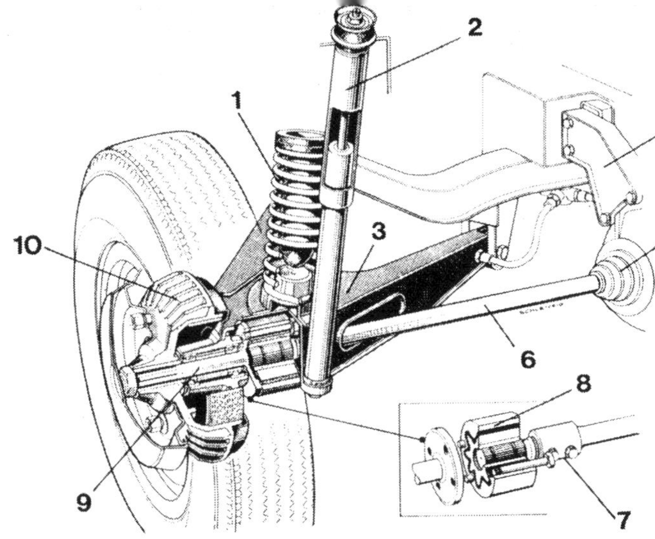

So ist die Hinterachse aufgebaut. Die Zahlen bedeuten: 1 - Schraubenfeder zur Abfederung, 2 - Stoßdämpfer, 3 - Schräglenker, 4 - vordere Motoraufhängung, 5 - Differential, 6 - Antriebshalbwelle, 7 - Kupplungsstück zwischen Antriebswelle und 8 - Gummi-Sternkupplung, 9 - Radlager, 10 - Bremstrommel.

sich Lagergeräusche schon bemerkbar machen können, ehe mögliches Lagerspiel durch Kippspiel des Rades erkennbar wird. Der 1200/110 hat einstellbare Schrägrollenlager. Radnabenkappe entfernen, Klemmschraube für Achsmutter lösen und diese auf spielfreien Radlauf anziehen.

Die Hinterachse

Wenn man von den Gummi-Sternkupplungen an den Antriebswellen absieht, ist die Hinterachse im wesentlichen unverändert geblieben. Die zu starker Übersteuerung neigende Pendelachse des Prinz 4 hat man bei den Vierzylinderwagen verlassen und statt dessen sogenannte Schräglenker verwendet. Bei diesen sind Änderungen der Spurbreite beim Ein- oder Ausfedern nicht so stark, auch behalten die Hinterräder im wesentlichen ihren Sturz (Winkelabweichung von der Senkrechten) bei, so daß die Seitenführung in der Kurve besser ist.

Zwischen den Schräglenkern und dem Karosserieboden sitzen zur Abfederung Schraubenfedern. Ein oberer Gummianschlag dient als Zusatzfederung bei voller Belastung. Die Stoßdämpfer stehen hinter den Federn, was einen längeren Hub und leichteren Ausbau vermittelt. Die Federung des 1200/110 ist gegenüber den anderen Modellen etwas weicher und langhubiger geworden.

Diesen Blick auf sein Auto von unten auf die Hinterachse hat man nicht alle Tage. Es bedeuten: 1 - Auspuffschalldämpfer, 2 - hintere Motorlagerung (an Querrohr, dieses ist links und rechts über Gummilager mit der Karosserie verbunden), 3 - Schaltgetriebe mit Ablaß, 4 - Lagerung für Schräglenker, 5 - Heizschlauch, 6 - rechter Schräglenker, 7 - Motorölwanne mit Ablaß, 8 - Schraubenfeder zur Abfederung, 9 - Stoßdämpfer.

Schrauben und Muttern an Fahrwerk und Motor nachziehen

Pflegearbeit Nr. 27

Zum Fahrwerk gehört auch die Vorderachse, die ja in dieser Beziehung schon in diesem Kapitel erwähnt wurde. Auch die Befestigungsstellen der Teile der Hinterachse sind auf festen Sitz zu prüfen (Schräglenker-Befestigung). Das geht am besten, wenn der Wagen auf der Hebebühne steht, etwa an einer Tankstelle. Bei nur mit dem Wagenheber aufgebocktem Wagen möchten wir von dieser Arbeit abraten. Denn man muß ja einigen Zug ausüben, wenn man die in Frage kommenden Schrauben nachzieht, und dabei braucht der Wagen einen stabilen Stand.

Was den Motor betrifft, so sei auch auf den Punkt „Motor auf Dichtheit prüfen" hingewiesen (Kapitel „Der Motor Teile-weise"), wo angegeben wurde, was alles nachzuziehen ist. Hier handelt es sich jedoch im wesentlichen um die einwandfreie Motoraufhängung hinten am Querrohr und vorn in der Mitte unter dem Wagen. Aber auch die Befestigung des Querrohres an der Karosserie ist zu kontrollieren (Schlüsselweiten 13, 17 und 19 mm).

Die Stoßdämpfer

Die hydraulisch wirkenden Stoßdämpfer sind wartungsfrei, an ihnen läßt sich nichts pflegen oder reparieren. Man sollte allerdings ihre Befestigung hin und wieder prüfen. Gelegentlich abgenommener Räder oder entlasteter Achsen läßt sich durch Rütteln feststellen, ob sie fest in ihrer Aufhängung sitzen und nicht klappern. Auf Feuchtigkeitsspuren achten. Geringe Leckverluste wiegen nicht schwer, da die Flüssigkeits-Reserve im Dämpfer im allgemeinen ausreicht. Bei größeren Verlusten müssen die Stoßdämpfer ausgetauscht werden. Dämpferflüssigkeit läßt sich nicht nachträglich auffüllen.

Stoßdämpfer können aus 2 Gründen klappern: Wenn die Gummilager für ihre Befestigung gealtert (verhärtet) oder gerissen sind oder wenn die hydraulische Flüssigkeit ausgelaufen ist. Der erste Fall ist häufiger.

Prüfen auf Wirksamkeit

Das Prüfen eines ausgebauten Dämpfers von Hand gibt nicht unbedingt Aufschluß über dessen Wirksamkeit. Allenfalls läßt sich feststellen, ob er ein Totalausfall ist oder nicht. Dazu steckt man durch sein oberes und unteres Auge ein Werkzeug (z. B. kräftige Schraubenzieher), stellt sich mit beiden Füßen auf das untere und versucht mit dem oben eingesteckten den Dämpfer hochzuziehen und zusammenzudrücken. Registriert man dabei „toten Gang" oder „Leerhub", ist der Dämpfer nicht mehr verwendungsfähig. Bei der Prüfung von Hand muß er aufrecht stehen.

Überbeanspruchte Dämpfer werden schnell heiß, lassen damit in ihrer Wirkung nach, sofern sie nicht defekt werden (die Dichtungen gegenüber der hydraulischen Flüssigkeit werden bei zu starker Erwärmung zerstört). Die Überlastung liegt darin, wenn auf schlechter, schlaglochreicher Straße langanhaltend schnell gefahren wird. Defekte Stoßdämpfer verschlechtern die Straßenlage: Das betreffende Rad springt.

Weil Stoßdämpfer nicht plötzlich auszufallen pflegen, gewöhnt man sich als Fahrer meistens daran, daß der Wagen allmählich schlechter liegt und die Federung ungünstiger wird. Deswegen ist die erwähnte Kontrolle im Stand von einiger Wichtigkeit.

Stoßdämpfer auswechseln

NSU 1000 mit Vorderachse ohne „Federbein" (Schraubenfeder unten auf Querlenker aufliegend): Obere Befestigungsmutter lösen (mit Schraubenzieher gegenhalten), im unteren Querlenker Lagerbolzen lösen und herausziehen. Der Stoßdämpfer läßt sich dann nach unten herausnehmen. Bei

Zur Prüfung der Stoßdämpfer während der Fahrt gehört große Erfahrung. Die Standkontrolle ist einfacher: Wagen am betreffenden Kotflügel aufschaukeln und plötzlich loslassen. Die Federbewegung müßte sofort gedämpft werden. Schaukelt der Wagen weiter, ist der Stoßdämpfer mit Sicherheit defekt. Technisch genauere Stoßdämpferprüfung durch den sogenannten Shocktester, der eine zuverlässige Kontrolle der eingebauten Stoßdämpfer ermöglicht.

späteren 1000er-Modellen geht es nicht mehr so einfach, weil dort vorher der untere Querlenker am Achsschenkel abgenommen werden muß.

Auch beim 1200/110 ist der Ausbau der vorderen Stoßdämpfer recht kompliziert: Zugstrebe vom unteren Querlenker lösen; Stabilisator am Karosserieboden abschrauben; Sechskantschraube für unteren Querlenker (innen) lösen, aber nicht entfernen; Mutter für unteres Traggelenk entsplinten und entfernen; Traggelenk mit einer Abdrückvorrichtung auspressen; Lagerschraube für Stoßdämpfer unten und äußere Befestigungslager für den Stabilisator entfernen; unteren Querlenker mit Wagenheber abstützen und obere Stoßdämpferbefestigung lösen; Wagenheber ablassen; Achsschenkel (Radnabe) nach außen ziehen und Stoßdämpfer nach unten wegnehmen. Beim Einbau des neuen Dämpfers kann man einen alten Bremsschlauch über die Kolbenstange des Dämpfers ziehen, damit man ihn nach oben besser „einfädeln" kann. Dann wieder den Querlenker abstützen, damit der Stoßdämpfer oben befestigt werden kann. Alles in allem: Werkstattsache.

Die hinteren Stoßdämpfer baut man aus, indem man vorher den Schräglenker der betreffenden Seite mit einem Wagen abstützt. Dann wird der Dämpfer oben (im Motorraum) und unten gelöst, der Schräglenker abgelassen und der Dämpfer herausgenommen. Schlüsselweiten SW 13 und 17.

Verbesserte Straßenlage

Im allgemeinen sind serienmäßige Stoßdämpfer, da sie in der Herstellung nicht viel kosten dürfen, nicht der Weisheit letzter Schluß in bezug auf Haltbarkeit (Dichtigkeit) und Wirksamkeit. Wer viel und schnell fährt, sollte überlegen, ob er sich nicht andere Dämpfer einbaut. Wir denken hierbei an die verstellbaren holländischen Koni- oder Wito-Dämpfer. Sie sind im Zubehörhandel erhältlich.

Die Straßenlage kann auch durch Tiefersetzen des Wagens verbessert werden (für Wettbewerbe). Hinterachse NSU 1000: Einbau der Feder des 1000 TT (Nr. 67-57-00-024) und Verwendung des Gummitellers oben (47-57-00-026) ohne Zwischenlage der Gummidistanzscheibe. NSU 1000 TT: Entfernen der Gummidistanzscheiben unter jeder Feder. Hierdurch erhält die Hinterachse einen Sturz von etwa null Grad. Vorderachse 1000 und 1000 TT: Kürzen der Federn um eine Windung (= 20 bis 25 mm der Gesamtlänge). Damit die Reifen nicht am Radausschnitt scheuern, muß die Vorderachslast etwas vermindert werden (entsprechend 4 Personen ohne Gepäck).

Erst sehen, dann drehen

Während man bei den meisten anderen Personenwagen ein Lenkgetriebe verwendet, um die Lenkrad-Drehbewegung in eine hin- und hergehende Bewegung der Spurstangen umzuwandeln, besorgt das beim Prinz eine sogenannte Zahnstangenlenkung. Sie nimmt weniger Platz weg und läßt sich einfacher herstellen.

Das Prinzip dieser Zahnstangenlenkung ist einfach: Am Lenkrohr (die Lenksäule, auf der das Lenkrad sitzt) befindet sich unten ein kleines Zahnrad (Ritzel), das in eine Zahnstange eingreift. Wird das Lenkrad gedreht, wird die Zahnstange nach links oder rechts verschoben. Die Zahnstange ist gelenkig mit kurzen Spurstangen verbunden und diese wiederum mit den Vorderrädern. Das Gehäuse, in dem sich die Zahnstange bewegt, ist durch zwei Haltebügel mit dem Vorderachstragrohr verbunden. Das Gehäuse wird werksseitig mit Hochdruckschmierfett gefüllt und ist in dieser Hinsicht wartungsfrei. Bei der Inspektion wird das Lenkungsspiel nicht mehr geprüft, wie es turnusmäßig beim Prinz 4 geschieht.

Lenkungsspiel prüfen

Die Lenkung darf kein Spiel aufweisen. Wenn das Lenkrad bewegt wird, muß sich das ohne Spiel (ohne „toten Gang“) sofort auch auf die Räder übertragen. Dabei das linke Vorderrad beobachten: Man stellt sich neben den Wagen und bewegt die Lenkung. Da der Reifen elastisch ist, wird er zunächst einen Teil des Einschlages „schlucken“, ehe er sich mit dem Rad bewegt. Die Felge muß auf jeden Fall gleich einen Einschlag zeigen. Wie bei allen mechanischen Teilen des Wagens nutzen sich allmählich auch

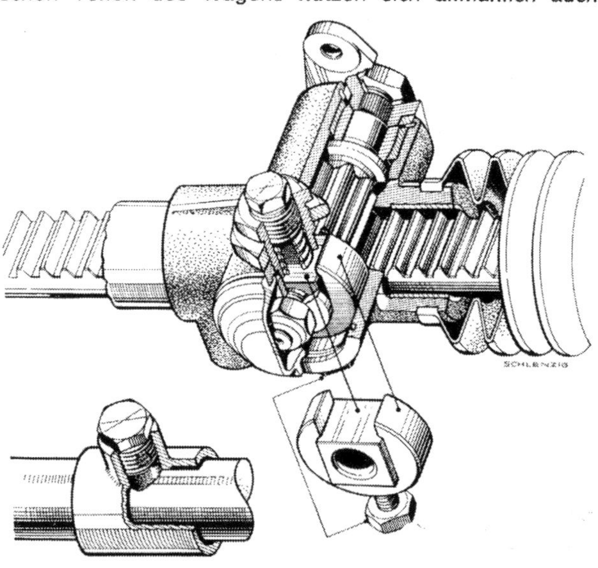

Schnittbild der oben näher erklärten Zahnstangenlenkung. Das Ritzel (das kleine in der Zahnstange kämmende Zahnrad) ist oben, wo es über das Lenkrohr mit dem Lenkrad verbunden wird, schwenkbar gelagert. Dadurch kann es mit einer Feder (unter dem Nachstell-Sechskantkopf) fest gegen die Zahnstange gedrückt werden, wodurch beim 1200/110 Verschleiß selbsttätig ausgeglichen wird. Beim 1000/TT muß nachgestellt werden. Unten links die Nachstell-Vorrichtung der Zahnstange rechts außen im Führungsrohr.

Der weiße Pfeil weist auf die Nachstell-Mutter der Lenkung beim 1200/110 hin, an die man von unten herankommt. An der kräftigen Strebe ist das Lenkgehäuse mit dem Vorderachsrohr verbunden. Mit dem Schraubenzieher wird auf einen unteren Gewindestift gezielt, doch geschieht das Nachstellen hier in der Werkstatt, der man es auch überlassen sollte.

Ritzel und Zahnstange ab. In diesem speziellen Fall wird ein Nachstellen erforderlich. Der größte Verschleiß stellt sich dabei immer im Mittelbereich der Lenkung ein. Wenn ein Nachstellen erfolgt, muß daher unbedingt geprüft werden, ob sich die Lenkung bzw. die Zahnstange über den gesamten Lenkradeinschlag noch gut frei bewegen läßt, also nicht klemmt. Bei der Zahnstangen-Lenkung ist es nicht wie bei anderen Lenkgetrieben, daß das Spiel mit zunehmendem Radeinschlag größer wird.
Das Nachstellen der Lenkung ist Werkstattsache. NSU 1000: Vorn im Gepäckraum die Abdeckung herausnehmen. Dann wird eine über dem Lenkgehäuse befindliche Gummiabdeckung aus dem Gepäckraumboden entfernt. Mit einem gekröpften Ringschlüssel (SW 22) erreicht man nun die Kontermutter für einen Einstellbolzen des Ritzels. Dieser wird verstellt, und zwar langsam so weit nach rechts, bis die Lenkung – nach immer wieder erfolgender Überprüfung – wieder ohne Spiel ist. Allerdings darf die Lenkung nicht zu schwergängig werden, sonst wird das Ansprechen der Lenkung in Frage gestellt, auch wird der Nachlauf der Vorderräder behindert (Räder kommen nicht von selbst in Geradeausstellung zurück). Das Gefühl für die richtige Einstellung wird erhöht, wenn der Wagen mit beiden Vorderrädern hochgebockt wird. Nach beendeter Einstellung muß die Kontermutter wieder fest angezogen werden, damit kein selbsttätiges Verstellen erfolgt.
Ferner sind außen am Lenkgehäuse Einstellschrauben für die Zahnstange angebracht, um deren Verschleiß auszugleichen. Beim 1200/110: Nachstellschraube unten nur Grobeinstellung, oben Feineinstellung (flache Ringschlüssel). Der Wagen muß einwandfrei aufgebockt sein, daher sollte man damit in die Werkstatt gehen, schon aus Gründen der Verkehrssicherheit.

Vorspur nachmessen

Pflegearbeit Nr. 36

Jedes der beiden Vorderräder hat die Tendenz, nach außen wegzulaufen, hervorgerufen durch ihre Schrägstellung (Sturz, Erklärung folgt) und durch den Fahrwiderstand. Um das zu verhindern, stellt man sie vorn näher zusammen als hinten. Sie laufen also sozusagen aufeinander zu. Ist die Vorspur zu groß oder zu klein, verschleißen die Reifen schneller, auch wirkt es sich ungünstig auf das Lenkverhalten aus. Der Abstand der Vorderräder voneinander wird an den Felgen gemessen. Sie müssen bei leerem Wagen vorn 2 bis 2,5 mm näher zusammenstehen als hinten. Die Vorspur kann exakt nur in der Werkstatt gemessen und eingestellt werden.

Bei diesen kleinen Millimeterwerten versagt nämlich meistens die selbst vorgenommene Messung: Gerade Leisten beidseitig außen an die Felgen legen und deren Abstand jeweils vor und hinter dem Rad mit Meterstab messen.
Bei der Vorspurmessung muß der Wagen auf einer absolut ebenen Fläche stehen, der Reifendruck muß stimmen und der vordere Gepäckraum ist mit etwa 60 kg zu belasten. Auch der Tank muß gefüllt sein bzw. die Fehlmenge muß gewichtsmäßig ausgeglichen sein.
Auch die Einstellung der Vorspur sollte der Werkstatt überlassen bleiben, wie man überhaupt von praktischen Arbeiten an der gesamten Lenkung im Interesse der Fahrsicherheit besser die Hände läßt. Die Werkstatt löst, um die Vorspur richtig einzustellen (z. B. nach Hindernisberührungen, heftiger Bordsteinberührung) an der linken Spurstange Gegenmutter und Mutter. Dann verdreht sie das Mittelstück der Spurstange entsprechend. Wenn man sich schon einmal die Teile der Lenkung betrachtet, sollte man auch auf einwandfreien Sitz der beiden Gummi-Faltenbälge achten, die zu beiden Seiten des Lenkgehäuses die Zahnstangen-Endstücke abdecken.

Die Spurstangen

Nach und nach hat es sich fast überall eingeführt, die Spurstangen-Gelenkköpfe wartungsfrei zu machen, und so ist es auch hier. Die Kugelköpfe werden von Kunststoff-Schalen eingefaßt. Diese sind so beschaffen, daß sie Vibrationen und kleine Ausschläge elastisch mitmachen, für größere Ausschläge (durch Lenkung und Federung) aber genügend abriebfest sind. Eine Fett-Dauerfüllung unterstützt die Schmierung, soll aber vor allem gegen das Eindringen von Schmutz, Wasser und Salz schützen. Im allgemeinen machen die wartungsfreien Spurstangengelenke keinen Kummer mehr. Rückschläge sind aber möglich und kündigen sich durch Knarren und Quietschen an. Dann muß die betreffende Spurstange komplett ausgewechselt werden.
Ausgeschlagene Spurstangengelenke haben Spiel in senkrechter Richtung. Gelegentlich muß überprüft werden, ob die Gummibälge, die an den äußeren Spurstangengelenken die Fettfüllung enthalten, nicht verletzt sind. Dann müssen sie erneuert werden. Bei Arbeiten an der Vorderachse dürfen sie nicht gewaltsam mit Werkzeug berührt werden. Sämtliche Spurstangen lassen sich nur mit besonderen Kugelbolzen-Abziehern ausbauen, also Werkstattsache.

Lenkradausbau

Das ist an sich nur erforderlich, wenn man z. B. die Schalter für Licht und Blinker an der Lenksäule ausbauen möchte. Zunächst den Zierring bzw. das Wappen in der Lenkradnabe vorsichtig abhebeln (kleinen Schraubenzieher).

In der Mitte des Bildes das wartungsfreie Gelenk, das die Spurstange (von rechts kommend) mit dem Rad verbindet. In der Mitte des Gelenkes eine Gummikappe, die das für die Schmierung nötige Fett als Dauerfüllung enthält. Das Gummi darf nicht beschädigt werden. Man blickt hier von hinten auf die linke Scheibenbremse des 1200/110.

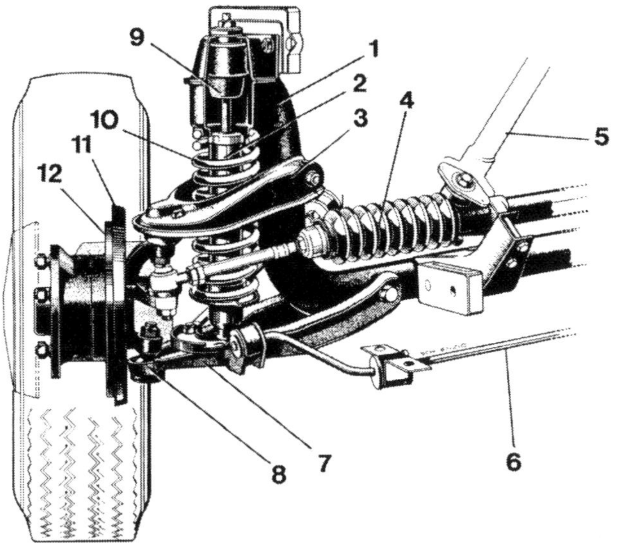

Hier erkennt man die Lage der im Text beschriebenen Zahnstangenlenkung (Position 4). Im übrigen läßt diese Zeichnung die Vorderachse des 1200/110 gut erkennen: 1 - Vorderachstragrohr, 2 - Stoßdämpfer, 3 - oberer Querlenker, 4 - Gummibalg zum Schutz der Verbindung Lenkgehäuse–Spurstange, 5 - Lenkrohr zum Lenkrad, 6 - Querstabilisator, 7 - unterer Querlenker, 8 - unteres Traggelenk (neu mit dem Typ 110), 9 - Gummianschlag für Stoßdämpfer, 10 - Schraubenfeder, 11 - Abschirmblech für Bremsscheibe, 12 - Bremsscheibe.

Dann Hupring abschrauben (beim 110 vorher Polsterstreifen abziehen) und Kabel entfernen. Mit Steckschlüssel SW 24 die Lenkradmutter abschrauben und Lenkrad nach einigen nachhelfenden Schlägen mit der Hand nach oben abziehen. Beim Einbau ist darauf zu achten, daß das Lenkrad bei genau geradeaus gestellten Vorderrädern aufgesetzt wird. Die beiden Lenkradspeichen müssen genau ausgemittelt sein. Mehr darüber auf Seite 114.

Sturz und Nachlauf

Mit Sturz bezeichnet man eine leichte Schrägstellung der Vorderräder. Sie stehen unten näher zusammen als oben, was verhindern soll, daß die Radlager einen zu starken Druck auf die Radlagermuttern ausüben. Der Sturz der Hinterräder ist nicht fest eingestellt, sondern je nach Wagenbelastung und Durchfederung verschieden.
Der sogenannte Nachlauf soll dafür sorgen, daß sich jedes Vorderrad nach Kurveneinschlag oder nach Federungsstößen, die das Rad aus der Richtung brachten, von selbst wieder in die Geradeausrichtung einstellt (geschlepptes Rad wie bei den kleinen schwenkbaren Teewagenrädern). Bewirkt wird das durch eine leichte Schrägstellung des Achsschenkelbolzens (um den sich das Rad beim Einschlag dreht) bzw. beim 1200/110 der Verbindungslinie der oberen und unteren Traggelenke gegen die Fahrtrichtung.
Vorderrad-Sturz und Nachlauf lassen sich nicht nachträglich verstellen. Treten größere Abweichungen von den konstruktiv festgelegten Werten (siehe Technische Daten) auf, können folgende Ursachen vorliegen: Schadhafte Gummizwischenlager, Verbiegung des Vorderachstragrohres, der Querlenker, Lenkhebel, Spurstangen oder Achsschenkel. Auch einseitig sich setzende (ermüdende) Federn können der Grund sein.

Fingerzeige: *Schwergängige oder ungleichmäßig ziehende Lenkung kann eine ganz harmlose Ursache haben: Zu tiefer bzw. ungleichmäßiger Reifendruck. Auch unterschiedliche Reifengröße, ungleichmäßige Reifenabnutzung oder ausgeschlagene Spurstangengelenke beeinflussen das Lenkverhalten. Trifft dies alles nicht zu, muß die Werkstatt für Abhilfe sorgen.*

Die Bremsen (2. Teil)

Mit Trommeln und mit Scheiben

Im 1. Bremsenkapitel hatten wir uns mit den reinen Sichtprüfungen beschäftigt. Hier kommen die Leute mit der praktischen Ader zu ihrem Recht. Dennoch wiederholen wir unseren Rat: In einigen Punkten kann bei der Bremsanlage die Werkstatt nicht übergangen werden. Das betrifft besonders alle Arbeiten an dem hydraulischen Teil der Anlage.

Aufbau der Bremse

Wie die hydraulische Bremse funktioniert, wissen Sie? Wenn der Fuß das Pedal niederdrückt, preßt eine vor dem Pedal liegende Verbindungsstange einen Kolben in den Hauptbremszylinder. Dadurch wird die Bremsflüssigkeit zu den Bremszylindern jedes Rades gedrückt. Dort geschieht das Umgekehrte: Die Flüssigkeit treibt die Kolben aus den Zylindern, womit die Bremsbacken gegen die Trommel bzw. die Bremsklötze gegen die Scheibe gedrückt werden. Wird das Pedal entlastet, bringen Rückzugsfedern die Backen und damit die Kolben wieder in die Ausgangsstellung. Die Vorder- und Hinterrad-Trommelbremsen des NSU sind Simplex-Bremsen, d. h. die beiden Bremsbacken werden von nur einem Radbremszylinder betätigt.

Bremsbacken nachstellen

(nur Trommelbremsen)
Pflegearbeit Nr. 8

Eines schönen Tages werden Sie das Gefühl haben, daß Ihr rechter Fuß das Bremspedal weiter als sonst durchtreten muß. Wenn Sie das merken, sind Sie ein technisch gefühlvoller Mensch. Normalerweise gewöhnt man sich an jede Veränderung, die sehr langsam vor sich geht.
Zwei Ursachen gibt es für den größeren Pedalweg: Der Belagverschleiß ist

Das Innere der Vorderrad-Bremse nach Abnahme der Bremstrommel: 1 – Bremsträgerplatte, 2 – obere Bremsbacke, 3 – oberer Nachstell-Exzenter, 4 – Rückzugfeder für die Bremsbacken, 5 – Radbremszylinder, 6 – unterer Nachstell-Exzenter, 7 – Achsschenkelzapfen (für Radlagerung), 8 – Bremsträgerschraube, 9 – Bremsbackenlagerung.

Die Hinterradbremse nach Abnahme der Bremstrommel. Die Zahlen bedeuten: 1 - vorderer Nachstell-Exzenter, 2 - Bremsträgerplatte, 3 - Radbremszylinder, 4 - Druckstange für Handbremsbetätigung, 5 - Nachstell-Exzenter für hintere Bremsbacke, 6 - Bremsträgerschraube, 7 - Handbremszug, 8 - Bremsbackenlagerung, 9 - vordere Bremsbacke, 10 - Radlagerzapfen.

soweit fortgeschritten, daß die Bremsbacken einen immer größeren Weg brauchen, bis sich ihr Belag an die Trommel anlegen kann — dann muß die Bremse am Rad nachgestellt werden. Die andere Ursache: Luft in den Bremsleitungen. Siehe Abschnitt „Entlüften".

Nachgestellt werden müssen nur Trommelbremsen. Bei den Scheibenbremsen erübrigt sich diese Wartungsmaßnahme.

Das Einstellen der Bremsen muß an allen vier Rädern erfolgen. Hierzu ist der Wagen an der jeweiligen Seite hochzubocken. Noch besser geht es auf einem Kreuzheber, der alle vier Räder freiläßt. Eingestellt wird an je zwei Sechskantköpfen (SW 17). Mit diesen Schraubenköpfen wird innerhalb der Bremse ein Exzenter verstellt, der je eine Bremsbacke näher an die Trommelbremsfläche bringt.

An den Vorderrädern sitzen die Schraubenköpfe oben und unten am Bremsträger, denn der Radbremszylinder steht hier jeweils senkrecht und die Backen sind waagrecht angeordnet.

An den Hinterrädern liegen die Verstellschrauben jeweils vorn und hinten. Hier liegt der Bremszylinder oben in der Trommel.

Der Gang der Handlung ist folgender:

- Wagen entsprechend hochbocken.
- Verstellschraube so weit verdrehen (in Richtung vom Radbremszylinder weg; dieser liegt dort, wo der Bremsschlauch in die Bremstrommel mündet), bis das Rad beim Durchdrehen zu schleifen anfängt (Belag ist in Kontakt mit Bremstrommel).

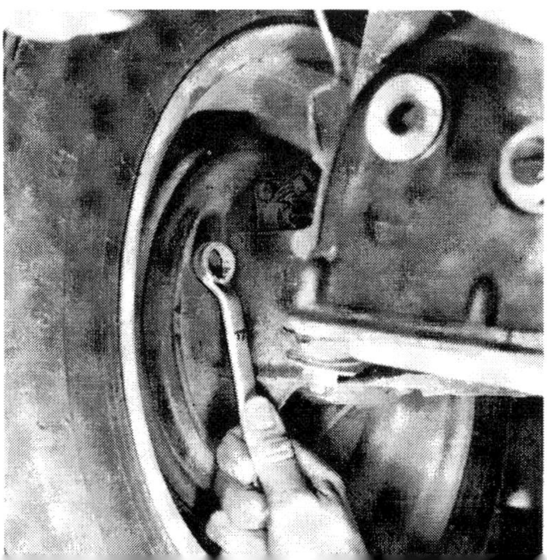

Hier wird an einer Hinterradbremstrommel die hintere Bremsbacke nachgestellt. Dazu wird ein passender Schlüssel (SW 17) auf den Sechskantkopf des Nachstell-Exzenters gesteckt.

■ Verstellschraube so weit lockern, bis Rad wieder frei ohne schleifendes Geräusch läuft.

■ Das gleiche an der anderen Verstellschraube für den anderen Backen wiederholen.

■ Die anderen drei Radbremsen in gleicher Weise einstellen.

Empfehlenswert: Während des Einstellens das Bremspedal mehrmals durchtreten, damit die Bremsbacken gleichmäßig zum Anliegen kommen. Zu großer Unterschied im Nachstellweg zweier Backen eines Rades darf nicht vorhanden sein, weil es auf zu ungleichmäßige Abnutzung der Beläge schließen läßt. Im allgemeinen nützen sich die stärker beanspruchten Beläge der Primärbacken stärker ab, also am Vorderrad die oberen und am Hinterrad die vorderen Beläge. Gleich nach dieser Einstellarbeit sollte eine Probefahrt unternommen werden, um die Bremsen zu prüfen.

Handbremse nachstellen

Wartungsdienst Nr. 8

Wenn der Handbremshebel mehr als drei Rasten angezogen werden muß, um den Wagen im Stand zu halten, ist die Handbremse nachzustellen. Dies ist nicht nur wegen fortschreitenden Belagverschleißes, sondern oft auch deswegen erforderlich, weil sich die Seilzüge mit der Zeit etwas längen.

Nicht zu übersehen unten am Wagen ist die aus einem Abdeckblech herausführende Betätigungsgewindestange, die mit dem Handbremshebel verbunden ist. An dieser sitzt der Ausgleichsbügel und an diesem die zu den beiden Hinterradbremsen führenden Drahtseile. Vor und hinter dem Bügel sitzt eine Mutter (SW 13). Zunächst die Handbremse um 2 oder 3 Rasten anziehen. Zum Nachstellen ist dann die vordere Mutter zu lösen, so daß der Bügel etwas nach vorn kommt, also im Sinne von Verkürzen des Handbremszuges, um dem Verschleiß der Bremsbacken zu entsprechen. Die andere Mutter muß nachgestellt werden, denn diese hält die erste Mutter auf ihrem Platz, dient also als Kontermutter.

Natürlich geht das Nachstellen am besten, wenn beide Hinterräder hochgebockt sind. Dann läßt sich beim Anziehen des Hebels prüfen, ob die Wirkung gleichmäßig ist. So wird es auch in der Werkstatt gemacht.

Bremstrommeln ausbauen

Die Bremstrommeln können nur mit Hilfe eines Bremstrommel-Abziehers abgenommen werden. Die Anschaffung dieses Gerätes lohnt sich aber nicht für den Eigenpfleger. Für den, den es interessiert, wie die Werkstatt bei dieser Arbeit vorgeht, sei sie nachstehend beschrieben:

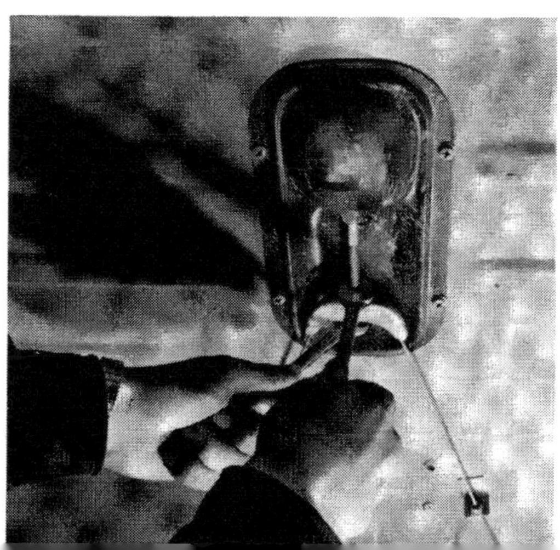

So stellt man die Handbremse nach. Der Wagen muß sicher aufgebockt sein, dann wird die Kontermutter (Haltemutter) gelöst und der Ausgleichsbügel für die beiden Bremsseile an der Gewindestange durch Verdrehen der Nachstellmutter etwas verschoben.

An allen Rädern Radkappen abnehmen und Radmuttern lockern. Wagen aufbocken und Radmuttern an betreffendem Rad lösen und Rad abnehmen. Hinterrad: Handbremse anziehen, Sicherung an Achsmutter entfernen, Achsmutter abschrauben, nun die Handbremse wieder lösen, Trommel mit Sondergerät abziehen. Bremsrückzugfeder aushängen, Bremsbacken unten aus Widerlager und oben aus Radzylinder heben, Handbremsseil aus Bremshebel an der Bremsbacke aushängen. Einbau entsprechend umgekehrt. Beim Vorderrad ist vorher die Nabenkappe abzudrücken, dann wie bei Hinterrad verfahren. Beim linken Vorderrad ist vorher der Splint für den Vierkant der Tachowelle zu entfernen. Beim Abziehen der Trommel darauf achten, daß der Vierkant der Tachometerwelle nicht beschädigt wird.

Die abgenommenen Trommeln werden ausgeblasen (Druckluft) bzw. mit einem nicht fettigen Lappen sauber ausgewischt. Sind Riefen in der Trommel, sollte sie erneuert werden. Der maximale Verschleiß-Durchmesser der hinteren Trommelbremsen beträgt 180,7 mm. Bei erforderlicher Überholung können sie bis 180,5 mm ∅ ausgedreht werden. Die Beläge können – falls erforderlich – mit Schmirgelleinen gereinigt werden.

Die Beläge dürfen nicht zu stark oder zu ungleichmäßig verschlissen (Riefenbildung?) und nicht bis auf die Nieten abgenutzt sein. Verschmierte (verölte oder fettige) Bremsbeläge müssen ausgewechselt werden. Reinigen mit Benzin oder Abschleifen ist wirkungslos. Bremsbeläge dürfen daher nicht mit öligen Fingern berührt werden. Glatte Beläge aufrauhen ist zwecklos. Glätte – auch wenn sie schwärzlich – bedeutet, daß die Oberfläche gut trägt.

Die Scheibenbremse

Vor allem drei Vorzüge hat die Scheibenbremse: Sie ist erstens standfester, weil Bremsbeläge und Bremsscheibe offen im Luftstrom liegen und besser gekühlt werden. Bei Bergabfahrten hält die Bremswirkung auch bei Dauerbelastung länger an (kein „fading"). Zweitens ist die Bremswirkung einer Achse gleichmäßiger, d. h. rechte und linke Radbremse haben praktisch die gleiche Wirksamkeit, was bei Trommelbremsen nicht unbedingt der Fall ist. Diese gleichmäßige Bremswirkung macht sich insbesondere beim Abbremsen aus hoher Geschwindigkeit (Notbremsung) vorteilhaft bemerkbar. Man kann bei der Scheibenbremse unbekümmerter auf das Pedal treten. Drittens ist die Scheibenbremse wartungs- und nachstellfrei.

Dieser letzte Punkt darf aber nicht darüber hinwegtäuschen, daß die Beläge bei der Scheibenbremse schneller verschleißen als bei der Trommelbremse. Das ist schließlich kein Wunder: Die Bremsfläche der Beläge ist wesentlich kleiner als bei den Bremsbacken der Trommelbremse, weswegen auch mehrfach höhere Drücke erforderlich sind. Bei scharfer Fahrweise können Scheibenbremsbeläge schon nach 10 000 bis 12 000 km erneuerungsbedürftig sein. Bei normaler Fahrweise kann man es auf das Doppelte bringen.

Ist der Belag völlig heruntergebremst, schleift Metall auf Metall. Bremswirkung ist kaum noch vorhanden, es schabt und schleift hörbar – die Bremsscheibe bekommt Riefen und wird nicht mehr benutzbar.

Die Bremsscheiben können im Laufe des Betriebes auch durch Fremdkörper Riefen bekommen. Erst wenn die Riefen mehr als 0,4 mm tief sind, sollte die Scheibe ausgewechselt werden. Ein einmaliges fachgerechtes Nachschleifen ist zulässig. Dunkelfärbung der Scheiben sind kein Grund zum Austausch. Die Scheibe soll höchstens einen Seitenschlag von 0,10 mm aufweisen.

Wenn zwischen Scheibe und Belag Fremdkörper (Sandkörnchen) eindringen,

können die Bremsen quietschen. Verschwindet das Geräusch nicht, so hat sich der Sand in den Belag gefressen. In diesem Fall sollte man den Belag säubern oder auswechseln. Bremsenquietschen liegt auch daran, daß sich ein Kolben im Zylinder verdreht hat. Ihn auf richtige Stellung zu bringen, ist Werkstattsache, die dafür ein spezielles Kolbendrehwerkzeug hat.
Verschiedentlich kommt es auch vor, daß scheibengebremste Wagen beim Rückwärtsfahren quietschen — „grillen" sagt man auch —, was zwar unangenehm ist, aber keinen Defekt darstellt. In der Werkstatt kann man die Beläge dann etwas glätten.
Hinzuweisen wäre auch darauf, daß beim Bremsen auf sehr nasser Straße die volle Bremswirkung um einen Sekundenbruchteil später einsetzen kann als man es von Trommelbremsen her gewohnt ist: Die zwischen Bremsklotz und Scheibe befindliche Feuchtigkeit wird erst durch den Anpreßdruck der Beläge zum Verdampfen gebracht. Die Beläge liegen aber so dicht an der Scheibe an, daß die Nässe fast immer gleich „weggewischt" wird.
Wir haben im Verlauf dieses Buches unter anderem auch empfohlen, die Wagen-Unterseite mit einem Korrosionsschutzmittel zu behandeln. Wird das bei einem Wagen mit Scheibenbremsen ausgeführt, müssen die Scheibenbremsen abgedeckt werden (altes Packpapier, alte Lappen). Während die Bremsscheiben zur Not noch mit Spiritus gereinigt werden können, müssen verschmierte Beläge ausgewechselt werden. Sonst wird die Bremswirkung gefährdet. Das Absprühen der Wagen-Unterseite mit mineralischen Ölen haben wir ohnedies aus unseren Vorschlägen ausgeklammert.

Die Wirkungsweise

Wie eine hydraulische Bremsanlage funktioniert, erklärten wir schon zu Anfang des Kapitels. Im Prinzip trifft dies auch für die Scheibenbremsen-Anlage zu. Auch hier treibt der Flüssigkeitsdruck einen Kolben aus dem Zylinder, womit die Bremsklötze gegen die Scheibe gedrückt werden. Bei der Scheibenbremse sitzt also beiderseits der Bremsscheibe je ein Bremszylinder. Beim Entlasten des Bremspedals lösen sich die Bremsbeläge und Kolben bis auf ein ganz geringes „Lüftspiel" (ca. 0,15 mm) von der Bremsscheibe. Die Größe des Lüftspieles beeinflußt den Bremspedalweg. Deswegen ist bei zu

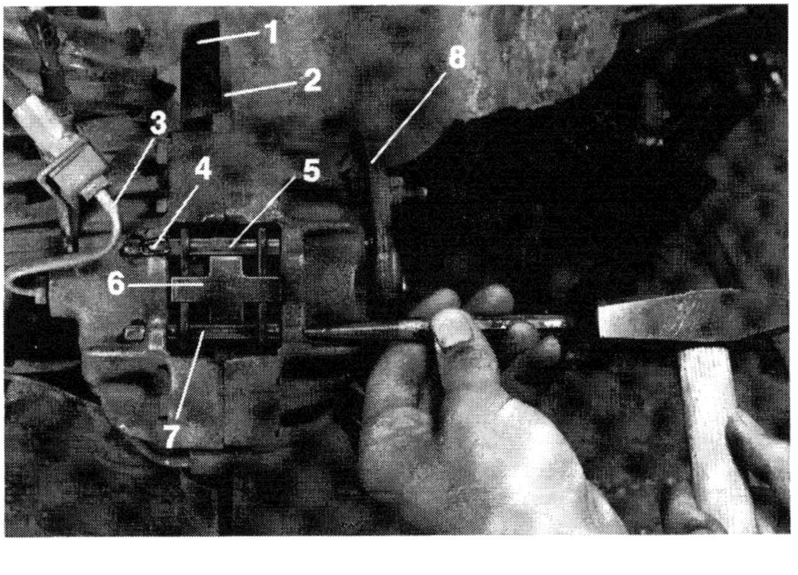

Ein Blick von vorn auf die Scheibenbremse, hier beim 1200/110, doch ist die der 1000er-Typen gleich. 1 - Abschirmblech gegen Nässe und Schmutz, 2 - Bremsscheibe, 3 - Bremsflüssigkeitsleitung, 4 - Sicherungsöse für Belaghaltebolzen, 5 - oberer Belaghaltebolzen, 6 - kreuzförmige Spannfeder, 7 - unterer Belaghaltebolzen, 8 - Radnabe mit Radbefestigungsbolzen. Mit einem Durchschlag wird gerade der untere Belaghaltebolzen herausgetrieben.

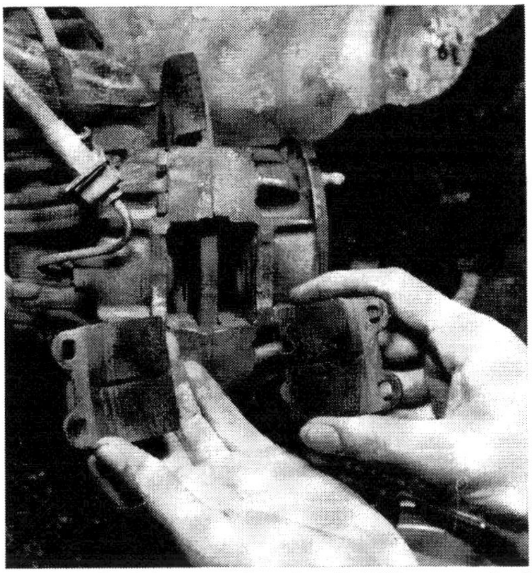

Wenn beide Haltebolzen herausgeschlagen sind und die Spannfeder entfernt ist, können beide Bremsbeläge herausgezogen werden. Diese sind jeweils auf eine 5 mm starke Trägerplatte geklebt. Man sieht die Schmutzrille, die Schmutz und Belagabrieb aufnehmen soll. Jede Hand hält einen Bremsbelag. Diese drücken von beiden Seiten gegen die Bremsscheibe.

großem Pedalweg außer der Entlüftung auch der Seitenschlag der Bremsscheibe zu kontrollieren.
Die Nachstellung eines Belages erfolgt durch den ihn betätigenden Kolben, wobei dieser den Belagträger um den jeweiligen Betrag der Abnutzung an die Bremsscheibe nachschiebt. Ein die Rückzugsbewegung begrenzender Gummiring hält den Kolben bzw. Reibklotz immer dicht an der Scheibe. Dabei wandern die Kolben je nach dem Grad der Abnützung des Belages allmählich weiter aus dem Zylinder heraus.

Scheibenbremse auf Verschleiß prüfen

Pflegearbeit Nr. 10

Die einfachste Art, den Verschleiß der Scheibenbremsbeläge zu prüfen, besteht darin, das betreffende Vorderrad ganz einzuschlagen und den Kopf von vorn unter den Kotflügel zu stecken (beim NSU 1000 ist der Bremssattel hinten, beim 1200/110 vorn). Dann sieht man – evtl. mit Taschenlampe – in der Öffnung des Bremssattels eine kreuzförmige Spannfeder und zwei waagrecht liegende Haltebolzen, die in den Ösen der Bremsbelagträger stecken. Auf letzterem, der sogenannten Trägerplatte, ist der eigentliche Bremsbelag aufgeklebt. Leider verdeckt die Spannfeder etwas die Sicht auf die Beläge. Deswegen besser Prüfen bei abgenommenem Rad. Man kann dann auch die Scheibe und deren Zustand erkennen. Da der Belag eng an der Scheibe anliegt, lassen sich beide nicht immer genau unterscheiden, zumal sie meistens völlig verstaubt sind. Bei der Prüfung dann die Radnabe drehen. Dann sieht man, was Scheibe und was Belag ist.
Im Neuzustand sind Trägerplatte und Belag zusammen ziemlich genau 15 mm stark, wobei der Belag 10 mm und die Trägerplatte 5 mm mißt. Daher kann der Abstand der Trägerplatte bzw. deren Ösen – die gleich stark wie die Platte sind – einen Anhaltspunkt für den Belagverschleiß liefern. Der Abstand zwischen Platte und der Bremsscheibe ist etwa gleich der noch vorhandenen Belagstärke.
Im Interesse gleichmäßiger und sicherer Bremswirkung empfiehlt das Werk den Werkstätten, die Beläge zu erneuern, wenn sie bis auf ca. 2 mm abgefahren sind. Belag und Platte sind dann also zusammen noch 7 mm stark.

Noch genauer ist die Prüfung – freilich im Rahmen dieser Kontrolle nicht nötig –, wenn man die Beläge herauszieht, was nicht schwer ist und einen der Vorzüge der Scheibenbremse darstellt (siehe nächsten Abschnitt). Verölte oder gerissene Beläge müssen ausgewechselt werden. Beläge, die sich an den Ecken etwas von der Belagplatte gelöst haben oder ganz feine Risse aufweisen, können noch verwendet werden. Es kann sein, daß die Beläge ungleichmäßig abgenutzt sind, weil auf eine Seite der Bremsscheibe mehr Schmutz und Staub kommt als auf die andere, die durch ein Blech abgeschirmt ist. In diesem Fall müssen beide Beläge ausgewechselt werden.

Scheibenbremsen-Beläge prüfen oder wechseln

Diese Arbeit kann ein Wagenbesitzer, der zwei praktische Hände hat, durchaus übernehmen.

1. Wagen auf der betreffenden Seite hochbocken und Rad abschrauben (dieses sollte etwas nach außen eingeschlagen sein, dann kommt man noch besser an den Bremssattel heran).
2. Sicherungsdrahtösen mit Schraubenzieher aus den beiden Haltestiften (siehe Bild S. 228) heraushebeln.
3. Zuerst den unteren Haltestift von außen nach innen mit dünnem Durchschlag und Hammer vorsichtig heraustreiben. Aufpassen, daß die unter Spannung stehende kreuzförmige Spreizfeder nicht heraus- und ins Auge fliegt. Spreizfeder weglegen. Vorher deren Lage merken.
4. Oberen Haltestift auf die gleiche Weise entfernen.
5. Erst den einen Belag an den Ösen fassen, herausziehen, prüfen, wieder einsetzen. Dann das gleiche mit dem anderen Belag tun. Wer die Beläge nur ansehen will, für den ist die Arbeit hier zu Ende. Einsetzen in umgekehrter Reihenfolge.
6. Vor dem Einsetzen neuer Beläge müssen die aus dem Zylinder herausgewanderten Kolben zurückgedrückt werden. Dies wird in der Werkstatt mit einer Spezialzange gemacht. Selbsthilfe ist hier nur für den gewissenhaften Praktiker zu empfehlen, wenn er die Kolbenrücksetzzange nicht besitzt. Drückt man nämlich die Kolben mit einem Schraubenzieher o. ä. zurück, können sie verkanten oder die Bremsscheibe wird beschädigt. Beides muß verhindert werden. Kolben einzeln zurückdrücken (der andere Belag bleibt solange eingesetzt). Um beim Kolbenzurücksetzen ein Überlaufen des Bremsflüssigkeitsbehälters zu vermeiden, muß ein zweiter Mann diesen überwachen. Oder vorher etwas Flüssigkeit absaugen.

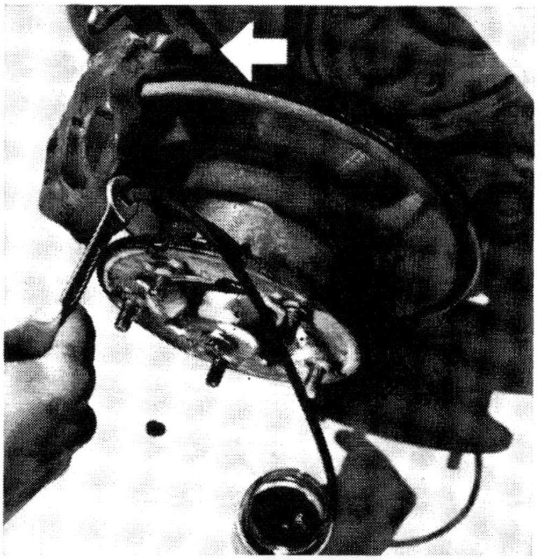

Das Entlüften der Bremsanlage dient dazu, nach Arbeiten an der Hydraulik oder nach zu starkem Bremsflüssigkeitsverlust Luft aus den Leitungen zu bekommen. Bei der Scheibenbremse sind jeweils 2 Bremsnippel (SW 11, für jeden Bremszylinder einen) vorhanden. Man beginnt beim äußeren. Der Pfeil weist auf den inneren Nippel.

7. Die neuen Beläge werden eingeschoben. Sie müssen sich leicht in ihrem Schacht bewegen lassen. Evtl. die Nut säubern.
8. Oberen Haltestift einführen (Loch für Drahtöse muß nach vorn weisen) und bis zum Anschlag einschlagen.
9. Kreuzfeder unter oberen Haltestift einsetzen. Hoffentlich hat man sich vorher gemerkt, wie sie eingepaßt wird. Evtl. beim Bremssattel des anderen Rades ansehen.
10. Unteren Haltestift einführen und beide Sicherungsösen in die Stifte einsetzen. Rad ansetzen, Wagen ablassen, Rad festziehen.
11. Dieser Punkt ist ganz besonders wichtig und darf unter keinen Umständen vergessen werden. Bei noch stehendem Wagen Bremspedal niederdrücken, damit Beläge zum Anliegen an der Scheibe kommen. Erst nach dieser erstmaligen Pedalbetätigung ist Bremswirkung vorhanden.
Mit Bremsbelägen auf den ersten 200 km keine Gewaltbremsungen, sonst wird Lebensdauer der Bremsbeläge verkürzt.

Bremsen entlüften

Läßt sich das Bremspedal zu tief durchtreten, ist Luft in die Leitungen oder Bremszylinder eingedrungen. Es läßt sich auch feststellen, wenn das Pedal beim Betätigen sozusagen federt. Erste Kontrolle vor dem Entlüften: Ist Bremsflüssigkeits-Behälter gefüllt? Möglicherweise war der Stand zu tief abgesunken, so daß von dort aus Luft eingedrungen ist. Entlüftet wird stets auch nach Arbeiten an der Bremshydraulik.
Während des Entlüftens muß der Behälter ständig ganz gefüllt gehalten werden. Entlüften allein ist zwecklos, wenn die Bremse nicht ordnungsgemäß eingestellt ist.
Durch das Entlüften soll, wie schon der Name verrät, die Luft wieder aus der Bremsanlage herausgebracht werden. Der zweite Mann drückt mit dem Bremspedal pumpenderweise die Flüssigkeit aus den Leitungen, und zwar so lange, bis sie keine Luftbläschen mehr mit sich bringt. Wichtig ist die Reihenfolge für das Entlüften: linkes Hinterrad, rechtes Hinterrad, rechtes Vorderrad, linkes Vorderrad. Scheibenbremsen: an jedem Bremssattel sind 2 Entlüfternippel, jeweils beim äußeren beginnen.
Dann sieht der Gang der Handlung folgendermaßen aus: Entfernen der Schutzkappe von den dafür vorgesehenen Entlüfter-Ventilen. (Diese vorher mit Lappen säubern, sie befinden sich jeweils dort, wo der Bremszylinder in der Trommel bzw. innen am Bremssattel sitzt.) — Schlauch über den Ventil-Nippel schieben. — Schlauchende in Glasgefäß stecken. Das Gefäß sollte schon mit Bremsflüssigkeit gefüllt sein, damit beim folgenden „Pedalpumpen“ keine Luft in die Leitung zurückgesaugt wird. Das Schlauchende muß also in der Flüssigkeit liegen. — Mit 7-mm-Gabelschlüssel Entlüfter-Ventil etwa $^1/_2$ Umdrehung lösen. — Auf Zuruf des Mannes am Rad fängt der Mann mit dem Bremspedal zu pumpen an (schnell treten, langsam zurückkommen lassen). — Beobachtet der erste Mann, daß mit der Flüssigkeit keine Luftblasen mehr herausgedrückt werden, ruft er „Halt“. — Der zweite Mann muß das Pedal in seiner tiefsten Stellung getreten lassen. — Der erste schließt das Entlüfter-Ventil. — Schlauch abziehen, Staubkappe wieder aufsetzen.
Nach jeder Radentlüftung ist der Bremsflüssigkeits-Vorratsbehälter wieder weit genug aufzufüllen. Sonst gerät wieder Luft in die Leitungen. ATE-Bremsflüssigkeit gibt es in der Werkstatt oder in Zubehör-Geschäften.

Die Störung	– ihre Ursache	– ihre Abhilfe
A Wagen zieht nach rechts oder links beim Bremsen	1 Reifendruck ungleichmäßig	Korrigieren bei kalten Reifen
	2 Bereifung ungleichmäßig abgenutzt	Reifen entsprechend auswechseln
	3 Verschmierte Beläge	Beläge erneuern
	4 Unrunde Bremstrommeln	Trommeln egalisieren
	Scheibenbremsen:	
	5 Verklemmter Bremssattel	Richten
	6 Verschmutzte Schächte im Bremssattel	Reinigen
B Bremsen quietschen	1 Falscher Belagtyp	Auswechseln nach Vorschrift
	2 Staub und Schmutz in der Trommel	Trommeln säubern
	Scheibenbremsen:	
	3 Kolben in Bremssattelzylinder verdreht	20°-Stellung der Kolben herstellen
	4 Bremsscheibe hat Schlag	Erneuern
	5 Verklemmter Bremssattel	Richten
	6 Belag uneben	Abziehen
C Pedalweg zu groß	Beläge abgenutzt	Beläge erneuern
D Pedalweg zu groß, federndes oder völliges Durchtreten	1 Luft in Bremsanlage, evtl. Bremsflüssigkeit im Vorratsbehälter zu tief abgesunken	Bremsen entlüften. Evtl. Vorratsbehälter auffüllen
	2 Undichtigkeit	Gesamtes System kontrollieren
	3 Beschädigte Manschette im Haupt- oder Trommelbremszylinder	Auswechseln
	4 Scheibenbremse: Dichtring in Bremssattelzylinder defekt	Erneuern
E Bremsscheibe oder Trommel wird zu heiß	1 Siehe D 4	
	2 Siehe A 6	
	3 Spreizfeder in Scheibenbremsen-Sattel defekt	Auswechseln
	4 Erlahmte Rückzugfedern in der Trommel	Auswechseln
F Schlechte Bremswirkung bei hohem Fußdruck	Belag verölt	Radlagerdichtung und Beläge erneuern, Belag reinigen mit Benzin oder Petroleum ist nutzlos
G Bremsen schütteln	1 Beläge abgenutzt	Beläge bzw. Bremsbacken auswechseln
	2 Bremstrommeln unrund	Trommeln egalisieren oder auswechseln
	3 Trommeln laufen nicht zentrisch zur Nabe	Trommeln egalisieren
	4 Siehe B 4	
H Festsitzende Bremsbeläge der Scheibenbremse	1 Siehe A 4	
	2 Siehe A 6	
	3 Siehe E 3	
I Festsitzende Kolben im Bremssattel der Scheibenbremse	1 Siehe D 2	
	2 Siehe A 5	
	3 Siehe A 6	

Immer wieder Zahlen

Um die einzelnen Kapitel des Buches nicht zu sehr mit Zahlen zu belasten, haben wir — vorbehaltlich werkseitiger Änderungen — diese auf den folgenden Seiten zusammengefaßt. Als „Technische Daten“ bezeichnet man jedoch nicht nur das, was sich wiegen, messen oder sonstwie in Zahlen festlegen läßt. Auch die Kurzbeschreibung der einzelnen Teile des Motors und des gesamten Wagens gehören dazu. Deshalb finden Sie auch diese Angaben, die Sie eines Tages vielleicht einmal wissen möchten, an dieser Stelle.

Interne Bezeichnungen

Die Fahrgestell- bzw. Motornummern (in Klammern) beginnen mit 36705 (76802) für den NSU 1000, 36703 (77802) für den TTS, 37704 (78202) für den NSU 1200 und 36706 (78301) für den 1200 TT.

Motor

	Typ 110	Typ 110 S/SC	NSU 1000 TT	NSU 1000 (NSU 1000C)
Bauart	Viertaktmotor, luftgekühlt			
Zylinder	4	4	4	4
Zylinder-Anordnung	in Reihe			
Bohrung	72 mm	75 mm	72 mm	69 mm
Hub	66,6 mm	66,6 mm	66,6 mm	66,6 mm
Hubraum	1085 ccm	1177 ccm	1085 ccm	996 ccm
Verdichtung	8 : 1	8 : 1	9 : 1	7,5 : 1
Kompressionsdrücke	9–11 atü			9,5–10,5 atü
Höchstleistung nach DIN	53 PS	60 PS	55 PS	43 PS (40 PS)
bei U/min	5600	5600	5800	5500
Literleistung	48,8 PS/Ltr.	51 PS/Ltr.	50,5 PS/Ltr.	43,2 PS/Ltr.
Leistungsgewicht	13,4 kg/PS	12 kg/PS	11,6 kg/PS	14,9 kg/PS
Größtes Drehmoment	8 mkg	8,4 mkg	8,2 mkg	7,3 mkg (7,0 mkg)
bei U/min	2500	2500	2500	2000 (2500)

		Typ 110/S/SC	Prinz 1000 TT	Prinz 1000
Kolbengeschwindigkeit		12,5 m/sec	12,8 m/sec	12,5 m/sec
bei U/min		5600	5800	5600
Motorgewicht, trocken (ohne Lichtm., Anl., Auspuff u. Getriebe)		80 kg	80 kg	80 kg
Motorlagerung		Einbaulage quer, Dreipunkt-Gummilagerung		
Zylinderkopf und Kolben		Aluminium-Legierung		
Kolbenringe		1 Verdichtungsring, 1 Nasenring, 1 Ölabstreifring		
Kurbelwelle		gegossen, fünffach gelagert		
Ventilanordnung		im Zylinderkopf V-förmig hängend		
Ventilsteuerung		kopfgesteuert mit obenliegender Nockenwelle, von Steuerkette angetrieben		
Ventilspiel		0,2 mm für Einlaß und Auslaß bei kaltem Motor		
Ventildurchmesser	Einlaß	35 mm	35 mm	35 mm
	Auslaß	32,3 mm	32,3 mm	32,3 mm

	bis Motor-Nr. 68 21 136	ab Motor-Nr. 68 21 137 für alle Typen
Ventilsteuerzeiten		
Einlaß öffnet	42° vor OT	20° vor OT
Einlaß schließt	50° nach UT	55° nach UT
Auslaß öffnet	70° vor UT	50° vor UT
Auslaß schließt	22° nach OT	25° nach OT

Vergaser

	Typ 110 S/SC	NSU 1000 TT	NSU 1000 (1000 C)
	Fallstromvergaser mit Starteinrichtung und Beschleunigerpumpe		
Typ	Solex 34 PCI	Solex 34 PCI	Solex 34 PCI
Lufttrichter	26	26	25
Hauptdüse	X 122,5	X 125	X 122,5 (X 120)
Luftkorrekturdüse	150	150	200 (270)
Leerlaufluftdüse	1,7	1,7	1,7 (1,4)
Leerlaufabschaltventil	45	45	45 (40)
Schwimmergewicht	5,7 g	5,7 g	5,7 g
Schwimmernadelventil	1,5	1,5	1,5
Motorschmierung	Druckumlaufschmierung mit Hauptstromölfilter bei 90° C Öltemperatur		
Verwendbare Ölfiltereinsätze für alle Typen	Mann H 601/7 Knecht EH 268/2	Fram CH-803 PL Hengst E 10.18	

Zündung

Spannung	12 Volt	12 Volt	6 Volt (12 Volt)
Zündverteiler	Bosch JFUR 4 (R)	Bosch JFUR 4 (R)	Bosch JFUR 4 (R)
Antrieb	durch Nockenwelle über Mitnehmerklauen		
Zündfolge	1 – 3 – 4 – 2 (1. Zylinder auf Steuerseite)		
Zündverstellung	kombinierte Fliehkraft- und Unterdruckverstellung		
Gesamtverstellung	44–55°	44–55°	52–57°
Zündzeitpunkt, Einstellwert	4° vor OT	3° vor OT	4° vor OT
Zündspule	Bosch TE 12 V 0 221 114 004	Bosch TE 12 V 0 221 114 004	Bosch TE 6 B 4 0 221 100 007
Mittlerer Stromverbrauch	16 Watt	16 Watt	15 Watt
Unterbrecherkontaktabstand	0,4 mm	0,4 mm	0,35–0,45 mm
Schließwinkel	48–55 °	48–55°	48–55°
Zündkerzen Wärmewert	225	225	225
Gewinde	M 14×1,25	M 14×1,25	M 14×1,25
Gewindelänge	19 mm	19 mm	19 mm
Verwendbare Zündkerzen für alle Typen	Bosch W 225 T 2 Beru 225/14/3 Champion N 9 Y (nur für NSU 1000)		
Elektrodenabstand	0,6–0,7 mm		
Batterie	12 V/32 Ah	12 V/32 Ah	6 V/66 Ah (12 V/32 A
Lichtmaschine	Bosch EG (L) 14 V 25 A 25 0 101 206 103	Bosch EG (L) 14 V 25 A 25 0 101 206 103	Bosch EG (L) 7 V 50 A 25 0 101 206 086
Einschaltdrehzahl	1850 U/min	1850 U/min	1600 U/min
Übersetzung Kurbelwelle/ Lichtmaschine	1 : 1,66	1 : 1,66	1 : 1,66
Ladebeginn bei Kurbelwellen-U/min	800	800	800–1000
Nennleistung	225 Watt	225 Watt	200 Watt
bei U/min	2500	2500	2500
Regler	Bosch VA 14 V 25 A 0 190 350 007	Bosch 14 V 25 0 190 350 007	Bosch RS/VA 200/6 A
Anlasser	Bosch EF (L) 12 V 0,7 0 001 211 005	EF (L) 12 V 0,7 0 001 211 005	EF (L) 6 V 0,5 0 001 207 013
Leistung	0,7 PS	0,7 PS	0,5 PS

Kraftübertragung

	Typ 110/S/SC	NSU 1000 TT	NSU 1000
Bauart	Hinterradantrieb durch Heckmotor		
Kupplung	Einscheiben-Trockenkupplung mit Tellerfeder		
Mitnehmerscheibe		180 mm	
Kupplungspedalspiel		20–30 mm	
Getriebe	sperrsynchronisiert		
Schaltung	Knüppelschaltung		
Übersetzung Motor/Getriebe	1 : 1,000	1 : 1,000	1 : 2,05
Getriebeübersetzungen I:	1 : 4,356	1 : 4,356	1 : 2,125
II:	1 : 2,403	1 : 2,403	1 : 1,179
III:	1 : 1,538	1 : 1,538	1 : 0,75
IV:	1 : 1,100	1 : 1,100	1 : 0,536
Rückw.-Gg.:	1 : 4,869	1 : 4,869	1 : 2,375
Achsübersetzung	1 : 3,786 (1 : 3,53 bei 110 S)	1 : 3,53	1 : 3,786

Fahrwerk

Vorderachse	Rohrträger mit Einzelradaufhängung		
Radaufhängung	Trapez-Dreieckslenker mit Querstabilisator		
Federung	Schraubenfedern mit hydraulischen Stoßdämpfern		
Stoßdämpfer	hydraulische Teleskop-Stoßdämpfer		
Radsturz vorne	0° 30′	2°	2–2,5°
Nachlauf	12°	12°	12°
Spreizung	7°	7° 30′	7° 30′
Vorspur	1–2 mm	1–2 mm	1,5–2,5 mm
Lenkung	Zahnstangenlenkung		
Lenkübersetzung	15,8 : 1	16,7 : 1	15,2 : 1
Lenkraddrehung von Anschlag zu Anschlag	3,25	3,5	3
Größter Radeinschlag außen	33°	31°	31°
innen	40°	40°	40°

Hinterachse			
Radaufhängung	Einzelradaufhängung an Schräglenkern		
Federung	Schraubenfedern mit hydraulischen Stoßdämpfern		
Stoßdämpfer	hydraulische Teleskop-Stoßdämpfer		
Radsturz hinten	3°	2°	2°
Vorspur hinten	0 mm	4 mm	4 mm

Räder	Stahlscheibenräder mit Tiefbettfelge		
Felgengröße	4½ J×13	4½ J×13	4.50×12 (4.00×12)
Reifengröße	155–13/6.15–13	135 R 13	5.50–12
Luftdruck atü	vorne/hinten	vorne/hinten	vorne/hinten
2 Personen	1,1 1,4	1,4 1,6	1,2 1,6
4 Personen	1,1 1,4	1,4 1,6	1,4 1,9
voll ausgelastet	1,3 1,6	1,4 1,8	1,5 1,9

Bremsen	hydraulische Vierradbremse		
vorne	Trommel- oder Scheibenbremse	Scheibenbremse	Trommel- oder Scheibenbremse
Handbremse	Seilzugbremse, auf die Hinterräder wirkend		
Trommelbremsfläche vorne	292 cm²	–	292 cm²
hinten	292 cm²	188,4 cm²	188,4 cm²
Scheibenbremsfläche vorne	82,8 cm²	82,8 cm²	82,8 cm²

Maße und Gewichte

Radstand	2440 mm	2550 mm	2550 mm
Spurweite vorne	1280 mm	1246 mm	1246 mm
hinten	1248 mm	1235 mm	1235 mm
Gesamtlänge	400 cm	379 cm	379 cm
Gesamtbreite	150 cm	149 cm	149 cm
Gesamthöhe unbelastet	139 cm	136 cm	136 cm
Bodenfreiheit	16 cm	16 cm	16 cm
Wendekreis-Durchmesser	9,9 m	9,5 m	9,5 m
Leergewicht	710 kg (110 S: 720 kg)	640 kg	640 kg
Zulässiges Gesamtgewicht	1130 kg	1040 kg	1040 kg
Zulässige Nutzlast	420 kg (110 S: 410 kg)	400 kg	400 kg

selbsttragende Ganzstahlkarosserie

	Typ 110	Typ 110/S/SC	NSU 1000 TT	NSU 1000
Höchstgeschwindigkeit	145 km/h	150 km/h	150 km/h	135 km/h

Füllmengen

Tankinhalt	44 Ltr. (6 Ltr. Res.)	37 Ltr.	37 Ltr.
Motor-Ölinhalt	3,5 Ltr.	3,5 Ltr.	3,5 Ltr.
Ölwechsel ohne Filterwechsel	3 Ltr.	3 Ltr.	3 Ltr.
Getriebe und Differential	2 Ltr.	2 Ltr.	2 Ltr.

Abweichende Daten des NSU 1200 (1200 C) und 1200 TT gegenüber dem Typ 110 S/SC

		NSU 1200 (1200 C)	NSU 1200 TT/ab 6/68
Motor	Verdichtung	7,8 : 1	9,2:1
	Höchstleistung nach DIN	55 PS	65 PS
	bei U/min	5500	5500
	Literleistung	46,8 PS/Ltr.	55,3 PS/Ltr.
	Leistungsgewicht	12,9 kg/PS (13 kg/PS)	10,5 kg/PS
	Größtes Drehmoment	8,5 mkg	9,0 mkg
	bei U/min	2500 (2600)	2500
Vergaser		1 x Solex 34 PCI	2 x Solex 34 PCI
	Lufttrichter	25 (26)	30/25
	Hauptdüse	117,5 (122,5)	115/117,5
	Luftkorrekturdüse	205 (150)	165/205
	Leerlaufluftdüse	1,7	1,2/1,7
	Leerlaufabschaltventil	50 (45)	47,5/50 (Leerlaufdüse)
	Schwimmergewicht	5,7 g	10,0 g/5,7 g
	Schwimmernadelventil	1,5	2,0/1,5
Maße und Gewichte	Leergewicht	710 kg	685 kg
	Zulässiges Gesamtgewicht	1130 kg	1060 kg
	Zulässige Nutzlast	420 kg	375 kg
	Höchstgeschwindigkeit	140 km/h	155 km/h

Entwicklungsjahre

1963

Prinz 1000 auf der Internationalen Automobilausstellung Frankfurt vorgestellt.

1964

Statt Kreuzgelenken an den Antriebshalbwellen Gummi-Sternkupplungen, die geräuschmindernd wirken und Stöße von der Kraftübertragung besser fernhalten (ab Fahrzeug-Nr. 67 33 622).
Prinz 1000 L mit verbesserter Innenausstattung.
Etwa 20 000 Prinz 1000 produziert.

1965

April: Prinz 1000 S. Heizung und Auspuff-Anlage getrennt, gesonderter Wärmetauscher für bessere Heizwirkung, Stoßstangen aus Edelstahl, große Radzierringe, Armaturenbrett mit Kunstlederbezug, verbesserte Innenausstattung. Zusätzliche Geräuschdämpfung.
Mai: Geänderte Vorderachse, Schraubenfeder liegt auf Federteller des Stoßdämpfers (Federbein). Stoßdämpferausbau jetzt nur nach Lösen der äußeren Befestigung des geänderten unteren Querlenkers möglich (ab Fahrzeug-Nr. 67 21 457 bei Trommelbremsen und 67 21 824 bei Scheibenbremsen).
August: Prinz 1000 TT und Typ 110 (beide 12-Volt- statt 6-Volt-Anlage).
Typ 110 mit größeren Außenabmessungen, längerem Radstand und geänderter Vorderachse (Lagerung des Achsschenkels an Kugelgelenken statt Achsschenkelbolzen).
Neufüllmenge Getriebeöl von 1,5 auf 2 Liter erhöht, Nachfüllmenge neu 1,75 Liter (erhöhte Sicherheit und gleichmäßigerer Ölstand). Kontrollschraube für die Prüfung des Getriebeöl-Standes versetzt (ab Motor-Nr. 68 50 346).
Insgesamt ca. 50 000 Vierzylinder-Modelle produziert.

1966

Änderung der Motoraufhängung: Quertraverse für hintere Motorlagerung mit anderem Gummi-Metall-Element (quer statt senkrecht) an der Karosserie befestigt (Prinz 1000 ab Fahrzeug-Nr. 67 68 093, Prinz 1000 TT ab Nr. 76 008 472, Typ 110 ab Nr. 77 030 390).
September: Einführung des Typ 110 S. Hubraumvergrößerung auf 1,2 Liter, Leistung 60 PS, sonst wie Typ 110.
Modell Typ 110 SC mit verbesserter Ausstattung: Ablage unter Instrumentenbrett, Beleuchtung im Handschuhkasten, Zierstreifen an Instrumentenbrett und an Tür- und Seitenverkleidung. Frischluftdüsen nach oben auf Instrumentenbrett verlegt.
Etwa 65 000 Vierzylinder-Modelle produziert.

1967

Januar: NSU TTS eingeführt.
Februar: NSU 1000 in »Sparversion«, 40 PS, anderes Zierteil zwischen Ovalscheinwerfern.
Juni: Der NSU TT erhält den 1,2 Liter-Motor mit 65 PS.
August: Vereinfachung des Typenprogrammes. Folgende Modelle sind lieferbar: NSU 1000, NSU 1000 C mit verbesserter Ausstattung, jeweils mit 40 PS; der NSU 110 wird durch den 1200 und 1200 C mit besserer Ausstattung ersetzt, beide Modelle mit 1,2 Liter-Motor mit 55 PS. Der 1,1 Liter-Motor entfällt. Unverändert bleiben der TT 1200 und der TTS 1000.

1969

August: Zusammenschluß mit Audi zur Audi NSU Auto-Union AG.
Bordnetz beim NSU 1000 von 6 auf 12 Volt umgestellt. Lichtmaschine mit 350 Watt Leistung.
Neues Modell: NSU 1200 C Automatik (Halbautomatik).
Alle Modelle serienmäßig mit Warnblinkanlage.
Kupplungsbetätigung beim NSU 1200 vom hydraulischen auf mechanischen Betrieb umgestellt

1970

Alle Typen gegen Aufpreis mit heizbarer Heckscheibe.
Scheibenwischer-Betätigung beim NSU 1200 C im Hupenhebel (wie beim NSU Ro 80).

1971

August: Die Produktion des NSU TTS und der einfacher ausgestatteten Modelle NSU 1000 und 1200 wird eingestellt.

1972

September: Die bisherigen Typenbezeichnungen NSU 1000 C und 1200 C werden in NSU 1000 und 1200 umgewandelt. Der NSU 1200 TT wird nicht mehr hergestellt.

Mit sportlicher Note

Dieser für Sportfahrer auf der Basis des NSU 1000 mit Rennerfahrungen des Deutschen GT-Bergmeisters 1965 Siegfried Spiess aufgebaute Wagen verlangt die gleiche Pflege und Wartung wie alle Wagen der NSU-4-Zylinder. Die 7500 km-Intervalle für Kundendienstarbeiten sind jedoch auf 5000 km Fahrstrecke verkürzt.

Seine wichtigsten Daten: 70 PS bei 6150 U/min, 996 ccm, Verdichtung 10,5 : 1, 2 Solex-Doppelvergaser 40 PHH, Hochleistungsnockenwelle, geschmiedete Kolben, Ölkühler. 12-Volt-Netz, Drehstrom-Lichtmaschine 490 W. Höchstgeschwindigkeit ca. 160 km/h. Reifen 135 SR 13 mit Felgen 4½ J–13 oder 155 SR 12 mit Felgen 4½–12. Sportstoßdämpfer.

Der 1000 TTS besitzt zusätzlich einen Ölkühler (an der Front des Wagens unter der Stoßstange). Hier sitzt er allerdings bei Auffahrunfällen an gefährdeter Stelle. Sollte er beschädigt werden, Ölkreislauf kurzschließen: Im Motorraum rechts. Hier laufen beide Schläuche – vom Motor zum Ölkühler und zurück – hochgelegt nebeneinander über den rechten Radkasten. Ein entsprechendes Schlauchstück gibt es bei NSU-Händlern als Ersatzteil. Die Anschlüsse am Motor müssen entfernt werden (Schlüsselweite 22).

Der Ölkühler ist so ausgelegt, daß die Öltemperatur auch im Renneinsatz bei heißem Wetter in zulässigen Grenzen bleibt. Dementsprechend kommt der Motor bei normalem Fahrbetrieb nur zögernd auf richtige Öltemperatur. Abhilfe im Winter und bei Kurzstreckenbetrieb: Zwischen Ölkühler und Schutzgitter entsprechend zurechtgeschnittenen Pappdeckel schieben. Zu empfehlen: Ölthermometer einbauen (von VDO, Tachometer Werke Adolf Schindling GmbH, 6 Frankfurt/Main, Gräfstraße 103). Lieferbar ist als NSU-Ersatzteil ein Öltemperatur-Regler, der die Öltemperatur jeweils auf richtiger Höhe hält.

Die Luftdurchgänge des Ölkühlers können verschmutzen. Von Zeit zu Zeit nachschauen, und falls notwendig, mit Preßluft von hinten durchblasen. Zündkerzen: Bosch W 225 T 2, Beru 2/14/3 oder Champion N-9Y.

Mit einfachen, jedoch nicht billigen Mitteln läßt sich der NSU 1000 TTS für den Rennsport auf ca. 85 PS umrüsten.

Vergaser umrüsten: Sechskant-Schlitzschrauben an den Luftstutzen beider Doppelvergaser lösen. Schlitzschrauben der Schlauchschellen am Faltenbalg zum Luftfilter lösen und Luftrohr abnehmen. Luftfilter ausbauen. Wird der Luftfilter später wieder eingebaut, darauf achten, daß Schnorchelende vorn rechts über dem Radkasten mit Schaumstoffplatte gegen Motorraumwärme abgedichtet ist.

Beide Doppelvergaser ausbauen. Alle Arbeitsgänge für spätere Montage genau merken oder notieren. Rennvergaser (liefert NSU) einbauen oder vorhandene Vergaser bei Solex (Deutsche Vergasergesellschaft mbH, Neuß/Rhein) umrüsten lassen.

kann nur der Fachmann mit Synchrotestgerät vornehmen. Vergasersätze:

	Straßenausführung	**Rennausführung**
Lufttrichter	30	34
Hauptdüse	115	130
Luftkorrekturdüse	165	150

Hohe Drehzahlen im Renneinsatz machen einen Rennzündverteiler erforderlich (von Bosch GmbH, Stuttgart-Feuerbach, Abt. Renndienst). Motor mit »normalen« Zündkerzen warmfahren, dann auswechseln auf höheren Wärmewert. Der Zündzeitpunkt – O.T. bei geschlossenen Fliehgewichten – bleibt unverändert.

Die Flammrohranlage (offener Auspuff) wurde in Prüfstandversuchen ermittelt. Sie wird in Handarbeit gefertigt und ist dementsprechend teuer. An Sportfahrer gibt das Werk auch die Zeichnungen ab.

Zum Umrüsten Heizschlauch, Wärmetauscher und Auspuffanlage ausbauen. Anschlußstutzen für Heizschlauch am Motor-Luftführungsblech mit Kappe verschließen (2 Bohrungen 6,2 mm ⌀) und an der Karosserierückwand Abschirmblech als Hitzeschutz für Kabelbaum mit Blechschrauben befestigen. Kappe und Blech liefert NSU. Flammrohre mit neuen Flanschdichtungen spannungsfrei montieren.

Da die Vergaser in Rennversion die Luft direkt ansaugen, muß die Heckhaube spaltbreit geöffnet sein. Die entsprechenden Haubenhalter gehören (nicht montiert) zur Grundausstattung.

Weiteres Sportzubehör: Berggetriebe; 2. Rädersatz mit Differential; Spurverbreiterung hinten; hintere Bremstrommeln mit Stahlnabe; 70-Liter-Tank.

Anschriften von Tuning-Betrieben, die sich mit Leistungssteigerungen am NSU 1000 TTS befassen:

Rolf Nothelle
41 Duisburg
Düsseldorfer Straße 549

Johann Abt
896 Kempten
Oberwanger Straße 16

Wisski-Tuning
28 Bremen
Ladestraße 16

Folgende Betriebe wurden durch ihr Tuning am NSU 1200 TT bekannt:

Manfred Kilian
404 Neuss
Normannenstraße 36

Gräf Tuning
1 Berlin 65
Schwedenstraße 14

Siegfried Spiess
7 Stuttgart-Weilimdorf
Pforzheimer Straße 364

Stichwortverzeichnis

Erläuterungen zum Schaltplan in der hinteren Buchklappe

Lassen Sie sich von dem buntgedruckten Kabelgewirr unserer Zeichnung nicht erschrecken. Die Farben und die jeweiligen Breiten der Linien entsprechen den Kabelfarben und -stärken im Wagen. Außerdem sollen Ihnen die Buchstaben und Ziffern unserer Tabellen zur Übersicht Ihres Typs 110, 110 S oder SC verhelfen. Auch der Schaltplan des Prinz 1000 und 1000 TT entspricht weitgehend dem unsrigen, nur fehlen dort die Sicherung Nr. 7 und einige Anschlüsse an der Sicherung Nr. 6, so daß die entsprechenden Stromverbraucher anderweitig geschaltet sind. Dagegen verfügen die Typen 1200 C über 8 Sicherungen.

A — Anlasser
B — Reglerschalter
C — Batterie
D — Lichtmaschine
E — Zündspule
F_1 — Zündverteiler
F_2 — Zündkerzen
$G_{1,2}$ — Scheinwerfer
H_1 — Blinkleuchten vorne
H_2 — Parkleuchten
H_3 — Standlichter vorne
J_1 — Blinkleuchten hinten
J_2 — Schlußlichter
J_3 — Bremslichter
J_4 — Rückfahrscheinwerfer
J_5 — Nummernschildleuchte
K_1 — Kontakt am Starterzug
K_2 — Rückfahrscheinwerferschalter
L_1 — Innenraumleuchte
L_2 — Türkontaktschalter
M_1 — Wischerschalter
M_2 — Lichtschalter
M_3 — Steckdose
N — Sicherungskasten
O_1 — Weiße Trennleiste
O_2 — Schwarze Trennleiste
P — Abblendschalter, Lichthupe
Q — Blinkerschalter
R — Blinker-Relais
S_1 — Instrumentenplatte
S_2 — Kraftstoffanzeige
T_1 — Wischermotor
T_2 — Vorschaltwiderstand
U_1 — Hupe
U_2 — Signalring
V_1 — Zündschloß
V_2 — Leerlauf-Abschaltdüse
W — Öldruckschalter
X — Bremslichtschalter

Folgende, im Schaltplan schwarz gedruckte Leitungen sind in Wirklichkeit braun isoliert (es handelt sich um „Minus-Leitungen" und Kabel zur „Masse"): Starter-Kontroll-Lampe zum Kontakt am Starterzughebel (K_1); Rückfahrscheinwerfer (J_4) zum Rückfahrscheinwerferschalter (K_2); Klemme 31 der Instrumentenplatte (S_1) und Klemme 31 des Wischerschalters (M_1) zur Klemme 31 des Wischermotors (T_1) und zur Masse. Hupe (U_1) zur Klemme H des Hupenringes (U_2); Leitungen von Klemme 31 der Scheinwerfer und vorderen Blinkleuchten zur Masse; Klemme D des Reglerschalters (B^+) zur Klemme D der Lichtmaschine (D^+); Innenraumleuchte (L_1) zu den Türkontaktschaltern (L_2).

Genormte Klemmenbezeichnungen im Schaltplan

Die nachstehenden Klemmenbezeichnungen sind sowohl im Schaltplan in der hinteren Buchklappe an den betreffenden Stellen eingedruckt als auch auf den meisten Bauteilen im Auto eingeprägt. Diese Klemmenbezeichnungen sind allgemeinverbindlich für alle Kraftfahrzeuge genormt.

Klemme	Kabel von — zu
1	Primärstrom Zündspule — Verteiler (Unterbrecher)
4	Sekundärstrom Hauptzündkabel Zündspule — Verteiler
15	Stromführend bei eingeschalteter Zündung: Zündschloß — Zündspule Zündschloß — Ladekontrolle/Öldruckkontrolle/Starterzugkontrolle/Kraftstoffanzeige Zündschloß — Lichthupenschalter
30	Stets stromführende Leitungen: Batterie⁺ — Anlasserschalter — Klemme B⁺ Reglerschalter — Zündschloß Klemme B⁺ Reglerschalter — Lichtschalter Klemme B⁺ Reglerschalter — Zeituhr
31	Masseanschluß-Leitungen: Scheinwerfer-, Blinker-, Standlichtlampen Wischerschalter — Masse Wischerschalter — Wischermotor — Masse Instrumentenbeleuchtung/Zeituhr/Blinker-Kontrolle/Fernlicht-Kontrolle — Wischermotor — Masse
31 b	Wischerschalter — Wischermotor
49	Klemme 15/54 Zündschloß — Sicherung Nr. 6 — Blinker-Relais
49 a	Blinker-Relais — Klemme 54 Blinkerschalter
50	Anlasser-Schaltstrom Zündschloß — Anlasser
54	Zündschloß — Sicherung Nr. 6 — Klemmen 49/49 a Blinker-Relais — Blinkerschalter
54 a/54	Sicherung Nr. 5 — Wischerschalter — Vorschaltwiderstand — Wischerschalter — Wischermotor
54 d	Scheibenwischerschalter — Wischermotor (Ankerwicklung)
56	Stromführend bei gedrücktem Lichtschalter: Lichtschalter — Abblendschalter
56 a	Abblendschalter — Sicherung Nr. 4 — Scheinwerfer-Fernlicht Sicherung Nr. 4 — Fernlicht-Kontrolle
56 b	Abblendschalter — Sicherung Nr. 3 — Scheinwerfer-Abblendlicht
58	Standlichtschalter — Sicherung Nr. 1 — Vordere Standlichter/linkes Schlußlicht Standlichtschalter — Sicherung Nr. 2 — Rechtes Schlußlicht/Nummernschildleuchte/Instrumentenbeleuchtung
61	Klemme D⁺/61 Reglerschalter — Ladekontrolle
B⁺	Reglerschalter (Batterieanschluß)
D⁺	Lichtmaschine (Ankerwicklung) — Reglerschalter
D⁻	Lichtmaschine (Gehäuse/Masse) — Reglerschalter
DF	Reglerschalter — Lichtmaschine (Feldspulen)
C	Blinker-Relais — Blinker-Kontrolle
P	Stromführend nur bei ausgeschalteter Zündung: Zündschloß — Parklichtschalter
PL	Parklichtschalter — Linkes Parklicht
PR	Parklichtschalter — Rechtes Parklicht
L	Blinkerschalter — Linke Blinkleuchten
R	Blinkerschalter — Rechte Blinkleuchten

Erläuterungen zum Schaltplan finden Sie auf Seite 240

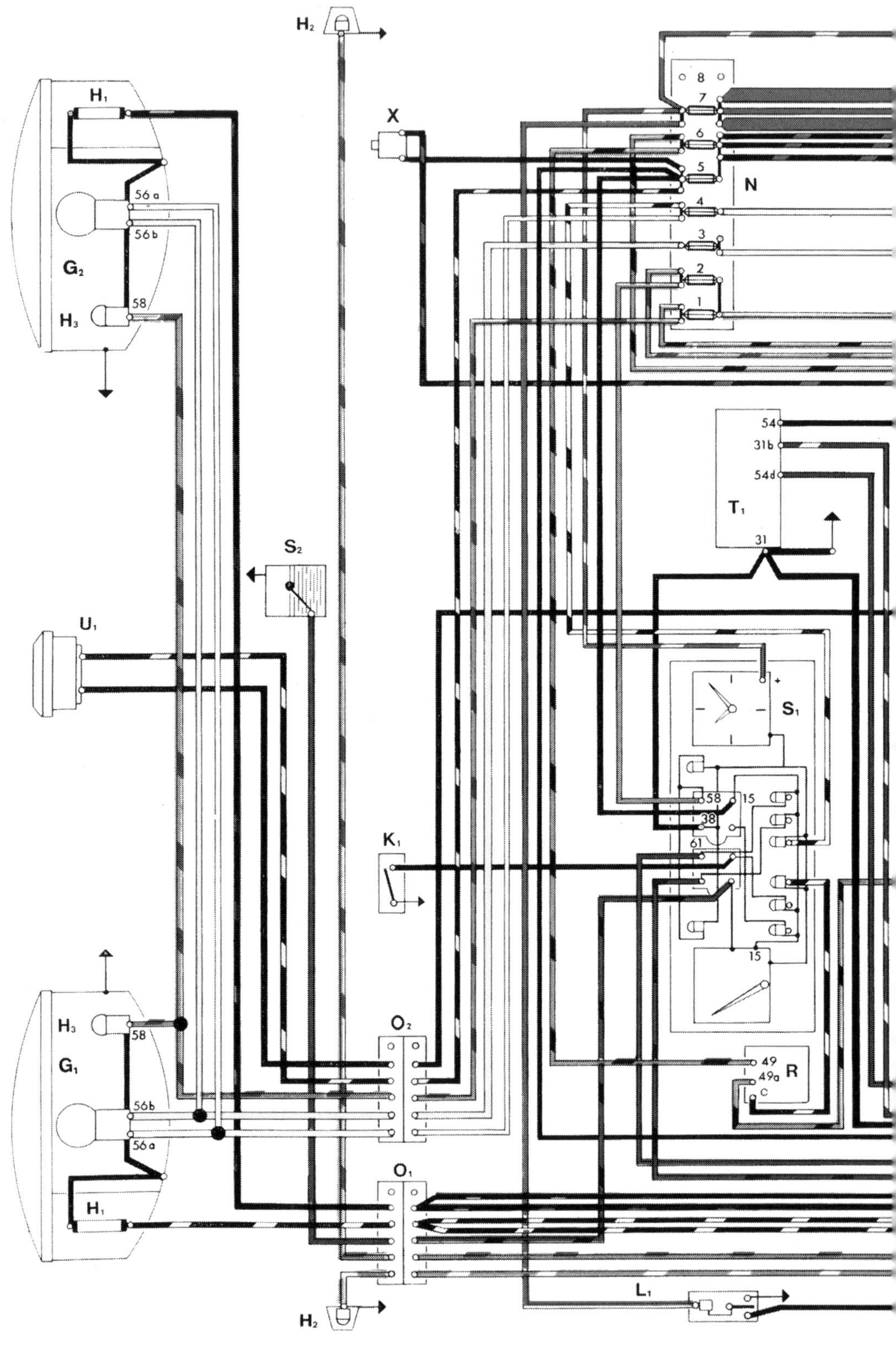

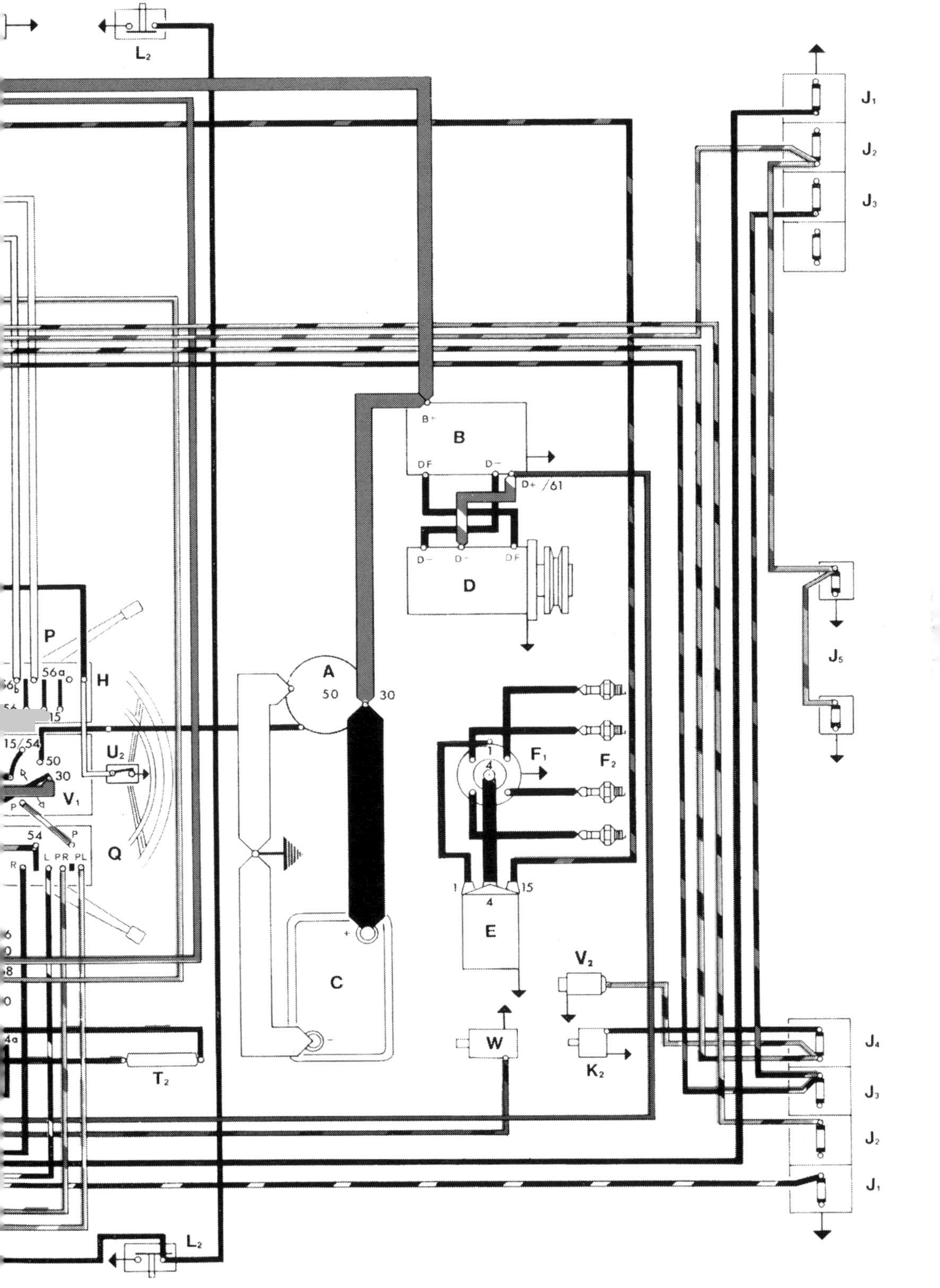

L2
J1
J2
J3
B+
B
DF
D−
D+ /61
D
P
H
56a
15
A
50
30
15/54
U2
V1
Q
54
R
L
PR
PL
F1
F2
1
4
15
E
C
V2
W
K2
T2
J5
J4
J3
J2
J1
L2

FSC
www.fsc.org
MIX
Papier | Fördert
gute Waldnutzung
FSC® C083411

Zeitfracht Medien GmbH
Ferdinand-Jühlke-Straße 7
99095 Erfurt, Deutschland
produktsicherheit@kolibri360.de